面向21世纪课程教材

 "十二五"普通高等教育本科国家级规划教材

面向21世纪课程教材
Textbook Series for 21st Century

高等学校经济管理学科数学基础
主编 范培华 胡显佑

微 积 分
Weijifen
第三版

中国人民大学 朱来义 主编

高等教育出版社·北京

内容简介

　　本书是教育部"高等教育面向21世纪教学内容和课程体系改革计划"的研究成果。作为普通高等院校经济学学科门类和管理学学科门类的数学基础课教材之一，在概念的引入和内容的叙述上，全书力求作到自然直观，通俗易懂，易教易学。本书科学、系统地介绍了函数、极限与连续、导数与微分、中值定理与导数的应用、不定积分、定积分、多元函数微积分学、无穷级数、微分方程初步和差分方程等内容，并讨论了相关的应用例子和经济数学模型。除每节都配有基本练习题外，各章后还配置了精选的综合习题。

　　本书不仅适合普通高等院校经济类和管理类各专业学生使用，由于在习题的配置上还考虑到本科生未来考研的需要，因而也可以作为考研的复习参考书。

图书在版编目(CIP)数据

微积分／朱来义主编．—3版．—北京：高等教育出版社，2009.5(2019.11重印)
ISBN 978-7-04-026272-8

Ⅰ.微… Ⅱ.朱… Ⅲ.微积分－高等学校－教材 Ⅳ.O172

中国版本图书馆CIP数据核字(2009)第043609号

| 策划编辑 | 马　丽 | 责任编辑 | 张耀明 | 封面设计 | 张　楠 | 责任绘图 | 杜晓丹 |
| 版式设计 | 余　杨 | 责任校对 | 杨雪莲 | 责任印制 | 韩　刚 | | |

出版发行	高等教育出版社	网　　址	http://www.hep.edu.cn
社　　址	北京市西城区德外大街4号		http://www.hep.com.cn
邮政编码	100120	网上订购	http://www.landraco.com
印　　刷	唐山市润丰印务有限公司		http://www.landraco.com.cn
开　　本	787×960　1/16		
印　　张	24.5	版　　次	2000年7月第1版
字　　数	460 000		2009年5月第3版
购书热线	010－58581118	印　　次	2019年11月第18次印刷
咨询电话	400－810－0598	定　　价	44.20元

本书如有缺页、倒页、脱页等质量问题，请到所购图书销售部门联系调换
版权所有　侵权必究
物　料　号　26272－00

第三版修订说明

本书第二版自 2004 年 3 月出版已将近 5 年。在这段时间里,为使这本教材更适合教与学两方面的需要(特别是更加适合自学),我们在自己教学实践的同时,又多方征求了同行和学生们的意见与建议,对第二版教材做了较大的修改。主要体现在以下几个方面:

1. 减少了极限、导数、不定积分等部分的例题,使得这些章节中每次课的内容更适合绝大多数学校的教学进度。

2. 将前几版每章的课后习题,分配到每章相应的小节中。并在每章最后保留了第二版的习题(B)。

3. 第 4 章 §4.2 "泰勒公式"一节中,减少了基本初等函数泰勒公式的推导,引进了"带皮亚诺型余项的泰勒公式"概念。这样处理会使得"利用泰勒公式求函数极限"与"泰勒公式"衔接得更自然。

4. 将"不定积分分部积分法"与"不定积分凑微分法"合成一节。这是考虑到不定积分分部积分法与凑微分法之间的联系在不定积分所有求法中最为密切,并且它们是求不定积分最常见的方法。

5. 删除了第二版中一些不常用的内容。例如,第 6 章中的"消费者剩余";第 7 章"预备知识"中向量的"纯几何描述";第 8 章中几个基本初等函数的幂级数展开;第 9 章中的一些推导公式以及"可化为齐次方程的微分方程解法"、"n 阶线性微分方程解的结构";第 10 章中的"二阶常系数非齐次线性差分方程"。

6. 在第 7 章"预备知识"中增加了"空间中的直线及旋转曲面"的一些知识。

一本好的教材,不仅凝聚着作者和编辑的心血,更体现出广大读者的关心和爱护。我们由衷地希望今后一如既往继续得到广大读者的关心和帮助,使这本教材真正达到易教易读,越编越好。

编　者

2008 年 12 月

第二版前言

这套教材从第一版发行至今,已被多所高等院校选为经济管理类专业的数学基础课程的教材。不少同仁来信表示鼓励,指出教材中值得探讨的问题,并对如何修改提出了宝贵的意见。在此我们对关心和支持这套教材的广大同仁表示衷心的感谢。

2002 年 12 月,高等教育出版社启动了"高等教育百门精品课程教材建设计划",这套教材的建设被纳入计划之中。在该项目的支持下,我们对这套教材的第一版进行了修订。修订工作主要包括以下几个方面的内容:

1. 订正了原教材中的疏漏以及排版印刷方面的错误;
2. 调整了一部分例题和习题,使其与相应的内容之间搭配得更加合理;
3. 调整了一些命题的条件或结论,使其阐释得更加精确;
4. 《概率论与数理统计》中数理统计部分作了较大的调整和修改,以适合经济管理类专业的需要。

参加这套教材修订工作的主要为原编写人员。此外,需要说明的是,《概率论与数理统计》中数理统计部分由中国人民大学刘刚同志、北京大学陈奇志同志修改。

根据我国高等教育从精英教育向大众化教育转变以及现代教育技术手段在教学中广泛运用的现状,我们对这套教材进行了立体化教学设计,各主教材分别配备了典型例题分析与习题(与主教材同期推出),配套的电子教案也将于近期出版。希望能更好地满足高校教师课堂教学和学生自主学习的需要,对提高教学质量起到辅助作用。

在修订过程中,我们广泛地搜集了读者对原教材的意见和建议。希望通过此次修订,这套教材能在第一版的基础上更加完善。欢迎大家继续批评和指正。

编 者
2003 年 9 月

第二版修订说明

本教材的修订工作主要包括以下几个方面的内容：
1. 订正了原教材中的疏漏以及排版印刷方面的错误；
2. 调整了一部分习题，使其与相应的内容之间搭配得更加合理；
3. 第1章、第3章、第7章、第10章的习题补充了习题（B）；
4. 完善了第6章中无穷限积分的条件收敛与绝对收敛的定义；
5. 调整了一些命题的条件或结论，使其阐释得更精确。

例如，在处理逐项积分求函数的幂级数展开式方面，我们选用了一个更恰当的命题。

在修订过程中，我们广泛地搜集了读者对原教材的意见和建议，希望通过此次修订，本书能在第一版的基础上更加完善。

在使用第二版教材教学时，我们建议按以下进度分配课时：

第1章10课时；第2章16课时；第3章14课时；第4章20课时；第5章12课时；第6章16课时；第7章24课时；第8章14课时；第9章10课时；第10章8课时。

总课时144，分两学期完成，第一学期讲授第1章至第5章的内容，第二学期讲授第6章至第10章的内容。如果总课时没安排144，选用本教材讲授"微积分"课程，以下内容可以不讲：

"§4.2 泰勒公式"；"§6.5 反常积分初步"中无穷限积分与瑕积分敛散性的判别；"§7.1 预备知识"中向量代数简介；"§7.3 方向导数、偏导数与全微分"中方向导数与梯度；"§7.5 高阶偏导数与高阶全微分"中二元函数的泰勒公式；"§7.6 多元函数的极值"中条件极值的判别；"§10.3 二阶常系数线性差分方程"。

编　者
2003年9月

第一版前言

1996年原国家教委开始组织实施"高等教育面向21世纪教学内容和课程体系改革计划",其中子项目经济学门类数学基础课研究和管理学门类数学基础课研究分别由中国人民大学和北京大学承担。考虑到这两大学科门类数学基础课程的共同点,教育部又将这两个子项目整合为"经济管理学类专业数学基础课程设置与教学内容改革研究",集中力量合作研究,并成立了以魏权龄教授和范培华教授为项目主持人的课题组。两年多来,课题组对国内外高等院校同类专业数学基础课程的现状进行了调查研究,编写了教学大纲,组织了多次有关课程体系、课程内容的研讨会。其中,于1997年7月在长春召开的中国数量经济学会年会上,全国40余所院校的教师就经济管理类专业的数学基础课、数量经济分析课程的体系、课程设置、内容等进行了深入的讨论;1998年4月,教育部在京召开了管理类专业面向21世纪教学内容和课程体系改革的研讨会,初步确定了数学基础课应包括微积分、线性代数和概率统计三门课程,共16学分。其中,"微积分"8学分,"线性代数"3学分,"概率统计"5学分。

在调查研究和充分讨论的基础上,课题组拟定了《经济管理学科数学基础教学大纲》(草案),并邀请北京地区部分高校就该大纲进行了讨论。

受教育部委托,北京大学光华管理学院和中国人民大学信息学院共同承担了编写经济管理学科数学基础系列教材的任务。整套教材分为《微积分》、《线性代数》和《概率论与数理统计》3个分册,由魏权龄教授任编写组顾问,范培华教授、胡显佑教授任主编。这套教材的《微积分》分册由朱来义教授主编,参加编写的有朱来义、吴岚、范培华和严守权;《线性代数》分册由卢刚副教授主编,参加编写的有卢刚、胡显佑、崔兆鸣;《概率论与数理统计》分册由龙永红副教授主编,参加编写的有龙永红、张贻兰、成世学、王明进。

根据高等教育面向21世纪教学内容和课程体系改革总体目标的要求,我们在编写这套教材时,主要考虑了下述问题:

1. 为适应我国在21世纪社会主义建设和经济发展的需要,培养"厚基础、宽口径、高素质"的人才,基础课,特别是数学基础课不应削弱,而应适当加强。

2. 考虑到目前绝大多数综合性大学、工科院校都设立了经济或管理学科的有关专业,但各校、各专业方向对数学基础的要求有一定的差异。这套教材应照顾到多数院校教学的实际情况,便于教师和学生使用。

3. 作为一门数学基础课的教材,我们首先注意保持数学学科本身的科学性、系统性，但在引入一些概念时尽可能采用学生易于接受的方式叙述，个别冗长、繁琐的推理则略去，而更突出有关理论、方法的应用和经济数学模型的介绍。

4. 作为经济管理学科各专业的数学基础教材，我们注意了专业后继课程的需要，并考虑学生继续深造的需要，教材的各章均配备了 A，B 两组习题。一般地，达到 A 组习题的水平，就已经符合本课程的基本要求。B 组习题是为数学基础要求较高的专业或学生准备的。各章中打有"＊"号（或小字排版）的内容是为对数学基础要求较高的院校或专业编写的，可以作为选学内容或学生自学用。

1999 年 12 月，由教育部高教司聘请了有关专家对教材的初稿进行了审定。参加审稿会的有：北京航空航天大学李心灿教授、清华大学胡金德教授、南开大学周概容教授、（以下以姓氏笔画为序）湖南财经学院苏醒教授、北京交通大学季文铎教授、中央财经大学单立波教授、华侨大学龚德恩教授、中南财经大学彭勇行教授。他们对教材初稿提出了许多中肯的建议和具体的修改意见，这对于完善教材是非常有益的，在此向参加审定会的各位教授表示诚挚的谢意。

在各次研讨会上，全国各高校的许多同行都对这一项目和教材提出了极有价值的建议。在此向有关院校的老师们表示衷心感谢。在教材编写过程中，我们得到了教育部高教司的大力支持，得到高等教育出版社有关部门的协助，在此一并致谢。

范培华　胡显佑

2000 年 3 月

目　录

第1章　函数 ... 1
- §1.1　预备知识 ... 1
- §1.2　函数概念 ... 4
- §1.3　函数的几何特征 ... 9
- §1.4　反函数 ... 12
- §1.5　复合函数 ... 15
- §1.6　初等函数 ... 16
- §1.7　简单函数关系的建立 ... 22
- 习题一 ... 25

第2章　极限与连续 ... 27
- §2.1　数列极限 ... 27
- §2.2　函数极限 ... 34
- §2.3　函数极限的性质及运算法则 ... 39
- §2.4　无穷大量与无穷小量 ... 43
- §2.5　函数的连续性 ... 48
- §2.6　闭区间上连续函数的性质 ... 53
- 习题二 ... 54

第3章　导数与微分 ... 57
- §3.1　导数概念 ... 57
- §3.2　导数运算与导数公式 ... 63
- §3.3　复合函数求导法则 ... 67
- §3.4　微分及其计算 ... 72
- §3.5　高阶导数与高阶微分 ... 77
- §3.6　导数与微分在经济学中的简单应用 ... 80
- 习题三 ... 83

第4章　中值定理与导数的应用 ... 85
- §4.1　微分中值定理 ... 85

§4.2 泰勒公式 …… 92
§4.3 洛必达法则 …… 96
§4.4 函数的单调性与凹凸性 …… 101
§4.5 函数的极值与最大(小)值 …… 107
§4.6 函数作图 …… 112
习题四 …… 116

第5章 不定积分 …… 118
§5.1 原函数与不定积分的概念 …… 118
§5.2 基本积分公式 …… 122
§5.3 凑微分法和分部积分法 …… 126
§5.4 换元积分法 …… 137
习题五 …… 144

第6章 定积分 …… 147
§6.1 定积分的概念与性质 …… 147
§6.2 微积分基本定理 …… 155
§6.3 定积分的换元积分法与分部积分法 …… 162
§6.4 定积分的应用 …… 169
§6.5 反常积分初步 …… 180
习题六 …… 195

第7章 多元函数微积分学 …… 198
§7.1 预备知识 …… 198
§7.2 多元函数的概念 …… 212
§7.3 方向导数、偏导数与全微分 …… 218
§7.4 多元复合函数与隐函数微分法 …… 226
§7.5 高阶偏导数与高阶全微分 …… 233
§7.6 多元函数的极值 …… 237
§7.7 二重积分 …… 245
习题七 …… 262

第8章 无穷级数 …… 264
§8.1 常数项级数的概念和性质 …… 264
§8.2 正项级数 …… 271

§8.3　任意项级数 ·· 280
§8.4　幂级数 ·· 284
习题八 ·· 298

第9章　微分方程初步 ·· 302
§9.1　微分方程的基本概念 ·· 302
§9.2　一阶微分方程 ·· 305
§9.3　二阶常系数线性微分方程 ·· 314
§9.4　微分方程在经济学中的应用 ··· 321
习题九 ·· 325

第10章　差分方程 ·· 328
§10.1　差分方程的基本概念 ·· 328
§10.2　简单的一阶和二阶常系数线性差分方程的解法 ············ 334
§10.3　差分方程在经济学中的简单应用 ································· 339
习题十 ·· 342

习题参考答案 ·· 344

第 1 章

函　　数

微积分学是这样的一门数学学科——它以极限理论为基础,着重研究函数的连续性、可微性和可积性等问题.它的基本对象就是函数.本章我们就系统地讲述函数的有关知识.

§1.1　预备知识

一、实数与数轴

由于微积分中的函数是在实数范围里来讨论,因此我们先简单介绍实数系有关知识.

有理数和无理数统称为实数.全体实数所组成的集合称为实数系.数轴是一条有原点、正方向和长度单位的直线.如图 1-1 所示.

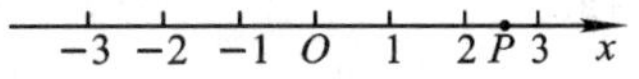

图 1-1

实数与数轴上的点之间具有一一对应的关系,即每一个实数 x 对应数轴上的惟一一个点 P;同时,数轴上的任意一点 P 都对应一个实数 x,当点 P 在原点 O 的右侧时,点 P 对应的实数 x 是线段 OP 的长度 $|OP|$,而当点 P 在原点 O 的左侧时,点 P 对应的实数 x 是线段 OP 的长度的相反数 $-|OP|$.通常称数轴为 1 维坐标系.数轴上点 P 按上述对应规则所对应的那个实数 x 称为点 P 的坐标,可记为 $P(x)$.为方便起见,把点 P 与其坐标视为等同,有时二者用同一个字母来表示,比如数 a 也称为点 a,而点 a 就表示坐标为 a 的点.

二、实数的绝对值及其基本性质

定义 1.1　设 x 是一个实数,则 x 的绝对值定义为

$$|x| = \begin{cases} x, & \text{当 } x \geq 0 \text{ 时} \\ -x, & \text{当 } x < 0 \text{ 时} \end{cases}$$

绝对值 $|x|$ 的几何意义是:$|x|$ 表示点 x 到原点 O 的距离.而 $|x-y|$ 则表示点 x 与点 y 之间的距离.

因此，设 $a \geq 0$，不等式 $|x| \leq a$ 表示点 x 到原点的距离小于等于 a. 即 $|x| \leq a$ 的充分必要条件是 $-a \leq x \leq a$.

绝对值有以下一些基本性质：

设 x, y 为任意实数，则

1. $|x| \geq 0$；
2. $|-x| = |x|$；
3. $-|x| \leq x \leq |x|$；
4. $|x \pm y| \leq |x| + |y|$；
5. $||x| - |y|| \leq |x - y|$；
6. $|xy| = |x||y|$；
7. $\left|\dfrac{x}{y}\right| = \dfrac{|x|}{|y|}(y \neq 0)$.

这里我们只给出性质 4，性质 5 的证明，其余性质利用绝对值的定义很容易得到，把它们留给读者作为练习.

性质 4 的证明：

我们只就 $|x + y| \leq |x| + |y|$ 来证. 由性质 3 可得
$$-|x| \leq x \leq |x|, \quad -|y| \leq y \leq |y|$$
因此
$$-(|x| + |y|) \leq x + y \leq |x| + |y|$$
这等价于
$$|x + y| \leq |x| + |y|$$

性质 5 的证明：

由性质 4 可得
$$|x| = |x - y + y| \leq |x - y| + |y|$$
因此
$$|x| - |y| \leq |x - y|$$
在上式中交换 x 与 y 的位置可得
$$|y| - |x| \leq |y - x|$$
即
$$|x| - |y| \geq -|x - y|$$
从而证得
$$-|x - y| \leq |x| - |y| \leq |x - y|$$
即
$$||x| - |y|| \leq |x - y|$$

三、区间与邻域

在本课程中,常用的实数集都有特定的记号,例如,$\mathbf{R}$ 表示全体实数构成的集合;$\mathbf{N}$[①] 表示自然数全体构成的集合;$\mathbf{Z}$ 表示整数全体构成的集合. 此外还有区间,它们的表示及含义如下:

开区间 $(a,b) = \{x \mid a < x < b\}$;

闭区间 $[a,b] = \{x \mid a \leqslant x \leqslant b\}$.

类似地还有半开半闭区间 $(a,b]$ 和 $[a,b)$,这里 a,b 分别称为区间的左、右端点, $b-a$ 称为区间的长度. 对于端点为无限的区间,它们的表示及含义是:

$(-\infty, +\infty) = \mathbf{R} = \{x \mid -\infty < x < +\infty\}$;

$(-\infty, a) = \{x \mid -\infty < x < a\} = \{x \mid x < a\}$;

$[a, +\infty) = \{x \mid a \leqslant x < +\infty\} = \{x \mid x \geqslant a\}$.

当考虑某点附近的点所构成的集合时,我们常用邻域的概念来描述.

设 $\delta > 0$,我们称 $O_\delta(x_0)$ 为 x_0 的 δ 邻域,具体定义为

$$O_\delta(x_0) = (x_0 - \delta, x_0 + \delta)$$

其中 x_0 称为 $O_\delta(x_0)$ 的中心点,δ 称为 $O_\delta(x_0)$ 的半径,而

$$O_\delta(x_0) \setminus \{x_0\} = (x_0 - \delta, x_0) \cup (x_0, x_0 + \delta)$$

称为 x_0 的 δ 去心邻域,其中 $(x_0 - \delta, x_0)$ 称为 x_0 的左邻域,$(x_0, x_0 + \delta)$ 称为 x_0 的右邻域.

对于无穷远点 ∞ 的邻域,它的表示及含义为:设 $M > 0$,我们称 $O_M(\infty)$ 为 ∞ 点的 M 邻域,其中

$$O_M(\infty) = \{x \mid |x| > M\} = (-\infty, -M) \cup (M, +\infty)$$

$(-\infty, -M)$ 是 ∞ 的左邻域,$(M, +\infty)$ 是 ∞ 的右邻域.

邻域 $O_\delta(x_0)$ 与 $O_M(\infty)$ 用数轴形象地表示为

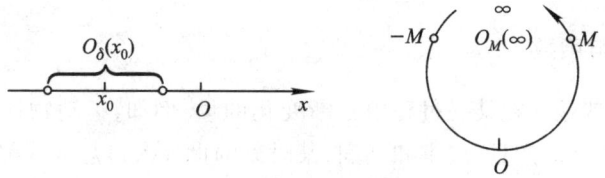

图 1-2

例 解不等式 $|x+2| < |x-1|$,并用区间表示该不等式的解集.

[①] 本书自然数是非负整数.

解 由绝对值的几何意义可知,待解不等式要求的是这样的一些点 x 的集合:它到 -2 的距离小于它到 1 的距离.在数轴上易知 $-\dfrac{1}{2}$(此点为 -2 和 1 的中点)到 -2 的距离与到 1 的距离相等.于是可知当 $x<-\dfrac{1}{2}$ 时,x 到 -2 的距离小于 x 到 1 的距离.如图 1-3 所示.

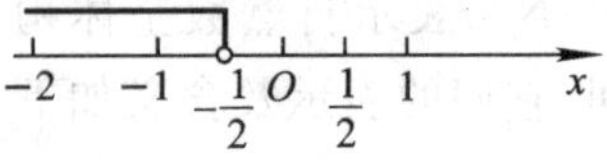

图 1-3

故所给不等式的解集为 $\left\{x\mid x<-\dfrac{1}{2}\right\}$,用区间表示即为 $\left(-\infty,-\dfrac{1}{2}\right)$.

练习 1.1

1. 解下列不等式,并用区间表示不等式的解集:
   (1) $|x+1|<3$;
   (2) $|x-2|\geqslant 5$;
   (3) $|2x+1|>|x-1|$;
   (4) $|x|>x+1$;
   (5) $0<|ax+b|<\delta$(a,b,δ 均为正的常数);
   (6) $|x+1|+|x-1|\leqslant 4$.

2. 利用不等式 $|a+b|<|a|+|b|$ 证明:
   (1) 当 $|x+1|<\dfrac{1}{2}$ 时,$|x-2|<\dfrac{7}{2}$;
   (2) 当 $|x-1|\leqslant 1$ 时,$|x^2-1|\leqslant 3|x-1|$.

3. 证明不等式:
   (1) $|a-b|\leqslant |a-c|+|c-b|$;
   (2) $|a-b|\leqslant |a|+|b|$.

§1.2 函数概念

一、变量与函数

所谓变量就是指在某一过程中不断变化的量.例如,运动物体的速度;某地的气温;某种产品的产量、成本和利润;某时刻的世界人口总数等都是变量.时间是我们最熟悉的变量,很多变量的变化都依赖于时间.例如,物理学中自由落体的距离 s 与时间 t 的关系为 $s=\dfrac{1}{2}gt^2$;又如复利问题,存入银行 k_0 元本金,银行的月利率为 2%,那么在第 t 个月后的存款余额(又称为本息金)a_t 与 t 的关系为 $a_t=k_0\cdot 1.02^t$,$t=1,2,3,\cdots$.也有一些变量的变化是不依赖于时间的.例如圆的面积 S 只依赖于该圆的半径 r,即 $S=\pi r^2$.

另外,有的量在某一变化过程中始终保持不变,称这种量为常量.例如,$s = \frac{1}{2}gt^2$ 中的 g;$S = \pi r^2$ 中的 π.

任何变量的取值都有一定的范围,称变量的取值范围为该变量的变域.变域一般是实数集 $\mathbf{R}$ 的某个子集.变量的变域若是区间,则称这种变量为连续取值变量,比如 $s = \frac{1}{2}gt^2$ 中的 t 的取值为 $(0, T_0)$,T_0 为某个实数,此处的 t 是连续取值变量,相应的 s 也是连续取值变量.若变量的变域不是区间,比如在 $a_t = k_0 \cdot 1.02^t$ 中,t 的取值为 $\{1, 2, 3, \cdots\}$,a_t 相应的取值为 $\{1.02 k_0, 1.02^2 k_0, 1.02^3 k_0, \cdots\}$,$t$ 和 a_t 的取值具有"跳跃"性,称这种变量为离散取值变量.

在上面的关系式 $s = \frac{1}{2}gt^2$,$a_t = k_0 \cdot 1.02^t$ 以及 $S = \pi r^2$ 中,我们可以看出,在同一问题中所涉及的诸变量之间都按一定的规律相联系,其中一个变量的变化将会引起另一变量的变化,当前者(又称为自变量)的值确定后,后者(又称为因变量)的值按照一定的关系相应被确定.变量之间的这种相互确定的依赖关系抽象出来就是函数的概念.下面给出一元函数(只有一个自变量的函数)的定义.

定义 1.2 设有两个变量 x 与 y,变量 x 属于某实数集合 D.如果存在一个确定的法则(也说对应规则)f,使得对于每一个 $x \in D$,都有惟一的一个实数 y 与之对应,则称这个对应法则 f 为定义在实数集合 D 上的一个一元函数,简称函数.D 称为 f 的定义域.

函数 f 的定义域 D 通常记为 $D(f)$.

当 $x \in D(f)$ 时,称函数 f 在 x 处有定义;否则称 f 在 x 处无定义.

对于每个 $x \in D(f)$,由法则 f 所对应的实数 y 称为 f 在点 x 处的函数值,常记为 $f(x)$.全体函数值的集合称为函数 f 的值域,记为 $R(f)$.即

$$R(f) = \{y \mid y = f(x), x \in D(f)\}$$

注意 定义 1.2 中,法则 f 确定了变量 x 与变量 y 之间的对应关系,这种对应关系也称为函数关系.函数关系中 x 通常称为自变量,y 称为因变量(因此也称 y 是 x 的函数).另外,由定义 1.2 知,确定一个函数需要两个要素,即定义域 $D(f)$ 和对应法则 f.因此,常用

$$y = f(x), x \in D(f)$$

表示函数 f,也称其为函数 f 的函数表达式.例如,常数函数 $y = C$(C 是一个给定的实数),其定义域为全体实数 $\mathbf{R}$,值域为单点集 $\{C\}$,尽管在其表达式中并没出现自变量 x,但是它能反映出 x 与 y 之间的对应关系.

我们称两个函数相同,如果它们的定义域和对应法则都相同.

二、函数的表示法

函数的表示法一般有三种:表格法、图示法和解析法.

我们用例子说明.

例 1 据统计,20 世纪 60 年代世界人口增长情况如表 1-1 所示:

表 1-1

年份 t	1960	1961	1962	1963	1964	1965	1966	1967	1968
人口 n/百万	2 972	3 061	3 151	3 213	3 234	3 285	3 356	3 420	3 483

从表 1-1 可以看出 20 世纪 60 年代世界人口随年份的变化而变化的规律:随着年份 t 的变化,世界人口数 n 在不断增长. n 是 t 的函数,其定义域为 $\{1960,1961,\cdots\}$,值域为 $\{2\,972,3\,061,\cdots\}$. 这种用表格表示函数关系的方法就称为表格法.

例 2 某气象站用温度自动记录仪记录某地的气温变化情况. 设某天 24 小时的气温变化曲线如图 1-4 所示.

图 1-4 中的曲线描述了一天中的温度 T 随时间 t 变化的规律. T 是 t 的函数,t 与 T 之间的相互对应关系由曲线上的点的位置确定. 例如图 1-4 中,曲线上点 P 的横坐标为 t_0,纵坐标 T_0 就是曲线所描述的函数在点 t_0 的函数值. 其定义域为 $[0,24]$,值域为 $[10,35]$. 这种用图形表示函数的方法称为图示法.

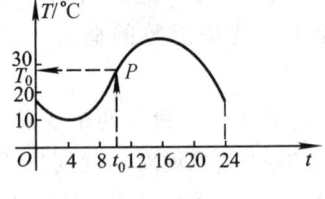

图 1-4

例 3 设有一个半径为 r 的半圆形铁皮,将此铁皮做成一个圆锥形容器,问该圆锥形容器的体积 V 是多少?

解 易知圆锥形容器的底圆半径 $r_1 = \dfrac{1}{2}r$,圆锥形容器的高 $h = \dfrac{\sqrt{3}}{2}r$,故其容积

$$V = \frac{1}{3}\pi r_1^2 h = \frac{\sqrt{3}}{24}\pi r^3$$

上式表示了体积 V 与 r 之间的关系. V 随着 r 的变化而变化. V 是 r 的函数. 这种用解析表达式(简称为解析式)表示函数关系的方法称为解析法.

函数的三种表示法各有其特点,表格法和图示法直观明了,解析法易于运算. 在处理实际问题中可以结合使用.

在用解析法表示函数时,有一种特别的情形,即,有些函数在它的定义域的不同部分,其表达式不同,亦即用多个解析式表示一个函数,这类函数称为分段

函数.例如,绝对值函数

$$y = |x| = \begin{cases} x, & x \geq 0 \\ -x, & x < 0 \end{cases}$$

和取整函数$[x]$,$[x]$表示不超过x的最大整数,即

$$y = [x] = n, n \leq x < n+1, n = 0, \pm 1, \pm 2, \pm 3, \cdots$$

就都是分段函数.它们的图形分别如图1-5和图1-6所示.

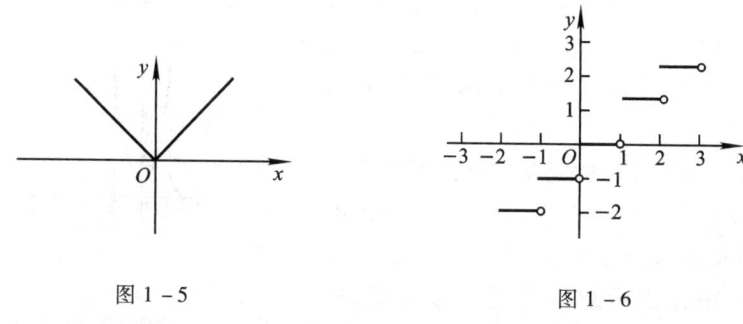

图1-5　　　　　　图1-6

对于取整函数$[x]$,可以证明:对任意的实数x,有不等式

$$[x] \leq x < [x] + 1$$

注意　分段函数的定义域是其各段定义域的并集;另外,分段函数在其整个定义域上是一个函数,而不是几个函数.

三、函数定义域

我们知道,一个函数$y=f(x)$的确定要有两个要素,即定义域$D(f)$和对应法则f.当我们给定某个函数时,事先要给定其定义域,但对于由解析式表示的函数,其定义域是指使得该函数表达式有意义的自变量取值的全体,这种定义域称为函数的自然定义域.函数的自然定义域通常不写出,因此需要我们去求出其定义域.为此,我们必须掌握一些常用的函数表达式有意义的条件.如负数不能开偶次方根;分式的分母不能为零;对数的真数必须为正数等.

下面是求函数定义域的几个例子.

例4　求函数$f(x) = \ln(x-1) + \dfrac{1}{\sqrt{x^2-1}}$的定义域.

解　要使$f(x)$有意义,必须有

$$x - 1 > 0 \text{ 且 } x^2 - 1 > 0$$

由$x-1>0$得$x>1$,即$x \in (1, +\infty)$.

由$x^2-1>0$得$x>1$或$x<-1$,即$x \in (-\infty, -1) \cup (1, +\infty)$.

综上可知,函数$f(x)$的定义域为

$$D(f) = (1, +\infty) \cap [(-\infty, -1) \cup (1, +\infty)] = (1, +\infty)$$

例5 求分段函数

$$g(x) = \begin{cases} x+3, & 2<|x|\leq 4 \\ 2x^2+1, & |x|\leq 2 \end{cases}$$

的定义域,并作其图形.

解 由于分段函数定义域是各段定义域的并集,故 g 的定义域为

$$D(g) = [-4, -2) \cup (2, 4] \cup [-2, 2] = [-4, 4]$$

按照函数 $g(x)$ 在其各段定义域上相应的表达式,分段作图得该函数的图形,如图 1-7 所示.

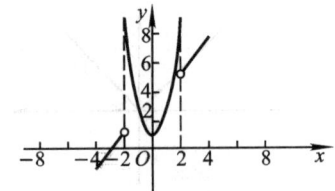

图 1-7

注意 如果某函数是从实际问题中得到的,其自变量有实际的含义,此时定义域的确定需根据实际情况来确定.比如在圆面积公式 $S = \pi r^2$ 中,r 表示圆半径,它必是正数,故此函数的定义域为 $(0, +\infty)$.因为若不考虑实际意义,则上述函数的自然定义域为 $(-\infty, +\infty)$.

练习 1.2

1. 试判断下列每对函数是否是相同的函数,并说明理由:

(1) $y = x$ 与 $y = 2^{\log_2 x}$;
(2) $y = \sin(\arcsin x)$ 与 $y = x$;
(3) $y = 2\ln x$ 与 $y = \ln x^2$;
(4) $y = |x|$ 与 $y = \sqrt{x^2}$;
(5) $y = \sqrt{1+\cos 2x}$ 与 $y = \sqrt{2}\cos x$;
(6) $y = \arctan(\tan x)$ 与 $y = x$;
(7) $y = \sin^2 x + \cos^2 x$ 与 $y = 1$;
(8) $y = f(x)$ 与 $x = f(y)$;
(9) $y = \ln(x^2 - 1)$ 与 $y = \ln(x+1) + \ln(x-1)$.

2. 求下列函数的定义域,并用区间表示:

(1) $y = \sqrt{x-2} + \dfrac{1}{x-3} + \ln(5-x)$;
(2) $y = \dfrac{\sqrt{x+2}}{|x|-x}$;
(3) $y = 2^{\frac{1}{x}} + \arcsin \ln \sqrt{1-x}$;
(4) $y = \arcsin \dfrac{1}{x}$;
(5) $y = \sqrt{\dfrac{1-x}{1+x}}$;
(6) $y = \ln \sin x$;
(7) $y = e^{\frac{1}{\sqrt{x}}} + \dfrac{1}{1 - \ln x}$.

3. 求下列分段函数的定义域,并作出函数的图形:

(1) $y = \begin{cases} \sqrt{4-x^2}, & |x|<2 \\ x^2 - 1, & 2 \leq |x| < 4 \end{cases}$;

(2) $y = \begin{cases} \dfrac{1}{x}, & x<0 \\ x-3, & 0 \leq x < 1 \\ -2x+1, & 1 \leq x < +\infty \end{cases}$

4. 求分段函数的函数值 $f(0), f(1), f(-1), f(1.5), f(-1.5), f(1+k)$：

(1) $f(x) = \begin{cases} 1-2x, & |x| \leq 1 \\ x^2+1, & |x| > 1 \end{cases}$;

(2) $f(x) = \begin{cases} \dfrac{x^2-1}{2}, & x \neq 1 \\ 0, & x = 1 \end{cases}$.

5. 将下列函数写成分段函数：

(1) $f(x) = 3x + |x-5|$;

(2) $f(x) = |x^2 - 9|$;

(3) $f(x) = [x] - x, 4 \leq x < 6$;

(4) $f(x) = \dfrac{|x|}{x^2}$.

§1.3 函数的几何特征

本节将介绍函数的单调性、有界性、奇偶性及周期性等几何特性.

一、单调性

定义 1.3 设函数 $f(x)$ 在实数集 D 上有定义, 对于 D 内的任意两数 x_1, x_2, $x_1 < x_2$, 若总有 $f(x_1) \leq f(x_2)$ 成立, 则称 $f(x)$ 在 D 内是单调递增(简称为单增)的; 若总有 $f(x_1) \geq f(x_2)$ 成立, 则称 $f(x)$ 在 D 内是单调递减(简称为单减)的; 若总有 $f(x_1) < f(x_2)$ 成立, 则称 $f(x)$ 在 D 内是严格单增的; 若总有 $f(x_1) > f(x_2)$ 成立, 则称 $f(x)$ 在 D 内是严格单减的. 严格单增(单减)也是单增(单减). 当 $f(x)$ 在 D 内是单调递增(单调递减)时, 又称 $f(x)$ 是 D 内的单调递增(单调递减)函数. 单调递增函数或单调递减函数统称为单调函数.

例1 函数 $y = x^3$ 在 $(-\infty, +\infty)$ 内是严格单增的.

因为

$$x_1^3 - x_2^3 = (x_1 - x_2)(x_1^2 + x_1 x_2 + x_2^2)$$
$$= (x_1 - x_2)\left[\left(x_1 + \frac{1}{2}x_2\right)^2 + \frac{3}{4}x_2^2\right]$$

当 $x_1 < x_2$ 时, $x_1^3 < x_2^3$.

$y = x^3$ 的图形如图 1-8 所示.

例 2 函数 $y = x^2$ 在 $(-\infty, 0)$ 内是严格单减的; 在 $(0, +\infty)$ 内是严格单增的. 但在整个定义域 $(-\infty, +\infty)$ 内不是单调函数($y = x^2$ 的图形如图 1-9 所示).

证明留给读者.

二、有界性

定义 1.4 设函数 $f(x)$ 在集合 D 内有定义, 若存在正数 M, 使得对每一个 $x \in D$, 都有

$$|f(x)| \leq M$$

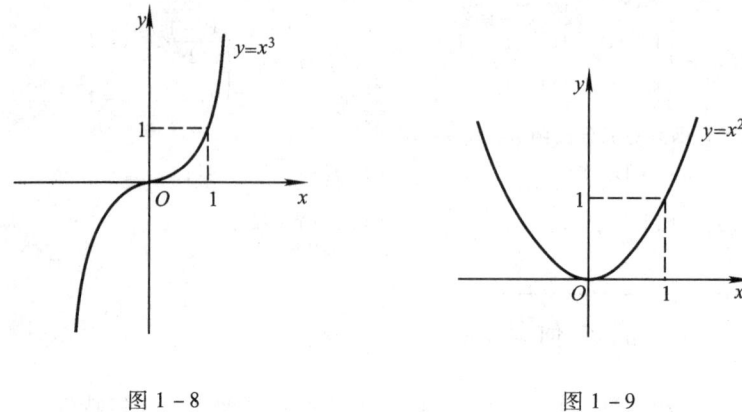

图 1-8   图 1-9

成立,则称 $f(x)$ 在 D 内有界,或称 $f(x)$ 为 D 内的有界函数;否则称 $f(x)$ 在 D 内无界,或称 $f(x)$ 为 D 内的无界函数.

定义 1.5 设函数 $f(x)$ 在集合 D 内有定义,若存在数 A(或 B),使得对每一个 $x \in D$,都有
$$f(x) \leqslant A(\text{或} f(x) \geqslant B)$$
成立,则称函数 $f(x)$ 在 D 内有上界(或有下界),也称 $f(x)$ 是 D 内有上界(或有下界)的函数.

显然,有界函数必有上界和下界;反之,既有上界又有下界的函数必是有界函数.

有界函数的图形完全落在两条平行于 x 轴的直线之间,如图 1-10 所示.

例如,函数 $y = \sin x$ 在 $(-\infty, +\infty)$ 内有界,因为 $|\sin x| \leqslant 1$. 而函数 $y = x^2$ 在 $(-\infty, +\infty)$ 内有下界但无上界(因 $x^2 \geqslant 0$),因此 $y = x^2$ 在 $(-\infty, +\infty)$ 内是无界函数. 不过函数 $y = x^2, x \in [-1, 1]$ 是有界函数.

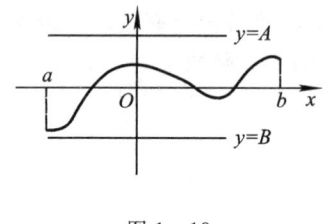

图 1-10

三、奇偶性

定义 1.6 设函数 $f(x)$ 在一个关于原点对称的实数集合 D 内有定义,若对每一个 $x \in D$(此时必有 $-x \in D$),都有
$$f(-x) = -f(x)(\text{或} f(-x) = f(x))$$
则称 $f(x)$ 为 D 内的奇(或偶)函数.

从定义 1.6 易知,奇函数的图形关于原点对称,而偶函数的图形关于 y 轴对称. 如图 1-11(a) 与 (b) 所示.

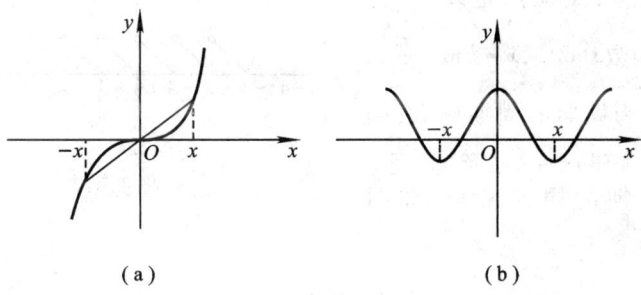

图 1-11

例如，$y = x^{2k+1}$（k 为整数）为奇函数，$y = x^{2k}$（k 为整数）为偶函数，$y = \sin x$ 是奇函数，$y = \cos x$ 是偶函数，$y = C$（C 为非零常数）是偶函数，$y = 0$ 既是奇函数又是偶函数，$y = x^2 + x$ 既不是奇函数也不是偶函数．

例 3 判断下列函数的奇偶性：

(1) $f(x) = \ln(x + \sqrt{1 + x^2})$; (2) $g(x) = \begin{cases} 1 - e^{-x}, & x \leq 0 \\ e^x - 1, & x > 0 \end{cases}$.

解 (1) $f(-x) = \ln(-x + \sqrt{1 + (-x)^2}) = \ln(-x + \sqrt{1 + x^2})$

$$= \ln \frac{1}{x + \sqrt{1 + x^2}} = -\ln(x + \sqrt{1 + x^2}) = -f(x)$$

所以 $f(x) = \ln(x + \sqrt{1 + x^2})$ 是奇函数．

(2) 因 $g(-x) = \begin{cases} 1 - e^{-(-x)}, & -x \leq 0 \\ e^{-x} - 1, & -x > 0 \end{cases}$

$= \begin{cases} 1 - e^x, & x \geq 0 \\ e^{-x} - 1, & x < 0 \end{cases} = -g(x)$

因此 $g(x)$ 为奇函数．

四、周期性

定义 1.7 设函数 $f(x)$ 在集合 D 内有定义，如果存在非零常数 T，使得对任意的 $x \in D$，恒有 $x + T \in D$，且

$$f(x + T) = f(x)$$

成立，则称 $f(x)$ 为周期函数．满足上式的最小正数 T_0，称为 $f(x)$ 的基本周期，简称周期．

例如,函数 $f(x)=C$ 是周期函数,但它没有基本周期;又如三角函数 $\sin x$ 和 $\cos x, x\in(-\infty,+\infty)$,是以 2π 为周期的周期函数;$\tan x, x\neq k\pi+\dfrac{\pi}{2}, k\in \mathbf{Z}$,是以 π 为周期的周期函数;函数 $f(x)=x-[x], x\in(-\infty,+\infty)$ 是以 1 为周期的周期函数. 如图 1-12 所示.

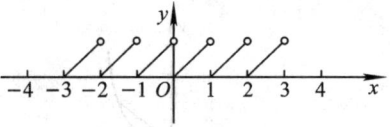

图 1-12

练习 1.3

1. 讨论下列函数的单调性(指出其单增区间和单减区间):
   (1) $y=\mathrm{e}^{ax}(a\neq 0)$;
   (2) $y=\sqrt{4x-x^2}$;
   (3) $y=x^3+1$;
   (4) $y=|x|-x$.

2. 讨论下列函数的奇偶性:
   (1) $f(x)=\dfrac{\sin x}{x}+\cos x$;
   (2) $f(x)=x\sqrt{x^2-1}+\tan x$;
   (3) $f(x)=\ln(\sqrt{x^2+1}-x)$;
   (4) $f(x)=\ln\dfrac{1-x}{1+x}$;
   (5) $f(x)=\dfrac{\mathrm{e}^x+\mathrm{e}^{-x}}{\mathrm{e}^x-\mathrm{e}^{-x}}$;
   (6) $f(x)=\cos\ln x$;
   (7) $f(x)=\begin{cases}1-x, & x<0,\\ 1+x, & x\geqslant 0;\end{cases}$
   (8) $f(x)=x^2-x+1$.

3. 判断下列函数是否为周期函数,如果是周期函数,求其周期:
   (1) $f(x)=\sin(2x+3)$;
   (2) $f(x)=x\cos x$;
   (3) $f(x)=\sin^2 x$;
   (4) $f(x)=1+|\sin 2x|$.

4. 已知 $f(x)$ 是以 2 为周期的函数,在 $[0,2)$ 上,$f(x)=x^2$,求 $f(x)$ 在 $[0,6]$ 上的表达式.

5. 设 $f(x)$ 在 $(-\infty,+\infty)$ 内有定义,证明:$f(x)+f(-x)$ 为偶函数,而 $f(x)-f(-x)$ 为奇函数.

§1.4 反函数

定义 1.8 设函数 $y=f(x)$ 的定义域是 $D(f)$,值域是 $R(f)$,如果对每一个 $y\in R(f)$,都有惟一确定的 $x\in D(f)$ 与之对应且满足 $y=f(x)$,则 x 是定义在 $R(f)$ 上以 y 为自变量的函数,记此函数为

$$x=f^{-1}(y), y\in R(f)$$

并称其为函数 $y=f(x)$ 的反函数.

显见 $x=f^{-1}(y)$ 与 $y=f(x)$ 互为反函数,且 $x=f^{-1}(y)$ 的定义域和值域分别

是 $y=f(x)$ 的值域和定义域.

注意到在 $x=f^{-1}(y)$ 中,y 是自变量,x 是因变量,但是习惯上,常用 x 作为自变量,y 作为因变量.因此,$y=f(x)$ 的反函数 $x=f^{-1}(y)$ 常记为

$$y=f^{-1}(x),x\in R(f)$$

因此,

$$f^{-1}[f(x)]=x,x\in D(f)$$
$$f[f^{-1}(x)]=x,x\in R(f)$$

在平面直角坐标系 xOy 中,函数 $y=f(x)$ 的图形与其反函数 $y=f^{-1}(x)$ 的图形关于直线 $y=x$ 对称.

那么什么样的函数才有反函数呢?由定义 1.8 知,函数 $y=f(x)$ 具有反函数的充要条件是对应法则 f 使得定义域中的点与值域中的点是一个对一个的(简称一一对应).因为严格单调函数具有这种性质,所以严格单调函数必有反函数.

对于严格单调函数,求其反函数的步骤是先从 $y=f(x)$ 中解出 $x=f^{-1}(y)$,然后将 x 与 y 互换,便得到反函数 $y=f^{-1}(x)$.

例 1 函数 $y=kx+b(k\neq 0)$ 的反函数为 $y=\dfrac{x-b}{k}$;函数 $y=a^x(a>0,a\neq 1)$ 的反函数是 $y=\log_a x$;函数 $y=x^2,x\in(0,+\infty)$ 的反函数是 $y=\sqrt{x}$.而函数 $y=x^2$,$x\in(-\infty,0)$ 的反函数是 $y=-\sqrt{x}$.

以上各函数及其反函数的图形如图 1-13(a),(b),(c)所示.

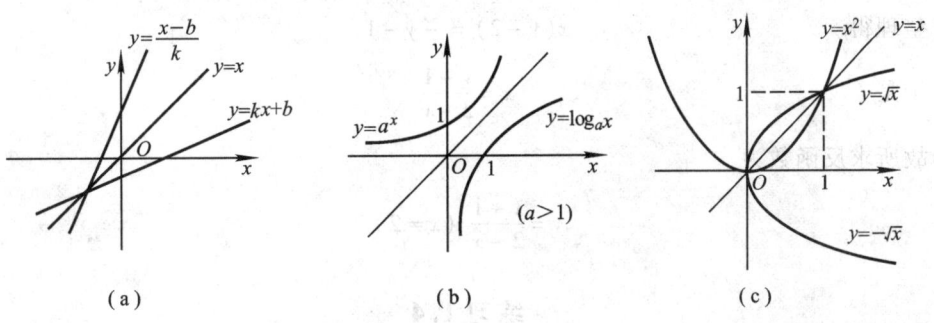

图 1-13

从图中我们看出 $y=f(x)$ 与 $y=f^{-1}(x)$ 的单调性相同.这一点可以由函数单调性的定义给予证明.请读者自己完成.

注意 函数 $y=x^2$ 在整个定义域 $(-\infty,+\infty)$ 内不存在反函数.

例 2 求下列函数的反函数:

(1) $y = \dfrac{e^x - e^{-x}}{2}$; (2) $y = \ln(x + \sqrt{x^2 + 1})$; (3) $y = \dfrac{2x-1}{x+1}$.

解 (1) 由 $y = \dfrac{e^x - e^{-x}}{2}$ 得

$$e^{2x} - 2ye^x - 1 = 0$$

解之得

$$e^x = y \pm \sqrt{y^2 + 1}$$

因 $e^x > 0$,故 $e^x = y - \sqrt{y^2+1}$ 应舍去. 从而有 $e^x = y + \sqrt{y^2+1}$, 求得 $x = \ln(y + \sqrt{y^2+1})$.

因此 $y = \dfrac{e^x - e^{-x}}{2}$ 的反函数为

$$y = \ln(x + \sqrt{x^2+1}), x \in (-\infty, +\infty)$$

(2) 由(1)可知 $y = \ln(x + \sqrt{x^2+1})$ 的反函数为

$$y = \dfrac{e^x - e^{-x}}{2}, x \in (-\infty, +\infty)$$

(3) 由 $y = \dfrac{2x-1}{x+1}$ 得

$$xy + y = 2x - 1$$

整理得

$$x(y-2) = -y-1$$

于是

$$x = \dfrac{y+1}{2-y}$$

故所求反函数为

$$y = \dfrac{x+1}{2-x} \quad (x \neq 2)$$

练习 1.4

1. 求下列函数的反函数及反函数的定义域:

(1) $y = \ln(1-2x), D_f = (-\infty, 0)$;

(2) $y = \sqrt{9-x^2}, D_f = [0, 3]$;

(3) $y = 2\cos\dfrac{x}{3}, D_f = [0, \pi]$;

(4) $y = \dfrac{e^x + e^{-x}}{2}, D_f = [0, +\infty)$;

(5) $y = f(x) = \begin{cases} x-1, & x < 0 \\ x^2, & x \geq 0 \end{cases}$;

(6) $y = \begin{cases} 2x-1, & 0 < x \leq 1 \\ 2-(x-2)^2, & 1 < x \leq 2 \end{cases}$.

§1.5 复合函数

定义 1.9 已知函数
$$y = f(u), u \in D(f), y \in R(f)$$
$$u = g(x), x \in D(g), u \in R(g)$$
如果 $D(f) \cap R(g) \neq \emptyset$(空集),则称函数
$$y = f[g(x)], x \in \{x \mid g(x) \in D(f)\}$$
为由函数 $y = f(u)$ 和 $u = g(x)$ 复合而成的复合函数. 其中 y 称为因变量,x 称为自变量,而 u 称为中间变量. 称集合 $\{x \mid g(x) \in D(f)\}$ 为复合函数 $y = f[g(x)]$ 的定义域.

例 1 讨论下列各组函数可否复合成复合函数,若可以,求出复合函数及其定义域.

(1) $y = f(u) = \sqrt{u+1}, u = g(x) = \ln x$;
(2) $y = f(u) = \ln(u^2 - 1), u = g(x) = \cos x$.

解 (1) 因 $D(f) = \{u \mid u \geq -1\}, R(g) = \{u \mid -\infty < u < +\infty\}$
于是
$$D(f) \cap R(g) = \{u \mid u \geq -1\} \neq \emptyset$$
所以 $f(u) = \sqrt{u+1}$ 与 $u = \ln x$ 可以复合成复合函数,其表达式为
$$y = \sqrt{\ln x + 1}$$
定义域为 $\{x \mid \ln x \geq -1\}$,即 $\{x \mid x \geq e^{-1}\}$.

(2) 因 $D(f) = \{u \mid u > 1\} \cup \{u \mid u < -1\}$
$$R(g) = \{u \mid -1 \leq u \leq 1\}$$
所以 $D(f) \cap R(g) = \emptyset$

故此两函数不能复合成复合函数 $y = f[g(x)]$.

注意 以上所述的是由两个函数复合构成一个复合函数的情况,还有由多个函数复合构成的复合函数. 例如由 3 个函数 $y = e^u, u = \sqrt{v}$ 以及 $v = \sin x + 2$ 可复合构成复合函数 $y = e^{\sqrt{\sin x + 2}}$. 另外,定义 1.9 中要求 $D(f) \cap R(g)$ 非空是必要的,因为若不然,则复合函数 $y = f[g(x)]$ 的定义域不存在,从而复合函数不存在.

由上面的例 1 可见,两函数复合构成一个复合函数实质上是将一个函数代入另一个函数得到一个新的函数,下面我们通过两个例子介绍利用复合函数和反函数求函数值以及函数表达式的一般方法.

例 2 设 $f(x) = \dfrac{1-x}{1+x}$,求 $f[1 + f(x)]$.

解 $f[1+f(x)] = \dfrac{1-(1+f(x))}{1+(1+f(x))} = \dfrac{-f(x)}{2+f(x)} = -\dfrac{1-x}{1+x} \Big/ \Big(2+\dfrac{1-x}{1+x}\Big)$

$\qquad\qquad\quad = \dfrac{x-1}{x+3}.$

例 3 设 $f(1+\sqrt{x}) = x$,求 $f(x)$.

解 令 $u = u(x) = 1+\sqrt{x}$,则 $x = (u-1)^2$. 于是
$$f(u) = (u-1)^2$$
即
$$f(x) = (x-1)^2$$

练习 1.5

1. 已知 $f(x) = \begin{cases} x^2+2x, & x\leqslant 0 \\ 2, & x>0 \end{cases}$,求 $f(x+1)$ 及 $f(x)+f(-x)$.

2. 已知 $f(x) = \dfrac{x}{1-x}(x\neq 1)$,证明: $f\left[\dfrac{f(x)}{f(x)-1}\right] = -f(x)$.

3. (1) 已知 $f\left(x-\dfrac{1}{x}\right) = \dfrac{x^2}{1+x^4}$,求 $f(x)$;

   (2) 已知 $f(x^2-1) = \ln\dfrac{x^2}{x^2-2}$,且 $f[\varphi(x)] = \ln x$,求 $\varphi(x)$.

4. 已知 $f(x) = e^{x^2}$, $f[g(x)] = 1-x$,且 $g(x) \geqslant 0$,求 $g(x)$ 及其定义域.

5. 在下列各题中,求由给定函数复合而成的复合函数:

   (1) $y = u^2, u = \ln v, v = \dfrac{x}{3}$;　　　　(2) $y = \sqrt{u}, u = e^x - 1$;

   (3) $y = \ln u, u = v^2+1, v = \tan x$;　　(4) $y = \sin u, u = \sqrt{v}, v = 2x-1$.

6. 指出下列各函数是由哪些基本初等函数经复合或四则运算而成的.

   (1) $y = \arccos\sqrt{x}$;　　　　　　　(2) $y = \ln\sin^2 x$;

   (3) $y = x^x$;　　　　　　　　　　　(4) $y = \arctan e^{\sqrt{x}}$.

7. 以下各对函数 $f(u)$ 与 $u = g(x)$ 中,哪些可以复合构成复合函数 $f[g(x)]$? 哪些不可复合? 为什么?

   (1) $f(u) = \arcsin(2+u), u = x^2$;　　(2) $f(u) = \arccos u, u = \dfrac{x}{1+x^2}$;

   (3) $f(u) = \sqrt{u}, u = \ln\dfrac{1}{1+x^2}$;　　(4) $f(u) = \ln(1-u), u = \sin x$.

---

§1.6　初等函数

一、基本初等函数

我们把常数函数、幂函数、指数函数、对数函数、三角函数和反三角函数这

6 类函数称为基本初等函数. 下面分别介绍这些函数的表达式、定义域及图形.

1. 常数函数 $y=C$, C 为常数. 其定义域为 $(-\infty, +\infty)$, 图形如图 1-14 所示. 它是一条平行于 x 轴的直线.

2. 幂函数 $y=x^{\mu}$, μ 为实数. 其定义域随 μ 的不同而相异. 但不论 μ 取何值, $y=x^{\mu}$ 总在 $(0, +\infty)$ 内有定义, 并且图形均经过 $(1,1)$ 点. 如图 1-15(a), (b) 所示的是几个不同的幂函数在 $(0, +\infty)$ 内的图形, 如图 1-15(c) 所示的是幂函数 $y=x^{-1}$ 的图形.

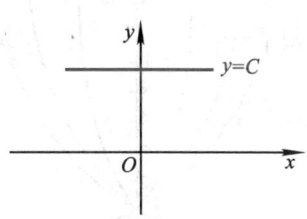

图 1-14

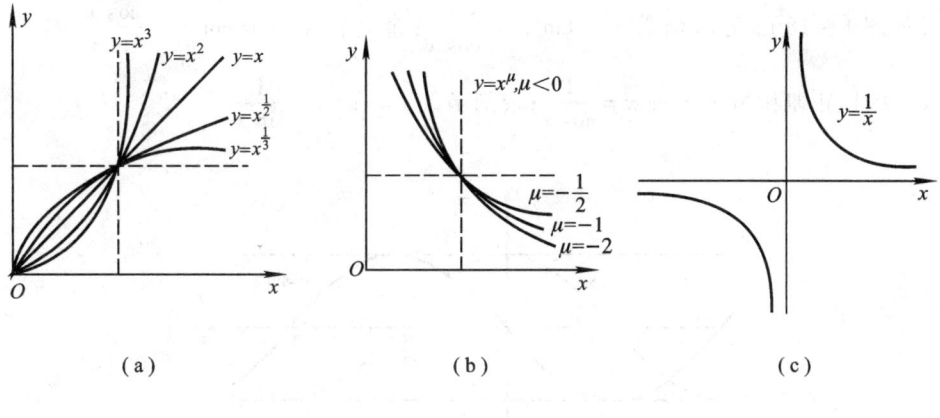

(a) (b) (c)

图 1-15

3. 指数函数 $y=a^x$ $(a>0, a\neq 1)$, 其定义域为 $(-\infty, +\infty)$. 当 $0<a<1$ 时, $y=a^x$ 为严格单减函数; 当 $a>1$ 时, $y=a^x$ 为严格单增函数, 如图 1-16 所示的是几个不同的指数函数的图形.

在实际中, 常出现以 e 为底的指数函数 $y=e^x$, 其中 $e=2.71828\cdots$ 是一个无理数. $y=e^x$ 也是本课程里主要研究的对象.

4. 对数函数 $y=\log_a x$ $(a>0, a\neq 1)$, 它是指数函数 $y=a^x$ 的反函数. 其定义域为 $(0, +\infty)$, 当 $0<a<1$ 时, $y=\log_a x$ 为严格单减函数; 当 $a>1$ 时, $y=\log_a x$ 为严格单增函数. 如图 1-17 所示的是几个不同的对数函数的图形.

通常以 10 为底的对数函数记为 $y=\lg x$, 称为常用对数, 而以 e 为底的对数函数记为 $y=\ln x$, 称为自然对数.

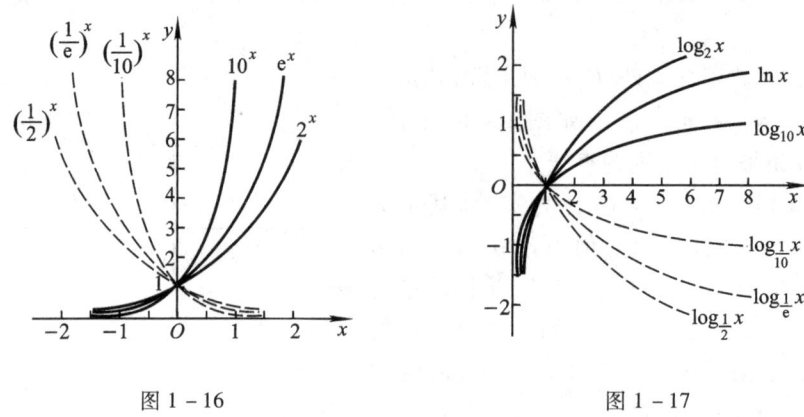

图 1-16　　　　　　　　　　图 1-17

5. **三角函数**　三角函数有以下 6 个：正弦函数 $y = \sin x$；余弦函数 $y = \cos x$（如图 1-18）；正切函数 $y = \tan x = \dfrac{\sin x}{\cos x}$；余切函数 $y = \cot x = \dfrac{\cos x}{\sin x}$（如图 1-19）；正割函数 $y = \sec x = \dfrac{1}{\cos x}$；余割函数 $y = \csc x = \dfrac{1}{\sin x}$.

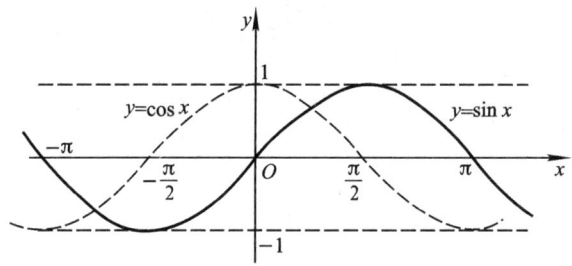

图 1-18

正弦函数 $\sin x$ 和余弦函数 $\cos x$ 的定义域均是 $(-\infty, +\infty)$；正切函数 $\tan x$ 和正割函数 $\sec x$ 的定义域均是 $\left\{x \mid x \neq k\pi + \dfrac{\pi}{2}, k \in \mathbf{Z}\right\}$；余切函数 $\cot x$ 和余割函数 $\csc x$ 的定义域均为 $\{x \mid x \neq k\pi, k \in \mathbf{Z}\}$.

所有 6 个三角函数均为周期函数，$\sin x, \cos x, \sec x, \csc x$ 的最小正周期为 2π；$\tan x, \cot x$ 的最小正周期为 π.

值得注意的是，在微积分中，三角函数的自变量 x 是以弧度为单位的，弧度与度数之间的换算关系是：

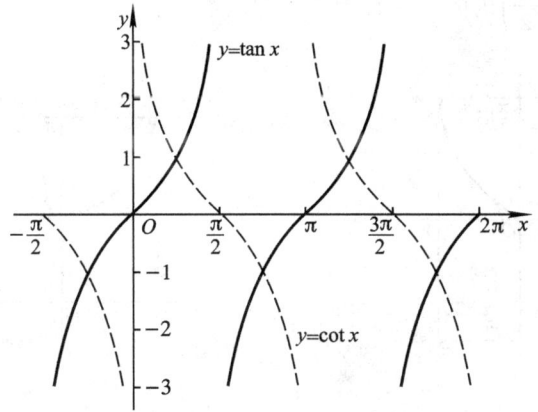

图 1-19

$$360° = 2\pi \text{ 弧度或 } 1° = \frac{\pi}{180} \text{ 弧度或 } 1 \text{ 弧度} = \frac{180°}{\pi}$$

6. 反三角函数 由于三角函数均具有周期性,因此对应于一个函数值 y 的自变量 x 有无穷多个. 这表明在三角函数的定义域与值域之间的对应关系不是一一对应,所以在整个定义域上三角函数不存在反函数. 但我们可以考虑三角函数在其某一区间上的反函数,此即反三角函数.

(1) 反正弦函数

正弦函数 $y = \sin x$ 在区间 $\left[-\frac{\pi}{2}, \frac{\pi}{2}\right]$ 上严格单增,值域为 $[-1,1]$. 定义正弦函数在 $\left[-\frac{\pi}{2}, \frac{\pi}{2}\right]$ 上的反函数为反正弦函数,记为

$$y = \arcsin x$$

其定义域为 $[-1,1]$,值域为 $\left[-\frac{\pi}{2}, \frac{\pi}{2}\right]$. 其图形如图 1-20 所示.

(2) 反余弦函数

余弦函数 $y = \cos x$ 在区间 $[0,\pi]$ 上严格单减,值域为 $[-1,1]$. 定义余弦函数在 $[0,\pi]$ 上的反函数为反余弦函数,记为

$$y = \arccos x$$

其定义域为 $[-1,1]$,值域为 $[0,\pi]$. 其图形如图 1-21 所示.

(3) 反正切函数

正切函数 $y = \tan x$ 在 $\left(-\frac{\pi}{2}, \frac{\pi}{2}\right)$ 内严格单增,值域为 $(-\infty, +\infty)$,定义正

切函数在 $\left(-\dfrac{\pi}{2}, \dfrac{\pi}{2}\right)$ 内的反函数为反正切函数，记为

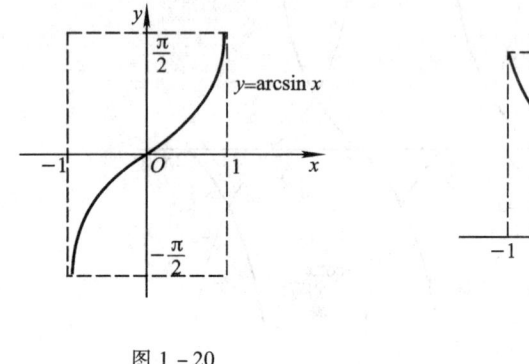

图 1-20　　　　　　　　图 1-21

$$y = \arctan x$$

其定义域为 $(-\infty, +\infty)$，值域为 $\left(-\dfrac{\pi}{2}, \dfrac{\pi}{2}\right)$。其图形如图 1-22 所示.

（4）反余切函数

余切函数 $y = \cot x$ 在 $(0, \pi)$ 内严格单减，值域为 $(-\infty, +\infty)$，定义余切函数 $y = \cot x$ 在 $(0, \pi)$ 内的反函数为反余切函数，记为

$$y = \operatorname{arccot} x$$

其定义域为 $(-\infty, +\infty)$，值域为 $(0, \pi)$。其图形如图 1-23 所示.

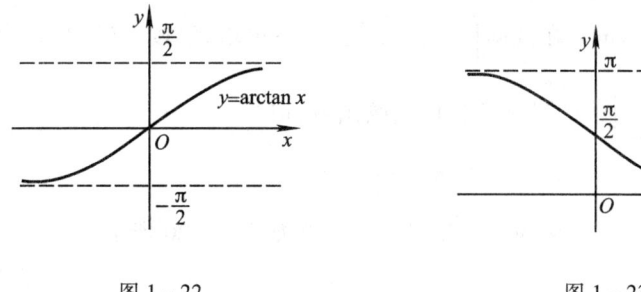

图 1-22　　　　　　　　图 1-23

二、初等函数

由基本初等函数经过有限次四则运算和有限次复合，并且在其定义域内具有统一的解析表达式，这样的函数统称为初等函数.

例如，$y = \ln\sqrt{x^2+1}$，$y = e^{\sin x + \cos x}$，$y = \arcsin \ln x$ 等均为初等函数.

值得强调的是形如

$$[f(x)]^{g(x)}$$

的函数($f(x),g(x)$是初等函数),其中$f(x)>0$,称之为幂指函数.由于有恒等式

$$[f(x)]^{g(x)} = e^{g(x)\ln f(x)}$$

因此幂指函数是初等函数.

例如,$x^x = e^{x\ln x}(x>0)$,$(1+x)^{\frac{1}{x}} = e^{\frac{1}{x}\ln(1+x)}(1+x>0)$,$x^{\sin x} = e^{\sin x\ln x}(x>0)$ 均为幂指函数.

微积分学主要研究初等函数,但根据实际需要,也会研究一些非初等函数.本课程中常见的非初等函数是前面已介绍过的分段函数(要注意$|x|$是初等函数,因为$|x| = \sqrt{x^2}$,尽管它还具有分段函数的性质,$|x| = \begin{cases} x, & x \geq 0 \\ -x, & x < 0 \end{cases}$)和以后章节中出现的隐函数、变限积分、幂级数等.

三、隐函数

到目前为止,我们所遇到的函数y,它们均由自变量x的某一个解析式所表达,例如

$$y = x^2, y = \ln x, y = \arcsin \frac{2x}{1+x^2}$$

这种形式的函数称为显函数,它们均为初等函数.但还有另一种形式的函数,其自变量x与因变量y之间的对应法则并不像上述显函数中所表示的那样明显,而是隐含于一个二元方程

$$F(x,y) = 0$$

之中.即对于某一实数集合D内的每一个x,均有由上述方程惟一确定的y与之对应(此处的y与x一起满足方程).若如此,我们称由方程$F(x,y) = 0$确定了一个定义在D上的隐函数,若形式地记此隐函数为

$$y = f(x), x \in D$$

则必有恒等式

$$F(x,f(x)) \equiv 0, x \in D$$

例如,由方程$x^2 + 2xy - 1 = 0$可确定一个定义在$(-\infty,0) \cup (0,+\infty)$内的隐函数$y = f(x)$.解方程可得

$$y = f(x) = \frac{1-x^2}{2x}, x \neq 0$$

又例如,由方程$\sqrt{x} + \sqrt{y} = 1$可确定一个定义在$[0,1]$上的隐函数$y = f(x)$,解方程易得

$$y = f(x) = (1-\sqrt{x})^2, x \in [0,1]$$

注意 由方程$F(x,y) = 0$确定的隐函数,一般并不像上面所举的例子那

样,能从方程中解出 y,并用自变量 x 的显函数形式表示. 例如,由方程 $e^{xy} + x + y = 0$ 能确定 $x \in (0, +\infty)$ 内的隐函数 $y = f(x)$,使得 $e^{xf(x)} + x + f(x) = 0$ 恒成立,但是 $f(x)$ 却无法用 x 的显函数形式来表达. 此处 $f(x)$ 无法用初等函数表达,因而它是一个非初等函数.

还要注意的是,并不是任一方程都能确定出隐函数,如方程 $x^2 + y^2 + 1 = 0$ 就不能确定隐函数. 方程能确定隐函数的条件,我们将在第 7 章中给出.

练习 1.6

1. 设 $\pi < x < \dfrac{3\pi}{2}$,且满足 $\sin x = a$,其中 a 是区间 $(-1, 0)$ 内的某个常数. 求 x 的值.
2. 设 $-\pi < x < \pi, \cos x = -\dfrac{\sqrt{3}}{2}$,求 x 的值.
3. 取整函数 $y = [x], x \in (-\infty, +\infty)$ 是否为初等函数?为什么?
4. 方程 $xy^2 + y - 1 = 0$ 能否确定 y 是 x 的隐函数?若能,试写出它的显函数形式.

§1.7 简单函数关系的建立

一、简单函数关系的建立

在用数学方法解决实际问题时,首先需要建立这个问题的数学模型,就是将问题中变量之间的依赖关系用**数学公式**表达出来,也就是建立变量间的函数关系. 然后应用有关的数学知识或其他相关知识分析、综合,以达到解决问题的目的.

以下是建立函数关系的两个例子.

例 1 在半径为 a(单位:cm)的球内嵌入一内接圆柱,试将圆柱的体积表示为其高的函数.

解 设圆柱的体积为 y,高为 x. 由于圆柱和球均为中心对称的图形,因此过球心且平行于圆柱母线的任一平面与圆柱相截所得的截面应是中心在球心的长方形,且该长方形的对角线长为 $2a$. 由此可知,圆柱的底面直径为 $\sqrt{4a^2 - x^2}$. 从而圆柱的体积为

$$y = \pi \left(\frac{\sqrt{4a^2 - x^2}}{2} \right)^2 x = \frac{\pi}{4} x(4a^2 - x^2), 0 < x < 2a$$

这就是圆柱体积 y 与高 x 之间的关系.

例 2 一房地产公司有 50 套公寓要出租,当租金定为每月 180 元时,公寓会全部租出去. 当租金每月增加 10 元时,就有一套公寓租不出去,而租出去的每

套公寓每月需花费 20 元的维护费. 试建立每个月房租与房地产公司的总收入之间的关系.

解 设房租为 x 元/月（$x = 180, 190, 200, \cdots$），出租房总收入为 R 元. 易知总收入 R 等于（房租 x - 维护费）× 租出去的公寓的套数. 另外，由题设可知，房租为 x 元/月时，可租出去的公寓套数为 $\left(50 - \dfrac{x-180}{10}\right)$ 套. 因此总收入为

$$R = R(x) = (x-20)\left(50 - \dfrac{x-180}{10}\right)$$

$$= (x-20)\left(68 - \dfrac{x}{10}\right), \quad x = 180, 190, 200, \cdots, 680$$

二、经济学中常见的函数关系

1. 总成本函数、总收入函数和总利润函数

人们在从事生产和经营活动时，所关心的问题是产品的成本、销售收入（又称为收益）和利润. 产品的成本就是生产产品的总投入，它包括固定成本（又称为不变成本）和可变成本. 低成本、高收入以致高利润是每一个生产经营者的愿望. 销售收入是指产品出售后所得的收入，而利润就是收入扣去成本后的余额.

我们通常把成本 C，收入 R 和利润 L 称为经济变量. 在不考虑一些次要因素的情况下，这些经济变量都只与其相应产品的产量或者说销售量 x 有关. 它们可以看成是 x 的函数. 分别称为总成本函数，记为 $C(x)$；总收入函数，记为 $R(x)$；总利润函数，记为 $L(x)$.

一般地，总成本由固定成本和可变成本两部分构成. 固定成本与产量 x 无关. 可变成本随产量增加而增加. 显而易见，总成本是产量 x 的单增函数；总收入 $R(x)$ 是销售量 x 与销售单价 P 的乘积，即 $R(x) = Px$；总利润 $L(x)$ 等于总收入减去总成本，即 $L(x) = R(x) - C(x)$.

例 3 某种产品每台售价 90 元，成本为 60 元，厂家为鼓励销售商大量采购，决定凡是订购量超过 100 台以上的，多出的产品实行降价，其中降价比例为每多出 100 台每台降价 1 元（例如某商场订购 300 台，订购量比 100 台多 200 台，于是多出的这 200 台每台就降价 $0.01 \times 200 = 2$ 元，商场可以按 88 元/台的价格购进这多出的 200 台），但最低价为 75 元/台.

(1) 试将每台的实际售价 P 表示为订购量 x 的函数；

(2) 把利润 L 表示为订购量 x 的函数；

(3) 当一商场订购 1 000 台时，厂家可获利润多少？

解 (1) 由题设，当 $x \leqslant 100$ 时，实际售价

$$P = 90 \text{ 元/台}$$

当 $x>100$ 时,由于产品最低价为 75 元/台,所以 $90-(x-100)\cdot 0.01 \geqslant 75$,即 $x \leqslant 1\ 600$. 故当 $100<x\leqslant 1\ 600$ 时,实际售价

$$P = 90-(x-100)\cdot 0.01 (元/台)$$

而当 $x>1\ 600$ 时,实际售价

$$P = 75\ 元/台$$

综上可知,实际售价 P 与订购量 x 关系如下:

$$P = \begin{cases} 90, & x\leqslant 100 \\ 90-(x-100)\cdot 0.01, & 100<x\leqslant 1\ 600 \\ 75, & x>1\ 600 \end{cases}$$

(2)由于销售 x 台总收入

$$R(x) = \begin{cases} 90x, & x\leqslant 100 \\ [90-(x-100)\cdot 0.01](x-100)+9\ 000, & 100<x\leqslant 1\ 600 \\ 75(x-100)+9\ 000, & x>1\ 600 \end{cases}$$

x 台总成本 $C(x)=60x$,因此销售 x 台的利润为

$$L(x) = R(x)-C(x) = \begin{cases} 30x, & x\leqslant 100 \\ 30x-(x-100)^2\cdot 0.01, & 100<x\leqslant 1\ 600 \\ 15x+1\ 500, & x>1\ 600 \end{cases}$$

(3)由(2)可知,当商场订购 1 000 台时,厂家可获利润

$$L = 30\times 1\ 000-(1\ 000-100)^2\times 0.01 = 21\ 900(元)$$

2. 需求函数与供给函数

产品的市场需求量与市场供给量是与产品的价格直接相关的量. 一般地说,一产品的市场需求量 Q_d 与该商品的价格 P 的关系是:降价使需求量增加,涨价使需求量减少. 若不考虑其他影响需求量的因素(如消费者收入等),可以认为需求量 Q_d 是价格 P 的单调减少函数,称为需求函数,记为 $Q_d = f_d(P)$.

最简单的需求函数是线性函数,即

$$Q_d = a - bP$$

其中 a,b 均为正的常数.

一商品的市场供给量 Q_s 与价格 P 的关系是涨价使供给量增加,降价使供给量减少. 从而可以认为供给量 Q_s 是价格 P 的单调增加函数,称之为供给函数,记为 $Q_s = f_s(P)$.

最简单的供给函数是线性函数,即

$$Q_s = dP - c$$

其中 c 与 d 均为正的常数.

若市场上某种商品的供给量与需求量相等,我们说这种商品的供、需达到了平衡. 此时该商品的价格称为均衡价格,常用 P_0 表示.

例 4 某种产品每台售价 500 元时,每月可销售 1 500 台,每台售价降为 450 元时,每月可增销 250 台. 试求该产品的线性需求函数.

解 设该产品的线性需求函数为
$$Q_d = a - bP,$$
其中 Q_d 为需求量,P 为单位售价. 由题设有
$$\begin{cases} 1\ 500 = a - 500b \\ 1\ 750 = a - 450b \end{cases}$$
解得 $a = 4\ 000, b = 5$,从而所求的需求函数为 $Q_d = 4\ 000 - 5P$.

练习 1.7

1. 某工厂生产积木玩具,每生产一套积木玩具的可变成本为 15 元,每天的固定成本为 2 000 元. 如果每套积木玩具的出厂价为 20 元,为了不亏本,该厂每天至少要生产多少套这种积木玩具?

2. 某商场以每件 a 元的价格出售某种商品,若顾客一次购买 50 件以上,则超出 50 件的商品以每件 $0.8a$ 元的优惠价出售. 试将一次成交的销售收入 R 表示成销售量 x 的函数.

3. 设某商品的价格 P 与需求量 q 的关系为 $P = 24 - 2q$,试将该商品的市场销售总额 R 表示为商品价格 P 的函数.

4. 某公司全年需购某商品 1 000 台,每台购进价为 4 000 元,分若干批进货. 每批进货台数相同,一批商品售完后马上进下一批货. 每进货一次需消耗费用 2 000 元,商品均匀投放市场(即平均年库存量为批量的一半),该商品每年每台库存费为进货价格的 4%. 试将公司全年在该商品上的投资总额表示为每批进货量的函数.

5. 已知下列需求函数和供给函数,求相应的市场均衡价格 P_0:

(1) $Q_d = \dfrac{100}{3} - \dfrac{2}{3}P, Q_s = -10 + 5P$;

(2) $Q_d^2 + P^2 = 58, P = Q_s + 4$.

习 题 一

1. 设 $f(x)$ 是定义在 **R** 上的函数,证明:
$$|f(x)| = f(x)\operatorname{sgn}[f(x)]$$
其中
$$\operatorname{sgn} x = \begin{cases} 1, & x > 0 \\ 0, & x = 0 \\ -1, & x < 0 \end{cases}$$
称为符号函数.

2. 设 $f(x)$ 在 $[-a, a] (a > 0)$ 上定义,证明:$f(x)$ 等于一个奇函数与一个偶函数的和.

3. 求 $y = |x| + |x - 1| - |4 - 2x|$ 的最大值与最小值.

4. (1) 设 $f(x)$ 是 $[0, +\infty)$ 上的单减函数,证明:对任何满足 $\lambda + \mu = 1$ 的正数 λ, μ 及 $x \in$

$[0,+\infty)$,有下列不等式成立:
$$f(x) \leqslant \lambda f(\lambda x) + \mu f(\mu x)$$

(2) 设 $\dfrac{f(x)}{x}$ 是 $(0,+\infty)$ 内的单减函数,证明:对任何满足 $\lambda+\mu=1$ 的正数 λ,μ 及 $x\in(0,+\infty)$,有下列不等式成立:
$$f(x) \leqslant f(\lambda x) + f(\mu x)$$
并由此证明:对任何正数 a,b,有下列不等式成立:
$$f(a+b) \leqslant f(a) + f(b)$$

5. (1) 设 $f(x)$ 在 **R** 上有定义,证明:$y=f(x)$ 的图形关于直线 $x=1$ 对称的充要条件是 $f(x)$ 满足
$$f(x+1) = f(1-x), x\in \mathbf{R}$$

(2) 设 $f(x)$ 在 **R** 上有定义,且 $y=f(x)$ 的图形关于直线 $x=1$ 与直线 $x=2$ 对称,证明:$f(x)$ 是周期函数,并求 $f(x)$ 的一个正周期.

6. 设 $f(x)$ 在 **R** 上处处有定义,证明:
$$F(x) = \frac{[f(x)]^2}{1+[f(x)]^4}$$
是 **R** 上的有界函数.

第 2 章

极限与连续

本章是微积分的基础,主要讨论函数的极限和函数的连续性.

§2.1 数列极限

一串数按照一定的顺序排成一列叫做一个数列. 通常我们仅考虑这一串数中含有无穷多个数的情形.

例如,下面的数串都是数列:

$1,\ 1,1,\cdots,\ 1,\cdots;$

$1,-1,1,\cdots,-1,\cdots,1,-1,\cdots;$

$1,\ 2,3,\cdots,\ n,\cdots;$

$1,\dfrac{1}{2},\dfrac{1}{3},\cdots,\dfrac{1}{n},\cdots;$

$1,\dfrac{1}{2},\dfrac{1}{4},\cdots,\dfrac{1}{2^{n-1}},\cdots.$

一般地说,一个数列就是能排成如下形式的一串数

$$a_1,a_2,\cdots,a_n,\cdots$$

其中 a_n 表示该数列的第 n 项. 如果从 a_n 的表达式中能推断出该数列的其他项,则称 a_n 为该数列的通项,这时该数列简记为 $\{a_n\}$.

另一方面,数列 $\{a_n\}$ 就是一个定义在正整数集 $\mathbf{N}_+$ 上的函数:

$$a_n = f(n), n = 1, 2, \cdots$$

例如,上例中数列的通项依次为

$a_n = 1; a_n = (-1)^{n-1}; a_n = n; a_n = \dfrac{1}{n}; a_n = \dfrac{1}{2^{n-1}}.$

我们考察数列 $\{a_n\}$ 就是考察当 n 在正整数集 $\mathbf{N}_+$ 中变化时,其通项 a_n 的变化规律.

如果 n 在正整数集 $\mathbf{N}_+$ 中变化,且无限增大时,数列 $\{a_n\}$ 的通项 a_n 无限趋于一个确定的数 a,则称数列 $\{a_n\}$ 收敛于 a,或称 a 为数列 $\{a_n\}$ 的极限,记为

$$\lim_{n\to\infty} a_n = a \text{ 或者 } a_n \to a\,(n\to\infty \text{ 时})$$

如果 n 无限增大时,数列 $\{a_n\}$ 的通项 a_n 不是无限趋于实数 a,则称数列 $\{a_n\}$ 不收敛于 a,或称 a 不是数列 $\{a_n\}$ 的极限,记为

$$\lim_{n\to\infty} a_n \neq a \text{ 或者 } a_n \not\to a\,(n\to\infty \text{ 时});$$

如果任何实数 a 都不是数列 $\{a_n\}$ 的极限,则称数列 $\{a_n\}$ 发散,或 $\lim\limits_{n\to\infty} a_n$ 不存在.

数列极限的严格数学定义:

称 $\lim\limits_{n\to\infty} a_n = a$,如果对任意正数 ε,存在正整数 N,当 $n > N$ 时,恒有 $|a_n - a| < \varepsilon$.

例如,设 $\lim\limits_{n\to\infty} a_n = a$,则对正数 $\dfrac{1}{2}$,一定存在这么一项 a_N,自这一项以后的所有项 a_n 满足 $|a_n - a| < \dfrac{1}{2}$(即,存在正整数 N,当 $n > N$ 时,恒有 $|a_n - a| < \dfrac{1}{2}$).

该定义的几何直观是,对于 a 的任何 ε 邻域 $O_\varepsilon(a)$,数列 $\{a_n\}$ 中有这么一项 a_N,自此项后的所有项 $a_n \in O_\varepsilon(a)$. 在数列极限的理论中,这一定义是必要的工具. 例如:设 $\lim\limits_{n\to\infty} a_n = a$,则 $\lim\limits_{n\to\infty} a_{n+k} = a$,对一切整数 k 成立. 事实上,由 $\lim\limits_{n\to\infty} a_n = a$ 知道,对任意正数 ε,存在正整数 N_1,当 $n > N_1$ 时,有

$$|a_n - a| < \varepsilon.$$

而数列 $\{a_{n+k}\}$ 中 n 是自变量,且 $n \geq N_1 - k$ 时,$\{a_{n+k}\}$ 是 $\{a_n\}$ 的一部分,因此对上述的 ε,有正整数 $N = \max\{1, N_1 - k\}$,当 $n > N$ 时,$n + k > N_1$,这时

$$|a_{n+k} - a| < \varepsilon.$$

因此 $\lim\limits_{n\to\infty} a_{n+k} = a$.

我们称 $\lim\limits_{n\to\infty} a_n \neq a$,如果有正数 ε_0 满足:对任何正整数 N,有这么一项 a_n,$n > N$,且

$$|a_n - a| \geq \varepsilon_0.$$

例 1 考察下列数列在 $n \to \infty$ 时的变化情况,并用极限形式表示其结果:

(1) $\{1\}$;(2) $\{(-1)^n\}$;(3) $\{3n-2\}$;(4) $\left\{\dfrac{1}{n}\right\}$;(5) $\left\{\dfrac{1}{2^n}\right\}$.

解 (1) 数列 $a_n = 1, n = 1, 2, \cdots$,是一个常数列,$n \to \infty$ 时,a_n 始终为 1,因此 $\lim\limits_{n\to\infty} a_n = 1$,即 $\lim\limits_{n\to\infty} 1 = 1$.

(2) 数列 $a_n = (-1)^n, n = 1, 2, \cdots$,当 n 按奇数无限增大时,a_n 始终为 -1;n 按偶数无限增大时,a_n 始终为 1,因此,$n \to \infty$ 时,a_n 没有明确的趋势,即 $\lim\limits_{n\to\infty} (-1)^n$ 不存在.

(3) 数列 $a_n = 3n - 2, n = 1, 2, \cdots$,是正整数数列,$n$ 无限增大时,a_n 也无限增大,且 a_n 的趋势不是一个确定的数,因此 $\lim\limits_{n\to\infty}(3n-2)$ 不存在.

这种情形可记为 $\lim\limits_{n\to\infty}(3n-2) = \infty$.

(4) 数列 $a_n = \dfrac{1}{n}, n = 1, 2, \cdots$,当 n 无限增大时,a_n 无限趋于 0,因此 $\lim\limits_{n \to \infty} \dfrac{1}{n} = 0$.

(5) 数列 $a_n = \dfrac{1}{2^n}, n = 1, 2, \cdots$,当 n 无限增大时,a_n 无限趋于 0,因此 $\lim\limits_{n \to \infty} \dfrac{1}{2^n} = 0$.

求数列 $\{a_n\}$ 的极限,一般方法是将 a_n 进行变形,直到我们能观察出其趋势为止. 在求数列极限时利用数列极限的四则运算法则和数列的函数的极限性质会更方便.

数列极限四则运算法则:

设 $\lim\limits_{n \to \infty} a_n = a, \lim\limits_{n \to \infty} b_n = b$,那么

(1) $\lim\limits_{n \to \infty}(Ca_n) = C \lim\limits_{n \to \infty} a_n = Ca$,其中 C 是与 n 无关的常数;

(2) $\lim\limits_{n \to \infty}(a_n \pm b_n) = \lim\limits_{n \to \infty} a_n \pm \lim\limits_{n \to \infty} b_n = a \pm b$;

(3) $\lim\limits_{n \to \infty}(a_n b_n) = \lim\limits_{n \to \infty} a_n \lim\limits_{n \to \infty} b_n = ab$;

(4) 若 $\lim\limits_{n \to \infty} b_n = b \neq 0$,则 $\lim\limits_{n \to \infty} \dfrac{a_n}{b_n} = \dfrac{\lim\limits_{n \to \infty} a_n}{\lim\limits_{n \to \infty} b_n} = \dfrac{a}{b}$.

数列的函数的极限性质:

设 $f(x)$ 是基本初等函数,$a_n, a \in D(f), n = 1, 2, \cdots$,若 $\lim\limits_{n \to \infty} a_n = a$,则
$$\lim_{n \to \infty} f(a_n) = f(a)$$

例 2 求下列数列极限:

(1) $\lim\limits_{n \to \infty} \dfrac{2n-1}{n+3}$; (2) $\lim\limits_{n \to \infty} \dfrac{3n^3 - 2n + 1}{n^3 + n^2}$;

(3) $\lim\limits_{n \to \infty} \sqrt{n}(\sqrt{n+2} - \sqrt{n-1})$; (4) $\lim\limits_{n \to \infty}[\ln(2n+1) - \ln n]$;

(5) $\lim\limits_{n \to \infty} \dfrac{4^n - 3^{n+1}}{2^{2n+1} + 3^n}$.

解 (1) $\lim\limits_{n \to \infty} \dfrac{2n-1}{n+3} = \lim\limits_{n \to \infty} \dfrac{2 - \dfrac{1}{n}}{1 + \dfrac{3}{n}} = 2.$

(2) $\lim\limits_{n \to \infty} \dfrac{3n^3 - 2n + 1}{n^3 + n^2} = \lim\limits_{n \to \infty} \dfrac{3 - \dfrac{2}{n^2} + \dfrac{1}{n^3}}{1 + \dfrac{1}{n}} = 3.$

(3) 由于
$$\sqrt{n+2} - \sqrt{n-1} = \frac{3}{\sqrt{n+2} + \sqrt{n-1}}$$

因此
$$\lim_{n\to\infty}\sqrt{n}(\sqrt{n+2} - \sqrt{n-1}) = \lim_{n\to\infty}\frac{3\sqrt{n}}{\sqrt{n+2} + \sqrt{n-1}}$$
$$= \lim_{n\to\infty}\frac{3}{\sqrt{1+\frac{2}{n}} + \sqrt{1-\frac{1}{n}}} = \frac{3}{2}$$

(4) 由于
$$\ln(2n+1) - \ln n = \ln\frac{2n+1}{n} = \ln\left(2 + \frac{1}{n}\right)$$

因此
$$\lim_{n\to\infty}[\ln(2n+1) - \ln n] = \lim_{n\to\infty}\ln\left(2 + \frac{1}{n}\right) = \ln 2$$

(5) 由于
$$\frac{4^n - 3^{n+1}}{2^{2n+1} + 3^n} = \frac{1 - 3\left(\frac{3}{4}\right)^n}{2 + \left(\frac{3}{4}\right)^n}$$

因此
$$\lim_{n\to\infty}\frac{4^n - 3^{n+1}}{2^{2n+1} + 3^n} = \lim_{n\to\infty}\frac{1 - 3\left(\frac{3}{4}\right)^n}{2 + \left(\frac{3}{4}\right)^n} = \frac{1}{2}$$

鉴于数列形式的多样性,判别数列$\{a_n\}$的收敛性就成为一个理论性问题,这里我们不作深入的探讨,但是为了今后学习的需要,我们不加证明地给出其中的几个性质和两个定理.

性质 2.1 $\lim\limits_{n\to\infty}a_n = a$ 的充要条件是 $\lim\limits_{n\to\infty}a_{n+k} = a$(这里 k 是任何整数).

由此我们知道数列$\{a_n\}$的敛散性与其最初的有限项无关.

性质 2.2 $\lim\limits_{n\to\infty}a_n = a$ 的充要条件是 $\lim\limits_{n\to\infty}a_{2n} = a$ 且 $\lim\limits_{n\to\infty}a_{2n-1} = a$.

性质 2.3 设数列$\{x_n\}$,$\{y_n\}$收敛,且有正整数N_0,使得$n \geq N_0$时,$x_n \geq y_n$,那么
$$\lim_{n\to\infty}x_n \geq \lim_{n\to\infty}y_n$$

定理 2.1(夹逼定理) 假设存在正整数N_0,使得$n \geq N_0$时,数列$\{x_n\}$,$\{y_n\}$,$\{z_n\}$满足不等式

如果 $\lim_{n\to\infty} y_n = \lim_{n\to\infty} z_n = a$，那么数列 $\{x_n\}$ 收敛，且
$$\lim_{n\to\infty} x_n = a$$

例 3 求下列数列的极限：

（1）$x_n = \dfrac{n}{2n^2+1} + \dfrac{n}{2n^2+2} + \cdots + \dfrac{n}{2n^2+n}$；

（2）$y_n = \sqrt[n]{2^n + 3^n}$.

解 （1）由于
$$\frac{1}{2n^2+n} \leqslant \frac{1}{2n^2+k} \leqslant \frac{1}{2n^2+1}, 1 \leqslant k \leqslant n$$

因此
$$\frac{n^2}{2n^2+n} \leqslant x_n \leqslant \frac{n^2}{2n^2+1}$$

注意到
$$\lim_{n\to\infty} \frac{n^2}{2n^2+n} = \lim_{n\to\infty} \frac{n^2}{2n^2+1} = \frac{1}{2}$$

由夹逼定理可得
$$\lim_{n\to\infty} x_n = \lim_{n\to\infty} \left(\frac{n}{2n^2+1} + \frac{n}{2n^2+2} + \cdots + \frac{n}{2n^2+n} \right) = \frac{1}{2}$$

（2）注意到
$$3 \leqslant \sqrt[n]{2^n + 3^n} \leqslant \sqrt[n]{2 \cdot 3^n} = 3 \cdot 2^{\frac{1}{n}}$$

且 $\lim_{n\to\infty} 2^{\frac{1}{n}} = 1$，因此由夹逼定理可得
$$\lim_{n\to\infty} y_n = \lim_{n\to\infty} \sqrt[n]{2^n + 3^n} = 3$$

定义 2.1 一个数列 $\{a_n\}$ 如果满足：
$$a_n \leqslant a_{n+1}, n = 1, 2, \cdots$$
则称 $\{a_n\}$ 是单调递增的数列，类似地可以定义单调递减的数列．单调递增数列和单调递减数列统称为单调数列．

定义 2.2 如果存在常数 $M > 0$，使得数列 $\{a_n\}$ 满足：
$$|a_n| \leqslant M, n = 1, 2, \cdots$$
则称 $\{a_n\}$ 是有界数列；如果对任何正数 M，至少有某一项 a_n，满足 $|a_n| > M$，则称 $\{a_n\}$ 是无界数列．

我们可以用数列极限的数学定义证明：收敛数列必然是有界数列．

由数列本身来判别它的敛散性，我们常用下面的定理．

定理 2.2 单调有界数列必收敛．

例 4 证明数列 $\left\{\left(1+\dfrac{1}{n}\right)^n\right\}$,$\left\{\left(1+\dfrac{1}{n}\right)^{n+1}\right\}$ 都收敛且极限相同.

证明 首先由数学归纳法可以证明以下的伯努利不等式:设 $x > -1$,则
$$(1+x)^n \geq 1 + nx, n = 1, 2, \cdots$$

其次我们来证明数列
$$x_n = \left(1+\dfrac{1}{n}\right)^n, n = 1, 2, \cdots$$

是单调递增数列,数列
$$y_n = \left(1+\dfrac{1}{n}\right)^{n+1}, n = 1, 2, \cdots$$

是单调递减数列.

事实上
$$\dfrac{x_{n+1}}{x_n} = \dfrac{[n(n+2)]^n}{[(n+1)^2]^n} \cdot \dfrac{n+2}{n+1} = \left[1 - \dfrac{1}{(n+1)^2}\right]^n \cdot \dfrac{n+2}{n+1}$$
$$\geq \left[1 - \dfrac{n}{(n+1)^2}\right] \cdot \dfrac{n+2}{n+1} = \dfrac{n^3 + 3n^2 + 3n + 2}{(n+1)^3} > 1$$

$$\dfrac{y_n}{y_{n+1}} = \dfrac{[(n+1)^2]^{n+1}}{[n(n+2)]^{n+1}} \cdot \dfrac{n+1}{n+2} = \left[1 + \dfrac{1}{n(n+2)}\right]^{n+1} \cdot \dfrac{n+1}{n+2}$$
$$\geq \left[1 + \dfrac{n+1}{n(n+2)}\right] \cdot \dfrac{n+1}{n+2} = \dfrac{n^3 + 4n^2 + 4n + 1}{n^3 + 4n^2 + 4n} > 1$$

因此数列 $\left\{\left(1+\dfrac{1}{n}\right)^n\right\}$,$\left\{\left(1+\dfrac{1}{n}\right)^{n+1}\right\}$ 满足

$$2 \leq \left(1+\dfrac{1}{n}\right)^n \leq \left(1+\dfrac{1}{n}\right)^{n+1} \leq 4, n = 1, 2, \cdots$$

综上所述,$\left\{\left(1+\dfrac{1}{n}\right)^n\right\}$ 是单增有界数列,$\left\{\left(1+\dfrac{1}{n}\right)^{n+1}\right\}$ 是单减有界数列.

由定理 2.2 知道它们都收敛,且
$$\lim_{n\to\infty}\left(1+\dfrac{1}{n}\right)^{n+1} = \lim_{n\to\infty}\left(1+\dfrac{1}{n}\right) \cdot \lim_{n\to\infty}\left(1+\dfrac{1}{n}\right)^n = \lim_{n\to\infty}\left(1+\dfrac{1}{n}\right)^n$$

这个极限值就是第一章中提到的无理数 e($e = 2.71828\cdots$ 是自然对数的底),因此

$$\lim_{n\to\infty}\left(1+\dfrac{1}{n}\right)^n = \lim_{n\to\infty}\left(1+\dfrac{1}{n}\right)^{n+1} = e$$

练习 2.1

1. 设数列 $\{a_n\}$ 的通项

$$a_n = \begin{cases} \dfrac{1}{\sqrt{n+1}}, n = 2k-1, \\ \dfrac{1}{\sqrt{n-1}}, n = 2k, \end{cases} \quad k = 1,2,\cdots$$

将数列 $\{a_n\}$ 写成

$$a_1, a_2, \cdots, a_n, \cdots$$

的形式.

2. 写出下列数列的通项,考察 $n \to \infty$ 时通项的变化趋势,用极限的形式表示其结果:

(1) $1, \dfrac{2}{3}, \cdots, \dfrac{n}{2n-1}, \cdots$;

(2) $1, \dfrac{1}{2}, 3, \dfrac{1}{4}, \cdots, 2n-1, \dfrac{1}{2n}, \cdots$;

(3) $\cos \pi, \cos 2\pi, \cdots, \cos n\pi, \cdots$;

(4) $\sin(\pi + x), \sin(2\pi + x), \cdots, \sin(n\pi + x), \cdots$;

(5) $-\dfrac{1}{2}, \dfrac{1}{4}, \cdots, \left(-\dfrac{1}{2}\right)^n, \cdots$;

(6) 设 $\alpha > 0$,

$$1, \dfrac{1}{2^\alpha}, \cdots, \dfrac{1}{n^\alpha}, \cdots.$$

3. 求下列数列的极限:

(1) $\lim\limits_{n \to \infty} \dfrac{2n - \sqrt{n+2}}{n + \sqrt[3]{n+1}}$;

(2) $\lim\limits_{n \to \infty} \dfrac{9^n + 4^{n+2}}{5^n - 3^{2n-1}}$;

(3) $\lim\limits_{n \to \infty} [\ln(2n^2 - n + 1) - 2\ln n]$.

4. 求下列数列的极限:

(1) 设 $a > 0, a \neq 1, x_n = \sqrt[n]{a}, n = 1,2,\cdots$;

(2) 设 $0 \leq q < 1, x_n = \sum\limits_{k=1}^{n} q^k \left(\sum\limits_{k=1}^{n} a_k = a_1 + a_2 + \cdots + a_n\right), n = 1,2,\cdots$;

(3) 设 $a_n = \sqrt[2^n]{2}, x_n = \prod\limits_{k=1}^{n} a_k \left(\prod\limits_{k=1}^{n} a_k = a_1 \cdot a_2 \cdot \cdots \cdot a_n\right), n = 1,2,\cdots$;

(4) 设 $x_1 = 1, x_2 = -1, x_n = \sum\limits_{k=3}^{n} \dfrac{1}{k(k+1)}, n = 3,4,\cdots$;

(5) $x_n = n + \sqrt[3]{n^2 - n^3}, n = 1,2,\cdots$.

5. 用夹逼定理证明 $\lim\limits_{n \to \infty} \dfrac{\sin nx}{n} = 0$ 对一切实数 x 成立.

6. 求极限 $\lim\limits_{n \to \infty} \dfrac{3n - \sin n}{2n + \cos n}$.

7. 设 $a_i > 0, i = 1,2,\cdots,k$,求极限 $\lim\limits_{n \to \infty} (a_1^n + a_2^n + \cdots + a_k^n)^{\frac{1}{n}}$.

8. (1) 设
$$x_n = \frac{1}{n^2+1} + \frac{2}{n^2+2} + \cdots + \frac{n}{n^2+n}$$
求极限 $\lim\limits_{n\to\infty} x_n$;

(2) 设
$$y_n = \frac{1}{\sqrt{n^2+1}} + \frac{1}{\sqrt{n^2+2}} + \cdots + \frac{1}{\sqrt{n^2+n}}$$
求极限 $\lim\limits_{n\to\infty} y_n$.

§2.2 函数极限

设函数 $f(x)$ 的定义域为 D,考察函数 $f(x)$ 的极限就是考察自变量 x 在定义域 D 内变化时,相应的函数值 $f(x)$ 的变化趋势. 考虑到函数定义域的各种形式,自变量 x 的变化形式(简称为函数的极限过程)有如下 6 种:

$x > x_0$ 且 x 趋于 x_0,简记为 $x \to x_0^+$;

$x < x_0$ 且 x 趋于 x_0,简记为 $x \to x_0^-$;

x 趋于 x_0 但 $x \neq x_0$,简记为 $x \to x_0$;

x 沿数轴正方向趋于无穷大,简记为 $x \to +\infty$;

x 沿数轴负方向趋于无穷大,简记为 $x \to -\infty$;

$|x|$ 趋于无穷大,简记为 $x \to \infty$.

以后为了叙述方便,我们用记号 $x \to X$ 来统一表示上面 6 种极限过程中的任一种过程.

如果在极限过程 $x \to X$ 下,$f(x)$ 无限趋于一个确定的数 A,则称 $x \to X$ 时,$f(x)$ 收敛于 A,或称 A 是 $f(x)$ 在 $x \to X$ 下的极限,记为
$$\lim_{x \to X} f(x) = A \text{ 或 } f(x) \to A (x \to X \text{ 时});$$

如果在极限过程 $x \to X$ 下,$f(x)$ 不能够无限趋于实数 A,则称 $x \to X$ 时,$f(x)$ 不收敛于 A,或称 A 不是 $f(x)$ 在 $x \to X$ 下的极限,记为
$$\lim_{x \to X} f(x) \neq A \text{ 或 } f(x) \not\to A (x \to X \text{ 时});$$

如果任何实数 A 都不是 $f(x)$ 在 $x \to X$ 下的极限,则称 $f(x)$ 在 $x \to X$ 时发散或极限 $\lim\limits_{x \to X} f(x)$ 不存在.

因此我们有以下一些极限符号:
$$\lim_{x \to x_0^+} f(x), \lim_{x \to x_0^-} f(x), \lim_{x \to x_0} f(x), \lim_{x \to +\infty} f(x), \lim_{x \to -\infty} f(x), \lim_{x \to \infty} f(x)$$

其中 $\lim\limits_{x \to x_0^+} f(x)$ 和 $\lim\limits_{x \to +\infty} f(x)$ 为右极限,$\lim\limits_{x \to x_0^-} f(x)$ 和 $\lim\limits_{x \to -\infty} f(x)$ 为左极限,而它们统称为单侧极限.

函数极限的严格数学定义(列举其中的两个):

我们称 $\lim\limits_{x \to x_0} f(x) = A$,如果对任意正数 ε,存在正数 δ,使得 $0 < |x - x_0| < \delta$ 时,$|f(x) - A| < \varepsilon$.

该定义的几何直观是,对 A 的任何 ε 邻域 $O_\varepsilon(A)$,存在 x_0 的 δ 去心邻域 $O_\delta(x_0) \setminus \{x_0\}$,满足 $x \in O_\delta(x_0) \setminus \{x_0\}$ 时,$f(x) \in O_\varepsilon(A)$.

我们称 $\lim\limits_{x \to \infty} f(x) = A$,如果对任意正数 ε,存在正数 X_0,使得 $|x| > X_0$ 时,$|f(x) - A| < \varepsilon$.

该定义的几何直观是,对 A 的任何 ε 邻域 $O_\varepsilon(A)$,存在 ∞ 的 X_0 邻域 $O_{X_0}(\infty)$,满足 $x \in O_{X_0}(\infty)$ 时,$f(x) \in O_\varepsilon(A)$.

本节我们主要通过两种途径来认识函数的极限,其一是函数图形,其二是函数值.

一、由函数图形认识函数极限

我们通过几个常见函数的图形来认识一些常见的极限,而这些极限是我们学习以后内容的基础.

例1 由函数 $y = \dfrac{1}{x}$ 的图形考察极限

$$\lim\limits_{x \to +\infty} \frac{1}{x}, \lim\limits_{x \to -\infty} \frac{1}{x}, \lim\limits_{x \to \infty} \frac{1}{x}, \lim\limits_{x \to 0^+} \frac{1}{x}, \lim\limits_{x \to 0^-} \frac{1}{x}, \lim\limits_{x \to 0} \frac{1}{x}$$

解 由 $y = \dfrac{1}{x}$ 的图形(如图 1-15(c))我们可以得到

$$\lim\limits_{x \to +\infty} \frac{1}{x} = 0, \lim\limits_{x \to -\infty} \frac{1}{x} = 0, \lim\limits_{x \to \infty} \frac{1}{x} = 0$$

$$\lim\limits_{x \to 0^+} \frac{1}{x} = +\infty, \lim\limits_{x \to 0^-} \frac{1}{x} = -\infty, \lim\limits_{x \to 0} \frac{1}{x} = \infty$$

也可表示为

$$\frac{1}{x} \to 0^+ (x \to +\infty), \frac{1}{x} \to 0^- (x \to -\infty), \frac{1}{x} \to 0 (x \to \infty)$$

$$\frac{1}{x} \to +\infty (x \to 0^+), \frac{1}{x} \to -\infty (x \to 0^-), \frac{1}{x} \to \infty (x \to 0)$$

注意 $\lim\limits_{x \to 0^+} \dfrac{1}{x} = +\infty$ 只是一种记号,不能称"$\lim\limits_{x \to 0^+} \dfrac{1}{x}$ 存在",或称"$x \to 0^+$ 时,$\dfrac{1}{x}$ 收敛于 $+\infty$",只能说"$x \to 0^+$ 时,$\dfrac{1}{x}$ 趋于 $+\infty$"或"$x \to 0^+$ 时,$\dfrac{1}{x}$ 发散到 $+\infty$".

例2 由 $y = e^x$ 的图形考察极限

$$\lim\limits_{x \to +\infty} e^x, \lim\limits_{x \to -\infty} e^x, \lim\limits_{x \to \infty} e^x$$

解 由 $y = e^x$ 的图形(如图 1-16)我们得到

$$\lim\limits_{x \to -\infty} e^x = 0, \lim\limits_{x \to +\infty} e^x = +\infty$$

而 $x\to\infty$ 等价于 $|x|\to+\infty$,这时包括两个过程 $x\to+\infty$ 和 $x\to-\infty$,因此 $\lim\limits_{x\to\infty}e^x$ 不存在且不为无穷大.

例 3 由 $y=\sin x$ 的图形考察极限

$$\lim_{x\to 0^+}\sin x, \lim_{x\to 0^-}\sin x, \lim_{x\to 0}\sin x, \lim_{x\to+\infty}\sin x, \lim_{x\to-\infty}\sin x, \lim_{x\to\infty}\sin x$$

解 由 $y=\sin x$ 的图形(如图 1-18)我们得到

$$\lim_{x\to 0^+}\sin x=\lim_{x\to 0^-}\sin x=\lim_{x\to 0}\sin x=0$$

且无论是 $x\to+\infty$ 还是 $x\to-\infty$,$\sin x$ 的值总在 -1 和 1 之间无限"振荡",因而没有确定的趋势.因此 $\lim\limits_{x\to+\infty}\sin x, \lim\limits_{x\to-\infty}\sin x, \lim\limits_{x\to\infty}\sin x$ 都不存在.

同样,由 $y=\arctan x$ 的图形(如图 1-22)我们得到

$$\lim_{x\to-\infty}\arctan x=-\frac{\pi}{2}, \lim_{x\to+\infty}\arctan x=\frac{\pi}{2}$$

由 $y=\ln x$ 的图形(如图 1-17)我们得到

$$\lim_{x\to+\infty}\ln x=+\infty, \lim_{x\to 0^+}\ln x=-\infty$$

二、由函数值认识函数的极限

其次我们还需要通过函数值的变化趋势来认识函数极限中的一些规律.

由基本初等函数的图形我们认识到:当 $f(x)$ 是基本初等函数时,x_0 在 $f(x)$ 的定义域内,那么

$$\lim_{x\to x_0}f(x)=f(x_0)$$

(当 x_0 是 $f(x)$ 的定义区间——含在定义域内的最大开区间——端点时,上面的极限是单侧极限)

例 4 由函数 $y=\dfrac{\sqrt{x^2+1}}{2x+1}$ 的值的变化趋势考察极限

$$\lim_{x\to+\infty}\frac{\sqrt{x^2+1}}{2x+1}, \lim_{x\to-\infty}\frac{\sqrt{x^2+1}}{2x+1}, \lim_{x\to\infty}\frac{\sqrt{x^2+1}}{2x+1}, \lim_{x\to 1}\frac{\sqrt{x^2+1}}{2x+1}$$

解 $x\to+\infty$ 时,

$$\frac{\sqrt{x^2+1}}{2x+1}=\frac{\sqrt{1+\left(\dfrac{1}{x}\right)^2}}{2+\dfrac{1}{x}}$$

因此

$$\lim_{x\to+\infty}\frac{\sqrt{x^2+1}}{2x+1}=\lim_{x\to+\infty}\frac{\sqrt{1+\left(\dfrac{1}{x}\right)^2}}{2+\dfrac{1}{x}}=\frac{1}{2}$$

$x \to -\infty$ 时,

$$\frac{\sqrt{x^2+1}}{2x+1} = \frac{|x|\sqrt{1+\left(\frac{1}{x}\right)^2}}{2x+1} = \frac{-x\sqrt{1+\left(\frac{1}{x}\right)^2}}{2x+1} = -\frac{\sqrt{1+\left(\frac{1}{x}\right)^2}}{2+\frac{1}{x}}$$

因此

$$\lim_{x\to-\infty}\frac{\sqrt{x^2+1}}{2x+1} = \lim_{x\to-\infty}\left[-\frac{\sqrt{1+\left(\frac{1}{x}\right)^2}}{2+\frac{1}{x}}\right] = -\frac{1}{2}$$

而 $x\to\infty$ 的过程包含了 $x\to+\infty$ 和 $x\to-\infty$ 的过程,因此 $\lim\limits_{x\to\infty}\dfrac{\sqrt{x^2+1}}{2x+1}$ 不存在.

$x\to 1$ 时,$2x+1\to 3$,$\sqrt{x^2+1}\to\sqrt{2}$,因此

$$\lim_{x\to 1}\frac{\sqrt{x^2+1}}{2x+1} = \frac{\sqrt{2}}{3}$$

由例 4 和前面的一些例子我们发现函数极限有以下一些规律.

$f(x)$ 是初等函数,那么 x 趋于无穷时的极限与数列极限的求法类似.

性质 2.4 （1）$f(x)$ 是初等函数,x_0 在 $f(x)$ 的定义域内,那么 $x\to x_0$ 时(有时候只能是单侧过程),$f(x)\to f(x_0)$,即

$$\lim_{x\to x_0}f(x) = f(x_0)$$

（2）$\lim\limits_{x\to x_0}f(x) = A$ 的充要条件是

$$\lim_{x\to x_0^+}f(x) = \lim_{x\to x_0^-}f(x) = A$$

$\lim\limits_{x\to\infty}f(x) = A$ 的充要条件是

$$\lim_{x\to+\infty}f(x) = \lim_{x\to-\infty}f(x) = A$$

例 5 考察极限 $\lim\limits_{x\to 1}\left(\dfrac{x}{x-1} - \dfrac{1}{x^2-x}\right)$.

解 $f(x) = \dfrac{x}{x-1} - \dfrac{1}{x^2-x} = \dfrac{(x-1)(x+1)}{x(x-1)}$

是初等函数,但 $x=1$ 不在 $f(x)$ 的定义域内,因此不能用 $\lim\limits_{x\to 1}f(x) = f(1)$ 来求极限 $\lim\limits_{x\to 1}f(x)$. 但是 $x\to 1$ 时,$x\neq 1$,这时 $f(x) = \dfrac{x+1}{x}$,即

$$\lim_{x\to 1}\frac{(x-1)(x+1)}{x(x-1)} = \lim_{x\to 1}\frac{x+1}{x}$$

由于 $\dfrac{x+1}{x}$ 是初等函数,$x=1$ 在其定义域内,可得

$$\lim_{x\to 1}\frac{x+1}{x}=2$$

因此

$$\lim_{x\to 1}\left(\frac{x}{x-1}-\frac{1}{x^2-x}\right)=\lim_{x\to 1}\frac{x+1}{x}=2$$

例 6 设

$$f(x)=\begin{cases}\sqrt{2x+1},& x\geqslant 0\\ x,& x<0\end{cases}$$

考察极限 $\lim\limits_{x\to 1}f(x)$ 和 $\lim\limits_{x\to 0}f(x)$.

解 $x\to 1$ 时，$f(x)=\sqrt{2x+1}$，因此

$$\lim_{x\to 1}f(x)=\lim_{x\to 1}\sqrt{2x+1}$$

而 $\sqrt{2x+1}$ 是初等函数，$x=1$ 在其定义域内，可得

$$\lim_{x\to 1}f(x)=\lim_{x\to 1}\sqrt{2x+1}=\sqrt{3}$$

$x\to 0$ 时，$f(x)$ 的表达式不统一，且 $x\to 0^+$ 时，$f(x)=\sqrt{2x+1}$；$x\to 0^-$ 时，$f(x)=x$.

$$\lim_{x\to 0^+}f(x)=\lim_{x\to 0^+}\sqrt{2x+1}=1$$

$$\lim_{x\to 0^-}f(x)=\lim_{x\to 0^-}x=0$$

由于 $\lim\limits_{x\to 0^+}f(x)\neq\lim\limits_{x\to 0^-}f(x)$，因此 $\lim\limits_{x\to 0}f(x)$ 不存在.

练习 2.2

1. 由函数 $y=2^{-x}$ 的图形考察极限

$$\lim_{x\to +\infty}2^{-x},\ \lim_{x\to -\infty}2^{-x},\ \lim_{x\to\infty}2^{-x}$$

2. 由函数 $y=\log_a(1+x)$ 的图形考察极限

$$\lim_{x\to +\infty}\log_a(1+x),\ \lim_{x\to 0}\log_a(1+x),\ \lim_{x\to -1^+}\log_a(1+x)$$

其中 $a>0,a\neq 1$.

3. 由函数 $y=\operatorname{arccot} x$ 的图形考察极限

$$\lim_{x\to +\infty}\operatorname{arccot} x,\ \lim_{x\to -\infty}\operatorname{arccot} x,\ \lim_{x\to\infty}\operatorname{arccot} x$$

4. 由函数 $y=\cos x$ 的图形考察极限

$$\lim_{x\to 0}\cos x,\ \lim_{x\to\frac{\pi}{2}}\cos x,\ \lim_{x\to\infty}\cos x$$

5. 由函数 $y=\sqrt{x^2+x}-x$ 的值的变化趋势考察极限

$$\lim_{x\to +\infty}(\sqrt{x^2+x}-x),\ \lim_{x\to -\infty}(\sqrt{x^2+x}-x),\ \lim_{x\to\infty}(\sqrt{x^2+x}-x),\ \lim_{x\to 1}(\sqrt{x^2+x}-x)$$

6. 求下列函数极限：

(1) $\lim\limits_{x\to-\infty}(x^2+x\sqrt{x^2+2})$;

(2) $\lim\limits_{x\to\infty}\left(\dfrac{x^3}{1-x^2}+\dfrac{x^2}{1+x}\right)$;

(3) $\lim\limits_{x\to-1}\left(\dfrac{2x-1}{x+1}+\dfrac{x-2}{x^2+x}\right)$;

(4) $\lim\limits_{x\to 0}\dfrac{x^2+x}{x^3-x^2-2x}$;

(5) $\lim\limits_{x\to 0^+}\left(\dfrac{1}{\sqrt{x}}-\dfrac{2\sqrt{x}-1}{x-\sqrt{x}}\right)$;

(6) $\lim\limits_{x\to 1^-}\dfrac{\sqrt{1-x}}{1-x-\sqrt{1-x}}$;

(7) $\lim\limits_{x\to 1}\dfrac{\sqrt{2x+7}-3}{\sqrt[3]{x}-1}$;

(8) $\lim\limits_{x\to 1}\left(\dfrac{4}{1-x^4}-\dfrac{3}{1-x^3}\right)$;

(9) $\lim\limits_{x\to-1}\dfrac{x+x^3+x^5+x^7+4}{x+1}$;

(10) $\lim\limits_{x\to 0}\dfrac{(1-x)^{10}-1}{(1-x)^{11}-1}$;

(11) $\lim\limits_{x\to\infty}\dfrac{x^7(1-2x)^8}{(3x+2)^{15}}$;

(12) $\lim\limits_{x\to 1}\dfrac{x^{n+1}-(n+1)x+n}{(x-1)^2}$

(n 为正整数).

7. 设

$$f(x)=\begin{cases}1, & x>0\\ 0, & x=0\\ -1, & x<0\end{cases}$$

试讨论 $\lim\limits_{x\to 0}f(x)$ 是否存在?

8. 设

$$f(x)=\begin{cases}\sqrt{2x+1}, & 0<x\leq 1\\ a+\ln x, & x>1\end{cases}$$

已知 $\lim\limits_{x\to 1}f(x)$ 存在,求 a 的值.

---

§2.3 函数极限的性质及运算法则

函数极限 $\lim\limits_{x\to x_0}f(x)=A$ 是指:x 在 x_0 的某一去心邻域 $O_\delta(x_0)\setminus\{x_0\}$ 中变化时,函数值 $f(x)$ 在 A 的 ε 邻域 $O_\varepsilon(A)$ 中变化(其中 δ 是依赖于 ε 的,具体参见§2.2 中小字部分). 类似地可以理解 $\lim\limits_{x\to\infty}f(x)$ 和单侧极限.

讨论 $\lim\limits_{x\to X}f(x)$ 存在时 $f(x)$ 的性质,就是讨论 $f(x)$ 在极限过程 $x\to X$ 所允许的邻域内的性质. 我们习惯上称函数在某一点的邻域(或去心邻域)内的性质为函数的局部性质.

定义 2.3 函数 $f(x)$ 称为在 $x\to x_0$ 下是有界的,如果有一个 x_0 的去心邻域 $O_\delta(x_0)\setminus\{x_0\}$,$f(x)$ 在其中是有界的,即存在 $M>0$,使得 $x\in O_\delta(x_0)\setminus\{x_0\}$ 时

$$|f(x)|\leq M$$

类似地可以定义其他过程下的有界性.

函数极限有如下一些性质.

性质 2.5（局部有界性） 若 $\lim\limits_{x\to X} f(x) = A$，则 $f(x)$ 在极限过程 $x\to X$ 所允许的某一邻域内有界.

这一性质可以理解为：在极限过程 $x\to X$ 下，$f(x)$ 在 A 的某一邻域 $O_\varepsilon(A)$ 中变化，因此在极限过程所允许的某一邻域内 $|f(x)| \leq |A| + \varepsilon$.

例如，假设 $\lim\limits_{x\to x_0} f(x) = 0$，那么存在 x_0 的一个去心邻域 $O_\delta(x_0)\setminus\{x_0\}$，当 $x\in O_\delta(x_0)\setminus\{x_0\}$ 时，$|f(x)| < \dfrac{1}{2}$（即，$f(x)\in O_{\frac{1}{2}}(0)$）.

性质 2.6（局部保号性） 若 $\lim\limits_{x\to X} f(x) = A, \lim\limits_{x\to X} g(x) = B, A > B$，则 $f(x)$ 与 $g(x)$ 在极限过程 $x\to X$ 所允许的某一邻域内满足
$$f(x) > g(x)$$
特别有 $f(x) > B$.

这一性质可以这样理解：在极限过程 $x\to X$ 下，$f(x)$ 在 A 的某一邻域 $O_{\varepsilon_1}(A)$ 中变化，$g(x)$ 在 B 的某一邻域 $O_{\varepsilon_2}(B)$ 中变化，$A > B$，则这两个邻域可以取成互不相交，且 $O_{\varepsilon_2}(B)$ 在 $O_{\varepsilon_1}(A)$ 的左边，这时 $O_{\varepsilon_2}(B)$ 中的任何点小于 $O_{\varepsilon_1}(A)$ 中的任何点，因此，在 $x\to X$ 所允许的某一邻域内有 $f(x) > g(x)$.

性质 2.7 若 $\lim\limits_{x\to X} f(x) = A, \lim\limits_{x\to X} g(x) = B$，且在极限过程 $x\to X$ 下，$f(x) > g(x)$，则 $A \geq B$.

证明 我们用反证法，若 $A < B$，则由性质 2.6 知道：在极限过程 $x\to X$ 所允许的某一邻域中，有 $f(x) < g(x)$，此与条件 $f(x) > g(x)$ 矛盾.

性质 2.8（函数极限的夹逼定理） 若在极限过程 $x\to X$ 所允许的某一邻域内，
$$g(x) \leq f(x) \leq h(x)$$
且
$$\lim\limits_{x\to X} g(x) = \lim\limits_{x\to X} h(x) = A$$
则
$$\lim\limits_{x\to X} f(x) = A$$

这一性质可以理解成：由 $\lim\limits_{x\to X} g(x) = \lim\limits_{x\to X} h(x) = A$ 知道在 $x\to X$ 下，$g(x)$ 和 $h(x)$ 无限趋于 A，而
$$g(x) \leq f(x) \leq h(x)$$
因此 $f(x)$ 也无限趋于 A.

函数极限有如下运算法则.

性质 2.9 若 $\lim\limits_{x\to X} f(x) = A, \lim\limits_{x\to X} g(x) = B$，则
$$\lim\limits_{x\to X}[Cf(x)] = C\lim\limits_{x\to X} f(x) = CA \ (C \text{ 是与 } x \text{ 无关的常数});$$

$$\lim_{x \to X}[f(x) \pm g(x)] = \lim_{x \to X} f(x) \pm \lim_{x \to X} g(x) = A \pm B;$$

$$\lim_{x \to X}[f(x)g(x)] = \lim_{x \to X} f(x) \lim_{x \to X} g(x) = AB;$$

$$\lim_{x \to X}\frac{f(x)}{g(x)} = \frac{\lim\limits_{x \to X} f(x)}{\lim\limits_{x \to X} g(x)} = \frac{A}{B}(这里要求 B \neq 0).$$

在应用性质 2.9 时,要特别注意等式成立的条件. 例如 §2.2 中例 5 不能写成

$$\lim_{x \to 1}\left(\frac{x}{x-1} - \frac{1}{x^2 - x}\right) = \lim_{x \to 1}\frac{x}{x-1} - \lim_{x \to 1}\frac{1}{x^2 - x}$$

也不能写成

$$\lim_{x \to 1}\frac{x^2 - 1}{x(x-1)} = \frac{\lim\limits_{x \to 1}(x^2 - 1)}{\lim\limits_{x \to 1} x(x-1)}$$

性质 2.10 若 $\lim\limits_{x \to X} g(x) = A$(这里 A 可以是无穷大)且 $g(x) \neq A$,$\lim\limits_{x \to A} f(x) = B$,则 $\lim\limits_{x \to X} f[g(x)] = B$.

这一性质就是用变量替换求极限的理论基础,相当于在 $\lim\limits_{x \to X} f[g(x)]$ 中令 $y = g(x)$,在极限过程 $x \to X$ 下,$y \to A$,则

$$\lim_{x \to X} f[g(x)] = \lim_{y \to A} f(y) = B$$

其中条件 $g(x) \neq A$ 是不能省去的(参见练习 2.3 中的第 6 题).

下面我们通过一些具体的例子来了解以上性质在极限运算中是如何应用的.

例 1 利用函数极限的性质证明

$$\lim_{x \to 0} \frac{\sin x}{x} = 1$$

证明 $x \to 0$ 时,x 在 0 的某一去心邻域中变化,不妨取 x 的变化范围是 $0 < |x| < \frac{\pi}{2}$,这时有不等式

$$\sin x < x < \tan x, 0 < x < \frac{\pi}{2} \tag{2-1}$$

$$\sin x > x > \tan x, 0 > x > -\frac{\pi}{2} \tag{2-2}$$

其证明可以由单位圆中几个图形的面积大小关系得到,例如 $0 < x < \frac{\pi}{2}$ 时(如图 2 - 1)

$$AC = \sin x, BD = \tan x$$

$\triangle OBC$ 的面积小于扇形 OBC 的面积;扇形 OBC 的面积小于 $\triangle OBD$ 的面积,因此

$$\frac{1}{2}\sin x < \frac{1}{2}x < \frac{1}{2}\tan x$$

由此即得不等式(2-1).

由不等式(2-1)和(2-2)可得

$$\cos x < \frac{\sin x}{x} < 1, 0 < |x| < \frac{\pi}{2} \quad (2-3)$$

由于 $\lim_{x \to 0} \cos x = \cos 0 = 1$,根据夹逼定理可得

$$\lim_{x \to 0} \frac{\sin x}{x} = 1$$

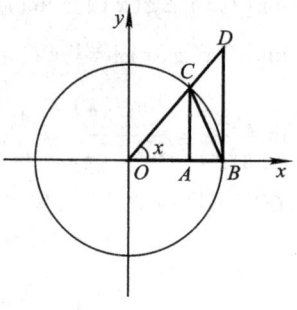

图 2-1

例 2 证明:$\lim_{x \to X} f(x) = 0$ 的充要条件是 $\lim_{x \to X} |f(x)| = 0$.

证明 必要性:

$$\lim_{x \to X} |f(x)| \xrightarrow{y = f(x)} \lim_{y \to 0} |y| = 0$$

充分性:由于

$$-|f(x)| \leqslant f(x) \leqslant |f(x)|$$

根据夹逼定理可得 $\lim_{x \to X} f(x) = 0$.

例 3 判别下列极限是否存在,如果存在求出其值:

(1) $\lim_{x \to 0} 2^{\frac{1}{x}}$;(2) $\lim_{x \to \infty} e^{\frac{1}{x}}$

解 (1) 由于

$$\lim_{x \to 0^+} 2^{\frac{1}{x}} \xrightarrow{y = \frac{1}{x}} \lim_{y \to +\infty} 2^y = +\infty$$

$$\lim_{x \to 0^-} 2^{\frac{1}{x}} \xrightarrow{y = \frac{1}{x}} \lim_{y \to -\infty} 2^y \xrightarrow{t = -y} \lim_{t \to +\infty} \frac{1}{2^t} = 0$$

因此 $\lim_{x \to 0} 2^{\frac{1}{x}}$ 不存在.

(2) $\lim_{x \to \infty} e^{\frac{1}{x}} \xrightarrow{y = \frac{1}{x}} \lim_{y \to 0} e^y = e^0 = 1$.

练习 2.3

1. 利用夹逼定理求极限 $\lim_{x \to 0} x \left[\frac{1}{x} \right]$,其中 $\left[\frac{1}{x} \right]$ 是 $\frac{1}{x}$ 的取整函数.

提示:$x \neq 0$ 时

$$\frac{1}{x} - 1 < \left[\frac{1}{x} \right] \leqslant \frac{1}{x}.$$

2. 利用性质 2.10 及 $\lim\limits_{x\to 0}\dfrac{\sin x}{x}=1$,证明:

(1) $\lim\limits_{x\to 0}\dfrac{\tan x}{x}=1$; (2) $\lim\limits_{x\to 0}\dfrac{\arcsin x}{x}=1$; (3) $\lim\limits_{x\to 0}\dfrac{\arctan x}{x}=1$.

3. 讨论极限 $\lim\limits_{x\to 0}\dfrac{1}{1+e^{\frac{1}{x}}}$ 是否存在?

4. 利用变量替换 $y=\dfrac{1}{x^2}$ 求极限 $\lim\limits_{x\to 0}e^{-\frac{1}{x^2}}$.

5. 利用变量替换 $y=x-1$ 求极限 $\lim\limits_{x\to 1}(x-1)\tan\dfrac{\pi x}{2}$.

6. 设
$$f(x)=\begin{cases}1,x\neq 1\\0,x=1\end{cases},\ g(x)=\begin{cases}1,x\neq 0\\0,x=0\end{cases}$$

求

(1) $\lim\limits_{x\to 0}g(x),\lim\limits_{x\to 1}f(x)$;

(2) $f[g(x)]$ 及 $\lim\limits_{x\to 0}f[g(x)]$;

(3) 问能否用性质 2.10 求 $\lim\limits_{x\to 0}f[g(x)]$?

7. 证明: $\lim\limits_{x\to x_0}f(x)=A$ 的充要条件是 $|f(x)-A|=o(1)\ (x\to x_0)$.

8. 设 $a>0,a\neq 1$,证明: $\lim\limits_{x\to 0}a^{\frac{1}{x}}$ 不存在,且不为无穷大.

§2.4 无穷大量与无穷小量

求函数极限 $\lim\limits_{x\to X}f(x)$ 就是在 $x\to X$ 下尽可能地把 $f(x)$ 化简成我们所熟知的极限. 可是有些函数结构很复杂,这时我们必须对 $f(x)$ 每一部分的变化情况进行分析,以便得出 $f(x)$ 的总体变化趋势. 为此,我们介绍无穷大量与无穷小量的概念.

一、无穷大量与无穷小量

定义 2.4 若 $\lim\limits_{x\to X}f(x)=0$,则称 $f(x)$ 是极限过程 $x\to X$ 下的无穷小量,简记为

$$f(x)=o(1) \qquad (x\to X)$$

例如: $\sqrt{x}=o(1)\ (x\to 0^+)$; $\ln x=o(1)\ (x\to 1)$; $e^x=o(1)\ (x\to -\infty)$.

例 1 证明: $\lim\limits_{x\to X}f(x)=A$ 的充要条件是

$$f(x)-A=o(1) \qquad (x\to X)$$

证明 必要性: 由 $\lim\limits_{x\to X}f(x)=A$ 及极限的四则运算法则知道 $\lim\limits_{x\to X}[f(x)-A]=0$,从而

$f(x) - A$ 是 $x \to X$ 下的无穷小量.

充分性：由 $f(x) - A = o(1)$ $(x \to X)$ 知道
$$\lim_{x \to X}[f(x) - A] = 0$$

这时由极限四则运算法则知道
$$\lim_{x \to X} f(x) = \lim_{x \to X}[f(x) - A + A] = \lim_{x \to X}[f(x) - A] + \lim_{x \to X} A = A.$$

例 2 若 $f(x) = o(1)$ $(x \to X)$，$g(x)$ 是 $x \to X$ 时的有界量，证明：$f(x)g(x) = o(1)$ $(x \to X)$.（即，无穷小量乘有界量仍然是无穷小量）.

证明 由于 $g(x)$ 是 $x \to X$ 时的有界量，则存在常数 $M > 0$，使得
$$|g(x)| \leq M \quad (x \to X)$$

从而
$$0 \leq |f(x)g(x)| \leq M|f(x)| \quad (x \to X)$$

由于 $f(x) = o(1)$ $(x \to X)$，从而
$$\lim_{x \to X} M|f(x)| = M \lim_{x \to X} |f(x)| = 0$$

由夹逼定理可得
$$\lim_{x \to X} |f(x)g(x)| = 0$$

因此 $f(x)g(x) = o(1)$ $(x \to X)$.

例如：$\lim_{x \to 0} x \sin \dfrac{1}{x} = 0$ 是由于 $x \to 0$ 时，x 是无穷小量，$\sin \dfrac{1}{x}$ 是有界量.

定义 2.5 若 $\lim_{x \to X} f(x) = \infty$，则称 $f(x)$ 是 $x \to X$ 时的无穷大量.

例如：$\lim_{x \to +\infty} e^x = +\infty$，$\lim_{x \to 0^+} \ln x = -\infty$，$\lim_{x \to 0} \dfrac{1}{x} = \infty$.

关于无穷小量与无穷大量我们要注意以下几个问题：

(1) $\lim_{x \to X} f(x) = \infty$ 只是一个记号，其含义是极限 $\lim_{x \to X} f(x)$ 不存在且 $x \to X$ 时，$f(x)$ 趋于无穷大；

(2) $\lim_{x \to x_0} f(x) = \infty$ 的充要条件是 $\lim_{x \to x_0^+} f(x) = \infty$，并且 $\lim_{x \to x_0^-} f(x) = \infty$；$\lim_{x \to \infty} f(x) = \infty$ 的充要条件是 $\lim_{x \to +\infty} f(x) = \infty$ 且 $\lim_{x \to -\infty} f(x) = \infty$；

(3) 若 $\lim_{x \to X} f(x) = \infty$，则 $\dfrac{1}{f(x)} = o(1)$ $(x \to X)$；若 $f(x) = o(1)$ $(x \to X)$ 且 $f(x) \neq 0$，则 $\lim_{x \to X} \dfrac{1}{f(x)} = \infty$.

二、无穷小量与无穷大量阶的比较

定义 2.6 设 $f(x) = o(1)$，$g(x) = o(1)$ 且 $g(x) \neq 0$ $(x \to X)$，若 $\dfrac{f(x)}{g(x)} = o(1)$ $(x \to X)$，则称 $f(x)$ 是 $g(x)$ 在 $x \to X$ 下的高阶无穷小量，简记

为 $f(x) = o(g(x))\ (x \to X)$;

若 $\lim\limits_{x \to X}\dfrac{f(x)}{g(x)} = A\ (A \neq 0)$,则称 $f(x)$ 与 $g(x)$ 是 $x \to X$ 下的同阶无穷小量,特别 $A = 1$ 时,称 $f(x)$ 与 $g(x)$ 是 $x \to X$ 下的等价无穷小量,简记为 $f(x) \sim g(x)\ (x \to X)$.

定义 2.7 设 $\lim\limits_{x \to X} f(x) = \infty$,$\lim\limits_{x \to X} g(x) = \infty$,

若 $\dfrac{f(x)}{g(x)} = o(1)\ (x \to X)$,则称 $f(x)$ 是 $g(x)$ 在 $x \to X$ 下的低阶无穷大量,或者称 $g(x)$ 是 $f(x)$ 在 $x \to X$ 下的高阶无穷大量,简记为 $f(x) = o(g(x))\ (x \to X)$;

若 $\lim\limits_{x \to X}\dfrac{f(x)}{g(x)} = A\ (A \neq 0)$,则称 $f(x)$ 与 $g(x)$ 在 $x \to X$ 下是同阶无穷大量,特别 $A = 1$ 时,称 $f(x)$ 与 $g(x)$ 是 $x \to X$ 下的等价无穷大量,简记为 $f(x) \sim g(x)\ (x \to X)$.

上面两个定义中的记号 $f(x) = o(g(x))\ (x \to X)$ 还具有更一般的含义:若 $\lim\limits_{x \to X}\dfrac{f(x)}{g(x)} = 0$,则称 $x \to X$ 时 $f(x)$ 相对于 $g(x)$ 是无穷小量,简记为 $f(x) = o(g(x))\ (x \to X)$. 例如,任何常数 C,$\lim\limits_{x \to \infty}\dfrac{C}{x} = 0$,则称 $x \to \infty$ 时 C 相对于 x 是无穷小量,简记为 $C = o(x)\ (x \to \infty)$. 又如,$\lim\limits_{x \to X}\dfrac{0}{x} = 0$,我们可以将它记为 $0 = o(x)\ (x \to X)$.

定义 2.8 设 $\lim\limits_{x \to X} f(x) = \infty$(或 $\lim\limits_{x \to X} f(x) = 0$ 且 $f(x) \neq 0\ (x \to X)$),如果
$$g(x) = f(x) + o(f(x)) \quad (x \to X)$$
则称 $x \to X$ 时,$f(x)$ 是 $g(x)$ 的主部.

比较无穷小量与无穷大量的阶,其应用主要体现在如下性质中.

性质 2.11 设 $\lim\limits_{x \to X} f(x) = \infty$,且 $x \to X$ 时,$g(x)$ 的主部是 $f(x)$,则 $\lim\limits_{x \to X} g(x) = \infty$,且 $g(x) \sim f(x)\ (x \to X)$.

证明 由于
$$g(x) = f(x) + o(f(x)) \quad (x \to X)$$
则
$$\lim_{x \to X}\frac{g(x)}{f(x)} = \lim_{x \to X}\left[1 + \frac{o(f(x))}{f(x)}\right] = 1$$

由函数极限的局部保号性有
$$\frac{g(x)}{f(x)} \geq \frac{1}{2} \quad (x \to X)$$

当 $\lim\limits_{x \to X} f(x) = \infty$ 时,$\lim\limits_{x \to X} |f(x)| = +\infty$,由

知 $\lim\limits_{x\to X}|g(x)| = +\infty$,即 $\lim\limits_{x\to X}g(x) = \infty$,且 $g(x) \sim f(x)(x\to X)$.

$$|g(x)| \geq \frac{1}{2}|f(x)| \qquad (x\to X)$$

类似地对无穷小量的情形,我们有

性质 2.12 设 $f(x) = o(1), f(x) \neq 0 (x\to X)$,并且 $g(x)$ 的主部是 $f(x)$,则 $g(x) = o(1)(x\to X)$ 且 $g(x) \sim f(x)(x\to X)$.

证明留给读者练习.

性质 2.13 若 $f(x) = o(1), g(x) = o(1), g(x) \neq 0, (x\to X)$,且 $f(x) \sim g(x)(x\to X)$,若

$$\lim_{x\to X}g(x)u(x) = A, \lim_{x\to X}\frac{v(x)}{g(x)} = B$$

则

$$\lim_{x\to X}f(x)u(x) = A, \lim_{x\to X}\frac{v(x)}{f(x)} = B$$

证明 由 $f(x) \sim g(x)(x\to X)$ 可得

$$\lim_{x\to X}f(x)u(x) = \lim_{x\to X}\left[g(x)u(x)\frac{f(x)}{g(x)}\right] = \lim_{x\to X}\frac{f(x)}{g(x)}\lim_{x\to X}g(x)u(x) = A$$

$$\lim_{x\to X}\frac{v(x)}{f(x)} = \lim_{x\to X}\left[\frac{v(x)g(x)}{g(x)f(x)}\right] = \lim_{x\to X}\frac{g(x)}{f(x)}\lim_{x\to X}\frac{v(x)}{g(x)} = B$$

性质 2.13 是说:在乘除运算的极限中用等价无穷小量替换不改变其极限. 另外对于 $f(x), g(x)$ 是等价无穷大量的情形,结论也正确. 这一点留给读者自己证明.

例 3 求极限 $\lim\limits_{x\to 0}\dfrac{2\sin\sqrt[3]{x} - x}{\sqrt[3]{x} + 2x - x^2}$.

解 $x\to 0$ 时,$\sqrt[3]{x}\to 0, \sin\sqrt[3]{x} \sim \sqrt[3]{x}$,因此 $2\sin\sqrt[3]{x} - x$ 的主部为 $2\sqrt[3]{x}$,$\sqrt[3]{x} + 2x - x^2$ 的主部为 $\sqrt[3]{x}$,因此

$$\lim_{x\to 0}\frac{2\sin\sqrt[3]{x} - x}{\sqrt[3]{x} + 2x - x^2} = \lim_{x\to 0}\frac{2\sin\sqrt[3]{x}}{\sqrt[3]{x}} \xlongequal{y=\sqrt[3]{x}} 2\lim_{y\to 0}\frac{\sin y}{y} = 2$$

例 4 设 $a_n \neq 0, b_m \neq 0$,求极限

$$\lim_{x\to\infty}\frac{a_n x^n + a_{n-1}x^{n-1} + \cdots + a_1 x + a_0}{b_m x^m + b_{m-1}x^{m-1} + \cdots + b_1 x + b_0}$$

解 $x\to\infty$ 时,$a_n x^n + a_{n-1}x^{n-1} + \cdots + a_1 x + a_0$ 的主部为 $a_n x^n$,$b_m x^m + b_{m-1}x^{m-1} + \cdots + b_1 x + b_0$ 的主部为 $b_m x^m$,因此

§2.4 无穷大量与无穷小量

$$\lim_{x\to\infty}\frac{a_n x^n + a_{n-1}x^{n-1}+\cdots+a_1 x+a_0}{b_m x^m + b_{m-1}x^{m-1}+\cdots+b_1 x+b_0} = \lim_{x\to\infty}\frac{a_n x^n}{b_m x^m} = \begin{cases} 0, & m>n \\ \infty, & m<n \\ \dfrac{a_n}{b_m}, & m=n \end{cases}$$

在应用性质 2.13 时,要记住一些常见的等价无穷小量,我们把它们列出来以便读者应用.

$x\to 0$ 时,

$x \sim \sin x \sim \tan x \sim \arcsin x \sim \arctan x$;

$1-\cos x \sim \dfrac{1}{2}x^2$;

$x \sim \ln(1+x) \sim e^x - 1$;

$a^x - 1 \sim x\ln a\,(a>0, a\neq 1)$;

$(1+x)^\alpha - 1 \sim \alpha x\,(\alpha\neq 0$ 是常数$)$;

$x\to 1$ 时,$\ln x \sim x-1$.

其中只有 $\lim\limits_{x\to 0}\dfrac{\ln(1+x)}{x}=1$,我们把它作为已知的事实介绍给读者,而其余的我们可以用所学知识加以证明. 这里我们只给出 $\lim\limits_{x\to 0}\dfrac{e^x-1}{x}=1$ 和 $\lim\limits_{x\to 0}\dfrac{(1+x)^\alpha - 1}{\alpha x}=1$ 的证明,其余的留给读者作为练习.

例 5 证明:$\lim\limits_{x\to 0}\dfrac{e^x-1}{x}=1$.

证明 令 $y=e^x-1$,则 $x=\ln(1+y)$,且 $x\to 0$ 时,$y\to 0$,因此

$$\lim_{x\to 0}\frac{e^x-1}{x}=\lim_{y\to 0}\frac{y}{\ln(1+y)}=1$$

例 6 设 $\alpha\neq 0$,证明:$\lim\limits_{x\to 0}\dfrac{(1+x)^\alpha - 1}{\alpha x}=1$.

证明 当 $\alpha\neq 0$ 时,在 $\lim\limits_{x\to 0}\dfrac{(1+x)^\alpha - 1}{\alpha x}$ 中,注意到 $(1+x)^\alpha = e^{\alpha\ln(1+x)}$,且 $x\to 0$ 时,$\ln(1+x)\to 0$,因此

$$(1+x)^\alpha - 1 = e^{\alpha\ln(1+x)} - 1 \sim \alpha\ln(1+x)\ (x\to 0)$$

$$\lim_{x\to 0}\frac{(1+x)^\alpha - 1}{\alpha x}=\lim_{x\to 0}\frac{\alpha\ln(1+x)}{\alpha x}=\lim_{x\to 0}\frac{\ln(1+x)}{x}=1$$

练习 2.4

1. 证明:$\lim\limits_{x\to 0}\dfrac{2x-1}{\ln(1+x)}=\infty$.

2. 证明下列极限都为 0：

(1) $\lim\limits_{x\to 0^+}\dfrac{1}{\ln x}$；

(2) $\lim\limits_{x\to\infty}\dfrac{1}{x}\arctan x$；

(3) $\lim\limits_{x\to+\infty}(\sin\sqrt{x}-\sin\sqrt{x+1})$；

(4) $\lim\limits_{x\to 1}\ln x\sin\dfrac{1}{x-1}$.

3. 证明性质 2.12.

4. 设 $\lim\limits_{x\to X}f(x)=\infty$，$\lim\limits_{x\to X}g(x)=\infty$，且 $f(x)\sim g(x)(x\to X)$. 若
$$\lim\limits_{x\to X}g(x)u(x)=A,\lim\limits_{x\to X}\dfrac{v(x)}{g(x)}=B$$
证明：
$$\lim\limits_{x\to X}f(x)u(x)=A,\lim\limits_{x\to X}\dfrac{v(x)}{f(x)}=B$$

5. 若 $f(x)=o(1)$，$g(x)=o(1)$ $(x\to X)$，且
$$\lim\limits_{x\to X}\dfrac{f(x)}{g(x)}=A(A\neq 0)$$
证明：$f(x)\sim Ag(x)(x\to X)$.

6. 证明：$1-\cos x\sim\dfrac{1}{2}x^2(x\to 0)$.

7. 设 $a>0, a\neq 1$，证明：$a^x-1\sim x\ln a(x\to 0)$.

8. 求下列极限：

(1) $\lim\limits_{x\to 0}\dfrac{\sin 3x}{\sin 5x}$；

(2) $\lim\limits_{x\to 0}\dfrac{\sqrt{1-2x^2}-1}{x\ln(1-x)}$；

(3) $\lim\limits_{x\to-\infty}\dfrac{\ln(1+3^x)}{\ln(1+2^x)}$；

(4) $\lim\limits_{x\to 0}\dfrac{x\arcsin x}{e^{-x^2}-1}$；

(5) $\lim\limits_{x\to+\infty}\dfrac{\sqrt{2x+\sin x}}{\sqrt{x+\sqrt{x}}}$；

(6) $\lim\limits_{x\to 0}\dfrac{1-\sqrt[3]{1-x+x^2}}{x}$；

(7) $\lim\limits_{x\to 2}\dfrac{\cos\dfrac{\pi}{x}}{2-\sqrt{2x}}$；

(8) $\lim\limits_{x\to 0}\dfrac{x\arcsin x\sin\dfrac{1}{x}}{\sin x}$.

9. 已知 $\lim\limits_{x\to\infty}\left(\dfrac{x^2+x+1}{x-1}-ax-b\right)=0$，求 a,b 的值.

10. 已知 $(2x)^x-2\sim a(x-1)+b(x-1)^2(x\to 1)$，求 a,b 的值.

§2.5 函数的连续性

函数极限使我们能够了解函数在某一点 x_0 的邻域中函数值的变化规律，但是在研究函数极限时始终没有考虑极限值与函数值 $f(x_0)$ 之间的关系，而函数的连续性就是反映这两者之间关系的一个数学概念.

定义 2.9 设函数 $y=f(x)$ 的定义域为 D，$x_0\in D$，若 $\lim\limits_{x\to x_0}f(x)=f(x_0)$，则称

§2.5 函数的连续性

$f(x)$ 在 x_0 点连续,x_0 称为 $f(x)$ 的一个连续点;否则称 $f(x)$ 在 x_0 点不连续(又称为间断),这时称 x_0 为 $f(x)$ 的一个不连续点(又称为间断点);若 $f(x)$ 在 D 中每一点都连续,则称 $f(x)$ 在 D 上连续(又称为 $f(x)$ 是 D 上的连续函数).

定义 2.10 若 $\lim\limits_{x \to x_0^+} f(x) = f(x_0)$,则称 $f(x)$ 在 x_0 点右连续.

类似地可以定义 $f(x)$ 在 x_0 点左连续.

由定义 2.9 和 2.10 我们得到

性质 2.14 $f(x)$ 在 x_0 点连续的充要条件是 $f(x)$ 在 x_0 点既左连续又右连续.

关于基本初等函数和初等函数的连续性我们可以总结出如下的定理.

定理 2.3 基本初等函数在其定义域内处处连续,初等函数在其定义区间(含在定义域内的最大区间)内处处连续,其中区间端点处的连续性是指相应的单侧连续性.

由此我们知道每一段都是初等函数的分段函数的间断点只可能在分段点处.

关于函数间断点的类型,我们可以按以下定义来划分.

定义 2.11 若 $\lim\limits_{x \to x_0^+} f(x)$ 与 $\lim\limits_{x \to x_0^-} f(x)$ 中至少有一个不存在,则称 x_0 为 $f(x)$ 的第二类间断点;若 $\lim\limits_{x \to x_0^+} f(x)$ 与 $\lim\limits_{x \to x_0^-} f(x)$ 都存在且不全等于 $f(x_0)$,则称 x_0 为 $f(x)$ 的第一类间断点,其中 $\lim\limits_{x \to x_0} f(x)$ 存在但不等于 $f(x_0)$(或 $f(x_0)$ 没有定义)的称 x_0 为 $f(x)$ 的可去间断点(因为这时定义

$$F(x) = \begin{cases} f(x), & x \neq x_0 \\ \lim\limits_{x \to x_0} f(x), & x = x_0 \end{cases}$$

则 $F(x)$ 在 x_0 点连续).

定义 2.12 设 x_0 是 $f(x)$ 的一个第一类间断点,且 $\lim\limits_{x \to x_0^+} f(x) \neq \lim\limits_{x \to x_0^-} f(x)$,则称 x_0 是 $f(x)$ 的跳跃间断点,且 $|\lim\limits_{x \to x_0^+} f(x) - \lim\limits_{x \to x_0^-} f(x)|$ 称为 $f(x)$ 在 x_0 点的跳跃度.

例 1 设

$$f(x) = \begin{cases} \dfrac{1}{x}, & x < 0 \\ \dfrac{x^2 - 1}{x - 1}, & 0 < |x - 1| \leq 1 \\ 2x - 1, & x > 2 \end{cases}$$

求 $f(x)$ 的间断点,并判别出它们的类型.

解 $f(x)$ 的定义域为 $(-\infty, 0) \cup [0,1) \cup (1,2) \cup (2, +\infty)$,且在 $(-\infty, 0), (0,1), (1,2), (2, +\infty)$ 中 $f(x)$ 都是初等函数,因而 $f(x)$ 的间断点只可能在

$x_1 = 0, x_2 = 1, x_3 = 2$ 处.

由于 $\lim\limits_{x\to 0^-} f(x) = \lim\limits_{x\to 0^-} \dfrac{1}{x} = -\infty$，因此 $x_1 = 0$ 是 $f(x)$ 的第二类间断点；$\lim\limits_{x\to 1} f(x) = \lim\limits_{x\to 1} \dfrac{x^2-1}{x-1} = 2$，且 $f(x)$ 在 $x_2 = 1$ 处无定义，因此 $x_2 = 1$ 是 $f(x)$ 的可去间断点；$\lim\limits_{x\to 2^-} f(x) = \lim\limits_{x\to 2^-} \dfrac{x^2-1}{x-1} = 3, \lim\limits_{x\to 2^+} f(x) = \lim\limits_{x\to 2^+}(2x-1) = 3, f(2) = 3$，因此 $x_3 = 2$ 是 $f(x)$ 的连续点.

例 2 求 $f(x) = \lim\limits_{n\to\infty} \dfrac{x^{2n}}{1+x^{2n}}$ 在 $x=1$ 点的跳跃度.

解 由于

$$\lim_{n\to\infty} x^{2n} = \begin{cases} 0, & |x| < 1 \\ 1, & |x| = 1 \\ +\infty, & |x| > 1 \end{cases}$$

因此

$$f(x) = \begin{cases} 0, & |x| < 1 \\ \dfrac{1}{2}, & |x| = 1 \\ 1, & |x| > 1 \end{cases}$$

由此可知 $\lim\limits_{x\to 1^-} f(x) = 0, \lim\limits_{x\to 1^+} f(x) = 1, f(x)$ 在 $x=1$ 点的跳跃度为 1.

由于 $f(x)$ 在 x_0 点连续就是极限关系 $\lim\limits_{x\to x_0} f(x) = f(x_0)$，因此由函数极限的性质可以得到连续点处函数的局部性质：

性质 2.15 若 $f(x)$ 在 x_0 点连续，且 $f(x_0) > 0$，则在 x_0 的某一小邻域 $O_\delta(x_0)$ 内 $f(x) > 0$.

性质 2.16 若 $f(x), g(x)$ 在 x_0 点连续，那么

$Cf(x)$(C 为常数)$, f(x) \pm g(x), f(x)g(x), \dfrac{f(x)}{g(x)}$(要求 $g(x_0) \neq 0$)

在 x_0 点连续.

由此可得

推论 设 $f(x), g(x)$ 在 $[a,b]$ 上连续，则 $Cf(x), f(x) \pm g(x), f(x)g(x)$, $\dfrac{f(x)}{g(x)}(g(x) \neq 0, x \in [a,b])$ 在 $[a,b]$ 上连续.

性质 2.17 若 $f(x)$ 在 $x=A$ 点连续，$\lim\limits_{x\to X} g(x) = A$，则

$$\lim_{x\to X} f[g(x)] = f(A)$$

特别是若 $g(x)$ 在 x_0 点连续，$f(x)$ 在 $A = g(x_0)$ 点连续，那么 $f[g(x)]$ 在 x_0

点连续.

性质 2.17 是利用函数连续性求极限的理论基础.

例 3 利用函数连续性求极限 $\lim\limits_{x \to \infty}\left(1+\dfrac{1}{x}\right)^x$.

解 $x \to \infty$ 时, $\left(1+\dfrac{1}{x}\right)^x = e^{x\ln\left(1+\frac{1}{x}\right)}$.

由于 $\lim\limits_{x \to \infty}\dfrac{1}{x} = 0$, $\ln\left(1+\dfrac{1}{x}\right) \sim \dfrac{1}{x}$ $(x \to \infty)$, 因此

$$\lim_{x \to \infty} x\ln\left(1+\dfrac{1}{x}\right) = \lim_{x \to \infty} x \cdot \dfrac{1}{x} = 1$$

而 $f(x) = e^x$ 在 $(-\infty, +\infty)$ 内处处连续, 因此

$$\lim_{x \to \infty}\left(1+\dfrac{1}{x}\right)^x = \lim_{x \to \infty} e^{x\ln\left(1+\frac{1}{x}\right)} = e^1 = e$$

例 4 求下列函数的极限:

(1) $\lim\limits_{x \to 0}(1-2x)^{\frac{1}{x}}$; (2) $\lim\limits_{x \to \infty}\left(\dfrac{1-2x}{3-2x}\right)^x$; (3) $\lim\limits_{x \to 0}\left(\dfrac{1-2x}{1+2x}\right)^{\frac{1}{x}}$.

解 (1) $\lim\limits_{x \to 0}(1-2x)^{\frac{1}{x}} = \lim\limits_{x \to 0} e^{\frac{1}{x}\ln(1-2x)} = \lim\limits_{x \to 0} e^{\frac{1}{x}(-2x)} = e^{-2}$.

(2) $\lim\limits_{x \to \infty}\left(\dfrac{1-2x}{3-2x}\right)^x = \lim\limits_{x \to \infty} e^{x\ln\frac{1-2x}{3-2x}} = \lim\limits_{x \to \infty} e^{x\left(\frac{1-2x}{3-2x}-1\right)} = e$.

(3) $\lim\limits_{x \to 0}\left(\dfrac{1-2x}{1+2x}\right)^{\frac{1}{x}} = \lim\limits_{x \to 0} e^{\frac{1}{x}\ln\frac{1-2x}{1+2x}} = \lim\limits_{x \to 0} e^{\frac{1}{x}\left(\frac{1-2x}{1+2x}-1\right)} = e^{-4}$.

最后我们介绍一下,利用函数的极限求数列的极限.

性质 2.18 若 $\lim\limits_{x \to +\infty} f(x) = A$, 则 $\lim\limits_{n \to \infty} f(n) = A$.

例 5 求极限 $\lim\limits_{n \to \infty}\left(1-\dfrac{1}{2n+1}\right)^n$.

解 由于 $\left(1-\dfrac{1}{2n+1}\right)^n = e^{n\ln\left(1-\frac{1}{2n+1}\right)}$. 另外

$$\lim_{x \to +\infty} x\ln\left(1-\dfrac{1}{2x+1}\right) = \lim_{x \to +\infty} x\left(-\dfrac{1}{2x+1}\right) = -\dfrac{1}{2}$$

因此由性质 2.18 可得

$$\lim_{n \to \infty}\left(1-\dfrac{1}{2n+1}\right)^n = \lim_{n \to \infty} e^{n\ln\left(1-\frac{1}{2n+1}\right)} = e^{-\frac{1}{2}}$$

例 6 连续复利问题

设 A_0 是本金, 年利率为 r, 则一年后的本息之和为 $A_0(1+r)$. 连续复利就是计息的时间间隔任意小, 前期的利息归入本期的本金进行重复计息. 假设一年计

息 n 次,则每次利率为 $\dfrac{r}{n}$,一年后的本息之和为 $A_0\left(1+\dfrac{r}{n}\right)^n$,当 n 无限增大时就得到连续复利下一年后的本息之和 $A(r)$,因此

$$A(r) = \lim_{n\to\infty} A_0\left(1+\dfrac{r}{n}\right)^n = A_0 \mathrm{e}^r$$

由此我们得到:连续复利中,本金为 A_0,年利率为 r,则一年后的本息之和为 $A(r)=A_0\mathrm{e}^r$,t 年后的本息之和为 $A_t(r)=A_0\mathrm{e}^{rt}$(其中 A_0 又称为 $A_0\mathrm{e}^{rt}$ 的现值).

练习 2.5

1. 求

$$f(x)=\begin{cases} \sin\dfrac{1}{x+1}, & x<-1 \\ 0, & x=0 \\ \dfrac{\sin x}{x}, & 0<|x|\le 1 \\ 1, & x>1 \end{cases}$$

的间断点,并指出它们的类型.

2. 设 $f(x),g(x)$ 在 (a,b) 内有定义,且 $f(x)>g(x),x\in(a,b)$:

(1) 设 $x_0\in(a,b)$,且 $\lim\limits_{x\to x_0}f(x)=A,\lim\limits_{x\to x_0}g(x)=B$,问 $A>B$ 是否一定成立?

(2) 在(1)的条件下,若 $f(x),g(x)$ 在 x_0 点连续,则 $A>B$ 是否一定成立?

3. (1) 设 $\lim\limits_{x\to x_0}f(x)=A$,证明 $\lim\limits_{x\to x_0}|f(x)|=|A|$,并问其逆是否正确?

(2) 设 $f(x)$ 在 x_0 点连续,证明 $|f(x)|$ 在 x_0 点连续,并问其逆是否正确?

提示:利用 $|y|=\sqrt{y^2}$ 及性质 2.17.

4. 求下列极限:

(1) $\lim\limits_{x\to\infty}\left(1-\dfrac{2}{x}+\dfrac{3}{x^2}\right)^x$;

(2) $\lim\limits_{x\to 0}(\cos x)^{1+\cot^2 x}$;

(3) $\lim\limits_{x\to 0}\left(\dfrac{2x-1}{3x-1}\right)^{\frac{1}{x}}$;

(4) $\lim\limits_{x\to 0}(x+\mathrm{e}^x)^{\frac{1}{x}}$.

5. 设 $a>0,b>0$,且

$$f(x)=\begin{cases} \dfrac{\sin ax}{x}, & x<0 \\ 2, & x=0 \\ (1+bx)^{\frac{1}{x}}, & x>0 \end{cases}$$

在 $(-\infty,+\infty)$ 内处处连续,求 a,b 的值.

6. 设 $f(x)=\lim\limits_{t\to+\infty}\dfrac{\mathrm{e}^{tx}-1}{\mathrm{e}^{tx}+1}$,求 $f(x)$ 的表达式,并求出它的间断点.

7. 利用函数极限求下列数列极限:

(1) $\lim\limits_{n\to\infty} n(\sqrt[n]{a}-1)(a>0,a\ne 1)$;

(2) $\lim\limits_{n\to\infty}\left(\dfrac{n^2-2n}{n^2+1}\right)^n$;

(3) $\lim\limits_{n\to\infty} n\sin\dfrac{\pi}{n}$.

8. 某保险公司开展养老保险业务,当存入 R_0(单位:元)时, t 年后可得养老金 $R(t) = R_0 e^{at}$(单位:元)($a>0$),另外,银行存款的年利率为 r,按连续复利计息,问 t 年后的养老金现在价值是多少(即养老金的现值是多少)?

§2.6 闭区间上连续函数的性质

前面我们介绍的函数在一点处的连续性只是函数在该点某一邻域内的局部性质,此外函数的连续性还反映在连续区间上的整体性质.本节我们主要介绍闭区间上连续函数的性质,而它们的证明要用到实数理论,因此我们略去它们的证明.

定理 2.4 设 $f(x)$ 在 $[a,b]$ 上连续,那么 $f(x)$ 在 $[a,b]$ 上有界.

这里 $f(x)$ 在端点 a,b 处的连续性是指相应的单侧连续性.

定理 2.5 设 $f(x)$ 在 $[a,b]$ 上连续,那么 $f(x)$ 在 $[a,b]$ 上必有最大值 M 和最小值 m,即存在 $x_1, x_2 \in [a,b]$,使得 $f(x_1) = M, f(x_2) = m$,且 $m \leqslant f(x) \leqslant M, x \in [a,b]$.

定理 2.6(零点存在定理) 设 $f(x)$ 在 $[a,b]$ 上连续,且 $f(a)f(b) < 0$,则一定存在 $x_0 \in (a,b)$,使得 $f(x_0) = 0$(称使得 $f(x) = 0$ 的 x 为 $f(x)$ 的零点).

定理 2.7(介值定理) 设 $f(x)$ 在 $[a,b]$ 上连续,且设 m, M 分别为 $f(x)$ 在 $[a,b]$ 上的最小值和最大值,则对任何 $c \in [m,M]$,一定存在 $x_0 \in [a,b]$,使得 $f(x_0) = c$,由此可知 $f(x)$ 在 $[a,b]$ 上的值域为 $[m,M]$.

证明 不妨设 $m < M$,且 $x_1, x_2 \in [a,b], f(x_1) = m, f(x_2) = M$,则 $x_1 \neq x_2$,不妨设 $x_1 < x_2$,则 $[x_1, x_2] \subset [a,b]$. 对任何 $c \in [m,M]$,当 $c = m$ 和 $c = M$ 时结论正确;当 $c \in (m,M)$ 时,令 $F(x) = f(x) - c$,这时 $F(x)$ 在 $[x_1, x_2]$ 上连续,且 $F(x_1) = m - c < 0, F(x_2) = M - c > 0$,由零点存在定理知道必有 $x_0 \in (x_1, x_2)$,使得 $F(x_0) = 0$,而这就说明存在 $x_0 \in [a,b]$,使得 $f(x_0) = c$.综上所述,对任何 $c \in [m, M]$,必有 $x_0 \in [a,b]$,使得 $f(x_0) = c$,这同时说明 $f(x)$ 在 $[a,b]$ 上的值域 $\{f(x) | x \in [a,b]\} = [m, M]$.

例 1 设 $f(x)$ 在 (a,b) 内连续,证明:对任何 $x_1, x_2 \in (a,b), x_1 < x_2$,任何 $c \in [f(x_1), f(x_2)]$(当 $f(x_2) < f(x_1)$ 时,对任何 $c \in [f(x_2), f(x_1)]$),必有 $x_0 \in [x_1, x_2]$,使得 $f(x_0) = c$.

证明 由于 $f(x)$ 在 (a,b) 内连续,则对任何 $x_1, x_2 \in (a,b), x_1 < x_2, f(x)$ 在 $[x_1, x_2]$ 上连续,由定理 2.5 知道 $f(x)$ 在 $[x_1, x_2]$ 上有最小值 m 和最大值 M,且 $[f(x_1), f(x_2)] \subset [m, M]$,因此对任何 $c \in [f(x_1), f(x_2)], c \in [m, M]$,由介值定

理可得,必有 $x_0 \in [x_1, x_2]$,使得 $f(x_0) = c$.

例 2 设 $f(x)$ 在 $[0,1]$ 上连续,且满足 $0 < f(x) < 1, x \in [0,1]$. 证明:存在 $x_0 \in (0,1)$,使得 $f(x_0) = x_0$.

证明 令 $F(x) = f(x) - x$,由于 $f(x)$ 在 $[0,1]$ 上连续,因此 $F(x)$ 在 $[0,1]$ 上连续,且 $F(0) = f(0), F(1) = f(1) - 1$,注意到 $0 < f(0) < 1, 0 < f(1) < 1$,则 $F(0) > 0, F(1) < 0$,由零点存在定理可知,一定存在 $x_0 \in (0,1)$,使得 $F(x_0) = 0$,即 $f(x_0) = x_0$.

例 3 证明方程 $2^x = x^2$ 在 $(-1,1)$ 内必有实根.

证明 令 $F(x) = 2^x - x^2$,则 $F(x)$ 在 $[-1,1]$ 上连续,且 $F(-1) = -\frac{1}{2}$, $F(1) = 1$,因此由零点存在定理知道 $F(x)$ 在 $(-1,1)$ 内一定有零点,即方程 $2^x = x^2$ 在 $(-1,1)$ 内一定有实根.

最后,我们介绍关于反函数连续性的定理.

定理 2.8(反函数连续性定理) 设 $f(x)$ 在 $[a,b]$ 上连续,如果 $f(x)$ 在 $[a,b]$ 上严格单增,那么 $y = f(x)$ 在 $[a,b]$ 上存在反函数 $x = \varphi(y)$,且 $x = \varphi(y)$ 在 $[f(a), f(b)]$ 上连续且严格单增. 当 $f(x)$ 在 $[a,b]$ 上严格单减时,也有相应的结论.

由于该定理的证明需要函数极限的数学定义,因此我们略去其证明.

由定理 2.8,我们可以验证前面所用到的一些关于反函数的结论是正确的. 例如,

$$\lim_{x \to x_0} \arcsin x = \arcsin x_0, \quad x_0 \in [-1,1];$$

$$\lim_{x \to x_0} \arctan x = \arctan x_0, \quad x_0 \in (-\infty, +\infty).$$

练习 2.6

1. 设 $f(x)$ 在 $[a,b]$ 上连续,m 和 M 分别是 $f(x)$ 在 $[a,b]$ 上的最小值和最大值,若 $m > 0$,求 $\frac{1}{f(x)}$ 在 $[a,b]$ 上的最小值和最大值.

2. 设 $f(x)$ 在 (a,b) 内连续,若存在 $x_1, x_2 \in (a,b), x_1 < x_2$,使得 $f(x_1) f(x_2) < 0$,证明 $f(x)$ 在 (a,b) 内至少有一个零点.

3. 设 $f(x)$ 在 $[a,b]$ 上连续,且没有零点,证明 $f(x)$ 在 $[a,b]$ 上保号.

4. 证明方程 $\ln x = x - e$ 在 $(1, e^2)$ 内必有实根.

习 题 二

1. 证明:若 $\lim_{n \to \infty} a_n = a$,则 $\lim_{n \to \infty} |a_n| = |a|$. 并以数列

$$a_n = (-1)^n, n = 1, 2, \cdots$$

为例,说明结论"若 $\lim\limits_{n\to\infty}|a_n|=|a|$,则 $\lim\limits_{n\to\infty}a_n=a$"未必正确.

2. 证明:$\lim\limits_{n\to\infty}a_n=0$ 的充要条件是 $\lim\limits_{n\to\infty}|a_n|=0$.

3. 证明:
$$\lim_{n\to\infty}q^n=\begin{cases}0, & |q|<1\\ \infty, & |q|>1\\ 1, & q=1\\ \text{不存在}, & q=-1\end{cases}$$

提示:利用非零无穷小量的倒数是无穷大量证明 $\lim\limits_{n\to\infty}q^n=\infty$,$|q|>1$.

4. 设数列 $\{a_n\}$ 是无穷小量,$\{b_n\}$ 是有界数列,证明:$\{a_nb_n\}$ 是无穷小量,并由此证明:
$$\lim_{n\to\infty}(\sin\sqrt{n}-\sin\sqrt{n+1})=0$$

5. 证明:$\lim\limits_{n\to\infty}\dfrac{n!}{n^n}=0$.

提示:$\dfrac{k}{n}\leqslant 1$,$k=1,2,\cdots,n$.

6. 设数列 $\{x_n\}$ 满足:$0<x_1<\dfrac{1}{2}$,$x_{n+1}=x_n(1-2x_n)$,$n=1,2,\cdots$,证明:

(1) $\{x_n\}$ 单减,且 $0<x_n<\dfrac{1}{2}$,$n=1,2,\cdots$;

(2) $\lim\limits_{n\to\infty}x_n$ 存在,并求出其值.

7. 已知 $\lim\limits_{x\to 0}\left[\dfrac{f(x)-1}{x}-\dfrac{\sin x}{x^2}\right]=2$,求 $\lim\limits_{x\to 0}f(x)$.

8. 已知 $\lim\limits_{x\to\infty}[f(x)-ax-b]=0$,求 $\lim\limits_{x\to\infty}\dfrac{f(x)}{x}$.

9. 求极限 $\lim\limits_{x\to+\infty}\dfrac{\ln(1+2^x)}{\ln(1+3^x)}$.

提示:利用 $1+a^x=a^x(1+a^{-x})$ $(a>0,a\neq 1)$.

10. 设 $a>0$,$a\neq 1$,求极限 $\lim\limits_{n\to\infty}n^2(a^{\frac{1}{n}}+a^{-\frac{1}{n}}-2)$.

11. 求极限 $\lim\limits_{x\to\infty}\left(\dfrac{2^{\frac{1}{x}}+3^{\frac{1}{x}}}{2}\right)^x$.

12. 求极限 $\lim\limits_{x\to 0}\dfrac{\sin[\ln(1+2x)]-\sin[\ln(1-x)]}{x}$.

提示:利用

$\sin[\ln(1+2x)]-\sin[\ln(1-x)]$

$=2\sin\left[\dfrac{\ln(1+2x)-\ln(1-x)}{2}\right]\cos\left[\dfrac{\ln(1+2x)+\ln(1-x)}{2}\right]$

$=2\sin\left[\dfrac{\ln\dfrac{1+2x}{1-x}}{2}\right]\cos\left[\dfrac{\ln(1+x-2x^2)}{2}\right]$.

13. 求 $y=\lim\limits_{n\to\infty}(x-1)\arctan|x|^n$ 的表达式,并求出其间断点.

14. 设 $f(x), g(x)$ 在 $[a,b]$ 上连续,证明: $\max\{f(x), g(x)\}, \min\{f(x), g(x)\}$ 在 $[a,b]$ 上连续.

提示: $\max\{f(x), g(x)\} = \dfrac{f(x) + g(x) + |f(x) - g(x)|}{2}$

$\min\{f(x), g(x)\} = \dfrac{f(x) + g(x) - |f(x) - g(x)|}{2}$

15. 证明: $f(x) = x^3 + px^2 + qx + r$ (p, q, r 为常数) 至少有一个零点.

16. 设 $f(x)$ 在 $[0,1]$ 上连续,且 $f(0) = f(1)$,证明: 一定存在 $x_0 \in \left[0, \dfrac{1}{2}\right]$,使得 $f(x_0) = f\left(x_0 + \dfrac{1}{2}\right)$.

提示: 考虑函数 $F(x) = f(x) - f\left(x + \dfrac{1}{2}\right)$.

第 3 章

导数与微分

本章我们主要考察函数值随自变量的变化而变化的相对变化率——导数,以及由近似计算产生的且与导数密切相关的微分.

§3.1 导数概念

在实际生活中,我们经常遇到一种变量相对于另一种变量的变化率问题.例如,位移变量相对于时间变量的变化率就是速度;曲线上点的纵坐标相对于横坐标的变化率就是斜率;还有经济变量中的边际.从这些问题中就抽象出一个新的数学概念——函数的导数.

一、导数的定义

速度是我们较常见且较熟悉的概念,它是位移变量相对于时间变量的变化率,速度包括平均速度和瞬时速度,我们先通过一个例子说明如何由平均速度理解和计算瞬时速度.

例 1 自由落体瞬时速度问题

自由落体的位移函数

$$s = s(t) = \frac{1}{2}gt^2$$

(这里取 s 的方向为垂直向下的方向),在 t_0 时刻的位移 $s(t_0) = \frac{1}{2}gt_0^2$,给 t_0 一个改变量 Δt 得到位移改变量

$$\Delta s = s(t_0 + \Delta t) - s(t_0) = \frac{1}{2}g[(t_0 + \Delta t)^2 - t_0^2] = \frac{1}{2}g[2t_0\Delta t + (\Delta t)^2]$$

这时

$$\frac{\Delta s}{\Delta t} = gt_0 + \frac{1}{2}g\Delta t$$

是 t_0 到 $t_0 + \Delta t$ 这段时间内自由落体的平均速度 $\bar{v}$(即这段时间内位移变量 s 相对于时间变量 t 的平均变化率),当 $\Delta t \to 0$ 时,$\frac{\Delta s}{\Delta t} \to gt_0$,它是自由落体在 t_0 时刻

的瞬时速度.

在实际生活中,例1中的极限问题$\left(\text{即}\lim\limits_{\Delta t \to 0}\dfrac{\Delta s}{\Delta t}\text{的存在性和如何计算的问题}\right)$具有普遍性,我们从中抽象出一个数学概念——导数.

定义 3.1 设 $y=f(x)$ 在 x_0 的某一邻域内有定义,在该邻域中任意给定 x_0 一个改变量 Δx,得到函数值 $f(x_0)$ 的一个改变量 $\Delta y = f(x_0 + \Delta x) - f(x_0)$,如果极限

$$\lim_{\Delta x \to 0}\frac{\Delta y}{\Delta x} = \lim_{\Delta x \to 0}\frac{f(x_0+\Delta x)-f(x_0)}{\Delta x}$$

存在,则称 $y=f(x)$ 在 x_0 点可导,并且称上面的极限为 $f(x)$ 在 x_0 点的导数,用 $f'(x_0)$ $\left(\text{或 } y'\big|_{x=x_0},\text{或}\dfrac{\mathrm{d}y}{\mathrm{d}x}\bigg|_{x=x_0},\text{或}\dfrac{\mathrm{d}f(x)}{\mathrm{d}x}\bigg|_{x=x_0}\right)$ 表示.

因此,由例1我们知道自由落体的位移函数 $s=s(t)=\dfrac{1}{2}gt^2$ 在任一时刻 t_0 处可导,其导数 $s'(t_0)=gt_0$ 是自由落体在 t_0 时刻的瞬时速度

$$v(t_0)=s'(t_0)=gt_0$$

类似地,任何作直线运动的质点,其位移变量 s 关于时间变量 t 的导数就是质点的瞬时速度 $v=\dfrac{\mathrm{d}s}{\mathrm{d}t}$.

例 2 斜率问题

设曲线 L 的函数方程为

$$y=f(x)=\mathrm{e}^x$$

x_0 处的纵坐标为 $y_0=f(x_0)=\mathrm{e}^{x_0}$(如图3-1),给 x_0 一个改变量 Δx,得到纵坐标的改变量

$$\Delta y = \mathrm{e}^{x_0+\Delta x}-\mathrm{e}^{x_0}=\mathrm{e}^{x_0}(\mathrm{e}^{\Delta x}-1)$$

这时

$$\frac{\Delta y}{\Delta x}=\frac{\mathrm{e}^{\Delta x}-1}{\Delta x}\mathrm{e}^{x_0}$$

是曲线 L 上连接点 (x_0,e^{x_0}) 和点 $(x_0+\Delta x, \mathrm{e}^{x_0+\Delta x})$ 的割线 PP_1 的斜率,当 $\Delta x \to 0$ 时,$\dfrac{\Delta y}{\Delta x} \to \mathrm{e}^{x_0}$,它是 L 在 $P(x_0,y_0)$ 处切线 PT 的斜率,也就是 $y=\mathrm{e}^x$ 在此处的导数.

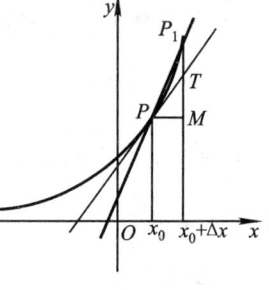

图 3-1

因此,函数 $y=f(x)=\mathrm{e}^x$ 在任一点 x_0 处可导,其导数

$$y'\big|_{x=x_0}=f'(x_0)=\mathrm{e}^{x_0}$$

是曲线 $y=\mathrm{e}^x$ 在 (x_0,e^{x_0}) 处的切线斜率.

类似地,任何曲线 $y=f(x)$ 上点的纵坐标 y 关于横坐标 x 的导数是曲线的切线斜率 $k=\dfrac{\mathrm{d}y}{\mathrm{d}x}$(当它有切线时).

由例 1 和例 2 我们发现:若 $y=f(x)$ 在集合 D 内处处可导(这时称 $f(x)$ 在 D 内可导或 $f(x)$ 是 D 内的可导函数),则任何 $x_0 \in D$,相应的导数 $f'(x_0)$ 随 x_0 的变化而变化,因此这就建立了一个函数关系,称其为 $y=f(x)$ 的导函数. 用 $f'(x)$ (或 y',或 $\dfrac{\mathrm{d}y}{\mathrm{d}x}$,或 $\dfrac{\mathrm{d}f(x)}{\mathrm{d}x}$)表示(我们习惯上称 $f(x)$ 是导函数 $f'(x)$ 的原函数). 这时 $f'(x)$ 在 x_0 点的函数值就是 $f(x)$ 在 x_0 点的导数 $f'(x_0)$,即
$$f'(x)\big|_{x=x_0}=f'(x_0)$$
反之也一样,从而使得二者在记号上统一起来.

因此
$$f'(x)=\lim_{\Delta x\to 0}\frac{f(x+\Delta x)-f(x)}{\Delta x} \qquad (3-1)$$
不仅是求 $y=f(x)$ 在 x 处导数的定义式,而且是求导函数的定义式.

例 3　求 $y=f(x)=x$ 的导函数.

解　$y'=f'(x)=(x)'=\lim\limits_{\Delta x\to 0}\dfrac{(x+\Delta x)-x}{\Delta x}=1, x\in(-\infty,+\infty)$.

例 4　求 $y=f(x)=\dfrac{1}{x}$ 的导函数,并求它在 $x=2$ 处的值.

解　$y'=f'(x)=\left(\dfrac{1}{x}\right)'=\lim\limits_{\Delta x\to 0}\dfrac{\dfrac{1}{x+\Delta x}-\dfrac{1}{x}}{\Delta x}$

$\qquad\qquad =-\lim\limits_{\Delta x\to 0}\dfrac{1}{x(x+\Delta x)}$

$\qquad\qquad =-\dfrac{1}{x^2}, x\in(-\infty,0)\cup(0,+\infty)$

因此
$$y'\big|_{x=2}=f'(2)=\left(\dfrac{1}{x}\right)'\bigg|_{x=2}=-\dfrac{1}{x^2}\bigg|_{x=2}=-\dfrac{1}{4}$$

例 5　求下列函数的导函数:

(1) $y=C$(C 为常数);　　　　(2) $y=x^\mu$($\mu\neq 0$ 为常数);

(3) $y=a^x$($a>0, a\neq 1$ 为常数);　(4) $y=\sin x$;

(5) $y=\cos x$.

解　(1) $(C)'=\lim\limits_{\Delta x\to 0}\dfrac{C-C}{\Delta x}=0$.

(2) $(x^\mu)' = \lim\limits_{\Delta x \to 0}\dfrac{(x+\Delta x)^\mu - x^\mu}{\Delta x} = x^\mu \lim\limits_{\Delta x \to 0}\dfrac{\left(1+\dfrac{\Delta x}{x}\right)^\mu - 1}{\Delta x}$

$\xlongequal{t = \frac{\Delta x}{x}} x^{\mu-1}\lim\limits_{t \to 0}\dfrac{(1+t)^\mu - 1}{t} = \mu x^{\mu-1}.$

(3) $(a^x)' = \lim\limits_{\Delta x \to 0}\dfrac{a^{x+\Delta x} - a^x}{\Delta x} = a^x\lim\limits_{\Delta x \to 0}\dfrac{a^{\Delta x} - 1}{\Delta x} = a^x \ln a.$

(4) $(\sin x)' = \lim\limits_{\Delta x \to 0}\dfrac{\sin(x + \Delta x) - \sin x}{\Delta x} = \lim\limits_{\Delta x \to 0}\dfrac{2\sin\dfrac{\Delta x}{2}\cos\left(x + \dfrac{\Delta x}{2}\right)}{\Delta x}$

$= \cos x.$

(5) $(\cos x)' = \lim\limits_{\Delta x \to 0}\dfrac{\cos(x + \Delta x) - \cos x}{\Delta x} = \lim\limits_{\Delta x \to 0}\dfrac{-2\sin\dfrac{\Delta x}{2}\sin\left(x + \dfrac{\Delta x}{2}\right)}{\Delta x}$

$= -\sin x.$

二、函数在可导点的局部性质

函数 $y = f(x)$ 在 x_0 点的导数 $f'(x_0)$ 本质上是一种特殊的极限

$$f'(x_0) = \lim_{\Delta x \to 0}\dfrac{f(x_0 + \Delta x) - f(x_0)}{\Delta x} = \lim_{x \to x_0}\dfrac{f(x) - f(x_0)}{x - x_0}$$

定义 3.2 设 $y = f(x)$ 在 x_0 的某一邻域内有定义,若极限

$$\lim_{x \to x_0^+}\dfrac{f(x) - f(x_0)}{x - x_0}$$

存在,则称 $f(x)$ 在 x_0 点右可导,且称上面的极限为 $f(x)$ 在 x_0 点的右导数,用 $f'_+(x_0)$ 表示;若极限

$$\lim_{x \to x_0^-}\dfrac{f(x) - f(x_0)}{x - x_0}$$

存在,则称 $f(x)$ 在 x_0 点左可导,且称上面的极限为 $f(x)$ 在 x_0 点的左导数,用 $f'_-(x_0)$ 表示.

由此我们得到

性质 3.1 $f(x)$ 在 x_0 点可导的充要条件是 $f(x)$ 在 x_0 点既左可导又右可导,且 $f'_+(x_0) = f'_-(x_0)$.

例 6 设

$$f(x) = \begin{cases} \sqrt{x^3}, & x \geq 0 \\ \sqrt[3]{x}, & -1 \leq x < 0 \\ \dfrac{1}{3}x - \dfrac{2}{3}, & x < -1 \end{cases}$$

判别 $f(x)$ 在 $x=0$ 和 $x=-1$ 处是否可导?

解 由于

$$\lim_{x\to 0^+}\frac{f(x)-f(0)}{x-0}=\lim_{x\to 0^+}\frac{\sqrt{x^3}}{x}=0$$

$$\lim_{x\to 0^-}\frac{f(x)-f(0)}{x-0}=\lim_{x\to 0^-}\frac{\sqrt[3]{x}}{x}=+\infty$$

因此 $f(x)$ 在 $x=0$ 点不可导.

又由于

$$\lim_{x\to -1^+}\frac{f(x)-f(-1)}{x+1}=\lim_{x\to -1^+}\frac{\sqrt[3]{x}+1}{x+1}=\frac{1}{3}$$

$$\lim_{x\to -1^-}\frac{f(x)-f(-1)}{x+1}=\lim_{x\to -1^-}\frac{\frac{1}{3}x-\frac{2}{3}+1}{x+1}=\frac{1}{3}$$

因此 $f(x)$ 在 $x=-1$ 点可导,且 $f'(-1)=\frac{1}{3}$.

例 7 判别 $f(x)=|x|$ 在 $x=0$ 点是否可导.

解 由于

$$\lim_{x\to 0^+}\frac{|x|}{x}=1,\ \lim_{x\to 0^-}\frac{|x|}{x}=-1$$

$f'_+(0)\neq f'_-(0)$,因此 $f(x)=|x|$ 在 $x=0$ 点不可导.

由例 6 和例 7 我们发现,$f(x)$ 在 x_0 点连续,但 $f(x)$ 在 x_0 点未必可导,尤其是 $|f(x)|$ 在 $f(x)=0$ 的点未必可导.

由此我们有

性质 3.2 $f(x)$ 在 x_0 点连续是 $f(x)$ 在 x_0 点可导的必要条件但不是充分条件.

证明 设 $f(x)$ 在 x_0 点可导,则

$$\lim_{x\to x_0}\frac{f(x)-f(x_0)}{x-x_0}$$

存在,因此

$$\frac{f(x)-f(x_0)}{x-x_0}=f'(x_0)+o(1) \quad (x\to x_0)$$

由此可得

$$f(x)-f(x_0)$$
$$=f'(x_0)(x-x_0)+o(1)(x-x_0)$$
$$=f'(x_0)(x-x_0)+o(x-x_0) \quad (x\to x_0) \tag{3-2}$$
$$\lim_{x\to x_0}f(x)=f(x_0)$$

说明 $f(x)$ 在 x_0 点连续.

其中 (3-2) 常称为函数在可导点处的有限增量公式. 由此可知, 当 $f'(x_0) \neq 0$ 时, $f'(x_0)(x-x_0)$ 是 $f(x)-f(x_0)$ 的主部, 因此
$$f(x)-f(x_0) \sim f'(x_0)(x-x_0) \quad (x \to x_0)$$
这说明 $y=f(x)$ 在 x_0 点附近的性质与 $y=f(x_0)+f'(x_0)(x-x_0)$ 的性质很相近 (要注意到 $y=f(x_0)+f'(x_0)(x-x_0)$ 是 $y=f(x)$ 在 $(x_0, f(x_0))$ 处的切线!).

性质 3.3 设 $f(x)$ 在 x_0 点可导, 且 $f'(x_0)>0$ ($f'(x_0)<0$), 则在 x_0 的某一邻域 $O_\delta(x_0)$ 中,

$x>x_0$ 时, $f(x)>f(x_0)$ ($f(x)<f(x_0)$);

$x<x_0$ 时, $f(x)<f(x_0)$ ($f(x)>f(x_0)$).

因此, 当 $f'(x_0) \neq 0$ 时, 存在 x_0 的某一去心邻域 $O_\delta(x_0) \setminus \{x_0\}$, 使得当 $x \in O_\delta(x_0) \setminus \{x_0\}$ 时, $f(x)-f(x_0) \neq 0$.

证明 由函数极限的局部保号性, 存在 x_0 的某一去心邻域 $O_\delta(x_0) \setminus \{x_0\}$, 使得 $x \in O_\delta(x_0) \setminus \{x_0\}$ 时, 有
$$\frac{f(x)-f(x_0)}{x-x_0} > 0$$
因此

$x>x_0$ 时, $f(x)>f(x_0)$;

$x<x_0$ 时, $f(x)<f(x_0)$.

对 $f'(x_0)<0$ 的情形类似可证.

练习 3.1

1. 一质点以初速度 v_0 向上作抛物线运动, 其运动方程为
$$s=s(t)=v_0 t - \frac{1}{2}gt^2 \quad (v_0>2 \text{ 为常数})$$
(1) 求质点在 t 时刻的瞬时速度;

(2) 何时质点的速度为 0;

(3) 求质点回到出发点时的速度.

2. (1) 求圆的面积变量 S 相对于半径变量 r 的变化率;

(2) 求圆的面积为 1 时, 周长变量 l 相对于半径变量 r 的变化率;

(3) 求圆的面积为 1 时, 面积变量 S 相对于周长变量 l 的变化率.

3. 求曲线 $y=x(1-x)$ 在横坐标为 1 处的切线斜率.

4. 利用定义求下列函数的导函数:

(1) $y=\sqrt{x}$; (2) $y=\ln x$;

(3) $y=\sec x$; (4) $y=\tan x$.

5. (1) 判别 $y=x|x|$ 在 $x=0$ 点是否可导?

(2) 设 $y=|x|^\alpha$ 在 $x=0$ 点可导, 求 α 的取值范围.

提示：$x<0$ 时，$\dfrac{(-x)^\alpha}{x} = -(-x)^{\alpha-1}$.

6. 设
$$f(x) = \begin{cases} e^x - 1, & x<0 \\ x+a, & 0\leqslant x <1 \\ b\sin(x-1)+1, & x\geqslant 1 \end{cases}$$
求 a,b，使得 $f(x)$ 在 $x=0$ 和 $x=1$ 处可导.

7. 设 $f(x)$ 在 $x=0$ 点连续，且
$$\lim_{x\to 0}\dfrac{f(x)-1}{x} = -1$$
(1) 求 $f(0)$；(2) 问 $f(x)$ 在 $x=0$ 点是否可导？

8. 设 $g(x)$ 在 $x=0$ 点连续，求 $f(x) = g(x)\sin 2x$ 在 $x=0$ 点的导数.

9. 设 $f(0)=1, g(1)=2, f'(0)=-1, g'(1)=-2$，求

(1) $\lim\limits_{x\to 0}\dfrac{\cos x - f(x)}{x}$；　　　(2) $\lim\limits_{x\to 0}\dfrac{2^x f(x) - 1}{x}$；

(3) $\lim\limits_{x\to 1}\dfrac{\sqrt{x}g(x)-2}{x-1}$.

10. 设 $f(0)=1, f'(0)=-1$，求极限
$$\lim_{x\to 1}\dfrac{f(\ln x)-1}{1-x}$$

11. 设 $f(0)=1, f'(0)=-1$.

(1) 求 $x\to 0$ 时，$f(x)-1$ 的主部；

(2) 求极限
$$\lim_{x\to 2}\dfrac{f(2-x)-1}{x^2-2x}$$

12. 设 $f(x)$ 在 $[a,b]$ 上连续，$f(a)=f(b)=0$，且
$$f'_+(a)<0, \quad f'_-(b)<0$$
证明：$f(x)$ 在 (a,b) 内必有一个零点.

提示：由函数极限的局部保号性，从条件
$$f'_+(a) = \lim_{x\to a^+}\dfrac{f(x)}{x-a} < 0$$
可得，存在 a 的右邻域 $(a, a+\delta_1)\left(0<\delta_1<\dfrac{b-a}{2}\right)$，当 $x\in(a, a+\delta_1)$ 时，$\dfrac{f(x)}{x-a}<0$. 类似地，从条件 $f'_-(b)<0$ 可得，存在 b 的左邻域 $(b-\delta_2, b)\left(0<\delta_2<\dfrac{b-a}{2}\right)$，当 $x\in(b-\delta_2, b)$ 时，$\dfrac{f(x)}{x-b}<0$.

§3.2　导数运算与导数公式

由导函数与导数的关系，我们有必要掌握基本初等函数的导函数表达式，其

中§3.1中例5介绍了一些,而另一些则是例5中函数的四则运算或反函数.

一、导数的四则运算

鉴于导数是一种特殊的极限,因此由极限的四则运算公式我们可以得到导数的四则运算公式.

性质 3.4 设 $f(x),g(x)$ 在 x 点可导,则

(1) $[Cf(x)]' = Cf'(x)$ (C 是常数);

(2) $[f(x) \pm g(x)]' = f'(x) \pm g'(x)$;

(3) $[f(x)g(x)]' = f'(x)g(x) + f(x)g'(x)$;

(4) $\left[\dfrac{f(x)}{g(x)}\right]' = \dfrac{f'(x)g(x) - f(x)g'(x)}{[g(x)]^2}$ ($g(x) \neq 0$).

证明 我们只证其中的(3)和(4),其余的留给读者作为练习.

由于

$$f(x+\Delta x)g(x+\Delta x) - f(x)g(x)$$
$$= [f(x+\Delta x) - f(x)]g(x+\Delta x) + f(x)[g(x+\Delta x) - g(x)]$$

注意到可导必连续,我们得到

$$\lim_{\Delta x \to 0} \frac{f(x+\Delta x)g(x+\Delta x) - f(x)g(x)}{\Delta x}$$
$$= \lim_{\Delta x \to 0} \frac{f(x+\Delta x) - f(x)}{\Delta x} \lim_{\Delta x \to 0} g(x+\Delta x) + f(x) \lim_{\Delta x \to 0} \frac{g(x+\Delta x) - g(x)}{\Delta x}$$
$$= f'(x)g(x) + f(x)g'(x)$$

因此 $f(x)g(x)$ 在 x 点可导,且

$$[f(x)g(x)]' = f'(x)g(x) + f(x)g'(x)$$

在证明(4)时,要注意到连续函数的局部保号性,由 $g(x) \neq 0$ 知道在 x 的某一邻域内 $g(x+\Delta x) \neq 0$,再由

$$\frac{f(x+\Delta x)}{g(x+\Delta x)} - \frac{f(x)}{g(x)}$$
$$= \frac{f(x+\Delta x)g(x) - f(x)g(x+\Delta x)}{g(x)g(x+\Delta x)}$$
$$= [f(x+\Delta x) - f(x)]\frac{1}{g(x+\Delta x)} - \frac{f(x)}{g(x)g(x+\Delta x)}[g(x+\Delta x) - g(x)]$$

我们得到

$$\lim_{\Delta x \to 0} \frac{\dfrac{f(x+\Delta x)}{g(x+\Delta x)} - \dfrac{f(x)}{g(x)}}{\Delta x}$$
$$= \lim_{\Delta x \to 0} \frac{f(x+\Delta x) - f(x)}{\Delta x} \lim_{\Delta x \to 0} \frac{1}{g(x+\Delta x)} -$$
$$\lim_{\Delta x \to 0} \frac{f(x)}{g(x)g(x+\Delta x)} \lim_{\Delta x \to 0} \frac{g(x+\Delta x) - g(x)}{\Delta x}$$

$$= \frac{f'(x)}{g(x)} - \frac{f(x)g'(x)}{[g(x)]^2} = \frac{f'(x)g(x) - f(x)g'(x)}{[g(x)]^2}$$

因此 $\frac{f(x)}{g(x)}$ 在 x 点可导,且

$$\left[\frac{f(x)}{g(x)}\right]' = \frac{f'(x)g(x) - f(x)g'(x)}{[g(x)]^2}$$

例 1 求下列函数的导函数:

(1) $y = \sec x$;   (2) $y = \csc x$;
(3) $y = \tan x$;   (4) $y = \cot x$.

解 (1) $(\sec x)' = \left(\frac{1}{\cos x}\right)' = \frac{\sin x}{\cos^2 x} = \sec x \tan x.$

(2) $(\csc x)' = \left(\frac{1}{\sin x}\right)' = \frac{-\cos x}{\sin^2 x} = -\csc x \cot x.$

(3) $(\tan x)' = \left(\frac{\sin x}{\cos x}\right)' = \frac{\cos x \cos x + \sin x \sin x}{\cos^2 x} = \sec^2 x.$

(4) $(\cot x)' = \left(\frac{\cos x}{\sin x}\right)' = \frac{-\sin x \sin x - \cos x \cos x}{\sin^2 x} = -\csc^2 x.$

二、反函数的导数

性质 3.5(反函数求导法则) 设 $y = f(x)$ 在 (a,b) 内严格单调且可导,则它有反函数 $x = \varphi(y)$,当 $f'(x) \neq 0$ 时,$x = \varphi(y)$ 可导,且

$$\varphi'(y) = \frac{1}{f'(x)} \quad (3-3)$$

证明

设 $\Delta x = \varphi(y + \Delta y) - \varphi(y)$,这时有

$$\Delta y = f(x + \Delta x) - f(x)$$

当 $\Delta y \neq 0$ 时,$\Delta x \neq 0$,且 $\Delta y \to 0$ 时,由 $x = \varphi(y)$ 的连续性(参见定理 2.8)可得 $\Delta x \to 0$,从而

$$\lim_{\Delta y \to 0} \frac{\varphi(y + \Delta y) - \varphi(y)}{\Delta y} = \lim_{\Delta x \to 0} \frac{\Delta x}{f(x + \Delta x) - f(x)} = \frac{1}{f'(x)}$$

这说明 $x = \varphi(y)$ 可导并且 (3-3) 式成立.

例 2 求下列函数的导数:

(1) $y = \log_a x \,(a > 0, a \neq 1 \text{ 是常数})$;   (2) $y = \arcsin x$;
(3) $y = \arccos x$;   (4) $y = \arctan x$;
(5) $y = \text{arccot}\, x$.

解 (1) 由于 $y = \log_a x$ 是 $x = a^y$ 的反函数,因此

$$(\log_a x)' = \frac{1}{(a^y)'} = \frac{1}{a^y \ln a} = \frac{1}{x \ln a}$$

(2) 由 $y = \arcsin x$ 是 $x = \sin y$ 的反函数,且 $x \in (-1,1), y \in \left(-\dfrac{\pi}{2}, \dfrac{\pi}{2}\right)$,这时 $\cos y > 0$,则

$$(\arcsin x)' = \dfrac{1}{(\sin y)'} = \dfrac{1}{\cos y} = \dfrac{1}{\sqrt{1 - \sin^2 y}} = \dfrac{1}{\sqrt{1 - x^2}}$$

(3) 由 $y = \arccos x$ 是 $x = \cos y$ 的反函数,且 $x \in (-1,1), y \in (0, \pi)$,这时 $\sin y > 0$,则

$$(\arccos x)' = \dfrac{1}{(\cos y)'} = \dfrac{1}{-\sin y} = -\dfrac{1}{\sqrt{1 - \cos^2 y}} = -\dfrac{1}{\sqrt{1 - x^2}}$$

(4) $y = \arctan x$ 是 $x = \tan y$ 的反函数,$x \in (-\infty, +\infty), y \in \left(-\dfrac{\pi}{2}, \dfrac{\pi}{2}\right)$,

$$(\arctan x)' = \dfrac{1}{(\tan y)'} = \dfrac{1}{\sec^2 y} = \dfrac{1}{1 + \tan^2 y} = \dfrac{1}{1 + x^2}$$

(5) $y = \text{arccot}\, x$ 是 $x = \cot y$ 的反函数,$x \in (-\infty, +\infty), y \in (0, \pi)$,

$$(\text{arccot}\, x)' = \dfrac{1}{(\cot y)'} = \dfrac{1}{-\csc^2 y} = -\dfrac{1}{1 + \cot^2 y} = -\dfrac{1}{1 + x^2}$$

三、导数基本公式

我们把基本初等函数的导函数表达式归纳起来,就得到下面的导数基本公式.

(1) $(C)' = 0$;

(2) $(x^\mu)' = \mu x^{\mu - 1}$;

(3) $(a^x)' = a^x \ln a, (e^x)' = e^x$,

$(\log_a x)' = \dfrac{1}{x \ln a}, (\ln x)' = \dfrac{1}{x}$;

(4) $(\sin x)' = \cos x, (\cos x)' = -\sin x$,

$(\tan x)' = \sec^2 x, (\cot x)' = -\csc^2 x$,

$(\sec x)' = \sec x \tan x, (\csc x)' = -\csc x \cot x$;

(5) $(\arcsin x)' = \dfrac{1}{\sqrt{1 - x^2}}, (\arccos x)' = -\dfrac{1}{\sqrt{1 - x^2}}$,

$(\arctan x)' = \dfrac{1}{1 + x^2}, (\text{arccot}\, x)' = -\dfrac{1}{1 + x^2}$.

例 3 求下列函数的导数:

(1) $y = x \ln x$; (2) $y = -x e^x + \ln 2$;

(3) $y = \dfrac{ax + b}{cx + d}$ $(ad - bc \neq 0)$; (4) $y = \dfrac{\tan x}{x + \sin x} + 3\sqrt[3]{x} \arctan x$.

解 (1) $(x\ln x)' = (x)'\ln x + x(\ln x)' = \ln x + x\cdot\dfrac{1}{x} = 1 + \ln x$.

(2) $(-xe^x + \ln 2)' = -(xe^x)' + (\ln 2)'$
$= -(x)'e^x - x(e^x)' = -(x+1)e^x$.

(3) $\left(\dfrac{ax+b}{cx+d}\right)' = \dfrac{(ax+b)'(cx+d)-(ax+b)(cx+d)'}{(cx+d)^2} = \dfrac{ad-bc}{(cx+d)^2}$.

(4) $\left(\dfrac{\tan x}{x+\sin x} + 3\sqrt[3]{x}\arctan x\right)' = \left(\dfrac{\tan x}{x+\sin x}\right)' + 3(\sqrt[3]{x}\arctan x)'$

$= \dfrac{\sec^2 x(x+\sin x) - \tan x(1+\cos x)}{(x+\sin x)^2} + x^{-\frac{2}{3}}\arctan x + \dfrac{3\sqrt[3]{x}}{1+x^2}$.

练习 3.2

1. 求下列函数的导数：

(1) $y = \dfrac{1}{f(x)}$, $f(x)\neq 0$, 且 $f(x)$ 可导；

(2) $y = x^{-\frac{1}{n}}$ (n 为正整数)；

(3) $y = e^x(\sin x - 2\cos x)$；

(4) $y = \sec x\tan x - 2x\arcsin x$.

2. 设 $f(x) = x^2 - 2\ln x$, 求使得 $f'(x) = 0$ 的 x.

3. 求下列函数的导数：

(1) $y = \dfrac{x^2 - x}{x + \sqrt{x}}$；

(2) $y = \dfrac{2x^2 - x + 1}{x + 2}$；

(3) $y = x^2\log_3 x$；

(4) $y = x\arctan x$；

(5) $y = \dfrac{\cos 2x}{\sin x + \cos x}$；

(6) $y = 2^x\arcsin x - 3\sqrt[3]{x^2}$；

(7) $y = \arcsin x + \arccos x$；

(8) $y = \prod\limits_{k=0}^{n}(x-k)$.

4. 求下列函数的导数：

(1) $y = \operatorname{arccot} x\ln e^{1+x^2}$；

(2) $y = xe^{-x}$；

(3) $y = \sin 2x$；

(4) $y = \tan\left(\dfrac{\pi}{4} + x\right)$.

提示：先将函数进行适当运算，再利用导数公式.

5. 设 $f_k(x)$ 可导, 且 $f_k(x)\neq 0$, $k = 1, 2, \cdots, n$, $y = f_1(x)\cdot f_2(x)\cdots\cdot f_n(x)$, 证明：

$$y' = y\sum_{k=1}^{n}\dfrac{f_k'(x)}{f_k(x)}$$

提示：对 n 进行数学归纳法.

§3.3 复合函数求导法则

初等函数的导数计算,除了前两节中介绍的基本初等函数及其四则运算的导数外,还有它们的复合函数导数的求法.本节我们主要介绍复合函数求导法则及其应用.

性质 3.6 设 $u=g(x)$ 在 x_0 点可导,而 $y=f(u)$ 在 $u_0=g(x_0)$ 点可导,则 $y=f[g(x)]$ 在 x_0 点可导,且

$$\left.\frac{\mathrm{d}y}{\mathrm{d}x}\right|_{x=x_0} = (f[g(x)])'\Big|_{x=x_0} = f'(u_0)g'(x_0) = f'[g(x_0)]g'(x_0) \quad (3-4)$$

写成导函数的形式为

$$\frac{\mathrm{d}y}{\mathrm{d}x} = (f[g(x)])' = f'[g(x)]g'(x) \quad (3-5)$$

简写为

$$\frac{\mathrm{d}y}{\mathrm{d}x} = \frac{\mathrm{d}y}{\mathrm{d}u}\frac{\mathrm{d}u}{\mathrm{d}x} \quad (3-6)$$

(称之为复合函数导数的链式法则)

证明 给 x_0 一个改变量 Δx,设

$$\Delta u = g(x_0+\Delta x) - g(x_0)$$

则

$$g(x_0+\Delta x) = g(x_0) + \Delta u = u_0 + \Delta u$$
$$\Delta y = f[g(x_0+\Delta x)] - f[g(x_0)] = f(u_0+\Delta u) - f(u_0)$$

由性质 3.3 知道,当 $g'(x_0) \neq 0$ 时,存在去心邻域 $O_\delta(x_0)\setminus\{x_0\}$,使得 $x_0+\Delta x \in O_\delta(x_0)\setminus\{x_0\}$ 时,

$$\Delta u = g(x_0+\Delta x) - g(x_0) \neq 0$$

这时

$$\frac{\Delta y}{\Delta x} = \frac{f(u_0+\Delta u) - f(u_0)}{\Delta u} \cdot \frac{g(x_0+\Delta x) - g(x_0)}{\Delta x}$$

由于 $g(x)$ 在 x_0 点可导一定连续,则 $\Delta x \to 0$ 时,$\Delta u = g(x_0+\Delta x) - g(x_0) \to 0$,从而由 $f(u)$ 在 u_0 点可导可得

$$\lim_{\Delta x \to 0}\frac{\Delta y}{\Delta x} = \lim_{\Delta u \to 0}\frac{f(u_0+\Delta u) - f(u_0)}{\Delta u} \lim_{\Delta x \to 0}\frac{g(x_0+\Delta x) - g(x_0)}{\Delta x}$$
$$= f'(u_0)g'(x_0)$$

即 (3-4) 式成立.

当 $g'(x_0) = 0$ 时,由 (3-2) 式可得

$$g(x_0+\Delta x) = g(x_0) + o(1)\Delta x \quad (\Delta x \to 0)$$

根据 $f(u)$ 在 $u_0 = g(x_0)$ 处可导,利用 (3-2) 式可得

$$f[g(x_0+\Delta x)] - f[g(x_0)] = f[u_0+o(1)\Delta x] - f(u_0)$$
$$= f'(u_0)o(1)\Delta x + o(1)o(1)\Delta x \quad (\Delta x \to 0)$$

因此由导数定义式可得

$$(f[g(x)])'\Big|_{x=x_0} = 0$$

即 (3-4) 式仍然成立.

例 1 求 $y = \ln|x|$ 的导数.

§3.3 复合函数求导法则

解 $x \in (0, +\infty)$ 时,$y = \ln x$,$y' = (\ln x)' = \dfrac{1}{x}$;

$x \in (-\infty, 0)$ 时,$y = \ln(-x)$,

$y' = (\ln(-x))' = (\ln u)'|_{u=-x} \cdot (-x)' = \dfrac{1}{u}\bigg|_{u=-x} \cdot (-1) = \dfrac{1}{x}$;

因此
$$(\ln|x|)' = \dfrac{1}{x}, x \in (-\infty, 0) \cup (0, +\infty)$$

例 2 设 $f(x)$ 可导,求 $y = \ln|f(x)|$ 在 $f(x) \neq 0$ 处的导数.

解 当 $f(x) \neq 0$ 时,
$$y' = (\ln|f(x)|)' = (\ln|u|)'|_{u=f(x)} \cdot f'(x)$$
$$= \dfrac{1}{u}\bigg|_{u=f(x)} \cdot f'(x) = \dfrac{f'(x)}{f(x)}$$

由于对数运算能够变乘除运算为加减运算,且加减运算的导数比乘除运算的导数简便,因此由例 2 我们发现公式
$$f'(x) = f(x)(\ln|f(x)|)' \qquad (3-7)$$

可用来求 $f(x)$ 是幂函数、指数函数以及它们的乘除运算的导数(又称这种方法为取对数求导法).

例 3 设 $f(x) = \dfrac{\sqrt{x^2-1}}{2x^2+x}$,求 $f'(x)$.

解 由公式(3-7)可得
$$f'(x) = \dfrac{\sqrt{x^2-1}}{2x^2+x}\left(\dfrac{1}{2}\ln|x^2-1| - \ln|x| - \ln|2x+1|\right)'$$
$$= \dfrac{\sqrt{x^2-1}}{2x^2+x}\left(\dfrac{1}{2}\dfrac{2x}{x^2-1} - \dfrac{1}{x} - \dfrac{2}{2x+1}\right)$$
$$= \dfrac{1+4x-2x^3}{\sqrt{x^2-1}(2x^2+x)^2}$$

例 4 设 $y = [u(x)]^{v(x)}$,求 y',其中 $u(x) > 0$,$u(x), v(x)$ 可导.

解 由取对数求导法可得
$$y' = [u(x)]^{v(x)}(\ln[u(x)]^{v(x)})' = [u(x)]^{v(x)}(v(x)\ln u(x))'$$
$$= [u(x)]^{v(x)}\left(v'(x)\ln u(x) + \dfrac{u'(x)v(x)}{u(x)}\right)$$

例 5 设 $y = y(x)$ 是由函数方程 $e^{xy} = x + y + e - 2$ 在 $(1,1)$ 处所确定的隐函数,求 $\dfrac{dy}{dx}$ 及 $y = y(x)$ 在 $(1,1)$ 处的切线方程.

解 在 $e^{xy} = x + y + e - 2$ 中把 y 看作是 x 的函数,方程两边关于 x 求导,由复合函数求导法则可得

$$e^{xy}(xy)' = 1 + y'$$

即

$$e^{xy}(y + xy') = 1 + y'$$

因此

$$\frac{dy}{dx} = y' = \frac{ye^{xy} - 1}{1 - xe^{xy}}$$

由此可求得 $y'\big|_{(1,1)} = -1, y = y(x)$ 在 $(1,1)$ 处的切线方程为

$$x + y = 2$$

例 5 中的求导方法又叫隐函数求导法则,在第 7 章中有专门的讨论.

例 6 求下列函数的导数:

(1) $y = xe^{ax}$ ($a \neq 0$ 为常数); (2) $y = (1 - 2x)^{10}$;

(3) $y = (\arcsin\sqrt{x-1})^2$; (4) $y = \frac{x}{2}\sqrt{x^2+1} - \frac{1}{2}\ln(x + \sqrt{x^2+1})$;

(5) $y = (1 + 2x)^{\frac{1}{x}}$ ($x > 0$).

解 (1) $y' = (xe^{ax})' = e^{ax} + axe^{ax} = (1 + ax)e^{ax}$.

(2) $y' = ((1-2x)^{10})' = 10(1-2x)^9(1-2x)' = -20(1-2x)^9$.

(3) $y' = [(\arcsin\sqrt{x-1})^2]' = 2\arcsin\sqrt{x-1}(\arcsin\sqrt{x-1})'$

$$= 2\arcsin\sqrt{x-1}\frac{(\sqrt{x-1})'}{\sqrt{1-(\sqrt{x-1})^2}} = \frac{\arcsin\sqrt{x-1}}{\sqrt{-2+3x-x^2}}.$$

(4) $y' = \frac{1}{2}(x\sqrt{x^2+1})' - \frac{1}{2}[\ln(x+\sqrt{x^2+1})]'$

$$= \frac{1}{2}\left[\sqrt{x^2+1} + x\frac{(x^2+1)'}{2\sqrt{x^2+1}}\right] - \frac{1}{2}\frac{(x+\sqrt{x^2+1})'}{x+\sqrt{x^2+1}}$$

$$= \frac{1}{2}\left(\sqrt{x^2+1} + \frac{x^2}{\sqrt{x^2+1}}\right) - \frac{1}{2}\frac{1 + \frac{x}{\sqrt{x^2+1}}}{x+\sqrt{x^2+1}}$$

$$= \frac{2x^2+1}{2\sqrt{x^2+1}} - \frac{1}{2\sqrt{x^2+1}} = \frac{x^2}{\sqrt{x^2+1}}.$$

(5) $y' = (1+2x)^{\frac{1}{x}}[\ln(1+2x)^{\frac{1}{x}}]' = (1+2x)^{\frac{1}{x}}\left[\frac{\ln(1+2x)}{x}\right]'$

$$= (1+2x)^{\frac{1}{x}}\left[\frac{\frac{2x}{1+2x} - \ln(1+2x)}{x^2}\right]$$

$$= (1+2x)^{\frac{1}{x}} \left[\frac{2x - (1+2x)\ln(1+2x)}{x^2(1+2x)} \right].$$

例 7 设

$$f(x) = \begin{cases} x^2 \sin \dfrac{1}{x}, & x \neq 0 \\ 0, & x = 0 \end{cases}$$

求 $f'(x)$ 的表达式, 并判别 $f'(x)$ 在 $x=0$ 点是否连续?

解 由于

$$\lim_{x \to 0} \frac{f(x) - f(0)}{x - 0} = \lim_{x \to 0} \frac{x^2 \sin \dfrac{1}{x}}{x} = \lim_{x \to 0} x \sin \frac{1}{x} = 0$$

因此 $f'(0) = 0$. $x \neq 0$ 时, $f(x) = x^2 \sin \dfrac{1}{x}$,

$$f'(x) = \left(x^2 \sin \frac{1}{x} \right)' = 2x \sin \frac{1}{x} + x^2 \cos \frac{1}{x} \left(\frac{1}{x} \right)'$$

$$= 2x \sin \frac{1}{x} - \cos \frac{1}{x}.$$

因此

$$f'(x) = \begin{cases} 2x \sin \dfrac{1}{x} - \cos \dfrac{1}{x}, & x \neq 0 \\ 0, & x = 0 \end{cases}$$

另外, 由 $\lim\limits_{x \to 0} \cos \dfrac{1}{x}$ 不存在, 可知 $\lim\limits_{x \to 0} f'(x)$ 不存在, 从而 $f'(x)$ 在 $x=0$ 点不连续, 且 $x=0$ 是 $f'(x)$ 的第二类间断点.

练习 3.3

1. 设 $f(x)$ 可导, 求下列函数的导数:
   (1) $y = [f(x)]^2$;
   (2) $y = e^{f(x)}$;
   (3) $y = \dfrac{1}{1 + [f(x)]^2}$;
   (4) $y = \arctan[f(x)]$;
   (5) $y = \ln[1 + f^2(x)]$;
   (6) $y = f(\sqrt{x} + 1)$.
2. 求下列函数的导数:
   (1) $y = (x - 2\sqrt{x})^4$;
   (2) $y = x e^{-2x}$;
   (3) $y = \arctan \dfrac{x+1}{x-1}$;
   (4) $y = \ln(2^{-x} + 3^{-x} + 4^{-x})$;
   (5) $y = [\sin(\sqrt{1-2x})]^2$;
   (6) $y = 2^{\sqrt{x+1}} - \ln|\sin x|$;
   (7) $y = x\sqrt{x^2 - a^2} - a^2 \ln|x + \sqrt{x^2 - a^2}| \; (a > 0)$;

(8) $y = \ln(x + \sqrt{x^2 + a^2})\ (a > 0)$;

(9) $y = \dfrac{\sqrt{x^2 + 2x}}{\sqrt[3]{x^3 - 2}}$; (10) $y = \left(1 - \dfrac{1}{2x}\right)^x$.

3. 设
$$f(x) = \begin{cases} x^\alpha \sin\dfrac{1}{x}, & x > 0 \\ 0, & x \leq 0 \end{cases}$$

(1) 若 $f(x)$ 在 $(-\infty, +\infty)$ 内可导,求 α 的取值范围;

(2) 若 $f(x)$ 在 $(-\infty, +\infty)$ 内连续可导(即 $f'(x)$ 连续),求 α 的取值范围.

4. 已知 $y = x^2 + a$ 与 $y = b\ln(1 + 2x)$ 在 $x = 1$ 点相切(两曲线在 (x_0, y_0) 处相切是指它们在 (x_0, y_0) 处有共同切线),求 a, b 的值.

5. 设 $f(x)$ 在 $(-\infty, +\infty)$ 内可导,

(1) 若 $f(x)$ 为奇函数,证明 $f'(x)$ 为偶函数;

(2) 若 $f(x)$ 为偶函数,证明 $f'(x)$ 为奇函数;

(3) 若 $f(x)$ 为周期函数,证明 $f'(x)$ 为周期函数.

6. 设 $y = f(x)$ 的反函数为 $x = \varphi(y)$,利用复合函数求导法则证明:若 $y = f(x)$ 可导,且 $f'(x) \neq 0$(这时 $x = \varphi(y)$ 可导),则
$$\varphi'(y) = \dfrac{1}{f'(x)}$$

7. 设 $y = y(x)$ 是由函数方程
$$1 + \sin(x + y) = e^{-xy}$$
在 $(0, 0)$ 点附近所确定的隐函数,求 y' 及 $y = y(x)$ 在 $(0, 0)$ 点的法线方程.

8. 设 $y = y(x)$ 是由函数方程
$$\ln(x + 2y) = x^2 - y^2$$
所确定的隐函数.

(1) 求曲线 $y = y(x)$ 与直线 $y = -x$ 的交点坐标 (x_0, y_0);

(2) 求曲线 $y = y(x)$ 在(1)中交点处的切线方程.

§3.4 微分及其计算

由公式(3-2)我们知道,当 $f(x)$ 在 x_0 点可导时,
$$f(x_0 + \Delta x) - f(x_0) = f'(x_0)\Delta x + o(\Delta x) \quad (\Delta x \to 0)$$

这一公式在近似计算中是经常出现的.例如,测算边长为 x_0 的正方形面积时,由于测量时,对真实的值 x_0 总有误差 Δx,这时边长为 $x_0 + \Delta x$,它的面积为
$$S(x_0 + \Delta x) = (x_0 + \Delta x)^2 = x_0^2 + 2x_0\Delta x + (\Delta x)^2$$

其中 $S(x_0) = x_0^2$ 才是边长为 x_0 的正方形面积的真实值,这样算得的面积与其真实值有误差

$$\Delta S = S(x_0 + \Delta x) - S(x_0) = 2x_0\Delta x + (\Delta x)^2$$

当误差 Δx 充分小时，$(\Delta x)^2$ 可以忽略不计，因此误差 ΔS 的主部为 $2x_0\Delta x$，$S(x_0+\Delta x)$ 近似地等于 $S(x_0)+2x_0\Delta x$. 从类似的近似计算中我们抽象出一种数学概念——微分.

定义 3.3 设 $y=f(x)$ 在 x_0 的某一邻域内有定义，若在其中给 x_0 一个改变量 Δx，相应的函数值的改变量 Δy 可表示如下：

$$\Delta y = f(x_0 + \Delta x) - f(x_0) = A\Delta x + o(\Delta x) \quad (\Delta x \to 0)$$

其中 A 与 Δx 无关，则称 $y=f(x)$ 在 x_0 点可微，且称 $A\Delta x$ 为 $f(x)$ 在 x_0 点的微分，记为

$$\mathrm{d}y\Big|_{x=x_0} = \mathrm{d}f\Big|_{x=x_0} = A\Delta x$$

因此当 $A \neq 0$ 时，微分 $\mathrm{d}y\Big|_{x=x_0}$ 是函数值改变量 $\Delta y\Big|_{x=x_0}$ 的主部.

若 $f(x)$ 在 (a,b) 内处处可微，则称 $f(x)$ 在 (a,b) 内可微，且称 $f(x)$ 是 (a,b) 内的可微函数. 这时微分

$$\mathrm{d}y = \mathrm{d}f(x) = A(x)\Delta x$$

是两个独立变量 x 和 Δx 的函数.

因此正方形面积 $S(x) = x^2$ 是边长 x 的可微函数，且面积关于边长的微分 $\mathrm{d}S = 2x\Delta x$，它是面积改变量 ΔS 的主部.

由定义 3.3 及 (3-2) 可得

性质 3.7 $y = f(x)$ 在 x_0 点可微的充要条件是 $f(x)$ 在 x_0 点可导，当 $f(x)$ 在 x_0 点可导时

$$\mathrm{d}f\Big|_{x=x_0} = f'(x_0)\Delta x$$

证明 充分性由 (3-2) 直接得到.

必要性：设 $y=f(x)$ 在 x_0 点可微，则

$$\Delta y = f(x_0 + \Delta x) - f(x_0) = A\Delta x + o(\Delta x) \quad (\Delta x \to 0)$$

这时有

$$\lim_{\Delta x \to 0} \frac{\Delta y}{\Delta x} = \lim_{\Delta x \to 0} \frac{f(x_0 + \Delta x) - f(x_0)}{\Delta x} = A$$

从而 $f(x)$ 在 x_0 点可导，且 $f'(x_0) = A$. 因此

$$\mathrm{d}y\Big|_{x=x_0} = \mathrm{d}f\Big|_{x=x_0} = f'(x_0)\Delta x$$

由 (3-2) 式，当 $f(x)$ 在 x_0 点可微时

$$f(x_0 + \Delta x) \approx f(x_0) + f'(x_0)\Delta x \qquad (3-8)$$

其中 Δx 充分小. 这是近似计算 $f(x_0 + \Delta x)$ 的常用公式.

例 1 求 $\sqrt[5]{0.99}$ 的近似值.

解 设 $y = f(x) = \sqrt[5]{x}$，由于 $f(x) = \sqrt[5]{x}$ 在 $x = 1$ 点可微，由 (3-8) 可得

$$\sqrt[5]{0.99} = f(1-0.01) \approx f(1) + f'(1)(-0.01) = 1 - \frac{1}{5} \times 0.01 = 0.998$$

由性质 3.7 我们知道可导与可微是等价的条件,且微分函数 $df(x) = f'(x)\Delta x$ 中变量 Δx 是与 x 无关的变量,但是它是自变量 x 的微分. 这是因为 $f(x) = x$ 是可微函数,且 $f'(x) = 1$,因此

$$dx = \Delta x$$

要注意的是,当 x 变化时,dx 是不变的. 因此任何可微函数 $y = f(x)$ 的微分可以用自变量的微分表示为

$$dy\Big|_{x=x_0} = df\Big|_{x=x_0} = f'(x_0)dx$$
$$dy = df(x) = f'(x)dx \tag{3-9}$$

从而我们有

$$f'(x) = \frac{dy}{dx} = \frac{df(x)}{dx}$$

这里记号 $\dfrac{dy}{dx}$ 具有一个新的含义:

在 §3.1 中 $\dfrac{dy}{dx}$ 是作为一个整体用来表示导数的,而这里 $\dfrac{dy}{dx}$ 是作为 dy 与 dx 的商,因此导数又叫微商.

另外,以后我们所说的"微分函数" $df(x) = f'(x)dx$ 是指它作为自变量 x 的函数. 并且,习惯上也称 $f(x)$ 是 $df(x)$ 的原函数.

例 2 设 $y = x^2$,求 $dy, dy\Big|_{x=1}, dy\Big|_{x=0}$.

解 $dy = d(x^2) = 2xdx, dy\Big|_{x=1} = 2dx, dy\Big|_{x=0} = 0$.

由导数与微分的关系式(3-9),我们不难从导数的运算法则得到微分的运算法则.

性质 3.8 微分有如下运算法则:
(1) $d(C) = 0$ (C 为常数); (2) $d(Cf(x)) = Cdf(x)$ (C 为常数);
(3) $d[f(x) \pm g(x)] = df(x) \pm dg(x)$;
(4) $d[f(x)g(x)] = g(x)df(x) + f(x)dg(x)$;
(5) $d\left[\dfrac{f(x)}{g(x)}\right] = \dfrac{g(x)df(x) - f(x)dg(x)}{[g(x)]^2}$ $(g(x) \neq 0)$.

性质 3.9 (复合函数的微分) 设 $y = f[g(x)]$ 是由可微函数 $y = f(u)$ 和 $u = g(x)$ 复合而成,则 $y = f[g(x)]$ 关于 x 可微,且

$$d(f[g(x)]) = f'[g(x)]g'(x)dx = f'[g(x)]dg(x) \tag{3-10}$$

即

§3.4 微分及其计算

$$dy = df(u) = f'(u)du = \frac{df(u)}{du}du = \frac{df(u)}{du}\frac{du}{dx}dx$$

因此复合函数求导的链式法则

$$\frac{dy}{dx} = \frac{dy}{du}\frac{du}{dx}$$

不仅具有(3-6)中的含义,而且还具有:导数可以作为微分的商进行运算.

另外,由(3-9)和(3-10)可知:$y = f(u)$的微分

$$df(u) = f'(u)du$$

无论 u 是自变量还是中间变量,其形式是不变的.我们称一阶微分的这种性质为形式不变性.

利用一次(或一阶)微分形式不变性可以求参数方程的导数.

例 3(参数方程求导法则) 设参数方程

$$\begin{cases} x = x(t) \\ y = y(t) \end{cases}, t \in [\alpha, \beta]$$

中 $x(t), y(t)$ 关于 t 可导,且 $x'(t) \neq 0$,求 $\frac{dy}{dx}$.

解 由于

$$dy = y'(t)dt, dx = x'(t)dt, x'(t) \neq 0$$

因此

$$\frac{dy}{dx} = \frac{y'(t)dt}{x'(t)dt} = \frac{y'(t)}{x'(t)}, t \in [\alpha, \beta]$$

例 4 设 $y = f(u)$ 可微,求下列函数的微分:

(1) $y = f(2x+1)$; (2) $y = xf(e^x)$.

解 (1) $dy = d[f(2x+1)] = f'(2x+1)d(2x+1) = 2f'(2x+1)dx$.

(2) $dy = d[xf(e^x)] = f(e^x)dx + xd[f(e^x)]$
$= f(e^x)dx + xf'(e^x)d(e^x)$
$= f(e^x)dx + xf'(e^x)e^x dx$
$= [f(e^x) + xe^x f'(e^x)]dx.$

例 5 求适合下列微分关系式的一个原函数 $f(x)$:

(1) $\frac{dx}{x+1} = df(x)$; (2) $x\cos x^2 dx = df(x)$.

解 (1) 注意到 $dx = d(x+1)$,$\ln|t|$ 是 $\frac{dt}{t}$ 的一个原函数,因此,由

$$\frac{dx}{x+1} = \frac{d(x+1)}{x+1} = d\ln|x+1|$$

可得 $f(x) = \ln|x+1|$ 是适合微分关系式 $\frac{dx}{x+1} = df(x)$ 的一个原函数.

(2) 注意到 x^2 是 $2x\mathrm{d}x$ 的一个原函数,$\sin t$ 是 $\cos t\mathrm{d}t$ 的一个原函数,因此,由

$$x\cos x^2 \mathrm{d}x = \frac{1}{2}\cos x^2 \mathrm{d}(x^2) = \frac{1}{2}\mathrm{d}(\sin x^2) = \mathrm{d}\left(\frac{1}{2}\sin x^2\right)$$

可得 $f(x) = \frac{1}{2}\sin x^2$ 是适合微分关系式 $x\cos x^2 \mathrm{d}x = \mathrm{d}f(x)$ 的一个原函数.

练习 3.4

1. 求 $\sqrt[5]{31}$ 的近似值.
2. 验证性质 3.8 和性质 3.9 中的微分运算法则.
3. 设 $y = x\mathrm{e}^{-2x}$,求 $\mathrm{d}y,\mathrm{d}y\Big|_{x=\frac{1}{2}},\mathrm{d}y\Big|_{x=0}$.
4. 求下列函数的微分:
   (1) $y = \ln|x + \sqrt{x^2 \pm a^2}|$ $(a>0)$; (2) $y = x\arcsin x + \sqrt{1-x^2}$;
   (3) $y = f(x^2 - 1)$,$f(u)$ 可微; (4) $y = f(\cos x^2)$,$f(u)$ 可微.
5. 设 $y = y(x)$ 是函数方程

$$\ln(x^2 + y^2) = x + y - 1$$

在 $(0,1)$ 处所确定的隐函数,求 $\mathrm{d}y$ 及 $\mathrm{d}y\Big|_{(0,1)}$.

6. 给定参数方程

$$\begin{cases} x = \mathrm{e}^t(1 - \cos t) \\ y = \mathrm{e}^t(1 + \sin t) \end{cases}, t \in (-\infty, +\infty)$$

求 $\dfrac{\mathrm{d}y}{\mathrm{d}x}$ 及 $\dfrac{\mathrm{d}x}{\mathrm{d}y}$.

7. 证明 $y = \dfrac{\mathrm{e}^x + \mathrm{e}^{-x}}{2}$ 在 $x > 0$ 时满足微分方程

$$\mathrm{d}y = \sqrt{y^2 - 1}\,\mathrm{d}x$$

8. 用变量替换 $u = \dfrac{y}{x}$ 将微分方程

$$\frac{\mathrm{d}y}{\mathrm{d}x} = \varphi\left(\frac{y}{x}\right)$$

变成

$$\frac{\mathrm{d}u}{\varphi(u) - u} = \frac{\mathrm{d}x}{x}$$

9. 求适合下列微分关系式的一个原函数 $f(x)$:
   (1) $x\mathrm{d}x = \mathrm{d}f(x)$; (2) $\dfrac{\mathrm{d}x}{x} = \mathrm{d}f(x)$;
   (3) $\mathrm{e}^{-2x}\mathrm{d}x = \mathrm{d}f(x)$; (4) $x\mathrm{e}^{x^2}\mathrm{d}x = \mathrm{d}f(x)$;
   (5) $\ln x\mathrm{d}x = \mathrm{d}(x\ln x) - \mathrm{d}f(x)$; (6) $\dfrac{\mathrm{d}x}{1+x^2} = \mathrm{d}f(x)$;

(7) $\dfrac{x\mathrm{d}x}{1+x^2} = \mathrm{d}f(x)$; (8) $\sqrt{x+1}\,\mathrm{d}x = \mathrm{d}f(x)$;

(9) $\dfrac{\mathrm{d}x}{\sqrt{1-x^2}} = \mathrm{d}f(x)$; (10) $\tan x\,\mathrm{d}x = \mathrm{d}f(x)$.

§3.5 高阶导数与高阶微分

设 $y = f(x)$ 在 (a, b) 内可导,则它的导函数 $y' = f'(x)$ 和微分函数 $\mathrm{d}y = \mathrm{d}f(x) = f'(x)\mathrm{d}x$ 作为 (a, b) 内的 x 点的函数,我们仍然可以考察它们的可导性和可微性,这就产生了高阶导数和高阶微分.

一、高阶导数

定义 3.4 若 $y' = f'(x)$ 在 x_0 点可导,则称 $y = f(x)$ 在 x_0 点二阶可导,且称 $y' = f'(x)$ 在 x_0 点的导数为 $y = f(x)$ 在 x_0 点的二阶导数,用 $f''(x_0)$ (或 $y''\big|_{x=x_0}$, 或 $\dfrac{\mathrm{d}^2 y}{\mathrm{d}x^2}\big|_{x=x_0}$, 或 $\dfrac{\mathrm{d}^2 f}{\mathrm{d}x^2}\big|_{x=x_0}$) 表示. 类似地可以定义三阶导数 $f'''(x_0)$,四阶导数 $f^{(4)}(x_0)$ 及 n 阶导数 $f^{(n)}(x_0)$.

由定义 3.4 我们知道

$$f^{(n)}(x) = [f^{(n-1)}(x)]' = \dfrac{\mathrm{d}f^{(n-1)}(x)}{\mathrm{d}x}, n = 2, 3, \cdots$$

且通常称二阶以上的导数为高阶导数,求高阶导数就是求导数的导数.

例 1 求 $y = x^k$ (k 为正整数)的 n 阶导数 $y^{(n)}$.

解 $y' = (x^k)' = kx^{k-1}$,

$y'' = (kx^{k-1})' = k(k-1)x^{k-2}$,

……

$y^{(k-1)} = k(k-1)\cdot\cdots\cdot 3 \cdot 2x, y^{(k)} = k!, y^{(k+1)} = 0$.

因此

$$y^{(n)} = (x^k)^{(n)} = \begin{cases} k(k-1)\cdots(k-n+1)x^{k-n}, & n \leq k \\ 0, & n > k \end{cases}$$

例 2 设 $y = \mathrm{e}^x$,求 $y^{(n)}(0)$.

解 $y' = (\mathrm{e}^x)' = \mathrm{e}^x, y^{(n)} = (\mathrm{e}^x)^{(n)} = \mathrm{e}^x, y^{(n)}(0) = 1$.

例 3 求 $y = \sin x$ 和 $y = \cos x$ 的 n 阶导数.

解 $(\sin x)' = \cos x, (\sin x)'' = (\cos x)' = -\sin x$,若 $(\sin x)^{(k)} = \sin\left(x + \dfrac{k\pi}{2}\right)$,则

$$(\sin x)^{(k+1)} = \left[\sin\left(x + \dfrac{k\pi}{2}\right)\right]' = \cos\left(x + \dfrac{k\pi}{2}\right) = \sin\left(x + \dfrac{k+1}{2}\pi\right)$$

由数学归纳法可得

$$(\sin x)^{(n)} = \sin\left(x + \frac{n\pi}{2}\right), n = 1, 2, \cdots$$

类似地可得

$$(\cos x)^{(n)} = \cos\left(x + \frac{n\pi}{2}\right), n = 1, 2, \cdots$$

例 4 求 $y = \ln(1+x)$ 的 n 阶导数.

解
$$(\ln(1+x))' = \frac{1}{1+x} = (1+x)^{-1}$$

$$(\ln(1+x))'' = ((1+x)^{-1})' = (-1)(1+x)^{-2}$$

若

$$(\ln(1+x))^{(k)} = (-1)(-2)\cdots(-k+1)(1+x)^{-k}$$
$$= (-1)^{k-1}(k-1)!\ (1+x)^{-k}$$

则

$$(\ln(1+x))^{(k+1)} = [(-1)^{k-1}(k-1)!\ (1+x)^{-k}]' = (-1)^k k!\ (1+x)^{-k-1}$$

因此,由数学归纳法可得

$$(\ln(1+x))^{(n)} = (-1)^{n-1}(n-1)!\ (1+x)^{-n}, n = 1, 2, \cdots$$

求函数的高阶导数常用以下两个公式:

(1) $[f(x) \pm g(x)]^{(n)} = f^{(n)}(x) \pm g^{(n)}(x)$;

(2) $[f(x)g(x)]^{(n)} = \sum_{k=0}^{n} C_n^k f^{(k)}(x) g^{(n-k)}(x)$,

其中

$$C_n^k = \frac{n!}{k!\ (n-k)!}, f^{(0)}(x) = f(x)$$

公式(2)叫做莱布尼茨公式.

由例 1 我们知道

$$(x^k)^{(n)} = 0, n > k$$

因此乘积 $f(x)g(x)$ 中有多项式时,求它们的高阶导数可能有很多项为零,这种情形用公式(2)就会很方便.

例 5 设 $y = x^3 e^{-x}$,求 $y^{(30)}$.

解 由于

$$(x^3)^{(k)} = 0, k > 3$$

因此,由莱布尼茨公式可得

$$y^{(30)} = (x^3 e^{-x})^{(30)}$$
$$= x^3 (e^{-x})^{(30)} + 30(x^3)'(e^{-x})^{(29)} + 435(x^3)''(e^{-x})^{(28)} + 4060(x^3)'''(e^{-x})^{(27)}$$

由于

$$(e^{-x})^{(n)} = (-1)^n e^{-x}$$

因此

$$y^{(30)} = x^3 e^{-x} - 90x^2 e^{-x} + 2610xe^{-x} - 24360e^{-x}$$

例 6 求 $y = \arctan x$ 在 $x = 0$ 点的 n 阶导数.

解
$$y' = \frac{1}{1+x^2}, y'' = \frac{-2x}{(1+x^2)^2}$$

因此
$$(1 + x^2)y' = 1$$

方程两边关于 x 求 $n-1$ 阶导数,由莱布尼茨公式可得
$$(1 + x^2)y^{(n)} + (n-1)2xy^{(n-1)} + (n-1)(n-2)y^{(n-2)} = 0$$

令 $x = 0$ 可得
$$y^{(n)}(0) = -(n-1)(n-2)y^{(n-2)}(0)$$

由于 $y'(0) = 1, y''(0) = 0$,因此
$$y^{(2k)}(0) = 0,$$
$$y^{(2k-1)}(0) = -(2k-2)(2k-3)y^{(2k-3)}(0)$$
$$= (2k-2)(2k-3)(2k-4)(2k-5)y^{(2k-5)}(0)$$
$$= \cdots = (-1)^{k-1}(2k-2)!, k = 1, 2, \cdots.$$

二、高阶微分

定义 3.5 若 $y = f(x)$ 的微分函数 dy 关于 x 可微,则称 $y = f(x)$ 关于 x 二阶可微,且称 $dy = df(x)$ 关于 x 的微分为 $y = f(x)$ 的二阶微分,用 $d^2 y$(或 $d^2 f(x)$)表示,类似地可以定义 n 阶微分 $d^n y$(或 $d^n f(x)$).

如果记 $(dx)^n = dx^n$,那么由定义 3.5 可得
$$d^2 y = d(dy) = d(f'(x)dx) = dxd[f'(x)] = f''(x)(dx)^2 = f''(x)dx^2$$
$$d^n y = d(d^{n-1}y) = f^{(n)}(x)(dx)^n = f^{(n)}(x)dx^n$$

从而高阶导数用高阶微分表示为
$$f''(x) = \frac{d^2 y}{dx^2}, f^{(n)}(x) = \frac{d^n y}{dx^n}$$

这里我们称二阶以上的微分为高阶微分. 要注意的是:高阶微分没有形式不变性.

事实上,由
$$dy = f'(x)dx$$

当 x 是自变量时,上式两边关于 x 求微分,这时 dx 相对于 x 是常数,由微分运算法则可得
$$d^2 y = d(dy) = d[f'(x)dx] = f''(x)(dx)^2$$

当 x 是中间变量时,由微分运算法则可得
$$d^2 y = d[f'(x)dx] = dxd[f'(x)] + f'(x)d(dx)$$
$$= f''(x)(dx)^2 + f'(x)d(dx)$$

这时 $d(dx)$ 未必是零,因为 x 与 dx 都是自变量的函数,且 $d(dx) = d^2 x$ 是 x 关于自变量的二阶微分.

练习 3.5

1. 设 $f(x) = xe^{-2x}$,求使得 $f''(x) = 0$ 的点 x.
2. 设 $f(x) = x^2 + \ln x$,求使得 $f''(x) > 0$ 的 x 的取值范围.
3. 证明:$y = e^{-x}(\sin x + \cos x)$ 满足方程
$$y'' + y' + 2e^{-x}\cos x = 0$$
4. 设 $y = y(x)$ 是函数方程
$$e^{x+y} = 2 + x + 2y$$
在 $(1, -1)$ 点所确定的隐函数,求 $y''\big|_{(1,-1)}$ 和 $d^2 y$.
5. 设 $f(t)$ 二阶可导,且 $f''(t) \neq 0$,求参数方程
$$\begin{cases} x = f(t) - tf'(t) \\ y = t^2 f'(t) \end{cases}$$
所确定的函数 $y = y(x)$ 的导数 $\dfrac{dy}{dx}$.
6. 求 $y = 3^{-x}$ 的 n 阶导数.
7. 设 $y = e^x$,求 dy 和 $d^2 y$:
(1) x 为自变量;(2) $x = x(t)$,t 为自变量,$x(t)$ 二阶可导.
8. 证明 $(xe^{ax})^{(n)} = (a + nx)a^{n-1}e^{ax}$ $(a \neq 0)$,$n = 1, 2, \cdots$.
提示:利用莱布尼茨公式.

§3.6 导数与微分在经济学中的简单应用

一、边际分析

正如 §3.1 中所提到的,在经济学中,边际概念是与导数密切相关的一个经济学概念,它是反映一种经济变量 y 相对于另一种经济变量 x 的变化率
$$\frac{\Delta y}{\Delta x} \text{或} \lim_{\Delta x \to 0} \frac{\Delta y}{\Delta x}$$

例1(边际成本) 设厂商的成本函数为
$$C = C(q) \quad (q \text{ 是产量})$$
则边际成本
$$MC = C'(q) = \frac{dC}{dq}$$

由 (3-8) 可得

$$C(q+\Delta q) - C(q) \approx C'(q)\Delta q$$
$$C(q+1) - C(q) \approx C'(q)$$

因此边际成本 $MC = C'(q)$ 表示产量为 q 时,生产 1 个单位产品所花费的成本.

例 2（边际收益） 设厂商的需求函数为
$$P = P(q) \quad (q \text{ 是产量}, P \text{ 为产品的销售价格})$$

则厂商的收益为
$$R = R(q) = qP(q)$$

边际收益为
$$MR = R'(q) = \frac{dR}{dq}$$

由(3-8)可得
$$R(q+1) - R(q) \approx R'(q)$$

因此边际收益 $MR = R'(q)$ 表示销售量为 q 时,销售 1 个单位产品所增加的收入.

例 3（边际利润） 在例 1 和例 2 的记号下,厂商的利润函数为
$$L = L(q) = R(q) - C(q) = qP(q) - C(q)$$

则边际利润为
$$ML = L'(q) = \frac{dL}{dq}$$

由(3-8)可得
$$L(q+1) - L(q) \approx L'(q)$$

因此边际利润 $ML = L'(q)$ 表示销售量为 q 时,销售 1 个单位产品所增加的利润.

二、弹性

在微观经济分析中,还存在反映一种变量 y 对于另一种变量 x 的微小百分比变动所作反应的概念——弹性,即
$$\frac{\Delta y}{y} \bigg/ \frac{\Delta x}{x} \text{ 或 } \lim_{\Delta x \to 0} \frac{\Delta y}{y} \bigg/ \frac{\Delta x}{x}$$

例 4（需求价格弹性） 设人们对某商品的需求量为 Q,其价格为 p,则人们对该商品的需求价格弹性
$$E_p = \frac{p}{Q} \frac{dQ}{dp}$$

一般来说,需求量 Q 是价格 p 的单减函数,因此 E_p 一般为负数,由
$$\frac{dQ}{Q} = \frac{dp}{p} E_p, \quad \frac{\Delta Q}{Q} \approx \frac{\Delta p}{p} E_p$$

可知,当价格上升百分之一时,需求量减少百分之 $|E_p|$;当价格下降百分之一时,

需求量上升百分之$|E_p|$.

例5（需求收入弹性） 设人们的收入为M,对某商品的需求量为Q,则人们对该商品的需求收入弹性为

$$E_M = \frac{M}{Q}\frac{dQ}{dM}$$

一般来说,需求量是收入的单增函数,因此E_M一般为正数,由

$$\frac{dQ}{Q} = \frac{dM}{M}E_M, \frac{\Delta Q}{Q} \approx \frac{\Delta M}{M}E_M$$

可知,当收入增加百分之一时,需求量增加百分之E_M;当收入减少百分之一时,需求量减少百分之E_M.

例6 设某厂商生产某种产品,其产量就是人们对该产品的需求量Q,其价格为p,试求边际收益与需求价格弹性之间的关系.

解 厂商的收益函数为

$$R = R(p) = pQ(p)$$

则

$$dR = pdQ + Qdp$$

由于

$$Qdp = \frac{1}{E_p}pdQ$$

因此

$$MR = \frac{dR}{dQ} = \left(1 + \frac{1}{E_p}\right)p = \left(1 - \frac{1}{|E_p|}\right)p$$

由例6我们知道

$$\Delta R \approx \left(1 - \frac{1}{|E_p|}\right)p\Delta Q$$

当$|E_p|>1$时,提价意味着$\Delta p>0, \Delta Q<0$,这时$\Delta R<0$,说明提价会降低收益;降价意味着$\Delta p<0, \Delta Q>0$,这时$\Delta R>0$,说明降价会增加收益.类似地可以分析$|E_p|<1$时的情形.

练习 3.6

1. 假设某商品的需求量Q与价格p的函数关系为

$$Q = \frac{k}{p^r}$$

其中k和r是正的常数,证明该商品的需求价格弹性$|E_p| = r$.

2. 假设某产品的成本C关于产量q的弹性定义为

$$E_{C,q} = \frac{q}{c}\frac{dC}{dq}$$

证明 $E_{C,q} = \dfrac{MC}{AC}$,其中 MC 和 AC 分别是边际成本和平均成本.

3. 将旅店的房租价格从每天 75 元提高到每天 80 元,会使出租量从每天 100 套降到每天 90 套.

(1) 求房租为每天 75 元时的需求价格弹性;

(2) 求房租分别为每天 75 元和 80 元时旅店的总收益;

(3) 问该旅店是否应该提价?

4. 设某厂商生产某种产品,其产量与人们对该产品的需求量 Q 相同,价格为 p,试利用边际收益与需求价格弹性之间的关系解释 $|E_p| < 1$ 时,价格的变动对总收益的影响.

习 题 三

1. 设 $\alpha(x), \beta(x)$ 在 x_1 的某一去心邻域内满足

(1) $\beta(x) \neq x_0, \alpha(x) \neq \beta(x)$;

(2) 存在常数 $M > 0$,使得
$$|\beta(x) - x_0| \leq M|\beta(x) - \alpha(x)|$$

(3) $\lim\limits_{x \to x_1} \alpha(x) = \lim\limits_{x \to x_1} \beta(x) = x_0$,

证明:若 $f(x)$ 在 x_0 点可导,则
$$\lim_{x \to x_1} \frac{f[\beta(x)] - f[\alpha(x)]}{\beta(x) - \alpha(x)} = f'(x_0)$$

并求极限 $\lim\limits_{x \to 1} \dfrac{f[2(x-1) + x_0] - f[x_0 - (x-1)]}{x - 1}$.

2. 设 $f(x), g(x)$ 在 x_0 点可导,且
$$f(x_0) = g(x_0), \quad f'(x_0) = g'(x_0)$$

若 $h(x)$ 在 x_0 的某一邻域内满足
$$f(x) \leq h(x) \leq g(x)$$

证明:$h(x)$ 在 x_0 点可导,并且
$$h'(x_0) = f'(x_0) = g'(x_0)$$

3. 设 $f(x), g(x)$ 的定义域为 $\mathbf{R}$,且它们在 x_0 点可导,证明:
$$h(x) = \begin{cases} f(x), & x \leq x_0 \\ g(x), & x > x_0 \end{cases}$$

在 x_0 点可导的充要条件是
$$f(x_0) = g(x_0), f'(x_0) = g'(x_0)$$

4. 设
$$f(x) = x(x+1)\cdots(x+n)$$

求 $f^{(n)}(x)$.

5. (1) 设 $F(x) = f(-x)$,且 $f(x)$ 有 n 阶导数,求 $F^{(n)}(x)$;

(2) 设 $f(x) = xe^{-x}$,求 $f^{(n)}(x)$.

6. (1) 求曲线

$$\begin{cases} x = a\cos^3 t \\ y = a\sin^3 t \end{cases}, t \in \left(0, \frac{\pi}{2}\right)$$

在点 $(x(t),y(t))$ 处的切线 $L(t)$ 的方程；

(2) 证明：$L(t)$ 在坐标轴上的截距平方和等于 a^2.

7. 求 $f(x) = (1+x)^{\frac{1}{n}}$ 在 $x=0$ 点的微分，并证明：$\sqrt[n]{A^n + B}$ 的近似值为 $A + \dfrac{B}{nA^{n-1}}$，其中 $A > 0$，且 $\dfrac{|B|}{A^n}$ 很小（n 为正整数）. 并由此求 $\sqrt[5]{33}$ 的近似值.

第 4 章

中值定理与导数的应用

本章是微分学的核心部分,主要讨论用导数和微分研究函数性质的理论基础——微分中值定理以及应用这些原理研究函数性质的方法.

§4.1 微分中值定理

用导数研究函数的性质,就是考察函数的一些性质如何通过导数表现出来,这样就必须建立函数和它的导数之间的关系式.

定义 4.1 设 $f(x)$ 在 x_0 的某一邻域 $O_\delta(x_0)$ 内有定义,若

$$f(x) \geqslant f(x_0)(f(x) \leqslant f(x_0)), x \in O_\delta(x_0) \qquad (4-1)$$

则称 $f(x_0)$ 是 $f(x)$ 的一个极小值(极大值),这时称 x_0 是 $f(x)$ 的一个极小值点(极大值点). 极小值和极大值统称为极值.

函数 $f(x)$ 在某一点处取得极值这一性质用导数表现出来就是

定理 4.1(费马定理) 设 $y = f(x)$ 在 x_0 点取得极值,若 $f(x)$ 在 x_0 点可导,则 $f'(x_0) = 0$.

证明 若 $f'(x_0) \neq 0$,不妨设 $f'(x_0) > 0$,则由性质 3.3 可得:存在 x_0 的某一邻域 $O_\delta(x_0)$,在其中有不等式

$$f(x) > f(x_0), x \in (x_0, x_0 + \delta)$$

$$f(x) < f(x_0), x \in (x_0 - \delta, x_0)$$

成立,从而不满足(4-1),这与 $f(x_0)$ 是 $f(x)$ 的极值矛盾.

定理 4.1 的几何背景是:$y = f(x)$ 在极值点处若有切线,则切线平行于 x 轴(如图 4-1)(注意,$y = f(x)$ 在极值点处可能没有切线,如图 4-2). 另外,定理 4.1 的逆未必正确,即使得 $f'(x) = 0$ 的 x 未必是 $f(x)$ 的极值点(请读者自己举例说明). 但习惯上我们称使得 $f'(x) = 0$ 的 x 为 $f(x)$ 的驻点.

利用定理 4.1 我们可以得到以下一些微分中值定理.

定理 4.2(罗尔中值定理) 设 $f(x)$ 在 $[a,b]$ 上连续,在 (a,b) 内可导,若 $f(a) = f(b)$,则必存在 $\xi \in (a,b)$,使得 $f'(\xi) = 0$.

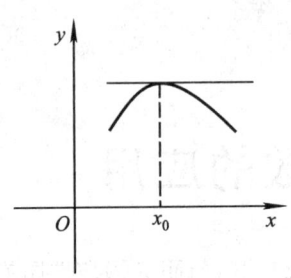

图 4 – 1 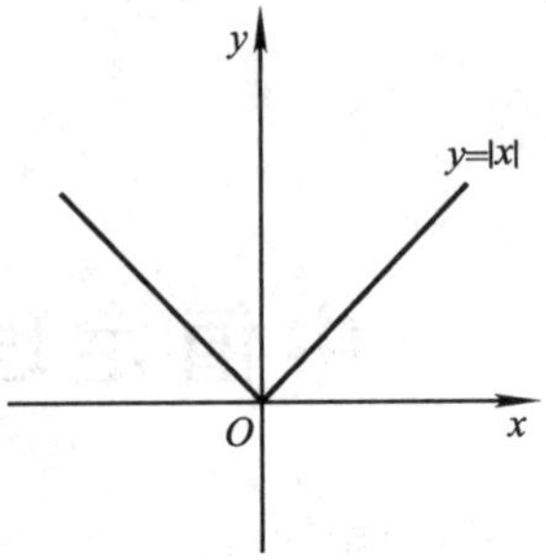   图 4 – 2

证明 由定理 2.5 我们知道,$f(x)$ 在 $[a,b]$ 上必有最大值 M 和最小值 m. 当 $M = m$ 时,$f(x)$ 在 $[a,b]$ 上是常数函数,定理 4.2 的结论显然正确;当 $M > m$ 时,由 $f(a) = f(b)$ 知道,最大值 M 和最小值 m 至少有一个是在开区间 (a,b) 内某一点 ξ 处取得,这时 $f(\xi)$ 是 $f(x)$ 的一个极值. 由定理 4.1 我们知道
$$f'(\xi) = 0$$

罗尔中值定理的几何背景如图 4 – 3 所示,它常被用来判别导函数 $f'(x)$ 的零点(注意 $f'(x)$ 未必连续,这与连续函数零点存在定理是有区别的,参见练习 4.1 中的第 2 题).

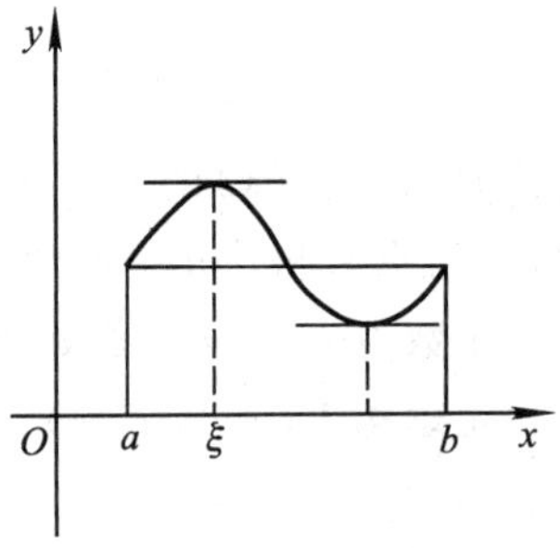

例 1 证明方程 $\sin x + x\cos x = 0$ 在 $(0,\pi)$ 内必有实根.

证明 由于 $\sin x + x\cos x$ 是 $x\sin x$ 的导函数,因此我们考虑函数
$$F(x) = x\sin x, x \in [0,\pi]$$

图 4 – 3

易知 $F(x)$ 在 $[0,\pi]$ 上连续可导(即 $F'(x)$ 在 $[0,\pi]$ 上连续),且 $F(0) = F(\pi) = 0$,因此由罗尔中值定理可知,存在 $\xi \in (0,\pi)$,使得
$$F'(\xi) = \sin \xi + \xi\cos \xi = 0$$
从而说明方程 $\sin x + x\cos x = 0$ 在 $(0,\pi)$ 内必有实根.

例 2 设 $f(x)$ 在 (a,b) 内二阶可导,若 $f''(x) > 0, x \in (a,b)$,则 $f(x)$ 在 (a,b) 内至多有一个驻点.

证明 若 $f(x)$ 在 (a,b) 内有两个驻点 $x_1, x_2, x_1 < x_2$,则
$$f'(x_1) = f'(x_2) = 0$$
由罗尔中值定理可得,存在一点 $\xi \in (x_1, x_2) \subset (a,b)$,使得
$$f''(\xi) = 0$$

这与条件 $f''(x) > 0, x \in (a,b)$ 矛盾.

由图 4-3 我们还发现,连接 $(a, f(a))$,$(b, f(b))$ 的直线是平行于 x 轴的,因此罗尔中值定理又说明:处处有切线的曲线上至少有一点的切线平行于两端点的连线. 这对于一般情形也是正确的(如图 4-4).

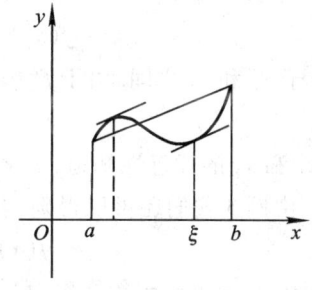

图 4-4

定理 4.3(拉格朗日中值定理) 设 $f(x)$ 在 $[a,b]$ 上连续,在 (a,b) 内可导,则必存在 $\xi \in (a,b)$,使得

$$f'(\xi) = \frac{f(b) - f(a)}{b - a}$$

证明 考虑辅助函数

$$F(x) = f(x) - \frac{f(b) - f(a)}{b - a}(x - a)$$

($y = F(x)$ 相当于将 $y = f(x)$ 进行旋转所得曲线). 容易验证 $F(x)$ 在 $[a,b]$ 上满足罗尔中值定理的条件,由罗尔中值定理可得,必存在 $\xi \in (a,b)$,使得 $F'(\xi) = 0$,即

$$f'(\xi) = \frac{f(b) - f(a)}{b - a}$$

由于拉格朗日中值定理的一般性,我们常称其为微分中值定理. 其重要性还体现在它的另一表达形式

$$f(x_2) - f(x_1) = f'(\xi)(x_2 - x_1) \tag{4-2}$$

公式(4-2)中的 x_1, x_2 可以是 $[a,b]$ 中的任意两点,但是 ξ 始终介于 x_1 与 x_2 之间,因而 ξ 始终与 x_1 和 x_2 有关并且它可以表示成

$$\xi = x_1 + \theta(x_2 - x_1), 0 < \theta < 1$$

因此(4-2)可以写成

$$f(x_2) - f(x_1) = f'[x_1 + \theta(x_2 - x_1)](x_2 - x_1) \tag{4-3}$$

公式(4-2)和(4-3)常称为微分中值公式. 它们是利用导数研究函数性质的重要工具. 与(3-2)不同的是,微分中值公式适合的区间可大可小,而(3-2)只是在一点的邻域中的近似表达式,在数学推导中很不方便;但是(4-2)中的 ξ 其位置不明确.

例 3 设 $f(x)$ 在 $[a,b]$ 上连续,在 (a,b) 内可导,且 $f'(x) = 0, x \in (a,b)$,证明 $f(x)$ 在 $[a,b]$ 上是常数.

由此可知,$[a,b]$ 上连续,(a,b) 内可导的函数 $f(x)$ 是常数的充要条件为在 (a,b) 内,

$$f'(x) \equiv 0$$

证明 对任何 $x_1, x_2 \in [a,b]$,由(4-2)可得
$$f(x_2) - f(x_1) = f'(\xi)(x_2 - x_1)$$
ξ 介于 x_1 和 x_2 之间. 由于 $f'(x) = 0, x \in (a,b)$,因此 $f'(\xi) = 0$,由此可得
$$f(x_1) = f(x_2)$$
由 x_1 和 x_2 的任意性知道,$f(x)$ 在 $[a,b]$ 上是常数.

由例3我们还可以得到:若 $f'(x) = g'(x), x \in (a,b)$,则
$$f(x) \equiv g(x) + C, x \in (a,b)$$
这里 C 是一个确定的常数. 我们把它留给读者作练习.

例 4 设 $f(x)$ 在 $[a,b]$ 上连续,在 (a,b) 内可导,且 $f'(x) > 0, x \in (a,b)$,则 $f(x)$ 在 $[a,b]$ 上严格单增.

证明 任取 $x_1, x_2 \in [a,b]$,不妨设 $x_1 < x_2$,则由公式(4-2)可得
$$f(x_2) - f(x_1) = f'(\xi)(x_2 - x_1), x_1 < \xi < x_2$$
由于 $f'(x) > 0, x \in (a,b)$,因此 $f'(\xi) > 0$,从而
$$f(x_2) > f(x_1)$$
由 x_1, x_2 的任意性知道,$f(x)$ 在 $[a,b]$ 上严格单增.

类似地可以证明:若 $f'(x) < 0$,则 $f(x)$ 在 $[a,b]$ 上严格单减.

例 5 证明不等式
$$\frac{x}{1+x} < \ln(1+x) < x$$
对一切 $x > 0$ 成立.

证明 由于 $f(x) = \ln(1+x)$ 在 $[0, +\infty)$ 上连续可导,对任何 $x > 0$,在 $[0, x]$ 上由微分中值公式可得
$$f(x) - f(0) = f'(\theta x)x, 0 < \theta < 1$$
即
$$\ln(1+x) = \frac{x}{1+\theta x}, 0 < \theta < 1$$
由于
$$\frac{x}{1+x} < \frac{x}{1+\theta x} < x$$
因此 $x > 0$ 时
$$\frac{x}{1+x} < \frac{x}{1+\theta x} = \ln(1+x) < x$$

例 6 设 $f(x)$ 在 $[0,\delta](\delta > 0)$ 上连续,在 $(0,\delta)$ 内可导,若
$$\lim_{x \to 0^+} f'(x) = A$$

证明：$f(x)$在$x=0$点右可导，且$f'_+(0)=A$.

证明 当$x\in(0,\delta)$时，由微分中值公式可得
$$f(x)-f(0)=f'(\theta x)x, 0<\theta<1$$
这时
$$\frac{f(x)-f(0)}{x}=f'(\theta x)$$
由于$0<\theta x<x$，当$x\to 0^+$时，$\xi=\theta x\to 0^+$，从而有
$$\lim_{x\to 0^+}\frac{f(x)-f(0)}{x}=\lim_{x\to 0^+}f'(\theta x)=\lim_{\xi\to 0^+}f'(\xi)=A$$

对于由参数方程
$$\begin{cases}x=x(t)\\y=y(t)\end{cases}, t\in[\alpha,\beta]$$
所表示的曲线，其端点为$(x(\alpha),y(\alpha))$, $(x(\beta),y(\beta))$，它们连线的斜率为
$$\frac{y(\beta)-y(\alpha)}{x(\beta)-x(\alpha)}$$
若拉格朗日中值定理也适合这种情形，则应该有
$$\left.\frac{dy}{dx}\right|_{t=\xi}=\frac{y'(\xi)}{x'(\xi)}=\frac{y(\beta)-y(\alpha)}{x(\beta)-x(\alpha)}$$
这就是下面的柯西中值定理

定理 4.4（柯西中值定理） 设$f(x),g(x)$在$[a,b]$上连续，在(a,b)内可导，且
$$g'(x)\neq 0, x\in(a,b)$$
则必存在$\xi\in(a,b)$，使得
$$\frac{f(b)-f(a)}{g(b)-g(a)}=\frac{f'(\xi)}{g'(\xi)} \tag{4-4}$$

证明 首先由微分中值公式(4-2)我们知道，若$g'(x)\neq 0, x\in(a,b)$，则
$$g(b)-g(a)=g'(\eta)(b-a)\neq 0, a<\eta<b$$
其次考虑辅助函数
$$F(x)=f(x)-\frac{f(b)-f(a)}{g(b)-g(a)}[g(x)-g(a)]$$
则$F(x)$在$[a,b]$上满足罗尔中值定理的条件，由罗尔中值定理可得，必存在$\xi\in(a,b)$，使得$F'(\xi)=0$，即
$$f'(\xi)=\frac{f(b)-f(a)}{g(b)-g(a)}g'(\xi)$$
由于$g'(\xi)\neq 0$，我们得到

$$\frac{f'(\xi)}{g'(\xi)} = \frac{f(b)-f(a)}{g(b)-g(a)}$$

柯西中值定理一方面是拉格朗日中值定理的推广,另一方面从形式上由于分母中 $g(x)$ 具有一般性(拉格朗日中值定理相当于 $g(x)=x$ 的情形),我们可以由柯西中值定理得到许多公式(这一点可以从以下两节中看出).

例7 设 $f(x)$ 在 $[a,b]$ 上一阶连续可导,在 (a,b) 内二阶可导,证明:对任何 $x \in (a,b)$,存在 $\xi \in (a,x)$,使得

$$f(x) = f(a) + f'(a)(x-a) + \frac{f''(\xi)}{2}(x-a)^2 \qquad (4-5)$$

证明 考虑函数

$$F(z) = f(x) - f(z) - f'(z)(x-z)$$

则 $F(z)$ 在 $[a,b]$ 上连续,在 (a,b) 内可导,且

$$F(x) = 0, F(a) = f(x) - f(a) - f'(a)(x-a)$$
$$F'(z) = -f'(z) - f''(z)(x-z) + f'(z) = -f''(z)(x-z)$$

(注意由拉格朗日中值公式只能得到

$$\frac{F(x)-F(a)}{x-a} = F'(\xi)$$

即

$$f(x) = f(a) + f'(a)(x-a) + f''(\xi)(x-\xi)(x-a))$$

再考虑函数 $G(z) = (x-z)^2$,那么

$$G(x) = 0, G(a) = (x-a)^2, G'(z) = -2(x-z)$$

因此 $G'(z)$ 在 (a,x) 内不为零,对 $F(z),G(z)$ 在 $[a,x]$ 上应用柯西中值定理可得,存在 $\xi \in (a,x)$,使得

$$\frac{F(x)-F(a)}{G(x)-G(a)} = \frac{F'(\xi)}{G'(\xi)}$$

即

$$\frac{-[f(x)-f(a)-f'(a)(x-a)]}{-(x-a)^2} = \frac{-f''(\xi)(x-\xi)}{-2(x-\xi)} = \frac{f''(\xi)}{2}$$

因此

$$f(x) = f(a) + f'(a)(x-a) + \frac{f''(\xi)}{2}(x-a)^2$$

练习 4.1

1. 求 $y=x^3$ 的驻点,并由 $y=x^3$ 的图形判别驻点是否为极值点.
2. 比较以下两个结论.

"设 $f(x)$ 在 $[a,b]$ 上连续,在 (a,b) 内可导,若 $f(a)=f(b)$.则存在 $\xi \in (a,b)$ 使

得 $f'(\xi) = 0$";

"设 $f(x)$ 在 $[a,b]$ 上连续可导,若 $f'(a)f'(b) < 0$,则存在 $\xi \in (a,b)$ 使得 $f'(\xi) = 0$".

3. 证明方程 $1 + x + \dfrac{x^2}{2} + \dfrac{x^3}{6} = 0$ 只有一个实根.

4. 设 $f(x)$ 在 (a,b) 内二阶可导,且 $f''(x) \neq 0, x \in (a,b)$,证明: $f(x)$ 在 (a,b) 内至多有一个驻点.

5. 设 $f(x)$ 在 $[0,1]$ 上连续,在 $(0,1)$ 内可导,证明:存在 $\xi \in (0,1)$,使得
$$f(\xi) + f'(\xi) = e^{-\xi}[f(1)e - f(0)]$$
提示:考虑函数 $F(x) = e^x f(x)$ 在 $[0,1]$ 上的拉格朗日中值定理.

6. 设 $f(x)$ 在 $[a,b]$ 上连续,$f'(x)$ 在 (a,b) 内是常数,证明 $f(x)$ 在 $[a,b]$ 上的表达式为
$$f(x) = Ax + B$$
其中 A, B 是常数.

提示:设 $f'(x) = A, x \in (a,b)$,在 $[a,b]$ 上考虑函数
$$F(x) = f(x) - Ax$$

7. 设 $f(x), g(x)$ 在 $[a,b]$ 上连续,在 (a,b) 内可导,且
$$f'(x) = g'(x), x \in (a,b)$$
证明存在常数 C,使得
$$f(x) = g(x) + C, x \in [a,b]$$

8. 设 $x > -1$,用拉格朗日中值定理证明不等式
$$\dfrac{x}{1+x} \leq \ln(1+x) \leq x$$
提示: $x \in (-1, 0)$ 时,在 $[x, 0]$ 上考虑函数 $f(t) = \ln(1+t)$ 的微分中值公式 $\ln(1+x) = \dfrac{x}{1+\theta x}, \theta \in (0,1)$.

9. 设 $f(x)$ 在 $[a,b]$ 上连续,在 (a,b) 内可导,且 $f(a) > f(b)$,证明存在 $\xi \in (a,b)$,使得
$$f'(\xi) < 0$$
提示:用反证法,假设 $f'(x) \geq 0, x \in (a,b)$. 利用例 4 中的方法可得 $f(x)$ 在 $[a,b]$ 上单增.

10. 证明:

(1) $\arcsin x + \arccos x = \dfrac{\pi}{2}, x \in [-1, 1]$;

(2) $\arctan x + \operatorname{arccot} x = \dfrac{\pi}{2}, x \in (-\infty, +\infty)$;

(3) $\arcsin x + \arcsin \sqrt{1-x^2} = \dfrac{\pi}{2}, x \in [0,1]$;

(4) $\arcsin x - \arcsin \sqrt{1-x^2} = -\dfrac{\pi}{2}, x \in [-1, 0]$.

提示:先证明等式左边的函数在所示区间上是常数,再根据该函数在某一点的值证得等式.

11. 设 $ab > 0, f(x)$ 在 $[a,b]$ 上连续,在 (a,b) 内可导,证明:存在 $\xi \in (a,b)$,使得
$$\dfrac{bf(a) - af(b)}{b-a} = f(\xi) - \xi f'(\xi)$$

提示：考虑函数 $F(x) = \dfrac{f(x)}{x}, G(x) = \dfrac{1}{x}$ 在 $[a,b]$ 上的柯西中值定理.

§4.2 泰勒公式

近似计算中，公式(3-2)
$$f(x) - f(x_0) = f'(x_0)(x - x_0) + o(x - x_0) \quad (x \to x_0)$$
是一个基本公式，当 $f'(x_0) \neq 0$ 时，$f'(x_0)(x - x_0)$ 是 $f(x) - f(x_0)$ 的主部，因此可以用 $f'(x_0)(x - x_0)$ 近似计算 $f(x) - f(x_0)$，但是当 $f'(x_0) = 0$ 时，$f(x) - f(x_0)$ 的主部如何确定呢？如何近似计算 $f(x) - f(x_0)$ 呢？本节我们主要介绍这方面的基本原理——泰勒定理

定理 4.5（泰勒定理） 设 $f(x)$ 在 x_0 的某一邻域 $(x_0 - \delta, x_0 + \delta)$（或 $[x_0, x_0 + \delta)$，或 $(x_0 - \delta, x_0]$）中具有 $n+1$ 阶导数，则对任何 $x \in (x_0 - \delta, x_0 + \delta)$（或 $[x_0, x_0 + \delta)$，或 $(x_0 - \delta, x_0]$），有如下公式成立

$$f(x) = f(x_0) + f'(x_0)(x - x_0) + \frac{f''(x_0)}{2!}(x - x_0)^2 + \cdots +$$
$$\frac{f^{(n)}(x_0)}{n!}(x - x_0)^n + \frac{f^{(n+1)}(\xi)}{(n+1)!}(x - x_0)^{n+1} \tag{4-6}$$

其中 ξ 介于 x_0 与 x 之间.

证明 我们只就 $x \in (x_0, x_0 + \delta)$ 的情形来证 (4-6).

考虑函数
$$F(z) = f(x) - \left[f(z) + f'(z)(x - z) + \frac{f''(z)}{2!}(x - z)^2 + \cdots + \frac{f^{(n)}(z)}{n!}(x - z)^n \right]$$

则
$$F(x) = 0,$$
$$F(x_0) = f(x) - \left[f(x_0) + f'(x_0)(x - x_0) + \frac{f''(x_0)}{2!}(x - x_0)^2 + \cdots + \right.$$
$$\left. \frac{f^{(n)}(x_0)}{n!}(x - x_0)^n \right],$$
$$F'(z) = -\frac{f^{(n+1)}(z)}{n!}(x - z)^n.$$

再考虑函数
$$G(z) = (x - z)^{n+1}$$

则
$$G(x) = 0, G(x_0) = (x - x_0)^{n+1}, G'(z) = -(n+1)(x - z)^n$$

且 $G'(z)$ 在 (x_0, x) 内不为零.

对 $F(z), G(z)$ 在 $[x_0, x]$ 上应用柯西中值定理可得

$$\frac{F(x) - F(x_0)}{G(x) - G(x_0)} = \frac{F'(\xi)}{G'(\xi)}, \xi \in (x_0, x)$$

即

$$\frac{f(x) - \left[f(x_0) + f'(x_0)(x - x_0) + \frac{f''(x_0)}{2!}(x - x_0)^2 + \cdots + \frac{f^{(n)}(x_0)}{n!}(x - x_0)^n\right]}{(x - x_0)^{n+1}} = \frac{\frac{f^{(n+1)}(\xi)}{n!}(x - \xi)^n}{(n+1)(x - \xi)^n}$$

整理后即得 (4-6).

公式 (4-6) 常称为 $f(x)$ 在 x_0 点的 $n+1$ 阶泰勒公式,因此 (4-5) 是 $f(x)$ 在 a 点的二阶泰勒公式;$f(x)$ 在 $x_0 = 0$ 点的泰勒公式称为麦克劳林公式;在公式 (4-6) 中常称

$$R_n(x) = f(x) - \left[f(x_0) + f'(x_0)(x - x_0) + \frac{f''(x_0)}{2!}(x - x_0)^2 + \cdots + \frac{f^{(n)}(x_0)}{n!}(x - x_0)^n\right] \quad (4-7)$$

为 $f(x)$ 由 n 次代数多项式

$$f(x_0) + f'(x_0)(x - x_0) + \frac{f''(x_0)}{2!}(x - x_0)^2 + \cdots + \frac{f^{(n)}(x_0)}{n!}(x - x_0)^n$$

近似表示的余项,它的表现形式有许多种,而公式 (4-6) 中

$$R_n(x) = \frac{f^{(n+1)}(\xi)}{(n+1)!}(x - x_0)^{n+1} \quad (4-8)$$

称为拉格朗日型余项;当 $f(x)$ 在 $[a, b]$ 上具有 $n+1$ 阶连续导数时,我们可以得到

$$f^{(n+1)}(\xi) = f^{(n+1)}(x_0) + o(1) \quad (x \to x_0), x_0 \in [a, b]$$

其中 $x_0 = a$ 或 b 时,$x \to x_0$ 是相应的单侧极限过程. 这时

$$R_n(x) = \frac{f^{(n+1)}(x_0)}{(n+1)!}(x - x_0)^{n+1} + o(x - x_0)^{n+1} \quad (x \to x_0) \quad (4-9)$$

称为皮亚诺型余项.

例 1 求 $f(x) = e^x$ 的 $n+1$ 阶麦克劳林公式.

解 由于 $(e^x)^{(n)} = e^x$,因此

$$e^0 = 1, (e^x)^{(n)}\Big|_{x=0} = 1, (e^x)^{(n+1)}\Big|_{x=\xi} = e^\xi = e^{\theta x}, 0 < \theta < 1$$

$$e^x = 1 + x + \frac{x^2}{2!} + \cdots + \frac{x^n}{n!} + \frac{e^{\theta x}}{(n+1)!}x^{n+1}, 0 < \theta < 1 \quad (4-10)$$

类似地,由第 3 章 §3.5 节的例题我们可以得到 $\sin x, \cos x, \ln(1+x), (1+x)^\alpha$ 的麦克劳林公式. 在这里,我们仅列出它们的带皮亚诺型余项的麦克劳林公式,以便读者使用:

$$\sin x = x - \frac{x^3}{3!} + \cdots + (-1)^{k-1}\frac{x^{2k-1}}{(2k-1)!} + o(x^{2k}), x \to 0 \quad (4-11)$$

$$\cos x = 1 - \frac{x^2}{2!} + \cdots + \frac{(-1)^{k-1}}{(2k-2)!}x^{2k-2} + o(x^{2k-1}), x \to 0 \quad (4-12)$$

$$\ln(1+x) = x - \frac{x^2}{2} + \cdots + \frac{(-1)^{n-1}}{n}x^n + o(x^n), x \to 0 \quad (4-13)$$

$$(1+x)^\alpha = 1 + \alpha x + \frac{\alpha(\alpha-1)}{2!}x^2 + \cdots + \frac{\alpha(\alpha-1)\cdots(\alpha-n+1)}{n!}x^n + o(x^n), x \to 0 \quad (4-14)$$

例 2 求 $f(x) = x^5$ 在 $x = 1$ 点的 6 阶泰勒公式.

解 由于

$$(x^5)' = 5x^4, (x^5)'' = 20x^3, (x^5)''' = 60x^2$$
$$(x^5)^{(4)} = 120x, (x^5)^{(5)} = 120, (x^5)^{(6)} = 0$$

因此

$$x^5 = 1 + 5(x-1) + \frac{20}{2!}(x-1)^2 + \frac{60}{3!}(x-1)^3 + \frac{120}{4!}(x-1)^4 + \frac{120}{5!}(x-1)^5$$
$$= 1 + C_5^1(x-1) + C_5^2(x-1)^2 + C_5^3(x-1)^3 + C_5^4(x-1)^4 + C_5^5(x-1)^5$$

由例 1 我们发现,$x \to 0$ 时,$e^x - 1$ 的主部是 x,即

$$\lim_{x \to 0} \frac{e^x - 1}{x} = 1$$

$e^x - 1 - x$ 的主部是 $\frac{x^2}{2}$,即

$$\lim_{x \to 0} \frac{e^x - 1 - x}{x^2} = \frac{1}{2}$$

因此,泰勒公式尤其是带皮亚诺型余项的麦克劳林公式可以用来求无穷小量相除的极限.

例 3 求下列极限:

(1) $\lim\limits_{x \to 0} \dfrac{\sin x - x}{x \ln(1+x^2)}$; (2) $\lim\limits_{x \to 0} \dfrac{e^{-x^2} - 1}{\ln(1+x) - x}$;

(3) $\lim\limits_{x \to 0} \dfrac{\sqrt{1-2x} - 1 + x}{1 - \cos x}$.

解 (1) 由 (4-13) 知道,$x \to 0$ 时,$\ln(1+x)$ 的主部是 x,则 $x\ln(1+x^2)$ 的主部是 x^3,即

$$x\ln(1+x^2) = x^3 + o(x^3) \qquad (x \to 0)$$

由(4-11)知道,$x \to 0$ 时,$\sin x - x$ 的主部是 $-\dfrac{x^3}{3!}$,即

$$\sin x - x = -\frac{x^3}{6} + o(x^3) \qquad (x \to 0)$$

因此

$$\lim_{x \to 0} \frac{\sin x - x}{x\ln(1+x^2)} = \lim_{x \to 0} \frac{-\dfrac{x^3}{6} + o(x^3)}{x^3 + o(x^3)} = \lim_{x \to 0} \frac{-\dfrac{1}{6} + \dfrac{o(x^3)}{x^3}}{1 + \dfrac{o(x^3)}{x^3}} = -\frac{1}{6}$$

(2) 由(4-13)知道,$x \to 0$ 时,$\ln(1+x) - x$ 的主部是 $-\dfrac{x^2}{2}$,即

$$\ln(1+x) - x = -\frac{x^2}{2} + o(x^2) \qquad (x \to 0)$$

由(4-10)知道,$x \to 0$ 时,$e^x - 1$ 的主部是 x,则 $e^{-x^2} - 1$ 的主部是 $-x^2$,即

$$e^{-x^2} - 1 = -x^2 + o(x^2) \qquad (x \to 0)$$

因此

$$\lim_{x \to 0} \frac{e^{-x^2} - 1}{\ln(1+x) - x} = \lim_{x \to 0} \frac{-x^2 + o(x^2)}{-\dfrac{x^2}{2} + o(x^2)} = 2$$

(3) 由(4-14)知道,$x \to 0$ 时

$$\sqrt{1+x} = 1 + \frac{1}{2}x - \frac{1}{2!}\left(\frac{x}{2}\right)^2 + \cdots + (-1)^{n-1}\frac{(2n-3)!!}{n!}\left(\frac{x}{2}\right)^n + o(x^n). \qquad (4-15)$$

因此 $x \to 0$ 时

$$\sqrt{1-2x} - 1 + x = -\frac{1}{2}x^2 + o(x^2)$$

由(4-12)可知

$$1 - \cos x = \frac{1}{2}x^2 + o(x^2) \qquad (x \to 0)$$

因此

$$\lim_{x \to 0} \frac{\sqrt{1-2x} - 1 + x}{1 - \cos x} = \lim_{x \to 0} \frac{-\dfrac{1}{2}x^2 + o(x^2)}{\dfrac{1}{2}x^2 + o(x^2)} = -1$$

练习 4.2

1. 求 $\ln(1-2x)$ 的 6 阶麦克劳林公式(带皮亚诺型余项).

2. 求 $\dfrac{1}{1-x}$ 的 $n+1$ 阶麦克劳林公式(带皮亚诺型余项).

3. 求 $f(x) = x^5 - 5x + 1$ 在 $x = 1$ 处的 6 阶泰勒公式.

4. 用泰勒公式求下列极限:

(1) $\lim\limits_{x \to 0} \dfrac{e^x + \sin x - 1}{\ln(1+x)}$;

(2) $\lim\limits_{x \to \infty} \left[x^2 (e^{\frac{1}{x}} - 1) - x \right]$;

(3) $\lim\limits_{x \to 0} \dfrac{\sqrt{1-x} + \dfrac{1}{2}x - \cos x}{\ln(1+x) - x}$.

§4.3 洛必达法则

柯西中值定理还提供了一种求极限的方法——洛必达法则.

设 $f(x_0) = g(x_0) = 0$, $f(x), g(x)$ 在 x_0 点的某一邻域内满足柯西中值定理的条件, 则

$$\frac{f(x)}{g(x)} = \frac{f'(\xi)}{g'(\xi)} \tag{4-16}$$

ξ 介于 x_0 与 x 之间, 当 $x \to x_0$ 时, 必有 $\xi \to x_0$, 因此若极限

$$\lim_{\xi \to x_0} \frac{f'(\xi)}{g'(\xi)} = A$$

则

$$\lim_{x \to x_0} \frac{f(x)}{g(x)} = A$$

这样就可以用 $\lim\limits_{x \to x_0} \dfrac{f'(x)}{g'(x)}$ 来求 $\lim\limits_{x \to x_0} \dfrac{f(x)}{g(x)}$. 在这里 $\dfrac{f(x)}{g(x)}$ 是 $x \to x_0$ 时两个无穷小量之比 $\left(\text{简记为 } \dfrac{0}{0}\right)$, 当 $f(x)$ 与 $g(x)$ 的零因子无法以 $x - x_0$ 的幂的形式表现出来时, 就不能用第 2 章中求极限的方法(消去公因子)来求极限 $\lim\limits_{x \to x_0} \dfrac{f(x)}{g(x)}$; 另一方面, 我们知道有许多函数的导函数(如 $\ln x$, $\arcsin x$, $\arctan x$ 等)是幂函数或幂函数的四则运算, 因此对于这类函数, $\lim\limits_{x \to x_0} \dfrac{f'(x)}{g'(x)}$ 比 $\lim\limits_{x \to x_0} \dfrac{f(x)}{g(x)}$ 容易求. 当然, 泰勒公式也可以求两无穷小量之比的极限, 但是这种方法要求知道函数的泰勒公式, 而我们只知道几个初等函数的泰勒公式, 因此这种方法也不具有普遍性. 由此可见, 利用 $\lim\limits_{x \to x_0} \dfrac{f'(x)}{g'(x)}$ 来求 $\lim\limits_{x \to x_0} \dfrac{f(x)}{g(x)}$ 的方法具有许多优点. 当然它也受到一些限制, 例如, 公式 $(4-16)$ 成立的条件 $\left(\dfrac{f(x)}{g(x)} \text{是} \dfrac{0}{0} \text{型及柯西中值定理的条件}\right)$, 还有极限 $\lim\limits_{x \to x_0} \dfrac{f'(x)}{g'(x)}$ 存在且比 $\lim\limits_{x \to x_0} \dfrac{f(x)}{g(x)}$ 易求. 对于两个无穷大量之比 $\left(\text{简记为} \dfrac{\infty}{\infty}\right)$ 的情形也

有类似的特点. 请读者分析下面几个极限的求解过程是否正确.

(1) $\lim\limits_{x\to 1}\dfrac{x^2}{e^x}=\lim\limits_{x\to 1}\dfrac{2x}{e^x}$;

(2) $\lim\limits_{x\to 0}\dfrac{x^2\sin\dfrac{1}{x}}{\sin x}=\lim\limits_{x\to 0}\dfrac{2x\sin\dfrac{1}{x}-\cos\dfrac{1}{x}}{\cos x}$;

(3) $\lim\limits_{x\to 0^+}\dfrac{x}{\dfrac{1}{\ln x}}=\lim\limits_{x\to 0^+}\dfrac{1}{-\dfrac{1}{x(\ln x)^2}}$;

(4) $\lim\limits_{x\to\infty}\dfrac{2x-\sin x}{x+2\cos x}=\lim\limits_{x\to\infty}\dfrac{2-\cos x}{1-2\sin x}$.

下面我们介绍洛必达法则及其应用,其证明省略.

法则 4.1 $\left(\dfrac{0}{0}\text{型}\right)$ 设
$$f(x)=o(1),g(x)=o(1)\qquad(x\to X)$$
且 $f(x),g(x)$ 在 $x\to X$ 下满足柯西中值定理的条件,若
$$\lim\limits_{x\to X}\dfrac{f'(x)}{g'(x)}=A$$
则
$$\lim\limits_{x\to X}\dfrac{f(x)}{g(x)}=\lim\limits_{x\to X}\dfrac{f'(x)}{g'(x)}=A$$

法则 4.2 $\left(\dfrac{\infty}{\infty}\text{型}\right)$ 设
$$\lim\limits_{x\to X}f(x)=\infty,\lim\limits_{x\to X}g(x)=\infty$$
且 $f(x),g(x)$ 在 $x\to X$ 下满足柯西中值定理的条件,若
$$\lim\limits_{x\to X}\dfrac{f'(x)}{g'(x)}=A$$
则
$$\lim\limits_{x\to X}\dfrac{f(x)}{g(x)}=\lim\limits_{x\to X}\dfrac{f'(x)}{g'(x)}=A$$

例 1 求下列极限:

(1) $\lim\limits_{x\to 0}\dfrac{\ln(1+x)}{x}$; (2) $\lim\limits_{x\to\frac{\pi}{2}}\dfrac{\cos x}{\dfrac{\pi}{2}-x}$;

(3) $\lim\limits_{x\to 0}\dfrac{\sin x-\tan x}{x^3}$; (4) $\lim\limits_{x\to 0}\dfrac{2^x+2^{-x}-2}{x^2}$.

解 (1) 由洛必达法则可得

$$\lim_{x\to 0}\frac{\ln(1+x)}{x}=\lim_{x\to 0}\frac{\frac{1}{x+1}}{1}=1$$

（2）由洛必达法则可得

$$\lim_{x\to \frac{\pi}{2}}\frac{\cos x}{\frac{\pi}{2}-x}=\lim_{x\to \frac{\pi}{2}}\frac{-\sin x}{-1}=1$$

（3）法一

$$\lim_{x\to 0}\frac{\sin x-\tan x}{x^3}=\lim_{x\to 0}\frac{\cos x-\sec^2 x}{3x^2}=\lim_{x\to 0}\frac{\cos^2 x+\cos x+1}{3\cos^2 x}\cdot\frac{\cos x-1}{x^2}$$

$$=\lim_{x\to 0}\frac{\cos x-1}{x^2}=\lim_{x\to 0}\frac{-\sin x}{2x}=-\frac{1}{2}$$

法二

$$\lim_{x\to 0}\frac{\sin x-\tan x}{x^3}=\lim_{x\to 0}\frac{\tan x}{x}\lim_{x\to 0}\frac{\cos x-1}{x^2}$$

$$=\lim_{x\to 0}\frac{\cos x-1}{x^2}=\lim_{x\to 0}\frac{-\sin x}{2x}=-\frac{1}{2}$$

（4）$$\lim_{x\to 0}\frac{2^x+2^{-x}-2}{x^2}=\lim_{x\to 0}\frac{2^x\ln 2-2^{-x}\ln 2}{2x}$$

$$=\lim_{x\to 0}\frac{2^x(\ln 2)^2+2^{-x}(\ln 2)^2}{2}=(\ln 2)^2$$

例 2 求下列极限：

（1）$\lim\limits_{x\to +\infty}\dfrac{(\ln x)^m}{x}$（$m$ 为正数）；

（2）$\lim\limits_{x\to +\infty}\dfrac{x^m}{e^x}$（$m$ 为正数）；

解 （1）由于

$$\lim_{x\to +\infty}\frac{\ln x}{x^{\frac{1}{m}}}=\lim_{x\to +\infty}\frac{\frac{1}{x}}{\frac{1}{m}x^{\frac{1}{m}-1}}=\lim_{x\to +\infty}\frac{m}{x^{\frac{1}{m}}}=0$$

因此

$$\lim_{x\to +\infty}\frac{(\ln x)^m}{x}=\lim_{x\to +\infty}\left(\frac{\ln x}{x^{\frac{1}{m}}}\right)^m=0$$

（2）由于

$$\lim_{x\to +\infty}\frac{x}{e^{\frac{1}{m}x}}=\lim_{x\to +\infty}\frac{1}{\frac{1}{m}e^{\frac{1}{m}x}}=0$$

因此
$$\lim_{x\to+\infty}\frac{x^m}{e^x}=\lim_{x\to+\infty}\left(\frac{x}{e^{\frac{1}{m}x}}\right)^m=0$$

另外,在应用洛必达法则求极限时要利用第 2 章所介绍的方法将函数进行变形,变成 $\frac{0}{0}$ 型或 $\frac{\infty}{\infty}$ 型,再利用洛必达法则.

例3 求下列极限:

(1) $\lim\limits_{x\to 1}\left(\dfrac{x}{\ln x}-\dfrac{1}{x-1}\right)$;(2) $\lim\limits_{x\to 1}\left(\dfrac{m}{1-x^m}-\dfrac{n}{1-x^n}\right)$($m,n$ 是大于 2 的正整数);

(3) $\lim\limits_{x\to 0^+}x^\alpha\ln x\ (\alpha>0)$;(4) $\lim\limits_{x\to 1}(2-x)^{\tan\frac{\pi}{2}x}$.

解 (1) 由于
$$\frac{x}{\ln x}-\frac{1}{x-1}=\frac{x^2-x-\ln x}{(x-1)\ln x}$$

且 $x\to 1$ 时,$\ln x\sim x-1$,$(x-1)\ln x\sim(x-1)^2$,因此
$$\lim_{x\to 1}\left(\frac{x}{\ln x}-\frac{1}{x-1}\right)=\lim_{x\to 1}\frac{x^2-x-\ln x}{(x-1)^2}=\lim_{x\to 1}\frac{2x-1-\frac{1}{x}}{2(x-1)}$$
$$=\lim_{x\to 1}\frac{(2x+1)(x-1)}{2x(x-1)}=\lim_{x\to 1}\frac{2x+1}{2x}=\frac{3}{2}$$

(2) 由于
$$\frac{m}{1-x^m}-\frac{n}{1-x^n}=\frac{m(1-x^n)-n(1-x^m)}{(1-x)^2(1+x+x^2+\cdots+x^{m-1})(1+x+x^2+\cdots+x^{n-1})}$$

且
$$\lim_{x\to 1}\frac{1}{(1+x+x^2+\cdots+x^{m-1})(1+x+x^2+\cdots+x^{n-1})}=\frac{1}{mn}$$

因此
$$\lim_{x\to 1}\left(\frac{m}{1-x^m}-\frac{n}{1-x^n}\right)=\frac{1}{mn}\lim_{x\to 1}\frac{m(1-x^n)-n(1-x^m)}{(x-1)^2}=\frac{1}{mn}\lim_{x\to 1}\frac{-mnx^{n-1}+mnx^{m-1}}{2(x-1)}$$
$$=\lim_{x\to 1}\frac{-(n-1)x^{n-2}+(m-1)x^{m-2}}{2}=\frac{m-n}{2}$$

(3) 由于
$$x^\alpha\ln x=\frac{\ln x}{x^{-\alpha}}$$

因此
$$\lim_{x\to 0^+}x^\alpha\ln x=\lim_{x\to 0^+}\frac{\ln x}{x^{-\alpha}}=\lim_{x\to 0^+}\frac{\frac{1}{x}}{-\alpha x^{-\alpha-1}}=-\frac{1}{\alpha}\lim_{x\to 0^+}x^\alpha=0$$

(4) 由于 $x \to 1$ 时

$$(2-x)^{\tan\frac{\pi}{2}x} = e^{\tan\frac{\pi}{2}x \ln(2-x)}$$

且

$$\lim_{x \to 1} \sin\frac{\pi}{2}x = 1$$

$$\lim_{x \to 1} \tan\frac{\pi}{2}x \ln(2-x) = \lim_{x \to 1}\frac{\ln(2-x)}{\cos\frac{\pi}{2}x} = \lim_{x \to 1}\frac{\dfrac{-1}{2-x}}{-\dfrac{\pi}{2}\sin\frac{\pi}{2}x} = \frac{2}{\pi}$$

因此

$$\lim_{x \to 1}(2-x)^{\tan\frac{\pi}{2}x} = e^{\frac{2}{\pi}}$$

例 4 设 $f(x)$ 在 $(x_0-\delta, x_0+\delta)$ $(\delta>0)$ 内一阶可导,且 $f(x)$ 在 x_0 点二阶可导,求极限

$$\lim_{h \to 0}\frac{f(x_0+h)+f(x_0-h)-2f(x_0)}{h^2}$$

解 由于 $f(x)$ 在 $(x_0-\delta, x_0+\delta)$ 内一阶可导,则

$$F(h) = f(x_0+h) + f(x_0-h) - 2f(x_0)$$

作为 h 的函数在 $(-\delta, \delta)$ 内可导,由洛必达法则可得

$$\lim_{h \to 0}\frac{f(x_0+h)+f(x_0-h)-2f(x_0)}{h^2} = \lim_{h \to 0}\frac{f'(x_0+h)-f'(x_0-h)}{2h}$$

这时 $[f'(x_0+h) - f'(x_0-h)]/h$ 不符合洛必达法则的条件(因为 $f'(x_0+h) - f'(x_0-h)$ 在 $(-\delta, \delta)$ 内除了 $h=0$ 处可导外,其他点处未必可导),不能用洛必达法则来求它的极限. 但是由二阶导数的定义

$$f''(x_0) = \lim_{h \to 0}\frac{f'(x_0+h)-f'(x_0)}{h}$$

因此

$$\lim_{h \to 0}\frac{f'(x_0+h)-f'(x_0-h)}{2h} = \frac{1}{2}\left[\lim_{h \to 0}\frac{f'(x_0+h)-f'(x_0)}{h} + \lim_{h \to 0}\frac{f'(x_0-h)-f'(x_0)}{-h}\right]$$

$$= \frac{1}{2}[f''(x_0)+f''(x_0)] = f''(x_0)$$

从而

$$\lim_{h \to 0}\frac{f(x_0+h)+f(x_0-h)-2f(x_0)}{h^2} = f''(x_0)$$

练习 4.3

1. 用洛必达法则求下列极限:

(1) $\lim\limits_{x\to 0}\dfrac{\arctan x-x}{\sin x^3}$;

(2) $\lim\limits_{x\to 1}\dfrac{e^{x^2}-e}{\ln x}$;

(3) $\lim\limits_{x\to\infty}\dfrac{e^{-x^2}}{\arcsin\dfrac{1}{x}}$;

(4) $\lim\limits_{x\to 0}\dfrac{\ln(2^x+3^x)-\ln 2}{x}$;

(5) $\lim\limits_{x\to 0}\dfrac{2^x-2^{\sin x}}{x^3}$;

(6) $\lim\limits_{x\to 0}\dfrac{\ln\cos ax}{\ln\cos bx}$;

(7) $\lim\limits_{x\to a}\dfrac{a^x-x^a}{x-a}\ (a>0,a\neq 1)$.

(8) $\lim\limits_{x\to 0}\dfrac{\ln|\sin ax|}{\ln|\sin bx|}\ (ab\neq 0)$.

2. 用洛必达法则求下列极限:

(1) $\lim\limits_{x\to+\infty}\dfrac{e^x-2x}{e^x+3x}$;

(2) $\lim\limits_{x\to-\infty}\dfrac{e^x-2x}{e^x+3x}$;

(3) $\lim\limits_{x\to 0^+}\dfrac{\ln x}{\cot x}$.

3. 求下列极限:

(1) $\lim\limits_{x\to 0}\left(\dfrac{1}{x}-\dfrac{1}{e^x-1}\right)$;

(2) $\lim\limits_{x\to 0}\left(\cot x-\dfrac{1}{x}\right)$;

(3) $\lim\limits_{x\to\infty}x\left[\left(1+\dfrac{1}{x}\right)^x-e\right]$;

(4) $\lim\limits_{x\to\frac{\pi}{4}}(\tan x)^{\tan 2x}$;

(5) $\lim\limits_{x\to 0}\left(\dfrac{2^x+3^x+4^x}{3}\right)^{\frac{1}{x}}$;

(6) $\lim\limits_{x\to 0}\dfrac{(a+x)^x-a^x}{x^2}\ (a>0,a\neq 1)$;

(7) $\lim\limits_{x\to 0^+}\left(1+\dfrac{1}{x}\right)^x$;

(8) $\lim\limits_{x\to 1}x^{\frac{1}{1-x}}$.

4. 设
$$f(x)=\begin{cases}\dfrac{\sin x}{x}-x, & x\neq 0\\ 1, & x=0\end{cases}$$

求 $f'(x)$.

---

§4.4 函数的单调性与凹凸性

由微分中值公式(4-2),我们可以用导数来研究函数的性质.

一、一阶导数的符号与函数的单调性

在 §4.1 中,由例 4 我们知道,若
$$f'(x)>0, x\in(a,b)$$
则 $f(x)$ 在 (a,b) 内严格单增. 其实我们有更一般的结论:

性质 4.1 设 $f(x)$ 在 $[a,b]$ 上连续,在 (a,b) 内可导,则 $f(x)$ 在 $[a,b]$ 上单增(或单减)的充要条件是

$$f'(x) \geq 0 (或 f'(x) \leq 0), x \in (a,b)$$

证明 充分性类似于 §4.1 例 4 可以得证.

必要性:若 $f(x)$ 在 $[a,b]$ 上单增,则对任何 $x_1, x_2 \in [a,b], x_1 < x_2$,有
$$f(x_1) \leq f(x_2)$$
成立. 假设有一点 $x_0 \in (a,b)$,使得 $f'(x_0) < 0$,那么由性质 3.3 可得:存在 x_0 的某一邻域 $O_\delta(x_0) \subset (a,b)$,使得当 $x \in O_\delta(x_0), x > x_0$ 时,有
$$f(x) < f(x_0)$$
成立. 此与 $f(x)$ 在 $[a,b]$ 上单增矛盾.

性质 4.1 之所以是比 §4.1 例 4 更完善的结论,还在于当 $f(x)$ 在 $[a,b]$ 上严格单增(或单减)时未必有 $f'(x) > 0$(或 $f'(x) < 0$) 在 (a,b) 内点点成立. 这一点可以从下面的例 1 中看出.

例 1 证明 $f(x) = x^3$ 在 $(-\infty, +\infty)$ 内严格单增.

证明 由于 $f(x) = x^3$ 在 $(-\infty, +\infty)$ 内处处可导,且
$$f'(x) = 3x^2$$
令 $f'(x) = 0$,得 $f(x) = x^3$ 的惟一驻点 $x = 0$,这时 $f(x)$ 在 $(-\infty, 0)$ 内满足
$$f'(x) = 3x^2 > 0$$
因此由 §4.1 中例 4 我们知道 $f(x)$ 在 $(-\infty, 0]$ 上严格单增;同理可证 $f(x) = x^3$ 在 $[0, +\infty)$ 上严格单增. 因此对任何 $x_1, x_2 \in (-\infty, +\infty), x_1 < x_2$,当 x_1, x_2 同属于 $(-\infty, 0]$ 和 $[0, +\infty)$ 时,显然有
$$f(x_1) < f(x_2)$$
当 $x_1 \in (-\infty, 0), x_2 \in (0, +\infty)$ 时,由于
$$f(x_1) < f(0), f(0) < f(x_2)$$
因此
$$f(x_1) < f(x_2)$$
综上所述,$f(x) = x^3$ 在 $(-\infty, +\infty)$ 内严格单增.

这样一来,我们讨论连续函数 $f(x)$ 在 (a,b) 内的单调性,一般是先求出 $f(x)$ 在 (a,b) 内的驻点和不可导点,它们将 (a,b) 分成几个互不相交的部分(除去驻点和不可导点),在每一部分上 $f'(x)$ 是保号的,再由性质 4.1 可以确定出 $f(x)$ 在每一部分上的单调性. 这一过程又称为确定函数的单调区间.

例 2 确定下列函数的单调区间:

(1) $f(x) = 2x^3 - 3x^2 - 12x + 1$;   (2) $f(x) = xe^{-2x}$;

(3) $f(x) = 3\sqrt[3]{x^2} + 2x$.

解 (1) $f(x) = 2x^3 - 3x^2 - 12x + 1$ 在 $(-\infty, +\infty)$ 内处处可导,且
$$f'(x) = 6x^2 - 6x - 12 = 6(x+1)(x-2)$$
令 $f'(x) = 0$,得 $f(x)$ 的驻点为 $x_1 = -1, x_2 = 2$.

$x \in (-\infty, -1)$ 时, $f'(x) > 0$, $f(x)$ 单增;

$x \in (-1, 2)$ 时, $f'(x) < 0$, $f(x)$ 单减;

$x \in (2, +\infty)$ 时, $f'(x) > 0$, $f(x)$ 单增.

因此 $f(x)$ 的单增区间为 $(-\infty, -1) \cup (2, +\infty)$, 单减区间为 $(-1, 2)$.

(2) $f(x) = x\mathrm{e}^{-2x}$ 在 $(-\infty, +\infty)$ 内处处可导, 且
$$f'(x) = (1 - 2x)\mathrm{e}^{-2x}$$

令 $f'(x) = 0$, 得 $f(x)$ 的驻点为 $x = \dfrac{1}{2}$.

$x \in \left(-\infty, \dfrac{1}{2}\right)$ 时, $f'(x) > 0$, $f(x)$ 单增;

$x \in \left(\dfrac{1}{2}, +\infty\right)$ 时, $f'(x) < 0$, $f(x)$ 单减.

因此 $f(x)$ 的单增区间为 $\left(-\infty, \dfrac{1}{2}\right)$, 单减区间为 $\left(\dfrac{1}{2}, +\infty\right)$.

(3) $f(x) = 3\sqrt[3]{x^2} + 2x$ 在定义域 $(-\infty, +\infty)$ 内除了 $x = 0$ 外处处可导, 且
$$f'(x) = 2x^{-\frac{1}{3}} + 2 = 2x^{-\frac{1}{3}}(1 + x^{\frac{1}{3}})$$

令 $f'(x) = 0$, 得 $f(x)$ 的驻点为 $x = -1$.

$x \in (-\infty, -1)$ 时, $f'(x) > 0$, $f(x)$ 单增;

$x \in (-1, 0)$ 时, $f'(x) < 0$, $f(x)$ 单减;

$x \in (0, +\infty)$ 时, $f'(x) > 0$, $f(x)$ 单增.

因此 $f(x)$ 的单增区间为 $(-\infty, -1) \cup (0, +\infty)$, 单减区间为 $(-1, 0)$.

例 3 证明 $f(x) = x + \ln x$ 在其定义域内有惟一零点.

证明 $f(x) = x + \ln x$ 的定义域为 $(0, +\infty)$, 且在定义域内处处可导,
$$f'(x) = 1 + \dfrac{1}{x} > 0$$

因此 $f(x)$ 在 $(0, +\infty)$ 内严格单增. 另外,
$$f\left(\dfrac{1}{\mathrm{e}}\right) = \dfrac{1}{\mathrm{e}} - 1 < 0, \ f(1) = 1 > 0$$

$f(x)$ 在 $\left[\dfrac{1}{\mathrm{e}}, 1\right] \subset (0, +\infty)$ 上至少有一个零点. 因此 $f(x) = x + \ln x$ 在定义域 $(0, +\infty)$ 内有惟一零点.

二、二阶导数符号与函数的凹凸性

为了更有效地利用函数图形研究函数的性质, 我们必须建立曲线中的凹凸性质在函数表达式中的表现形式.

定义 4.2 设 $f(x)$ 在 (a,b) 内有定义,若对任何 $x_1, x_2 \in (a,b)$,任何非负数 q_1, q_2

$$q_1 + q_2 = 1$$

有

$$f(q_1 x_1 + q_2 x_2) \leqslant q_1 f(x_1) + q_2 f(x_2)$$

则称 $f(x)$ 在 (a,b) 内是下凸的(或称 $f(x)$ 在 (a,b) 内是上凹的,也称 $f(x)$ 是 (a,b) 内的下凸函数①).

$f(x)$ 在 (a,b) 内是下凸的,在函数图形上表现为:曲线

$$y = f(x), x \in (a,b)$$

上任意两点的割线一定位于这两点间曲线的上方.

如图 4-5 中,

$$OP = q_1 x_1 + q_2 x_2, BP = f(q_1 x_1 + q_2 x_2), AP = q_1 f(x_1) + q_2 f(x_2)$$

因此该曲线中的函数 $f(x)$ 是下凸的.

类似地可以定义 (a,b) 内的上凸(又称为下凹)函数,如图 4-6 所示.

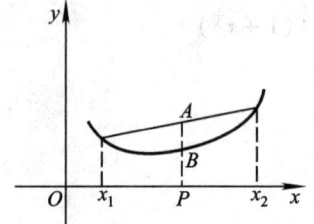

图 4-5

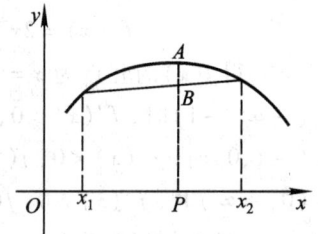

图 4-6

函数的凹凸性通常要用函数的二阶导数来研究,具体反映在如下性质中.

性质 4.2 设 $f(x)$ 在 (a,b) 内二阶可导,则 $f(x)$ 在 (a,b) 内是下凸的(或上凸的)充要条件是

$$f''(x) \geqslant 0 \quad (\text{或} f''(x) \leqslant 0)$$

该性质的证明我们就不介绍了.

---

① 通常也称下凸函数为凸函数.
值得一提的是:若

$$f''(x) > 0, x \in (a,b)$$

则对任何正数 q_1, q_2,

$$q_1 + q_2 = 1$$

有

$$f(q_1 x_1 + q_2 x_2) < q_1 f(x_1) + q_2 f(x_2)$$

对一切 $x_1 \neq x_2, x_1, x_2 \in (a,b)$ 成立.

有时也称具有这种性质的 $f(x)$ 在 (a,b) 内是严格下凸的,类似地可以讨论严格上凸的情形.

由性质 4.1 和性质 4.2 容易得到

推论 $f(x)$ 在 (a,b) 内二阶可导,则 $f(x)$ 是 (a,b) 内的下凸(或上凸)函数的充要条件是 $f'(x)$ 在 (a,b) 内单增(或单减).

如同用一阶导数研究函数的单调性一样,用二阶导数的符号来研究函数的凹凸性时,一般是先求出 $f''(x)=0$ 的点及 $f''(x)$ 不存在的点,这些点将 $f(x)$ 的定义域分成几个互不相交的部分,再利用性质 4.2,根据 $f''(x)$ 在每部分的符号确定出 $f(x)$ 在该部分的凹凸性. 这一过程又叫确定函数的凹凸区间.

例 4 确定下列函数的凹凸区间:

(1) $f(x) = (x+1)\mathrm{e}^{-2x}$;   (2) $f(x) = |\ln x|$.

解 (1) $f(x) = (x+1)\mathrm{e}^{-2x}$ 在 $(-\infty, +\infty)$ 内处处二阶可导,且
$$f''(x) = 4x\mathrm{e}^{-2x}$$
$x \in (-\infty, 0)$ 时,$f''(x) < 0$,$f(x)$ 在 $(-\infty, 0)$ 内是上凸的;
$x \in (0, +\infty)$ 时,$f''(x) > 0$,$f(x)$ 在 $(0, +\infty)$ 内是下凸的.

(2) $f(x) = |\ln x|$ 的定义域为 $(0, +\infty)$,且 $\ln x = 0$ 的点 $x = 1$ 是 $f(x)$ 的不可导点,因此也是 $f''(x)$ 不存在的点,且

$$f(x) = \begin{cases} -\ln x, & x \in (0,1) \\ \ln x, & x \in [1, +\infty) \end{cases}$$

$$f''(x) = \begin{cases} \dfrac{1}{x^2}, & x \in (0,1) \\ -\dfrac{1}{x^2}, & x \in (1, +\infty) \end{cases}$$

因此 $f(x) = |\ln x|$ 在 $(0,1)$ 内是下凸的,在 $(1, +\infty)$ 内是上凸的(如图 4-7).

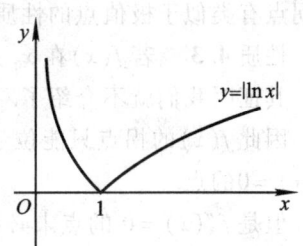

图 4-7

例 5 证明:

(1) $f(x) = \mathrm{e}^x$ 是 $(-\infty, +\infty)$ 内的下凸函数;

(2) 对任何 $x \neq y, x, y \in (0, +\infty)$,任何正数 p, q,
$$p + q = 1$$
成立不等式
$$xy < px^{\frac{1}{p}} + qy^{\frac{1}{q}} \tag{4-17}$$

证明 (1) 由于 $f(x) = \mathrm{e}^x$ 在 $(-\infty, +\infty)$ 内处处二阶可导,且
$$f''(x) = \mathrm{e}^x > 0, x \in (-\infty, +\infty)$$
因此 $f(x) = \mathrm{e}^x$ 在 $(-\infty, +\infty)$ 内是下凸的(严格下凸的).

(2) 由于 $f(x) = \mathrm{e}^x$ 在 $(-\infty, +\infty)$ 内是严格下凸函数,由定义 4.2,对任何 $x_1 \neq x_2, x_1, x_2 \in (-\infty, +\infty)$,任何正数 q_1, q_2,
$$q_1 + q_2 = 1$$

有
$$e^{q_1x_1+q_2x_2} < q_1 e^{x_1} + q_2 e^{x_2} \qquad (4-18)$$
因此对任何 $x \neq y, x, y \in (0, +\infty), p > 0, q > 0, p+q = 1$，取
$$x_1 = \frac{\ln x}{p}, x_2 = \frac{\ln y}{q}, q_1 = p, q_2 = q$$
则
$$q_1 x_1 + q_2 x_2 = \ln x + \ln y = \ln xy$$
由 (4-18) 可得
$$xy < px^{\frac{1}{p}} + qy^{\frac{1}{q}}$$
从而 (4-17) 得证.

由例 4，我们发现对于二阶可导的函数 $f(x)$ 来说，$f''(x) = 0$ 的点往往是函数凹凸区间的分界点，习惯上我们称之为拐点.

定义 4.3 设 $f(x)$ 在 x_0 的某一邻域内连续，若 $f(x)$ 在 x_0 点的左右邻域内凹凸性不一致，则称 x_0 为 $f(x)$ 的拐点.

由例 4 我们知道 $x = 0$ 是 $(x+1)e^{-2x}$ 的拐点, $x = 1$ 是 $|\ln x|$ 的拐点, 其实函数的拐点有类似于极值点的性质.

性质 4.3 若 $f(x)$ 在 x_0 点二阶可导, 且 x_0 是 $f(x)$ 的拐点, 则 $f''(x_0) = 0$. 其证明我们就不介绍了.

因此 $f(x)$ 的拐点只能位于 $f''(x)$ 不存在的点（如 $|\ln x|$ 在 $x = 1$ 点）和使得 $f''(x) = 0$ 的点.

但是 $f''(x) = 0$ 的点未必都是 $f(x)$ 的拐点（例如 $f(x) = x^4$ 在 $x = 0$ 点）.

练习 4.4

1. 证明 $f(x) = \sin x - x$ 在 $(-\infty, +\infty)$ 内严格单减.
2. 确定下列函数的单调区间：

   (1) $f(x) = x^3 - 3x + 1$；　　(2) $f(x) = x^2 - 2\ln x$；

   (3) $f(x) = \dfrac{2x}{(x-1)^2}$；　　(4) $f(x) = x|x|$.

3. 证明：$x \in \left(0, \dfrac{\pi}{2}\right)$ 时
$$\frac{2}{\pi} < \frac{\sin x}{x} < 1$$

4. 设 $f(x)$ 在 (a, b) 内是严格下凸函数, 证明对任何 $x_1, x_2 \in (a, b), x_1 < x < x_2$, 有不等式
$$f(x) < \frac{x_2 - x}{x_2 - x_1} f(x_1) + \frac{x - x_1}{x_2 - x_1} f(x_2)$$
成立.

5. 确定下列函数的凹凸区间，并求拐点：

(1) $f(x) = x^3 - x^4$; (2) $f(x) = x^2 + \ln x$;

(3) $f(x) = 3x^{\frac{4}{3}} - \frac{2}{3}x^2$; (4) $f(x) = 3x^{\frac{5}{3}} + \frac{5}{3}x^2$.

(5) $f(x) = x^4$; (6) $f(x) = x|x|$.

§4.5 函数的极值与最大(小)值

一、极值

由费马定理我们知道,x_0 是可导函数 $f(x)$ 的极值点的必要条件是 $f'(x_0) = 0$,且由图 4-2 可知,$f(x) = |x|$ 在 $x = 0$ 点取得极小值. 因此 $f(x)$ 的极值点只可能位于 $f'(x)$ 不存在的点和使得 $f'(x) = 0$ 的点,对于这些点我们可用以下性质来判别它们是否为 $f(x)$ 的极值点以及是极大值点还是极小值点.

性质 4.4 设 $f(x)$ 在 x_0 点连续,若 $f(x)$ 在 x_0 的左邻域内单减,右邻域内单增,则 x_0 是 $f(x)$ 的极小值点;若 $f(x)$ 在 x_0 的左邻域内单增,右邻域内单减,则 x_0 是 $f(x)$ 的极大值点;若 $f(x)$ 在 x_0 点的左右邻域内单调性一致,则 x_0 不是 $f(x)$ 的极值点.

这一性质的证明很容易从极值点的定义及函数单调性定义得出. 考虑到单调性与导数符号之间的关系,我们就得到

性质 4.5 设 $f(x)$ 在 x_0 点连续,若 $x \in (x_0 - \delta, x_0)$ 时,
$$f'(x) < 0 \quad (f'(x) > 0)$$
$x \in (x_0, x_0 + \delta)$ 时,
$$f'(x) > 0 \quad (f'(x) < 0)$$
则 x_0 是 $f(x)$ 的极小(大)值点;

若 $f'(x)$ 在 $(x_0 - \delta, x_0) \cup (x_0, x_0 + \delta)$ 内保号,则 x_0 不是 $f(x)$ 的极值点.

在 $f(x)$ 的驻点处,利用二阶导数的符号也可以判别它是否为极值点.

性质 4.6 设 $f'(x_0) = 0$,若 $f''(x_0) > 0$,则 x_0 为 $f(x)$ 的极小值点;若 $f''(x_0) < 0$,则 x_0 为 $f(x)$ 的极大值点;若 $f''(x_0) = 0$,那么 x_0 是否为 $f(x)$ 的极值点还需要进一步判别.

证明 若 $f''(x_0) > 0$,则由性质 3.3 我们知道,存在 x_0 的某一邻域 $O_\delta(x_0) = (x_0 - \delta, x_0 + \delta)$,使得
$$x \in (x_0 - \delta, x_0), f'(x) < f'(x_0) = 0$$
$$x \in (x_0, x_0 + \delta), f'(x) > f'(x_0) = 0$$

从而由性质 4.5 知道,x_0 为 $f(x)$ 的极小值点. 类似地可证,$f''(x_0) < 0$ 时,x_0 为 $f(x)$ 的极大值点. 当 $f''(x_0) = 0$ 时,由 $y = x^3$ 和 $y = x^4$ 在 $x = 0$ 点的情形,我们知

道 x_0 可能是 $f(x)$ 的极值点,也可能不是 $f(x)$ 的极值点,需要进一步判别.

其实,由泰勒公式

$$f(x) - f(x_0) = f'(x_0)(x-x_0) + \frac{f''(x_0)}{2!}(x-x_0)^2 + \cdots + \frac{f^{(n)}(x_0)}{n!}(x-x_0)^n + \frac{f^{(n+1)}(\xi)}{(n+1)!}(x-x_0)^{n+1}$$

我们知道,当

$$f'(x_0) = f''(x_0) = \cdots = f^{(n)}(x_0) = 0$$

时,

$$f(x) - f(x_0) = \frac{f^{(n+1)}(\xi)}{(n+1)!}(x-x_0)^{n+1}$$

当 $f(x)$ 在 x_0 点有 $n+1$ 阶连续导数,且 $f^{(n+1)}(x_0) \neq 0$ 时,则

$$f^{(n+1)}(\xi) = f^{(n+1)}(x_0) + o(1) \quad (x \to x_0)$$

从而

$$f(x) - f(x_0) = \frac{f^{(n+1)}(x_0)}{(n+1)!}(x-x_0)^{n+1} + o((x-x_0)^{n+1}) \quad (x \to x_0)$$

即 $f(x) - f(x_0)$ 的符号由 $\dfrac{f^{(n+1)}(x_0)}{(n+1)!}(x-x_0)^{n+1}$ 决定. 因此我们有如下结论:

设

$$f'(x_0) = f''(x_0) = \cdots = f^{(n)}(x_0) = 0, f^{(n+1)}(x_0) \neq 0$$

则 n 为偶数时,x_0 不是 $f(x)$ 的极值点;n 为奇数时,x_0 是 $f(x)$ 的极值点.

例 1 求下列函数的极值:

(1) $y = 2x^3 - 3x^2 - 12x + 1$; (2) $y = xe^{-2x}$;

(3) $y = |\ln x|$; (4) $y = 3\sqrt[3]{x-1} - x + 1$.

解 (1) 易知

$$y' = 6(x+1)(x-2), y'' = 12x - 6$$

令 $y' = 0$,得驻点 $x_1 = -1, x_2 = 2$,且

$$y''(-1) = -18 < 0, y''(2) = 18 > 0$$

因此 $y = 2x^3 - 3x^2 - 12x + 1$ 在 $x = -1$ 处取得极大值 $y(-1) = 8$,在 $x = 2$ 处取得极小值 $y(2) = -19$.

(2) 易知

$$y' = (1 - 2x)e^{-2x}, y'' = 4(x - 1)e^{-2x}$$

令 $y' = 0$,得驻点 $x = \dfrac{1}{2}$,且

$$y''\left(\frac{1}{2}\right) = -\frac{2}{e} < 0$$

因此 $y = xe^{-2x}$ 在 $x = \dfrac{1}{2}$ 处取得极大值 $y\left(\dfrac{1}{2}\right) = \dfrac{1}{2e}$.

(3) $|\ln x|$的定义域为$(0,+\infty)$,且$x=1$为其不可导点.

$$(|\ln x|)' = \begin{cases} -\dfrac{1}{x}, & x \in (0,1) \\ \dfrac{1}{x}, & x \in (1,+\infty) \end{cases}$$

因此$y=|\ln x|$在$x=1$点取得极小值$y(1)=0$.

(4) $$y' = (x-1)^{-\frac{2}{3}} - 1$$

因此$y = 3\sqrt[3]{x-1} - x + 1$在定义域$(-\infty, +\infty)$内有不可导点$x_1=1$,驻点$x_2=0$和$x_3=2$,且

$x \in (-\infty, 0), y' < 0, y$单减;

$x \in (0,1), y' > 0, y$单增;

$x \in (1,2), y' > 0, y$单增;

$x \in (2,+\infty), y' < 0, y$单减.

因此$y = 3\sqrt[3]{x-1} - x + 1$在$x=0$点取得极小值$y(0) = -2$,在$x=1$点不取极值,在$x=2$点取得极大值$y(2) = 2$.

二、最大值和最小值

由定理2.5我们知道,若$f(x)$在$[a,b]$上连续,那么$f(x)$在$[a,b]$上必有最大值M和最小值m. 当M和m在(a,b)内取到时,它们就分别是极大值和极小值. 因此我们就得到了求$f(x)$在$[a,b]$上的最大值M和最小值m的方法:求最大值M(或最小值m)就是先求出$f(x)$在(a,b)内的所有极大值(或极小值),再求$f(a)$和$f(b)$,最后取出这些值中的最大者(或最小者).

另外,设$f(x)$在$[a,b]$上连续,在(a,b)内可导,若$f(x)$在(a,b)内有惟一驻点x_0,且$f(x_0)$是极大值(或极小值),那么$f(x_0)$一定是$f(x)$在$[a,b]$上的最大值(或最小值),这时$f(x)$在$[a,b]$上的最小值(或最大值)一定是$f(a)$和$f(b)$中的最小者(或最大者).

事实上,当$f(x_0)$是极大值时,必有
$$f(x_0) > f(x), x \in [a, x_0) \cup (x_0, b]$$
否则,存在$x_1 \in [a, x_0) \cup (x_0, b]$,使得$f(x_1) \geq f(x_0)$,不妨设$x_1 \in [a, x_0)$,若
$$f(x_1) = f(x_0)$$
由罗尔中值定理可得,存在$\xi_1 \in (x_1, x_0)$,使得
$$f'(\xi_1) = 0$$
此与x_0是$f(x)$在(a,b)内的惟一驻点矛盾;若
$$f(x_1) > f(x_0)$$
由于$f(x_0)$是极大值,因而存在$x_2 \in (x_1, x_0)$,使得
$$f(x_0) > f(x_2)$$

这时，$f(x)$ 在 $[x_1, x_2]$ 上连续，对于 $f(x_0)$，由介值定理可得，存在 $\eta \in (x_1, x_2)$，使得 $f(\eta) = f(x_0)$，再由罗尔中值定理可得，存在 $\xi_2 \in (\eta, x_0)$，使得
$$f'(\xi_2) = 0$$
这又与 $f(x)$ 在 (a,b) 内有惟一驻点 x_0 矛盾.

综上所述，我们证得，当 $f(x_0)$ 是极大值时，$f(x_0)$ 一定是 $f(x)$ 在 $[a,b]$ 上的最大值. 这时由于 $f(x)$ 在 (a,b) 内没有异于 x_0 的极值点，那么 $f(x)$ 在 $[a,b]$ 上的最小值就一定是 $f(a)$ 与 $f(b)$ 中的最小者.

同理可证，当 $f(x_0)$ 是极小值时，$f(x_0)$ 一定是最小值.

例 2 求下列函数在所给区间上的最大值和最小值：

(1) $y = x^3 - 3x, x \in [-2, 2]$；   (2) $y = xe^{-x}, x \in [0, 2]$；

(3) $y = 3\sqrt[3]{x^2} - 2x, x \in [-1, 2]$.

解 (1) 求一阶导数和二阶导数
$$y' = 3x^2 - 3 = 3(x+1)(x-1), \quad y'' = 6x$$
令 $y' = 0$，得 $y = x^3 - 3x$ 在 $(-2, 2)$ 内的两个驻点 $x_1 = -1, x_2 = 1$，且
$$y''(-1) = -6 < 0, \quad y''(1) = 6 > 0$$
因此 $y(-1) = 2$ 是极大值，$y(1) = -2$ 是极小值. 另外 $y(-2) = -2, y(2) = 2$，因此 $y = x^3 - 3x$ 在 $[-2, 2]$ 上的最大值是 $y(-1) = y(2) = 2$，最小值是 $y(1) = y(-2) = -2$.

(2) 求一阶导数和二阶导数
$$y' = (1-x)e^{-x}, \quad y'' = (x-2)e^{-x}$$
令 $y' = 0$，得 $y = xe^{-x}$ 在 $(0, 2)$ 内的惟一驻点 $x = 1$，且
$$y''(1) = -\frac{1}{e} < 0$$
因此 $y(1) = \dfrac{1}{e}$ 是极大值，从而是最大值. 另外 $y(0) = 0, y(2) = \dfrac{2}{e^2}$，因此 $y = xe^{-x}$ 在 $[0, 2]$ 上的最小值为 $y(0) = 0$.

(3) 求一阶导数
$$y' = 2x^{-\frac{1}{3}} - 2 = 2x^{-\frac{1}{3}}(1 - x^{\frac{1}{3}})$$
因此 $y = 3\sqrt[3]{x^2} - 2x$ 在 $(-1, 2)$ 内有不可导点 $x_1 = 0$ 和惟一驻点 $x_2 = 1$，且 $y(0) = 0$ 是极小值，$y(1) = 1$ 是极大值. 另外 $y(-1) = 5, y(2) = 3\sqrt[3]{4} - 4 > 0$，因此 $y = 3\sqrt[3]{x^2} - 2x$ 在 $[-1, 2]$ 上的最大值是 $y(-1) = 5$，最小值是 $y(0) = 0$.

例 3 证明 $2^x \geq x^2 + 1, x \in [0, 1]$.

证明 考虑函数
$$f(x) = 2^x - x^2 - 1, x \in [0, 1]$$

由于 $f(x)$ 在 $[0,1]$ 上处处二阶可导,且
$$f'(x) = 2^x \ln 2 - 2x, f''(x) = 2^x (\ln 2)^2 - 2$$
$$f'(0) = \ln 2 > 0, f'(1) = 2\ln 2 - 2 < 0$$
由 $f'(x)$ 在 $[0,1]$ 上的连续性知道 $f'(x)$ 在 $(0,1)$ 内必有一个零点,又由于
$$f''(x) = 2^x (\ln 2)^2 - 2 < 2[(\ln 2)^2 - 1] < 0, x \in (0,1)$$
知道 $f'(x)$ 在 $[0,1]$ 上严格单减,从而 $f(x) = 2^x - x^2 - 1$ 在 $(0,1)$ 内有惟一驻点,且在驻点处取得极大值,从而在驻点处取得最大值,这时最小值是
$$f(0) = f(1) = 0$$
因此 $x \in [0,1]$ 时,
$$f(x) \geqslant 0$$
即
$$2^x \geqslant x^2 + 1, x \in [0,1]$$

例4 设厂商的总成本函数 $C = C(q)$(q 为产量)是 q 的二阶可微函数,平均成本函数为
$$AC = \frac{C(q)}{q}$$
设 $\dfrac{d^2 AC}{dq^2} > 0$,且 AC 存在驻点,求厂商达到最小平均成本时的边际成本.

解
$$\frac{dAC}{dq} = \frac{qC'(q) - C(q)}{q^2} = \frac{1}{q}\left(C'(q) - \frac{C(q)}{q}\right) = \frac{1}{q}(MC - AC)$$
由于 $\dfrac{d^2 AC}{dq^2} > 0$,因此 AC 存在惟一驻点 q_1 $\left(\text{否则} \dfrac{d^2 AC}{dq^2} \text{有零点}\right)$,在 q_1 处 AC 取得极小值,因此是最小值,这时边际成本 $MC = AC$.

例5 设厂商的总成本函数 $C = C(q)$(q 为产量),其需求函数为 $P = P(q), C(q), P(q)$ 都是 q 的二阶可微函数,且厂商的利润函数 $L = L(q)$ 满足 $\dfrac{d^2 L}{dq^2} < 0$,试确定厂商获得最大利润的必要条件.

解 厂商的收益函数为
$$R = R(q) = qP(q)$$
利润函数
$$L = L(q) = R(q) - C(q)$$
则 $L(q)$ 的极值只能在驻点处取得,且由
$$\frac{d^2 L}{dq^2} < 0$$
知道 $L(q)$ 至多有一个驻点 q_1,当 q_1 存在时,$L(q)$ 在 q_1 处取得极大值,从而是最

大值(q_1 称为厂商的均衡产量,相应的价格称为均衡价格). 这时

$$\left.\frac{dL}{dq}\right|_{q=q_1} = \left.\frac{dR}{dq}\right|_{q=q_1} - \left.\frac{dC}{dq}\right|_{q=q_1} = 0$$

即

$$MR(q_1) = MC(q_1)$$

因此厂商获得最大利润的必要条件是边际收入 MR 等于边际成本 MC(这一条件称为厂商的均衡条件).

练习 4.5

1. 求下列函数的极值:
  (1) $y = x^5 - 5x + 1$;　　(2) $y = x\ln x$;　　(3) $y = x|2x - 1|$.

2. 求下列函数的最大值和最小值:
  (1) $y = x^4 - 4x^3 + 8, x \in [-1, 1]$;　　(2) $y = 4e^x + e^{-x}, x \in [-1, 1]$;
  (3) $y = xe^{-x^2}, x \in [-1, 1]$;　　(4) $y = x + \frac{1}{x}, x \in \left[\frac{1}{2}, 2\right]$.

3. 证明:
  (1) 周长一定的矩形中,正方形面积最大;
  (2) 面积一定的矩形中,正方形周长最小.

4. 设 $p > 1$,证明不等式

$$\frac{1}{2^{p-1}} \le x^p + (1-x)^p \le 1, x \in [0, 1]$$

提示:考虑 $f(x) = x^p + (1-x)^p$ 在 $[0, 1]$ 上的最大值和最小值.

5. 有一块等腰直角三角形钢板,斜边长为 a,欲从这块钢板中割下一块矩形,使其面积最大,要求以斜边为矩形的一条边,问如何截取?

6. 从一块半径为 R 的圆形铁皮上,剪下一块圆心角为 α 的圆扇形,用剪下的铁皮做一个圆锥形漏斗,问 α 为多大时,漏斗的容积最大?

7. 要建一个体积为 V 的有盖圆柱形氨水池,已知上、下底的造价是四周造价的 2 倍,问这个氨水池底面半径为多大时,总造价最低?

8. 商店销售某商品的价格为

$$p(x) = e^{-x} \quad (x \text{ 为销售量})$$

求收入最大时的价格.

§4.6　函数作图

为了更准确地把握函数 $y = f(x)$ 的性质,我们必须借助于函数 $y = f(x)$ 的图形. 有了前面用导数研究函数的知识,我们就能较准确地作出一些简单的函数图形. 但是当 $f(x)$ 的定义域和值域含有无穷区间时,要在有限的平面上作出它们

的图形,就必须指出 x 趋于无穷时或 y 趋于无穷时曲线的趋势,因此有必要知道 $y = f(x)$ 的渐近线.

定义 4.4 设 $y = f(x)$ 的定义域含有无穷区间 $(a, +\infty)$,若
$$\lim_{x \to +\infty} [f(x) - kx - b] = 0 \qquad (4-19)$$
则称 $y = kx + b$ 是 $y = f(x)$(在 $x \to +\infty$ 时)的斜渐近线,当 $k = 0$ 时,称 $y = b$ 为 $y = f(x)$ 的水平渐近线,类似地可以定义 $x \to -\infty$ 时的斜渐近线;若
$$\lim_{x \to x_0^+} f(x) = \infty \ (\text{或} \ \lim_{x \to x_0^-} f(x) = \infty)$$
则称 $x = x_0$ 为 $y = f(x)$ 的垂直渐近线.

由(4-19)我们知道,$x \to +\infty$ 时,$y = f(x)$ 有斜渐近线的充要条件是
$$\lim_{x \to +\infty} \frac{f(x)}{x} = k, \ \lim_{x \to +\infty} [f(x) - kx] = b \qquad (4-20)$$
都存在. 类似地,可以得到 $x \to -\infty$ 时,$y = f(x)$ 有斜渐近线的充要条件.

例 1 求下列函数的渐近线:

(1) $y = \sqrt{x^2 + 1}$;   (2) $y = (x+2) e^{\frac{1}{x}}$;

(3) $y = \dfrac{\ln(1+x)}{x}$;   (4) $y = x \arctan x$.

解 (1) $y = \sqrt{x^2 + 1}$ 的定义域为 $(-\infty, +\infty)$,且
$$\lim_{x \to +\infty} \frac{\sqrt{x^2+1}}{x} = 1, \ \lim_{x \to -\infty} \frac{\sqrt{x^2+1}}{x} = -1$$
$$\lim_{x \to +\infty} (\sqrt{x^2+1} - x) = 0, \ \lim_{x \to -\infty} (\sqrt{x^2+1} + x) = 0$$
因此 $y = \sqrt{x^2+1}$,在 $x \to +\infty$ 时有斜渐近线 $y = x$,在 $x \to -\infty$ 时有斜渐近线 $y = -x$,且 $y = \sqrt{x^2+1}$ 没有垂直渐近线.

(2) 由于 $y = (x+2) e^{\frac{1}{x}}$ 的定义域为 $(-\infty, 0) \cup (0, +\infty)$,
$$\lim_{x \to \infty} \frac{(x+2) e^{\frac{1}{x}}}{x} = 1$$
$$\lim_{x \to \infty} [(x+2) e^{\frac{1}{x}} - x] = \lim_{x \to \infty} x(e^{\frac{1}{x}} - 1) + 2 \lim_{x \to \infty} e^{\frac{1}{x}}$$
$$= \lim_{y \to 0} \frac{e^y - 1}{y} + 2 = 3$$
因此 $y = (x+2) e^{\frac{1}{x}}$ 有斜渐近线 $y = x + 3$. 另外,
$$\lim_{x \to 0^+} (x+2) e^{\frac{1}{x}} = +\infty$$
因此 $y = (x+2) e^{\frac{1}{x}}$ 有垂直渐近线 $x = 0$.

(3) 由于 $y = \dfrac{\ln(1+x)}{x}$ 的定义域是 $(-1, 0) \cup (0, +\infty)$,

$$\lim_{x\to+\infty}\frac{\ln(1+x)}{x}=0,\ \lim_{x\to-1^+}\frac{\ln(1+x)}{x}=+\infty,$$

因此 $y=\dfrac{\ln(x+1)}{x}$ 有水平渐近线 $y=0$ 和垂直渐近线 $x=-1$.

(4) 由于 $y=x\arctan x$ 的定义域是 $(-\infty,+\infty)$,

$$\lim_{x\to+\infty}\frac{x\arctan x}{x}=\frac{\pi}{2},\ \lim_{x\to-\infty}\frac{x\arctan x}{x}=-\frac{\pi}{2}$$

$$\lim_{x\to+\infty}\left(x\arctan x-\frac{\pi}{2}x\right)=\lim_{x\to+\infty}\frac{\arctan x-\dfrac{\pi}{2}}{\dfrac{1}{x}}=\lim_{x\to+\infty}\frac{-x^2}{1+x^2}=-1$$

$$\lim_{x\to-\infty}\left(x\arctan x+\frac{\pi}{2}x\right)=\lim_{x\to-\infty}\frac{\arctan x+\dfrac{\pi}{2}}{\dfrac{1}{x}}=\lim_{x\to-\infty}\frac{-x^2}{1+x^2}=-1$$

因此 $y=x\arctan x$ 在 $x\to+\infty$ 时有斜渐近线

$$y=\frac{\pi}{2}x-1$$

在 $x\to-\infty$ 时有斜渐近线

$$y=-\frac{\pi}{2}x-1$$

作函数 $y=f(x)$ 图形的一般步骤是：
(1) 求 $y=f(x)$ 的定义域,渐近线;
(2) 求 $f'(x)$, $f(x)$ 的驻点,单调区间;
(3) 求 $f''(x)$, $f(x)$ 的凹凸区间,拐点坐标;
(4) 求 $f(x)$ 的极值点及极值;
(5) 将上述数据列表;
(6) 求 $y=f(x)$ 与坐标轴的交点并根据上面的表格描点作图.

例 2 作函数 $y=\dfrac{2x}{(x-1)^2}$ 的图形.

解 $y=\dfrac{2x}{(x-1)^2}$ 的定义域是 $(-\infty,1)\cup(1,+\infty)$,且有水平渐近线 $y=0$ 和垂直渐近线 $x=1$.

$$y'=\frac{-2(x+1)}{(x-1)^3},\ y''=\frac{4(x+2)}{(x-1)^4}$$

令 $y'=0$,得 $x_1=-1$,令 $y''=0$,得 $x_2=-2$. $y=\dfrac{2x}{(x-1)^2}$ 的性质如表 4-1.

$y=\dfrac{2x}{(x-1)^2}$ 与 x 轴、y 轴的交点坐标为 $(0,0)$. 因此 $y=\dfrac{2x}{(x-1)^2}$ 的图形如图 4-8 所示.

表 4-1

	$(-\infty,-2)$	-2	$(-2,-1)$	-1	$(-1,1)$	$(1,+\infty)$
y	↓ 上凸	拐点 $-\dfrac{4}{9}$	↓ 下凸	极小值点 $-\dfrac{1}{2}$	↑ 下凸	↓ 下凸
y'	$-$	$-$	$-$	0	$+$	$-$
y''	$-$	0	$+$	$+$	$+$	$+$

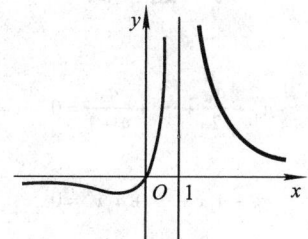

图 4-8

例 3 设 $f(x)$ 在 $[a,b]$ 上满足 $f''(x)>0$,$f(a)>f(b)$,且有惟一的 $x_0\in(a,b)$,使得 $f'(x_0)=0$. 试确定

(1) 何时 $y=f(x)$ 与 x 轴无交点;

(2) 何时 $y=f(x)$ 与 x 轴有惟一交点;

(3) 何时 $y=f(x)$ 与 x 轴有两个交点.

解 由 $f(x)$ 在 $[a,b]$ 上所满足的条件我们知道,$f(x)$ 在 $[a,b]$ 上的最小值为 $f(x_0)$,最大值为 $f(a)$,且
$$f(a)>f(b)>f(x_0)$$
并且注意到 $f(x)$ 在 $[a,b]$ 上是下凸的,因此

(1) 当 $f(x_0)>0$ 或 $f(a)<0$ 时,$y=f(x)$ 与 x 轴无交点.

(2) 当 $f(x_0)=0$ 或 $f(a)\geqslant 0>f(b)$ 时,$y=f(x)$ 与 x 轴有惟一交点.

(3) 当 $f(b)\geqslant 0>f(x_0)$ 时,$y=f(x)$ 与 x 轴有两个交点.

练习 4.6

1. 求下列函数的渐近线：

(1) $y = \ln \dfrac{x^2 - 3x + 2}{x^2 + 1}$；

(2) $y = \dfrac{x}{2} + \arctan x$；

(3) $y = \dfrac{e^x}{1+x}$；

(4) $y = \sqrt{x^2 - 2x}$.

2. 作下列函数的图形：

(1) $y = x + e^{-x}$；

(2) $y = x - \ln x$；

(3) $y = \dfrac{x^2}{1+x}$.

3. 试确定 p 的取值范围，使得 $y = x^3 - 3x + p$ 与 x 轴

(1) 有一个交点；

(2) 有两个交点；

(3) 有三个交点.

习 题 四

1. 设

$$a_0 + \frac{a_1}{2} + \cdots + \frac{a_n}{n+1} = 0$$

证明方程

$$a_0 + a_1 x + \cdots + a_n x^n = 0$$

在 $(0,1)$ 内必有实根.

提示：考虑函数 $f(x) = a_0 x + \dfrac{a_1}{2} x^2 + \cdots + \dfrac{a_n}{n+1} x^{n+1}$.

2. 证明曲线 $y = e^x$ 与 $y = ax^2 + bx + c$ 的交点不超过 3 个.

3. 设 $f(x), g(x)$ 在 $[a,b]$ 上连续，在 (a,b) 内可导，证明存在 $\xi \in (a,b)$ 使得

$$[f(b) - f(a)] g'(\xi) = [g(b) - g(a)] f'(\xi).$$

提示：对函数

$$F(x) = [f(b) - f(a)] g(x) - [g(b) - g(a)] f(x)$$

在 $[a,b]$ 上应用罗尔中值定理.

4. 设 $f(x), g(x)$ 在 $[a,b]$ 上存在二阶导数，且

$$g''(x) \neq 0, f(a) = f(b) = g(a) = g(b) = 0$$

证明：

(1) 在开区间 (a,b) 内 $g(x) \neq 0$；

(2) 在开区间 (a,b) 内至少存在一点 ξ，使得

$$\frac{f(\xi)}{g(\xi)} = \frac{f''(\xi)}{g''(\xi)}.$$

提示：考虑函数 $F(x) = f(x) g'(x) - f'(x) g(x)$.

5. 求极限：

(1) $\lim\limits_{x \to 0^+} x^x$;   (2) $\lim\limits_{x \to 0}\left[\dfrac{(1+x)^{\frac{1}{x}}}{e}\right]^{\frac{1}{x}}$;   (3) $\lim\limits_{n \to \infty} \tan^n\left(\dfrac{\pi}{4} + \dfrac{1}{n}\right)$

6. 比较 m^n 与 n^m 的大小,其中 m,n 是大于 2 的自然数.

提示:考虑函数 $f(x) = \dfrac{\ln x}{x}$ 的单调性.

7. 设 $f(x)$ 在 $[0,1]$ 上具有二阶连续导数,且 $f(0) = f(1)$. 证明
$$\max_{x \in [0,1]} |f'(x)| \leq \dfrac{1}{2} \max_{x \in [0,1]} |f''(x)|$$

提示:考虑 $f(0)$ 和 $f(1)$ 在 $x \in (0,1)$ 点的二阶泰勒公式.

8. 用无穷小量和无穷大量的主部说明:

(1) $x = 0$ 一定是 $\sqrt[3]{x^2} - 2x^3$ 的极小值点;

(2) $x = 0$ 一定不是 $x^3 - x^4$ 的极值点;

(3) $x = 1$ 一定是 $\sqrt[3]{x-1} - 2\sqrt[3]{(x-1)^2} - x + 1$ 的拐点;

(4) $x = -1$ 一定不是 $\sqrt[3]{(x+1)^2} - (x+1)^3$ 的拐点.

提示:(1)(2)题中的函数在 $x = 0$ 的某一邻域 $O_\delta(0)$ 内的符号由其主部决定;(3)(4)题考虑函数的导数在所示点的邻域内的符号.

9. 设 $f(x)$ 在 $[a,b]$ 上有二阶连续导数,且满足方程
$$f''(x) + x^2 f'(x) - 2f(x) = 0$$
证明:若 $f(a) = f(b) = 0$,则 $f(x)$ 在 $[a,b]$ 上恒为 0.

提示:考虑 $f(x)$ 的最大值和最小值.

10. 设 $f(x)$ 在 $[a,b]$ 上连续,在 (a,b) 内连续可导,$x_0 \in (a,b)$ 是 $f(x)$ 的惟一驻点,若 $f(x_0)$ 是极小值,证明:$x \in (a, x_0)$ 时,$f'(x) < 0$;$x \in (x_0, b)$ 时,$f'(x) > 0$.

提示:用反证法,假设存在 $\xi \in (a, x_0)$ 使得 $f'(\xi) > 0$,由性质 3.3 知道,存在 $x_1 \in (\xi, x_0)$ 使得 $f(x_1) > f(\xi)$. 再由 $f(x_0)$ 与 $f(x_1)$ 和 $f(\xi)$ 的大小比较,利用介值定理和罗尔中值定理得出 $f(x)$ 在 (ξ, x_0) 内至少有一个驻点.

第 5 章

不 定 积 分

不定积分是作为求导数的原函数引进的. 在微分学中, 我们主要考虑, 对给定的函数 $F(x)$, 求其导数 $F'(x)$ 或微分 $dF(x)$. 而在实际问题中, 往往要解决与此相反的问题, 即对于给定的函数 $f(x)$, 要求找出 $F(x)$, 使 $F'(x) = f(x)$, 或 $dF(x) = f(x)dx$, 这就是不定积分要完成的任务.

微分与积分是一对矛盾, 矛盾的主要方面是微分, 正如算术中乘法与除法的关系那样, 它们互为逆运算, 而乘法是基础. 在微分学与积分学中, 微分学是基础.

本章介绍不定积分的基本概念、性质及求不定积分的基本方法.

§5.1 原函数与不定积分的概念

一、原函数

在微分学中, 导数是作为函数的变化率引进的. 例如, 已知变速直线运动物体的路程函数 $s = s(t)$, 求在时刻 t 的瞬时速度 $v(t)$, 有 $v(t) = s'(t)$. 它的反问题是已知运动物体在任一时刻 t 的瞬时速度 $v = v(t)$, 求路程函数 $s(t)$. 也就是说, 已知一个函数的导数, 要求原来的函数, 这就引出了原函数与不定积分的概念.

定义 5.1 设 $f(x)$ 是定义在区间 I(有限或无穷)内的已知函数, 如果存在函数 $F(x)$, 使得对区间 I 内任一点 x, 恒有
$$F'(x) = f(x) \quad \text{或} \quad dF(x) = f(x)dx$$
则称 $F(x)$ 是 $f(x)$ 在区间 I 内的一个原函数.

例 1 设 $f(x) = \sin x \cos x$, 则 $F(x) = \frac{1}{2}\sin^2 x$ 是 $f(x)$ 在 $(-\infty, +\infty)$ 内的一个原函数. 显然, $\frac{1}{2}\sin^2 x + \sqrt{3}$, $\frac{1}{2}\sin^2 x - \pi$ 等都是 $f(x)$ 的原函数. 更一般地, 对任意常数 C, $\frac{1}{2}\sin^2 x + C$ 仍是 $f(x) = \sin x \cos x$ 的原函数. 可见, $f(x)$ 的原函数可以

有无穷多个. 那么我们能否求出 $f(x)$ 的所有原函数? 下面的定理回答了这个问题.

定理 5.1   若 $F(x)$ 是 $f(x)$ 在区间 I 内的一个原函数, 则集合 $\{F(x)+C|C\in \mathbf{R}\}$ 是由 $f(x)$ 的原函数全体构成的集合, 其中 $F(x)+C$ 称为 $f(x)$ 的原函数的一般表达式.

定理需要证明两个结论:
(1) $F(x)+C$ 是 $f(x)$ 的原函数;
(2) $f(x)$ 的任一原函数都可以表示成 $F(x)+C$ 的形式.

证明 (1) 已知 $F(x)$ 是 $f(x)$ 的一个原函数, 故
$$F'(x) = f(x)$$
又
$$(F(x)+C)' = F'(x) = f(x)$$
所以 $F(x)+C$ 是 $f(x)$ 的原函数.

(2) 设 $G(x)$ 是 $f(x)$ 的任意一个原函数, 即 $G'(x)=f(x)$, 则有
$$[G(x)-F(x)]' = G'(x) - F'(x) = f(x) - f(x) = 0$$
由拉格朗日中值定理可知, 导数恒等于零的函数是常数, 故
$$G(x) - F(x) = C \quad 即 \quad G(x) = F(x) + C$$

定理 5.1 告诉我们, 只要找到 $f(x)$ 的一个原函数 $F(x)$, 就能写出 $f(x)$ 的原函数的一般表达式 $F(x)+C$, 从而就知道了 $f(x)$ 的全体原函数, 其中 C 是任意常数.

二、不定积分

1. 不定积分定义

定义 5.2   设 $F(x)$ 是 $f(x)$ 的一个原函数, 则 $f(x)$ 的原函数的一般表达式 $F(x)+C$ (C 为任意常数) 称为 $f(x)$ 的不定积分, 记作 $\int f(x)\mathrm{d}x$, 即
$$\int f(x)\mathrm{d}x = F(x) + C$$
其中 $f(x)$ 称为被积函数, $f(x)\mathrm{d}x$ 称为被积表达式, x 称为积分变量, C 称为积分常数, $\int$ 称为积分号 (它是一种运算符号).

例 2 求函数 $f(x) = x^{\mu}$ 的不定积分.

解 因为当 $\mu \neq -1$ 时,
$$\left(\frac{1}{\mu+1}x^{\mu+1}\right)' = x^{\mu}, 所以$$
$$\int x^{\mu}\mathrm{d}x = \frac{1}{\mu+1}x^{\mu+1} + C$$

当 $\mu = -1$ 时,$x \neq 0$ 有
$$(\ln|x|)' = \frac{1}{x}$$
于是
$$\int \frac{1}{x} dx = \ln|x| + C$$
综上
$$\int x^\mu dx = \begin{cases} \dfrac{1}{\mu+1} x^{\mu+1} + C, & \mu \neq -1 \\ \ln|x| + C, & \mu = -1 \end{cases}$$

2. 不定积分的几何意义

设 $F(x)$ 是 $f(x)$ 的一个原函数,那么方程 $y = F(x)$ 的图形是平面直角坐标系上的一条曲线,称为 $f(x)$ 的一条**积分曲线**. 将这条积分曲线沿着 y 轴方向任意平行移动,就可以得到 $f(x)$ 的无穷多条积分曲线,它们构成一个曲线族,称为 $f(x)$ 的**积分曲线族**. 不定积分 $\int f(x) dx$ 的几何意义就是一个积分曲线族. 它的特点是:在横坐标相同的点处,各积分曲线的切线斜率相等,都是 $f(x)$,即各切线相互平行(图 5-1).

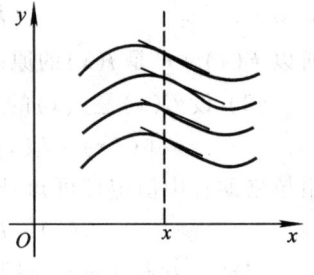

图 5-1

在求 $f(x)$ 的所有原函数中,有时需要确定一个满足条件 $y(x_0) = y_0$ 的原函数,也就是求通过点 (x_0, y_0) 的积分曲线. 这个条件一般称为初始条件,它可以惟一确定积分常数 C 的值.

例 3 求 $f(x) = x^2$ 通过点 $\left(\dfrac{1}{2}, 1\right)$ 的积分曲线.

解
$$y = \int x^2 dx = \frac{1}{3} x^3 + C$$

代入初始条件,$y \Big|_{x = \frac{1}{2}} = \dfrac{1}{3} \left(\dfrac{1}{2}\right)^3 + C = 1$,可得 $C = \dfrac{23}{24}$. 因此所求的积分曲线为
$$y = \frac{1}{3} x^3 + \frac{23}{24}$$

三、不定积分的基本性质

不定积分具有以下一些基本性质:

1. 设 a 是不为零的常数,那么
$$\int a f(x) dx = a \int f(x) dx$$

2. $\int [f(x) \pm g(x)] dx = \int f(x) dx \pm \int g(x) dx$;

3. $\left[\int f(x)\,\mathrm{d}x\right]' = f(x),\qquad \mathrm{d}\left[\int f(x)\,\mathrm{d}x\right] = f(x)\,\mathrm{d}x;$

4. $\int F'(x)\,\mathrm{d}x = F(x) + C,\qquad \int \mathrm{d}F(x) = F(x) + C.$

以上性质的证明都很容易,只要牢记原函数与不定积分的定义即可,我们把它留给读者作为练习. 其中性质 3 与性质 4 说明了不定积分与微分互为逆运算,而且性质 4 是求不定积分的基本方法(习惯上称之为凑微分法).

例 4　求下列不定积分:

(1) $\int\left(x - \dfrac{2}{x}\right)^2\mathrm{d}x$;　　(2) $\int(x+1)^3\,\mathrm{d}x.$

解　(1) 由于

$$\left(x - \dfrac{2}{x}\right)^2 = x^2 - 4 + \dfrac{4}{x^2}$$

因此

$$\text{原式} = \int x^2\,\mathrm{d}x - 4\int\mathrm{d}x + 4\int\dfrac{\mathrm{d}x}{x^2} = \dfrac{x^3}{3} - 4x - \dfrac{4}{x} + C$$

(2) 由于

$$\mathrm{d}(x+1)^4 = 4(x+1)^3\,\mathrm{d}x$$

因此

$$\text{原式} = \dfrac{1}{4}\int\mathrm{d}(x+1)^4 = \dfrac{1}{4}(x+1)^4 + C$$

值得一提的是,例 4 中的(2)也可以按照(1)中的方法将 $(x+1)^3$ 展开,再利用性质 1 和性质 2 来求,请读者自己完成并将结果进行比较.

例 5　已知 $\int f(x)\,\mathrm{d}x = \dfrac{1}{2}x\mathrm{e}^{-x} + C$,求不定积分 $\int\dfrac{x-1}{f(x)}\mathrm{d}x.$

解　由不定积分的定义,我们知道 $\dfrac{1}{2}x\mathrm{e}^{-x}$ 是 $f(x)$ 的一个原函数,因此

$$f(x) = \left(\dfrac{1}{2}x\mathrm{e}^{-x}\right)' = \dfrac{1}{2}(1-x)\mathrm{e}^{-x}$$

这时

$$\int\dfrac{x-1}{f(x)}\mathrm{d}x = \int(-2\mathrm{e}^x)\,\mathrm{d}x = -2\int\mathrm{e}^x\,\mathrm{d}x$$

利用 §3.4 中的方法,我们知道

$$\mathrm{e}^x\,\mathrm{d}x = \mathrm{d}\mathrm{e}^x$$

因此

$$-2\int\mathrm{e}^x\,\mathrm{d}x = -2\int\mathrm{d}\mathrm{e}^x = -2\mathrm{e}^x + C$$

即得
$$\int \frac{x-1}{f(x)}\mathrm{d}x = -2\mathrm{e}^x + C$$

练习 5.1

1. 求函数 $f(x)$,使得 $f'(x) = (3x-4)(2-x)$, $f(1) = 1$.

2. 已知一曲线经过点 $(2,1)$,且在其上任一点 (x,y) 处的切线斜率等于 $3x$,求曲线的方程.

3. 一曲线 $y = f(x)$ 过点 $(0,2)$,且其上任意点的斜率为 $x + \mathrm{e}^x$,求 $f(x)$.

4. 一质点作直线运动,已知其加速度 $\frac{\mathrm{d}^2 s}{\mathrm{d}t^2} = 3t^2 - \sin t$,如果初速度 $v_0 = 3$,初始位移 $s_0 = 2$,求

(1) v 和 t 间的函数关系;

(2) s 和 t 间的函数关系.

5. 已知 $f(x)$ 的一个原函数是 e^{-x^2},求不定积分 $\int f'(x)\mathrm{d}x$.

6. 已知 $\int f(x)\mathrm{d}x = \sin^2 x + C$,求不定积分 $\int \frac{(\sin x + \cos x)^3}{1 + f(x)}\mathrm{d}x$.

提示:利用 $1 + \sin 2x = (\sin x + \cos x)^2$.

§5.2 基本积分公式

为了有效地计算不定积分,必须掌握一些基本积分公式,正如在求函数导数时必须掌握基本初等函数的求导公式一样. 由于积分法与微分法互为逆运算,故由第 3 章 §3.2 中的导数基本公式可以得到下面的基本积分公式.

---

1. $\int 0 \mathrm{d}x = C$;

2. $\int x^\mu \mathrm{d}x = \frac{x^{\mu+1}}{\mu + 1} + C (\mu \neq -1)$,

   $\int \frac{1}{x}\mathrm{d}x = \ln|x| + C$;

3. $\int a^x \mathrm{d}x = \frac{a^x}{\ln a} + C (a > 0, a \neq 1)$,

   $\int \mathrm{e}^x \mathrm{d}x = \mathrm{e}^x + C$;

4. $\int \sin x \mathrm{d}x = -\cos x + C$,

   $\int \cos x \mathrm{d}x = \sin x + C$,

$$\int \sec x \tan x \, dx = \sec x + C,$$

$$\int \csc x \cot x \, dx = -\csc x + C,$$

$$\int \sec^2 x \, dx = \tan x + C,$$

$$\int \csc^2 x \, dx = -\cot x + C;$$

5. $\int \dfrac{1}{\sqrt{1-x^2}} dx = \arcsin x + C \,(\text{或} -\arccos x + C),$

$\int \dfrac{1}{1+x^2} dx = \arctan x + C \,(\text{或} -\operatorname{arccot} x + C).$

6. $\int \dfrac{dx}{\sqrt{x^2 \pm a^2}} = \ln|x + \sqrt{x^2 \pm a^2}| + C \ (a \neq 0).$

要验证这些公式，只需验证等式右端的导数等于左端不定积分的被积函数. 并且这种方法是我们验证不定积分的计算是否正确常用的方法.

下面我们通过一些具体例子来学习如何利用基本积分公式和不定积分性质求不定积分.

例 1 求下列不定积分：

(1) $\int \dfrac{x\sqrt{x} - 3 + 2\sqrt[3]{x}}{x} dx;$ (2) $\int 2^x (e^x - 1) dx;$

(3) $\int \dfrac{x^3 + x - 1}{x^2 + 1} dx;$ (4) $\int \dfrac{(x^2-1)\sqrt{1-x^2} - 2x}{x\sqrt{1-x^2}} dx.$

解 (1) 原式 $= \int \sqrt{x} \, dx - 3 \int \dfrac{dx}{x} + 2 \int x^{-\frac{2}{3}} dx$

$\qquad = \dfrac{2}{3} x^{\frac{3}{2}} - 3\ln|x| + 6x^{\frac{1}{3}} + C = \dfrac{2}{3} x\sqrt{x} - 3\ln x + 6\sqrt[3]{x} + C.$

(2) 原式 $= \int (2e)^x dx - \int 2^x dx$

$\qquad = \dfrac{(2e)^x}{\ln(2e)} - \dfrac{2^x}{\ln 2} + C$

$\qquad = \dfrac{(2e)^x}{1 + \ln 2} - \dfrac{2^x}{\ln 2} + C.$

(3) 原式 $= \int x \, dx - \int \dfrac{dx}{x^2 + 1}$

$\qquad = \dfrac{1}{2} x^2 - \arctan x + C.$

(4) 原式 = $\int \dfrac{x^2-1}{x}dx - 2\int \dfrac{dx}{\sqrt{1-x^2}}$

$= \int x\,dx - \int \dfrac{dx}{x} - 2\arcsin x$

$= \dfrac{1}{2}x^2 - \ln|x| - 2\arcsin x + C.$

例 2 求下列不定积分：

(1) $\int \dfrac{\cos^2 x}{1-\sin x}dx$；　　　(2) $\int \dfrac{1}{\sin^2 x\cos^2 x}dx$；

(3) $\int \tan^2 x\,dx$；　　　(4) $\int \sec x(\tan x - 2\sec x)\,dx.$

解　(1) 原式 = $\int \dfrac{1-\sin^2 x}{1-\sin x}dx = \int (1+\sin x)\,dx$

$= \int dx + \int \sin x\,dx = x - \cos x + C.$

(2) 原式 = $\int \dfrac{\sin^2 x + \cos^2 x}{\sin^2 x\cos^2 x}dx$

$= \int \sec^2 x\,dx + \int \csc^2 x\,dx = \tan x - \cot x + C.$

(3) 原式 = $\int (\sec^2 x - 1)\,dx$

$= \int \sec^2 x\,dx - \int dx = \tan x - x + C.$

(4) 原式 = $\int \sec x\tan x\,dx - 2\int \sec^2 x\,dx = \sec x - 2\tan x + C.$

从以上的例题我们可以看出，在求不定积分时，我们总是先将被积函数进行必要的化简或运算，然后再利用不定积分的性质和基本积分公式来求出不定积分。

例 3 求不定积分 $\int \dfrac{dx}{\sqrt{4x^2-1}}.$

解　我们要利用基本积分公式中的公式 6，需要将 $\sqrt{4x^2-1}$ 变成 $2\sqrt{x^2 - \left(\dfrac{1}{2}\right)^2}$. 因此

$$\int \dfrac{dx}{\sqrt{4x^2-1}} = \int \dfrac{dx}{2\sqrt{x^2-\left(\dfrac{1}{2}\right)^2}} = \dfrac{1}{2}\ln\left|x + \sqrt{x^2-\left(\dfrac{1}{2}\right)^2}\right| + C$$

注意到，如果我们想保持结果中的无理式 $\sqrt{x^2-\left(\dfrac{1}{2}\right)^2}$ 与被积函数中的无理

式 $\sqrt{4x^2-1}$ 一致. 我们可以在结果中加上 $\frac{1}{2}\ln 2$.

$$\frac{1}{2}\ln\left|x+\sqrt{x^2-\left(\frac{1}{2}\right)^2}\right|+C = \frac{1}{2}\ln\left|x+\sqrt{x^2-\left(\frac{1}{2}\right)^2}\right|+\frac{1}{2}\ln 2 + C - \frac{1}{2}\ln 2$$

$$= \frac{1}{2}\ln|2x+\sqrt{4x^2-1}|+C-\frac{1}{2}\ln 2.$$

由于 C 是任意常数,因此 $\tilde{C}=C-\frac{1}{2}\ln 2$ 也是任意常数,反之也一样. 这样一来

$$\int\frac{dx}{\sqrt{4x^2-1}} = \frac{1}{2}\ln|2x+\sqrt{4x^2-1}|+\tilde{C}.$$

这种整理不定积分最后结果的方法,在以后的学习中经常会遇到.

例4 求不定积分 $\int\left(2x+\dfrac{1}{\sqrt{x^2+4}}\right)dx$.

解 原式 $= \int 2x\,dx + \int\dfrac{1}{\sqrt{x^2+4}}dx$

$$= x^2 + \int\dfrac{1}{\sqrt{x^2+4}}dx$$

$$= x^2 + \ln(x+\sqrt{x^2+4})+C$$

注意到,由 $\int 2x\,dx + \int\dfrac{1}{\sqrt{x^2+4}}dx$ 变为 $x^2 + \int\dfrac{1}{\sqrt{x^2+4}}dx$ 时,我们并没有在 x^2 项中加上任意常数 C_1,这是考虑到还未求出的不定积分 $\int\dfrac{1}{\sqrt{x^2+4}}dx$ 中还有一个任意常数 C_2,最终结果中的任意常数 C 就是 C_1+C_2. 在求不定积分的过程中只要还存在未求出的不定积分,已求出的不定积分中的任意常数一般都省略掉.

练习 5.2

1. 求下列不定积分:

(1) $\int x^2\sqrt[3]{x}\,dx$;

(2) $\int\sqrt[n]{x^m}\,dx$;

(3) $\int\dfrac{1}{\sqrt{2gt}}dt$;

(4) $\int\dfrac{(x+1)^2}{\sqrt{x}}dx$;

(5) $\int\sqrt{x\sqrt{x\sqrt{x}}}\,dx$;

(6) $\int\dfrac{x^3-27}{x-3}dx$;

(7) $\int\dfrac{x^2-1}{x^2+1}dx$;

(8) $\int\dfrac{1+2x^2}{x^2(1+x^2)}dx$;

(9) $\int \dfrac{\cos 2x}{\cos x - \sin x} dx$; (10) $\int \dfrac{1 + \cos^2 x}{1 + \cos 2x} dx$;

(11) $\int \dfrac{\cos 2x}{\sin^2 x \cos^2 x} dx$; (12) $\int \dfrac{1 + \sin 2x}{\sin x + \cos x} dx$;

(13) $\int \dfrac{e^x(x - e^{-x})}{x} dx$; (14) $\int \dfrac{2^{x+1} - 5^{x-1}}{10^x} dx$;

(15) $\int (e^x + 3^x)(1 + 2^x) dx$; (16) $\int \left(\sqrt{\dfrac{1+x}{1-x}} + \sqrt{\dfrac{1-x}{1+x}} \right) dx$.

2. 求下列不定积分:

(1) $\int \dfrac{\sqrt{1+x^2} - \sqrt{1-x^2}}{\sqrt{1-x^4}} dx$; (2) $\int \dfrac{x - 2\sqrt{9x^2-4}}{x\sqrt{9x^2-4}} dx$.

3. 设 $a > 0, b > 0$. 求不定积分 $\int \dfrac{dx}{\sqrt{a^2 x^2 \pm b^2}}$.

§5.3 凑微分法和分部积分法

求不定积分是一种技巧性较高的运算,这一点可以从上一节的例题中看出. 但是其中也有一些常规的方法,例如,我们从复合函数求导法则以及乘积函数的导数和微分运算公式中得到两个非常有效的积分方法——凑微分法和分部积分法.

一、凑微分法

在§5.1中我们提到性质4是求不定积分的基本方法,这是因为,如果在 $\int f(x) dx$ 中我们能够把 $f(x) dx$ 凑成 $F'[\varphi(x)] \varphi'(x) dx$ ($F[\varphi(x)]$ 是 $F'[\varphi(x)]\varphi'(x)$ 的原函数),那么

$$\int f(x) dx = \int F'[\varphi(x)] \varphi'(x) dx$$
$$= \int F'[\varphi(x)] d\varphi(x)$$
$$= \int dF[\varphi(x)] = F[\varphi(x)] + C \qquad (5-1)$$

"凑微分法"也由此而得名. 在(5-1)式中,当 $\varphi(x)$ 的表达式较复杂时,我们可以把它设成一个新变量,以便利用基本积分公式求出原函数,最后要把新变量换回成原变量.

在利用凑微分法求不定积分时,以下的凑微分情形是经常出现的:

(1) $\int f(ax + b) dx = \dfrac{1}{a} \int f(ax+b) d(ax+b) \ (a \neq 0)$;

(2) $\int f(e^x) e^x dx = \int f(e^x) de^x$;

(3) $\int f(x^\mu) x^{\mu-1} dx = \dfrac{1}{\mu} \int f(x^\mu) dx^\mu \ (\mu \neq 0)$;

(4) $\int f(\ln x) \dfrac{1}{x} dx = \int f(\ln x) d\ln x$;

(5) $\int f(\cos x) \sin x dx = -\int f(\cos x) d\cos x$;

(6) $\int f(\sin x) \cos x dx = \int f(\sin x) d\sin x$;

(7) $\int f(\arcsin x) \dfrac{1}{\sqrt{1-x^2}} dx = \int f(\arcsin x) d\arcsin x$;

(8) $\int f(\arctan x) \dfrac{1}{1+x^2} dx = \int f(\arctan x) d\arctan x$;

(9) $\int f(\tan x) \sec^2 x dx = \int f(\tan x) d\tan x$;

(10) $\int f(\cot x) \csc^2 x dx = -\int f(\cot x) d\cot x$.

下面我们通过一些例子来学习用凑微分法求不定积分.

例1 求下列不定积分：

(1) $\int (2x+5)^{50} dx$;   (2) $\int \dfrac{1}{x^2+a^2} dx \ (a \neq 0)$;

(3) $\int xe^{x^2} dx$;   (4) $\int \dfrac{dx}{2x+1}$.

解 (1) 原式 $= \dfrac{1}{2} \int (2x+5)^{50} d(2x+5)$

$\qquad = \dfrac{1}{2} \int u^{50} du$ （令 $u = 2x+5$）

$\qquad = \dfrac{1}{102} u^{51} + C = \dfrac{1}{102} (2x+5)^{51} + C.$

(2) 原式 $= \dfrac{1}{a^2} \int \dfrac{1}{1 + \left(\dfrac{x}{a}\right)^2} dx = \dfrac{1}{a} \int \dfrac{1}{1 + \left(\dfrac{x}{a}\right)^2} d\left(\dfrac{x}{a}\right)$

$\qquad = \dfrac{1}{a} \int \dfrac{1}{1+u^2} du \qquad \left(\text{令 } u = \dfrac{x}{a}\right)$

$\qquad = \dfrac{1}{a} \arctan u + C = \dfrac{1}{a} \arctan \dfrac{x}{a} + C.$

(3) 原式 $= \dfrac{1}{2} \int e^{x^2} d(x^2) = \dfrac{1}{2} \int e^u du \qquad$（令 $u = x^2$）

$$= \frac{1}{2}e^u + C = \frac{1}{2}e^{x^2} + C.$$

(4) 原式 $= \frac{1}{2}\int \frac{d(2x+1)}{2x+1} = \frac{1}{2}\int \frac{du}{u}$ （令 $u = 2x+1$）

$$= \frac{1}{2}\ln|u| + C = \frac{1}{2}\ln|2x+1| + C.$$

例 2 求下列不定积分：

(1) $\int (\sin x)^\mu \cos x \, dx$;

(2) $\int \cos^3 x \, dx$;

(3) $\int \sin^2 x \, dx$;

(4) $\int \sin x \cos 2x \, dx$.

解 (1) 原式 $= \int (\sin x)^\mu d\sin x = \int t^\mu dt$ （令 $t = \sin x$）

$$= \begin{cases} \ln|t| + C, & \mu = -1 \\ \dfrac{t^{\mu+1}}{\mu+1} + C, & \mu \neq -1 \end{cases}$$

$$= \begin{cases} \ln|\sin x| + C, & \mu = -1 \\ \dfrac{(\sin x)^{\mu+1}}{\mu+1} + C, & \mu \neq -1. \end{cases}$$

(2) 原式 $= \int \cos^2 x \cos x \, dx$

$$= \int (1 - \sin^2 x) d\sin x$$

$$= \int (1 - u^2) du \quad (\text{令 } u = \sin x)$$

$$= u - \frac{u^3}{3} + C = \sin x - \frac{1}{3}\sin^3 x + C.$$

(3) 原式 $= \int \dfrac{1 - \cos 2x}{2} dx$

$$= \frac{1}{2}\int dx - \frac{1}{4}\int \cos 2x \, d(2x)$$

$$= \frac{1}{2}x - \frac{1}{4}\sin 2x + C.$$

(4) 原式 $= \frac{1}{2}\int [\sin 3x + \sin(-x)] dx$

$$= \frac{1}{6}\int \sin 3x \, d(3x) - \frac{1}{2}\int \sin x \, dx$$

$$= -\frac{1}{6}\cos 3x + \frac{1}{2}\cos x + C.$$

注意到,求正弦函数与余弦函数乘积的不定积分,一般都是通过积化和差公式以及倍角公式将被积式化成同一个函数幂的微分或者同一个函数的倍角微分.

另外,当我们对凑微分法比较熟悉以后,在计算过程中可以不用新的变量来替换所凑的微分. 如例 1(3) 的计算过程可以简化为

$$\int x\mathrm{e}^{x^2}\mathrm{d}x = \frac{1}{2}\int \mathrm{e}^{x^2}\mathrm{d}(x^2) = \frac{1}{2}\mathrm{e}^{x^2} + C;$$

又如例 2(2) 的计算过程可以简化为

$$\int \cos^3 x \mathrm{d}x = \int (1 - \sin^2 x)\mathrm{d}\sin x$$

$$= \int \mathrm{d}\sin x - \int \sin^2 x \mathrm{d}\sin x$$

$$= \sin x - \frac{1}{3}\sin^3 x + C.$$

例 3 求下列不定积分:

(1) $\int \dfrac{\mathrm{d}x}{a^2 - x^2}\ (a \neq 0)$; (2) $\int \dfrac{x-1}{x(x^2+1)}\mathrm{d}x$;

(3) $\int \dfrac{x-1}{x(x+1)^2}\mathrm{d}x$; (4) $\int \dfrac{x^3+1}{x^2+x+1}\mathrm{d}x$.

解 (1) 原式 $= \dfrac{1}{2a}\int\left(\dfrac{1}{a+x} + \dfrac{1}{a-x}\right)\mathrm{d}x$

$$= \frac{1}{2a}\left[\int \frac{\mathrm{d}(a+x)}{a+x} - \int \frac{\mathrm{d}(a-x)}{a-x}\right]$$

$$= \frac{1}{2a}(\ln|a+x| - \ln|a-x|) + C$$

$$= \frac{1}{2a}\ln\left|\frac{a+x}{a-x}\right| + C.$$

(2) 设

$$\frac{x-1}{x(x^2+1)} = \frac{A}{x} + \frac{Bx+C}{x^2+1} = \frac{(A+B)x^2 + Cx + A}{x(x^2+1)}$$

比较等号两边分子上 x 的同次项系数,得

$$\begin{cases} A+B = 0 \\ C = 1 \\ A = -1 \end{cases}$$

因此 $A = -1, B = 1, C = 1$,

$$\frac{x-1}{x(x^2+1)} = \frac{-1}{x} + \frac{x+1}{x^2+1}$$

$$\text{原式} = -\int \frac{dx}{x} + \int \frac{dx}{x^2+1} + \int \frac{xdx}{x^2+1}$$

$$= -\ln|x| + \arctan x + \frac{1}{2}\int \frac{d(x^2+1)}{x^2+1}$$

$$= -\ln|x| + \frac{1}{2}\ln(x^2+1) + \arctan x + C.$$

(3) 设

$$\frac{x-1}{x(x+1)^2} = \frac{A}{x} + \frac{B}{x+1} + \frac{C}{(x+1)^2}$$

$$= \frac{(A+B)x^2 + (2A+B+C)x + A}{x(x+1)^2}$$

比较等号两边分子上 x 的同次项系数,得

$$\begin{cases} A+B=0 \\ 2A+B+C=1 \\ A=-1 \end{cases}$$

因此 $A=-1, B=1, C=2,$

$$\frac{x-1}{x(x+1)^2} = -\frac{1}{x} + \frac{1}{x+1} + \frac{2}{(x+1)^2}$$

$$\text{原式} = -\int \frac{dx}{x} + \int \frac{dx}{x+1} + 2\int \frac{dx}{(x+1)^2}$$

$$= -\ln|x| + \int \frac{d(x+1)}{x+1} + 2\int \frac{d(x+1)}{(x+1)^2}$$

$$= -\ln|x| + \ln|x+1| - \frac{2}{x+1} + C.$$

(4) 注意到,$x^3 - 1 = (x-1)(x^2+x+1)$. 因此

$$\text{原式} = \int \frac{x^3-1+2}{x^2+x+1}dx = \int(x-1)dx + 2\int \frac{dx}{x^2+x+1}$$

$$= \frac{1}{2}x^2 - x + 2\int \frac{d(x+\frac{1}{2})}{(x+\frac{1}{2})^2 + \frac{3}{4}}$$

$$\xlongequal{\text{由例1(2)}} \frac{1}{2}x^2 - x + \frac{4\sqrt{3}}{3}\arctan\left[\frac{2\sqrt{3}}{3}(x+\frac{1}{2})\right] + C.$$

值得一提的是,例 3 中的不定积分称为有理函数(即多项式的商)的不定积分.

有理函数不定积分的计算方法大致可以分为以下几步,首先当分子的最高次数大于或等于分母的最高次数时,要用多项式除法将其化成多项式与真分式(即分子的最高次数小于

分母的最高次数的有理函数)之和的形式(见例 3 中的(4)题);其次对真分式的不定积分要用待定系数法将其分解成部分分式之和的形式(见例 3 中的(1),(2),(3)题). 在分解时要注意以下两点:

(1) 当真分式分母中含有因式$(x-a)^k$时,则分解后有下列 k 个部分分式之和

$$\frac{A_1}{x-a}+\frac{A_2}{(x-a)^2}+\cdots+\frac{A_k}{(x-a)^k}$$

(2) 当真分式分母中含有因式$(x^2+px+q)^k(p^2-4q<0)$时,则分解后有下列 k 个部分分式之和

$$\frac{M_1x+N_1}{x^2+px+q}+\frac{M_2x+N_2}{(x^2+px+q)^2}+\cdots+\frac{M_kx+N_k}{(x^2+px+q)^k}$$

其中的 $A_i,M_i,N_i(i=1,2,\cdots,k)$ 是待定系数,它们的确定方法如同例 3 中(2),(3)两题的方法.

关于有理函数的不定积分我们可以总结出

定理 5.2 任何有理函数的不定积分一定可以表示成有理函数、对数函数、反正切函数的代数和.

二、分部积分法

对于像 $\int \ln x \mathrm{d}x, \int xe^x \mathrm{d}x$ 具有 $\int f(x)g(x)\mathrm{d}x$ 形式的不定积分($\int \ln x \mathrm{d}x$ 中,相当于 $f(x)=\ln x, g(x)=1$),我们往往通过凑微分的方法,将 $\int f(x)g(x)\mathrm{d}x$ 凑成 $\int u(x)\mathrm{d}v(x)$(或者 $\int u(x)v'(x)\mathrm{d}x$) 的形式,利用下面的分部积分公式来求解它们.

定理 5.3(分部积分法) 设 $u=u(x), v=v(x)$ 有连续的导数,则有分部积分公式

$$\int u(x)v'(x)\mathrm{d}x=u(x)v(x)-\int u'(x)v(x)\mathrm{d}x \qquad (5-2)$$

或

$$\int u\mathrm{d}v=uv-\int v\mathrm{d}u \qquad (5-3)$$

证明 由导数的乘法公式

$$[u(x)v(x)]'=u'(x)v(x)+u(x)v'(x)$$

两端积分并移项,得

$$\int u(x)v'(x)\mathrm{d}x=u(x)v(x)-\int u'(x)v(x)\mathrm{d}x$$

或

$$\int u\mathrm{d}v=uv-\int v\mathrm{d}u$$

公式(5-3)的左、右两边都含有表面类似的积分,但往往左边积分 $\int u\mathrm{d}v$ 不

易求,而化成积分 $\int v du$ 就变得好求了. 分部积分的关键是如何选择 u,v, 使 $\int v du$ 较 $\int u dv$ 容易积分. 分部积分公式是函数乘积的导数公式或微分公式的逆运算公式.

选择 u,v 使用分部积分法的常见题型:

1. 形如 $\int x^\mu e^x dx$, $\int x^\mu \sin x dx$, $\int x^\mu \cos x dx$, 选 $u = x^\mu$;

2. 形如 $\int x^\mu \ln x dx$, $\int x^\mu \arcsin x dx$, $\int x^\mu \arctan x dx$, 选 $v' = x^\mu$, 或者说选 $\ln x, \arcsin x, \arctan x$ 为 u.

例 4 求下列不定积分:

(1) $\int x e^x dx$; (2) $\int \ln x dx$;

(3) $\int x \sin^2 x dx$; (4) $\int \arctan x dx$.

解 用分部积分公式(5-3)时,一般先用凑微分的方法把积分改写成 $\int u dv$ 的形式.

(1) $\int x e^x dx = \int x de^x = x e^x - \int e^x dx$
$= x e^x - e^x + C.$

(2) $\int \ln x dx = x \ln x - \int x d \ln x$
$= x \ln x - \int x \frac{1}{x} dx = x \ln x - \int dx$
$= x \ln x - x + C.$

(3) $\int x \sin^2 x dx = \int x \frac{1 - \cos 2x}{2} dx$
$= \frac{1}{2} \int x dx - \frac{1}{2} \int x \cos 2x dx$
$= \frac{1}{4} x^2 - \frac{1}{4} \int x d \sin 2x$
$= \frac{1}{4} x^2 - \frac{1}{4} \left(x \sin 2x - \int \sin 2x dx \right)$
$= \frac{1}{4} x^2 - \frac{1}{4} x \sin 2x - \frac{1}{8} \cos 2x + C.$

(4) $\int \arctan x dx = x \arctan x - \int x d \arctan x$

$$= x\arctan x - \int x \frac{1}{1+x^2}dx$$

$$= x\arctan x - \frac{1}{2}\int \frac{d(1+x^2)}{1+x^2}$$

$$= x\arctan x - \frac{1}{2}\ln(1+x^2) + C.$$

例 5 求下列不定积分：

(1) $\int e^x \sin x\,dx$；   (2) $\int \sqrt{x^2+a^2}\,dx\,(a\neq 0)$.

解 (1) 记 $I = \int e^x \sin x\,dx$，则

$$I = \int \sin x\,de^x = e^x \sin x - \int e^x \cos x\,dx$$

$$= e^x \sin x - \int \cos x\,de^x$$

$$= e^x \sin x - \left(e^x \cos x + \int e^x \sin x\,dx\right)$$

$$= e^x \sin x - e^x \cos x - I$$

因此解方程得（注意 I 是不定积分，一定要有任意常数 C）

$$I = \frac{1}{2}e^x(\sin x - \cos x) + C$$

(2) 记 $I = \int \sqrt{x^2+a^2}\,dx$，则

$$I = x\sqrt{x^2+a^2} - \int x\,d\sqrt{x^2+a^2}$$

$$= x\sqrt{x^2+a^2} - \int \frac{x^2}{\sqrt{x^2+a^2}}dx$$

$$= x\sqrt{x^2+a^2} - \int \frac{x^2+a^2-a^2}{\sqrt{x^2+a^2}}dx$$

$$= x\sqrt{x^2+a^2} + a^2\int \frac{dx}{\sqrt{x^2+a^2}} - \int \sqrt{x^2+a^2}\,dx$$

由上一节基本积分公式 6 我们知道

$$\int \frac{dx}{\sqrt{x^2+a^2}} = \ln(x+\sqrt{x^2+a^2}) + C_1$$

因此

$$I = x\sqrt{x^2+a^2} + a^2\ln(x+\sqrt{x^2+a^2}) + a^2 C_1 - I$$

解方程得

$$I = \frac{1}{2}[x\sqrt{x^2+a^2} + a^2\ln(x+\sqrt{x^2+a^2})] + C$$

用同样的方法可以得到

$$\int \sqrt{x^2-a^2}\,dx = \frac{1}{2}(x\sqrt{x^2-a^2} - a^2\ln|x+\sqrt{x^2-a^2}|) + C$$

从例 5 中我们看到,利用分部积分公式可以通过解方程求不定积分,这是分部积分公式的一个特点. 出现这种情形往往是需要多次应用分部积分公式,值得注意的是,连续使用分部积分公式时的 u,v 选择要一致(例如(1)中都是选 e^x 为 v),如果不一致将会得到 $I = I$ 这样的方程. 分部积分公式的另一个特点是它可以导出一些有用的递推公式.

例 6 求 $I_n = \int \frac{dx}{(x^2+a^2)^n}(a \neq 0, n = 0,1,2,\cdots)$.

解 $I_0 = x + C$;

$I_1 = \frac{1}{a}\arctan\frac{x}{a} + C.$

$n \geq 1$ 时,

$$\begin{aligned}
I_n &= \frac{x}{(x^2+a^2)^n} - \int x\,d(x^2+a^2)^{-n} \\
&= \frac{x}{(x^2+a^2)^n} + 2n\int \frac{x^2}{(x^2+a^2)^{n+1}}dx \\
&= \frac{x}{(x^2+a^2)^n} + 2n\int \frac{dx}{(x^2+a^2)^n} - 2na^2\int \frac{dx}{(x^2+a^2)^{n+1}} \\
&= \frac{x}{(x^2+a^2)^n} + 2nI_n - 2na^2 I_{n+1}
\end{aligned}$$

因此

$$I_{n+1} = \frac{1}{2na^2}\frac{x}{(x^2+a^2)^n} + \frac{2n-1}{2na^2}I_n, n = 1,2,\cdots$$

特别

$$I_2 = \int \frac{dx}{(x^2+a^2)^2} = \frac{1}{2a^2}\frac{x}{x^2+a^2} + \frac{1}{2a^3}\arctan\frac{x}{a} + C$$

例 7 求下列不定积分:

(1) $\int \sec x\,dx$; (2) $\int \sec^3 x\,dx$.

解 (1) 原式 $= \int \frac{1}{\cos x}dx = \int \frac{\cos x}{\cos^2 x}dx$

$$= \int \frac{d\sin x}{1-\sin^2 x} \xrightarrow{\diamondsuit\, t = \sin x} \int \frac{dt}{1-t^2}$$

$$\xlongequal{\text{由例3}} \frac{1}{2}\ln\left|\frac{1+t}{1-t}\right| + C$$

$$= \frac{1}{2}\ln\left|\frac{1+\sin x}{1-\sin x}\right| + C.$$

为了将最终结果的形式与被积函数 $\sec x$ 联系得更密切，注意到

$$\frac{1+\sin x}{1-\sin x} = \frac{(1+\sin x)^2}{1-\sin^2 x} = \left(\frac{1+\sin x}{\cos x}\right)^2 = (\sec x + \tan x)^2.$$

因此

$$\int \sec x \, dx = \ln|\sec x + \tan x| + C.$$

(2) 记

$$I = \int \sec^3 x \, dx.$$

那么

$$I = \int \sec x \sec^2 x \, dx = \int \sec x \, d\tan x$$

$$\xlongequal{\text{由分部积分公式}} \sec x \tan x - \int \tan^2 x \sec x \, dx$$

$$= \sec x \tan x - \int \sec x (\sec^2 x - 1) \, dx$$

$$= \sec x \tan x - I + \int \sec x \, dx,$$

因此，求解关于 I 的方程得到

$$I = \frac{1}{2}\left(\sec x \tan x + \int \sec x \, dx\right)$$

$$= \frac{1}{2}(\sec x \tan x + \ln|\sec x + \tan x|) + C.$$

练习 5.3

1. 用凑微分法求下列不定积分：

(1) $\int \sqrt{2x+1} \, dx$；

(2) $\int x(1-x)^{20} \, dx$；

(3) $\int \frac{dx}{\sqrt{a^2-x^2}} \ (a \neq 0)$；

(4) $\int \frac{x}{\sqrt{1-x^2}} \, dx$；

(5) $\int x e^{-2x^2} \, dx$；

(6) $\int \frac{e^{2x}}{3^x} \, dx$；

(7) $\int \frac{\ln x}{x} \, dx$；

(8) $\int \frac{dx}{x \ln x}$.

2. 用凑微分法求下列不定积分：

(1) $\int \sin x \cos x \, dx$; (2) $\int \sin^2 x \cos^2 x \, dx$;

(3) $\int \sin^2 x \cos^3 x \, dx$; (4) $\int \sin ax \cos bx \, dx$.

提示:利用积化和差公式和倍角公式.(4)中要分别讨论 $a^2 - b^2 \neq 0$ 和 $a^2 - b^2 = 0$ 两种情形.

3. 求下列有理函数不定积分:

(1) $\int \dfrac{x}{1 - x^2} dx$; (2) $\int \dfrac{dx}{x^2 + x}$;

(3) $\int \dfrac{x^6}{1 + x^7} dx$; (4) $\int \dfrac{dx}{x(1 + x^7)}$;

(5) $\int \dfrac{1 - x}{1 - x^3} dx$; (6) $\int \dfrac{x - x^2}{1 - x^3} dx$;

(7) $\int \dfrac{x^2}{1 - x^3} dx$; (8) $\int \dfrac{dx}{1 - x^3}$;

(9) $\int \dfrac{2x^2 - x}{x + 1} dx$; (10) $\int \dfrac{dx}{1 - x^4}$.

4. 用凑微分法求下列不定积分:

(1) $\int \dfrac{x \ln(1 + x^2)}{1 + x^2} dx$; (2) $\int \dfrac{e^x}{1 + e^{2x}} dx$;

(3) $\int \tan x \, dx$; (4) $\int \cot x \, dx$;

(5) $\int \csc x \, dx$; (6) $\int \dfrac{dx}{1 + e^x}$.

提示:将(6)变为 $\int \dfrac{e^{-x} dx}{1 + e^{-x}}$.

5. 用分部积分法求下列不定积分:

(1) $\int x e^{-2x} dx$; (2) $\int x \ln x \, dx$;

(3) $\int x^3 e^{x^2} dx$; (4) $\int (\ln x)^2 dx$;

(5) $\int x \cos x \, dx$; (6) $\int \arcsin x \, dx$;

(7) $\int x \arctan x \, dx$; (8) $\int \sqrt{x^2 - a^2} \, dx \ (a \neq 0)$;

(9) $\int e^{-x} \cos x \, dx$; (10) $\int \ln(2x + 1) dx$.

提示:将(10)变为 $\dfrac{1}{2} \int \ln(2x + 1) d(2x + 1)$.

6. 求不定积分 $\int \csc^3 x \, dx$.

7. 用分部积分法求下列不定积分:

(1) $\int x(1 + x)^\mu dx \ (\mu \neq -1, -2)$; (2) $\int \sin^n x \, dx \ (n 为正整数)$.

§5.4 换元积分法

在上一节,我们介绍了凑微分法. 它是将 $\int f[\varphi(x)]\varphi'(x)\mathrm{d}x$ 凑成 $\int f[\varphi(x)]\mathrm{d}\varphi(x)$,再用新的变量 u 代替 $\varphi(x)$,把不定积分 $\int f[\varphi(x)]\mathrm{d}\varphi(x)$ 变成 $\int f(u)\mathrm{d}u$ 的方法. 这种方法习惯上也称为第一换元法. 本节我们介绍另外一种换元积分法——第二换元法. 它是直接把被积函数中的根式、指数函数、对数函数、三角函数用一个新的变量(或新的变量的函数)来代替,使不定积分变得容易求.

下面我们分别举例来介绍这些方法.

例1 求下列不定积分:

(1) $\int \dfrac{\sqrt{x}}{1+x}\mathrm{d}x$;   (2) $\int \dfrac{1}{1+\sqrt[3]{x+1}}\mathrm{d}x$;

(3) $\int \dfrac{1}{\sqrt{x}+\sqrt[3]{x}}\mathrm{d}x$;   (4) $\int \dfrac{\mathrm{d}x}{\sqrt{(x-1)(2-x)}}$.

解 (1) 令 $t=\sqrt{x}$,则 $x=t^2$, $\mathrm{d}x=2t\mathrm{d}t$.

原式 $= \int \dfrac{t}{1+t^2}\cdot 2t\mathrm{d}t = 2\int \dfrac{t^2}{1+t^2}\mathrm{d}t = 2\int \dfrac{t^2+1-1}{1+t^2}\mathrm{d}t$

$= 2\int \mathrm{d}t - 2\int \dfrac{\mathrm{d}t}{1+t^2} = 2t - 2\arctan t + C$

$= 2(\sqrt{x} - \arctan\sqrt{x}) + C.$

(2) 令 $t=\sqrt[3]{x+1}$,则 $x=t^3-1$, $\mathrm{d}x=3t^2\mathrm{d}t$.

原式 $= \int \dfrac{1}{1+t}\cdot 3t^2\mathrm{d}t = 3\int \dfrac{t^2}{t+1}\mathrm{d}t$

$= 3\int (t-1)\mathrm{d}t + 3\int \dfrac{\mathrm{d}t}{t+1}$

$= \dfrac{3}{2}t^2 - 3t + 3\ln|t+1| + C$

$= \dfrac{3}{2}(\sqrt[3]{x+1})^2 - 3\sqrt[3]{x+1} + 3\ln|1+\sqrt[3]{x+1}| + C.$

(3) 令 $x=t^6$,则 $\mathrm{d}x=6t^5\mathrm{d}t$.

原式 $= \int \dfrac{6t^5\mathrm{d}t}{t^3+t^2} = 6\int \dfrac{t^3}{t+1}\mathrm{d}t$

$$= 6\int (t^2 - t + 1)\,dt - 6\int \frac{dt}{t+1}$$

$$= 2t^3 - 3t^2 + 6t - 6\ln|t+1| + C$$

$$= 2\sqrt{x} - 3\sqrt[3]{x} + 6\sqrt[6]{x} - 6\ln(1 + \sqrt[6]{x}) + C.$$

(4) 由于 $x \in (1,2)$ 时,

$$\sqrt{(x-1)(2-x)} = (x-1)\sqrt{\frac{2-x}{x-1}}$$

令 $t = \sqrt{\dfrac{2-x}{x-1}}$,则 $x = \dfrac{t^2+2}{t^2+1}$,$dx = -\dfrac{2t}{(1+t^2)^2}dt$.

$$原式 = \int \frac{-\dfrac{2t}{(1+t^2)^2}}{\dfrac{1}{1+t^2} \cdot t}\,dt = -2\int \frac{dt}{1+t^2}$$

$$= -2\arctan t + C = -2\arctan \sqrt{\frac{2-x}{x-1}} + C.$$

例 2 求下列不定积分:

(1) $\int \sqrt{a^2 - x^2}\,dx\ (a > 0)$; (2) $\int \dfrac{1}{\sqrt{x^2 + a^2}}\,dx\ (a > 0)$;

(3) $\int \dfrac{\sqrt{x^2 - 1}}{x}\,dx$; (4) $\int x\sqrt{1 + 2x - x^2}\,dx$.

注意 有几个特殊的二次根式,为了消除根号,通常利用三角函数关系式来换元,具体做法是:设 $a > 0$

若被积函数中含有因式 $\sqrt{a^2 - x^2}$,则令 $x = a\sin t\left(|t| < \dfrac{\pi}{2}\right)$;

若被积函数中含有因式 $\sqrt{a^2 + x^2}$,则令 $x = a\tan t\left(|t| < \dfrac{\pi}{2}\right)$;

若被积函数中含有因式 $\sqrt{x^2 - a^2}$,则令 $x = a\csc t\left(0 < |t| < \dfrac{\pi}{2}\right)$.

解 (1) 令 $x = a\sin t,\ |t| < \dfrac{\pi}{2}$,则 $\sqrt{a^2 - x^2} = a\cos t,\ dx = a\cos t\,dt$.

$$原式 = a^2\int \cos^2 t\,dt = a^2\int \frac{1 + \cos 2t}{2}\,dt$$

$$= \frac{a^2}{2}\left(t + \frac{1}{2}\sin 2t\right) + C$$

$$= \frac{a^2}{2}(t + \sin t\cos t) + C = \frac{a^2}{2}\left[\frac{x}{a}\sqrt{1 - \left(\frac{x}{a}\right)^2} + \arcsin \frac{x}{a}\right] + C$$

$$= \frac{1}{2}\left(x\sqrt{a^2-x^2} + a^2\arcsin\frac{x}{a}\right) + C.$$

(2) 令 $x = a\tan t, |t| < \frac{\pi}{2}$,则 $\sqrt{x^2+a^2} = a\sec t, dx = a\sec^2 t dt.$

原式 $= \int \sec t dt = \ln|\sec t + \tan t| + C.$

根据代换 $x = a\tan t$,作直角三角形(如图 5-2),可知 $\sec t = \frac{\sqrt{a^2+x^2}}{a}$,从而

$$\int \frac{dx}{\sqrt{x^2+a^2}} = \ln\left|\frac{\sqrt{a^2+x^2}}{a} + \frac{x}{a}\right| + C_1$$
$$= \ln(x + \sqrt{a^2+x^2}) + C$$

其中 $C = C_1 - \ln a.$

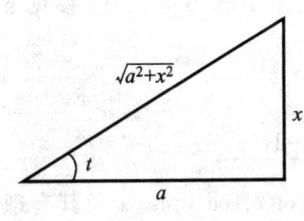
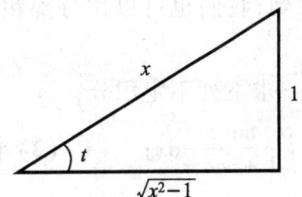

图 5-2　　　　　　　　　图 5-3

(3) 令 $x = \csc t, |t| \in \left(0, \frac{\pi}{2}\right), \sqrt{x^2-1} = |\cot t|.$

原式 $= -\int \cot t |\cot t| dt = \begin{cases} -\int \cot^2 t dt, & t \in \left(0, \frac{\pi}{2}\right) \\ \int \cot^2 t dt, & t \in \left(-\frac{\pi}{2}, 0\right) \end{cases}$

$= \begin{cases} -\int \csc^2 t dt + \int dt, & t \in \left(0, \frac{\pi}{2}\right) \\ \int \csc^2 t dt - \int dt, & t \in \left(-\frac{\pi}{2}, 0\right) \end{cases}$

$= \begin{cases} \cot t + t + C, & t \in \left(0, \frac{\pi}{2}\right) \\ -\cot t - t + C, & t \in \left(-\frac{\pi}{2}, 0\right) \end{cases}$

$= |\cot t| + |t| + C$

$= \sqrt{x^2-1} + \arcsin\frac{1}{|x|} + C.$

（4）由于 $\sqrt{1+2x-x^2} = \sqrt{2-(x-1)^2}$，令 $x-1 = \sqrt{2}\sin t$，$|t| < \dfrac{\pi}{2}$，$\sqrt{2-(x-1)^2} = \sqrt{2}\cos t$.

$$\begin{aligned}
\text{原式} &= \int (1+\sqrt{2}\sin t)\sqrt{2}\cos t \sqrt{2}\cos t\, dt \\
&= \int (2\cos^2 t + 2\sqrt{2}\cos^2 t \sin t)\, dt \\
&= \int (1+\cos 2t)\, dt - 2\sqrt{2}\int \cos^2 t\, d\cos t \\
&= t + \frac{1}{2}\sin 2t - \frac{2\sqrt{2}}{3}\cos^3 t + C \\
&= \arcsin\frac{x-1}{\sqrt{2}} + \frac{1}{2}(x-1)\sqrt{1+2x-x^2} - \frac{1}{3}(1+2x-x^2)^{\frac{3}{2}} + C.
\end{aligned}$$

注意到，我们也可以用分部积分法求解例 2 中的不定积分（参见 §5.3 例 5(2)）.

例 3 求下列不定积分：

(1) $\displaystyle\int \frac{\tan x}{1+\cos x}dx$； (2) $\displaystyle\int \frac{1}{\sin x - \cos x}dx$.

注意 对于由三角函数 $\sin x, \cos x, \tan x, \cot x, \sec x, \csc x$ 及其有理运算的不定积分，通过万能代换 $t = \tan\dfrac{x}{2}$ 可以化成 t 的有理函数不定积分，因为此时

$$x = 2\arctan t,\qquad dx = \frac{2}{t^2+1}dt$$
$$\sin x = \frac{2t}{1+t^2},\qquad \cos x = \frac{1-t^2}{1+t^2}$$

解 （1）令 $t = \tan\dfrac{x}{2}$，则

$$x = 2\arctan t,\ dx = \frac{2}{1+t^2}dt,\ \cos x = \frac{1-t^2}{1+t^2},\ \tan x = \frac{2t}{1-t^2}$$

$$\begin{aligned}
\text{原式} &= \int \frac{2t}{1-t^2}dt = -\int \frac{d(1-t^2)}{1-t^2} \\
&= -\ln|1-t^2| + C = -\ln\left|1 - \tan^2\frac{x}{2}\right| + C.
\end{aligned}$$

本题也可以利用三角公式对被积函数进行化简，例如

$$\begin{aligned}
\text{原式} &= \int \frac{\sin x\, dx}{\cos x(1+\cos x)} \\
&= -\int \frac{d\cos x}{\cos x(1+\cos x)} = -\left[\int \frac{d\cos x}{\cos x} - \int \frac{d(\cos x + 1)}{1+\cos x}\right]
\end{aligned}$$

$$= \ln\left|\frac{1+\cos x}{\cos x}\right| + C = \ln|1 + \sec x| + C.$$

(2) 令 $t = \tan\dfrac{x}{2}$,则

$$x = 2\arctan t,\ \mathrm{d}x = \frac{2}{1+t^2}\mathrm{d}t,\ \sin x = \frac{2t}{1+t^2},\ \cos x = \frac{1-t^2}{1+t^2}$$

$$原式 = \int \frac{2}{2t - 1 + t^2}\mathrm{d}t = \int \frac{2\mathrm{d}t}{(t+1)^2 - 2}$$

$$= \frac{1}{\sqrt{2}}\int\left(\frac{1}{t+1-\sqrt{2}} - \frac{1}{t+1+\sqrt{2}}\right)\mathrm{d}t = \frac{1}{\sqrt{2}}\ln\left|\frac{t+1-\sqrt{2}}{t+1+\sqrt{2}}\right| + C$$

$$= \frac{1}{\sqrt{2}}\ln\left|\frac{\tan\dfrac{x}{2} + 1 - \sqrt{2}}{\tan\dfrac{x}{2} + 1 + \sqrt{2}}\right| + C.$$

万能代换虽然能把三角函数有理式的积分化为有理函数的积分,但一般都比较麻烦,对一些特殊情形我们可以利用三角公式来化简(如§5.2 例2 中的(3)和上面例3 中的(1))。

例4 求下列不定积分:

(1) $\displaystyle\int \frac{\mathrm{d}x}{\sqrt{1+\mathrm{e}^{2x}}}$; (2) $\displaystyle\int \frac{x+1}{x^2 + x\ln x}\mathrm{d}x.$

解 (1) 令 $t = \sqrt{1+\mathrm{e}^{2x}}$,则 $x = \dfrac{1}{2}\ln(t^2 - 1),\ \mathrm{d}x = \dfrac{t}{t^2 - 1}\mathrm{d}t.$

$$原式 = \int \frac{1}{t}\cdot\frac{t}{t^2-1}\mathrm{d}t = \int \frac{1}{t^2 - 1}\mathrm{d}t = \frac{1}{2}\ln\left|\frac{t-1}{t+1}\right| + C$$

$$= \frac{1}{2}\ln\left|\frac{\sqrt{1+\mathrm{e}^{2x}} - 1}{\sqrt{1+\mathrm{e}^{2x}} + 1}\right| + C = x - \ln(1 + \sqrt{1+\mathrm{e}^{2x}}) + C.$$

(2) 令 $t = \ln x$,则 $x = \mathrm{e}^t,\ \mathrm{d}x = \mathrm{e}^t\mathrm{d}t.$

$$原式 = \int \frac{\mathrm{e}^t + 1}{\mathrm{e}^{2t} + t\mathrm{e}^t}\mathrm{e}^t\mathrm{d}t = \int \frac{\mathrm{e}^t + 1}{\mathrm{e}^t + t}\mathrm{d}t$$

$$= \int \frac{\mathrm{d}(\mathrm{e}^t + t)}{\mathrm{e}^t + t} = \ln|\mathrm{e}^t + t| + C = \ln|x + \ln x| + C.$$

例5 求下列不定积分:

(1) $\displaystyle\int \ln(1 + \sqrt{x})\mathrm{d}x$; (2) $\displaystyle\int \frac{(1-x)\arcsin(1-x)}{\sqrt{2x - x^2}}\mathrm{d}x.$

解 (1) 令 $t = \sqrt{x}$,则 $x = t^2.$

$$\int \ln(1 + \sqrt{x})\mathrm{d}x = \int \ln(1 + t)\mathrm{d}t^2$$

$$= t^2\ln(1+t) - \int t^2 \mathrm{d}\ln(1+t)$$

$$= t^2\ln(1+t) - \int \frac{t^2}{1+t}\mathrm{d}t$$

$$= t^2\ln(1+t) - \int(t-1)\mathrm{d}t - \int\frac{\mathrm{d}t}{1+t}$$

$$= t^2\ln(1+t) - \frac{t^2}{2} + t - \ln(1+t) + C$$

$$= (x-1)\ln(1+\sqrt{x}) + \sqrt{x} - \frac{x}{2} + C$$

(2) 令 $t = 1-x$,则 $\mathrm{d}x = -\mathrm{d}t$.

$$原式 = -\int\frac{t\arcsin t}{\sqrt{1-t^2}}\mathrm{d}t$$

再令 $t = \sin u$,则

$$原式 = -\int u\sin u\,\mathrm{d}u = \int u\mathrm{d}\cos u$$

$$= u\cos u - \int\cos u\,\mathrm{d}u = u\cos u - \sin u + C_1$$

$$= \sqrt{2x-x^2}\arcsin(1-x) + x + C$$

其中 $C = C_1 - 1$.

由例 5 我们看到,求一个不定积分往往要用到多种方法,一般的顺序是先分析被积函数的结构,通过引入新变量来简化被积函数的形式,再选择恰当的方法.

前面给出了一些求不定积分的方法,并作了较多的例题与习题,从中不难发现,不定积分与求导不一样,对于给定的一个初等函数,我们总可以遵循一定的法则去求得它的导数,但求不定积分就没那么容易,一方面它无固定的步骤可循,另一方面有些函数的不定积分虽然存在,但不能用初等函数表示.例如,我们对前面已求过的不定积分(第一组),只要把被积函数略加改动(第二组):

第一组:$\int x\mathrm{e}^{-x^2}\mathrm{d}x$, $\int \ln x\,\mathrm{d}x$, $\int x\sin x\,\mathrm{d}x$, $\int \sqrt{1+x^2}\,\mathrm{d}x$;

第二组:$\int \mathrm{e}^{-x^2}\mathrm{d}x$, $\int \frac{1}{\ln x}\mathrm{d}x$, $\int \frac{\sin x}{x}\mathrm{d}x$, $\int \sqrt{1+x^3}\,\mathrm{d}x$,

则第二组的不定积分就不能用初等函数表示了.

有时在积分中有某一项不能用初等函数表示,但对另外项的积分,可能会出现相同项,从而相互抵消,例如

$$\int\frac{\mathrm{e}^x}{1+\cos x}\mathrm{d}x$$

不能用初等函数表示,但

$$\int \frac{e^x(1+\sin x)}{1+\cos x}dx = \int \frac{e^x}{1+\cos x}dx + \int \frac{\sin x}{1+\cos x}e^x dx$$

$$= \int \frac{e^x}{1+\cos x}dx + \int \frac{\sin x}{1+\cos x}de^x$$

$$= \int \frac{e^x}{1+\cos x}dx + \frac{e^x \sin x}{1+\cos x} - \int \frac{e^x}{1+\cos x}dx$$

$$= \frac{e^x \sin x}{1+\cos x} + C$$

其实,上面积分中的第二项 $\int \frac{e^x \sin x}{1+\cos x}dx$ 也不能用初等函数表示.

最后我们列出几个比较重要的积分公式,可以补充到基本积分公式中,以便于在今后的学习中引用.

---

7. $\int \tan x dx = -\ln|\cos x| + C = \ln|\sec x| + C$;

    $\int \cot x dx = \ln|\sin x| + C = -\ln|\csc x| + C$;

8. $\int \frac{1}{\cos x}dx = \int \sec x dx = \ln|\sec x + \tan x| + C$;

    $\int \frac{1}{\sin x}dx = \int \csc x dx = \ln|\csc x - \cot x| + C$;

9. $\int \frac{1}{a^2 - x^2}dx = \frac{1}{2a}\ln\left|\frac{x+a}{x-a}\right| + C\,(a \neq 0)$;

    $\int \frac{1}{a^2 + x^2}dx = \frac{1}{a}\arctan \frac{x}{a} + C\,(a \neq 0)$;

10. $\int \frac{1}{\sqrt{a^2 - x^2}}dx = \arcsin \frac{x}{a} + C\,(a > 0)$;

    $\int \sqrt{a^2 - x^2}dx = \frac{x}{2}\sqrt{a^2 - x^2} + \frac{a^2}{2}\arcsin \frac{x}{a} + C\,(a > 0)$;

11. $\int \sqrt{x^2 \pm a^2}dx = \frac{x}{2}\sqrt{x^2 \pm a^2} \pm \frac{a^2}{2}\ln|x + \sqrt{x^2 \pm a^2}| + C\,(a \neq 0)$.

练习 5.4

1. 求下列不定积分:

(1) $\int \frac{dx}{1+\sqrt{x}}$;

(2) $\int \sqrt[3]{1+\sqrt{x}}\,dx$;

(3) $\int \frac{\sqrt{1+\sqrt[3]{x}}}{x}dx$;

(4) $\int \frac{1}{x}\sqrt{\frac{x+1}{x-1}}dx$.

2. 用换元法求下列不定积分：

(1) $\int \sqrt{x - x^2}\, dx$；

(2) $\int \dfrac{dx}{x + \sqrt{x^2 + 1}}$；

(3) $\int \sqrt{x^2 - 4}\, dx$；

(4) $\int \dfrac{dx}{1 + \sqrt{1 - x^2}}$.

3. 用万能代换求下列不定积分：

(1) $\int \dfrac{dx}{1 + \tan x}$；

(2) $\int \dfrac{dx}{1 + \cos x}$；

(3) $\int \dfrac{dx}{\sin x + \cos x}$；

(4) $\int \dfrac{2\sin x + \cos x}{\sin x - \cos x}\, dx$.

4. 求下列不定积分：

(1) $\int e^{-\sqrt[3]{x}}\, dx$；

(2) $\int \ln(1 + \sqrt[3]{x})\, dx$；

(3) $\int \sin\sqrt{x}\, dx$；

(4) $\int \arcsin\sqrt{x}\, dx$.

5. 求不定积分 $\int \dfrac{\ln x - 1}{(\ln x)^2}\, dx$.

提示：先令 $t = \ln x$，再对变换后的不定积分中的一项应用分部积分公式.

习 题 五

1. 用凑微分法求下列不定积分：

(1) $\int f(x) f'(x)\, dx$；

(2) $\int \dfrac{f'(x)}{f(x)}\, dx$；

(3) $\int \sqrt{\dfrac{\ln(x + \sqrt{1 + x^2})}{1 + x^2}}\, dx$；

(4) $\int \dfrac{x^3}{\sqrt{1 + x^2}}\, dx$；

2. 用待定系数法，将下列积分中被积函数的分子设为 $Af(x) + Bf'(x)$，利用 $\int \dfrac{Af(x) + Bf'(x)}{f(x)}\, dx$ 的求法求下列不定积分：

(1) $\int \dfrac{\sin x - \cos x}{2\sin x + \cos x}\, dx$；

(2) $\int \dfrac{\sin x}{\sin x + \cos x}\, dx$.

3. 被积函数的分子与分母同乘以一个适当的因式，往往可以使不定积分容易求. 用这种方法求下列不定积分：

(1) $\int \dfrac{dx}{x(1 + x^\mu)}\ (\mu \neq 0)$；

(2) $\int \dfrac{dx}{x\sqrt{x^2 - 1}}$；

(3) $\int \dfrac{dx}{e^x(1 + e^{2x})}$；

(4) $\int \dfrac{x + 1}{x(1 + xe^x)}\, dx$；

(5) $\int \dfrac{dx}{(1 + e^x)^2}$；

(6) $\int \dfrac{\sqrt{x + 1} - \sqrt{x - 1}}{\sqrt{x + 1} + \sqrt{x - 1}}\, dx$.

4. 将被积函数拆成两项，对其中一项的积分进行分部积分往往可以消去另一项. 用这种方法求下列不定积分：

(1) $\int \dfrac{x\cos x - \sin x}{x^2}\mathrm{d}x$; (2) $\int \dfrac{x-1}{x^2}\mathrm{e}^x \mathrm{d}x$.

5. 求下列不定积分：

(1) $\int \dfrac{x}{x^4-1}\mathrm{d}x$; (2) $\int \dfrac{\mathrm{d}x}{1+\cos^2 x}$;

(3) $\int \dfrac{1}{(2-x)\sqrt{1-x}}\mathrm{d}x$; (4) $\int \dfrac{x}{x+\sqrt{x^2-1}}\mathrm{d}x$;

(5) $\int \dfrac{6x}{1+\sqrt[3]{1+x^2}}\mathrm{d}x$; (6) $\int \sqrt{1+\mathrm{e}^x}\,\mathrm{d}x$;

(7) $\int \sqrt{\dfrac{x}{1-x^3}}\mathrm{d}x$ （提示：令 $t = \sqrt{1-x^3}$）;

(8) $\int \dfrac{\sin x}{\sqrt{1+\sin^2 x}}\mathrm{d}x$; (9) $\int \dfrac{\mathrm{d}x}{x(2x+3)^2}$;

(10) $\int \dfrac{\sqrt{x^2-1}}{x^3}\mathrm{d}x$ （提示：令 $t = \dfrac{1}{x}$）;

(11) $\int \sin \ln x \,\mathrm{d}x$; (12) $\int \ln(x+\sqrt{1+x^2})\,\mathrm{d}x$;

(13) $\int (\arcsin x)^2 \mathrm{d}x$; (14) $\int \dfrac{x}{\sqrt{1+x^2}(1-x^2)}\mathrm{d}x$;

(15) $\int \dfrac{x}{1+\cos x}\mathrm{d}x$; (16) $\int \dfrac{x-\cos x}{1+\sin x}\mathrm{d}x$;

(17) $\int \dfrac{x\ln x}{(x^2+2)^2}\mathrm{d}x$;

(18) $\int \dfrac{\ln x}{\sqrt{x^3(1-x)}}\mathrm{d}x$ （提示：先求 $\int \dfrac{\mathrm{d}x}{\sqrt{x^3(1-x)}} = \int \dfrac{\mathrm{d}x}{x^2\sqrt{\dfrac{1-x}{x}}}$）;

(19) $\int \dfrac{\cos 2x}{\sin^4 x + \cos^4 x}\mathrm{d}x$ （提示：$\sin^4 x + \cos^4 x = 1 - \dfrac{1}{2}\sin^2 2x$）;

(20) $\int \dfrac{\sin 2x}{\sin^4 x + \cos^4 x}\mathrm{d}x$ （提示：$\sin^4 x + \cos^4 x = \dfrac{1}{2} + \dfrac{1}{2}\cos^2 2x$）.

6. 用指定的变量替换求 $\int \dfrac{\mathrm{d}x}{x\sqrt{x^2-1}}$:

(1) $t = \dfrac{1}{x}$; (2) $t = \sqrt{x^2-1}$; (3) $t = \sqrt{\dfrac{x+1}{x-1}}$.

用指定的变量替换求 7～9 题：

7. $\int \dfrac{1}{\sqrt{a^2-x^2}}\mathrm{d}x$ $\left(t = \sqrt{\dfrac{a+x}{a-x}}\right)$.

8. $\int \dfrac{1}{\sqrt{x^2+a^2}}\mathrm{d}x$ $\left(t = \sqrt{x^2+a^2}+x, 即 x = \dfrac{t^2-a^2}{2t}\right)$.

9. $\int \dfrac{1}{x^4 \sqrt{1+x^2}} dx \quad \left(t = \dfrac{1}{x}\right).$

10. 求下列递推公式(n 为正整数):

(1) $I_n = \int x^n e^x dx$;

(2) $I_n = \int (\arcsin x)^n dx.$

第 6 章

定 积 分

一元函数积分学包含两个基本问题,不定积分是第一个基本问题. 本章讲的定积分是第二个基本问题. 定积分有非常广泛的实际背景,在几何学、物理学、经济学等领域有着大量的应用. 定积分的概念是作为某种和的极限引入的,表面上看起来它与不定积分是两类不同的问题,在历史上,它们的发展也是相互独立的. 直到 17 世纪,牛顿和莱布尼茨分别发现了定积分与不定积分的内在联系,使定积分的计算成为可能,从而推动了积分学的发展.

本章介绍定积分的概念与基本性质、定积分与不定积分的关系、定积分的计算与简单应用以及反常积分初步.

§6.1 定积分的概念与性质

一、两个实例

例 1 曲边梯形的面积

在初等数学中,我们已学会计算三角形、矩形、圆、梯形等平面图形的面积,但是一般图形的面积如何计算呢? 为此,首先引进曲边梯形的概念. 所谓曲边梯形,是指这样的四边形:它的一边是一段曲线弧,另三边为直线,其中两条直边相互平行,第三条直边与它们垂直,称为底边(如图 6-1). 如图 6-2 所示的曲边梯形,可以看成是一条平行边缩成了一点,称之为曲边三角形(也可以两条平行的边都缩成一点).

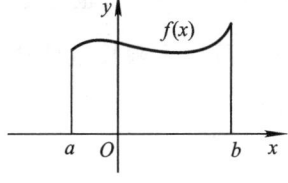

图 6-1

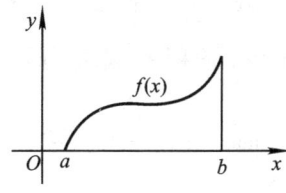

图 6-2

设曲边梯形由连续曲线 $y=f(x)(f(x)>0)$, $x=a$, $x=b$ 及 x 轴围成,记其面积为 S(如图 6-3).

曲边梯形与矩形不同之处,在于曲边梯形的高是变化的,若用平行于 y 轴的一组直线细分曲边梯形,就会得到许多小曲边梯形. 每一个小曲边梯形的曲边用直线去代替,称为"以直代曲",这样就可以通过计算小矩形的面积和,得到曲边梯形面积的近似值,取其极限可以得到面积 S. 具体作法如下:

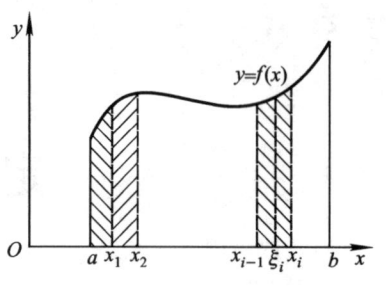

图 6-3

(1) **分割**

用 $n+1$ 个分点 $a=x_0<x_1<x_2<\cdots<x_{i-1}<x_i<\cdots<x_n=b$,把区间 $[a,b]$ 分成 n 个小区间 $[x_0,x_1],\cdots,[x_{i-1},x_i],\cdots,[x_{n-1},x_n]$,小区间的长度为 $\Delta x_i=x_i-x_{i-1}(i=1,2,\cdots,n)$.

过分点 x_i 作 y 轴的平行线,将曲边梯形分成 n 个小曲边梯形(如图 6-3). 分别记它们的面积为 $\Delta S_i(i=1,2,\cdots,n)$,则有

$$S = \Delta S_1 + \Delta S_2 + \cdots + \Delta S_n = \sum_{i=1}^{n} \Delta S_i$$

(2) **近似代替(以直代曲)**

由于 $f(x)$ 连续,当分割较细时,在小区间内 $f(x)$ 的值变化不大,故在第 i 个小区间 $[x_{i-1},x_i]$ 上任取一点 ξ_i,将第 i 个小曲边梯形的面积用以 Δx_i 为底, $f(\xi_i)$ 为高的小矩形面积近似代替,于是

$$\Delta S_i \approx f(\xi_i)\Delta x_i \quad (i=1,2,\cdots,n)$$

(3) **求和**

将 n 个小矩形的面积加起来,得到一个和式 $\sum_{i=1}^{n} f(\xi_i)\Delta x_i$(称为黎曼和),它是曲边梯形面积的近似值,即

$$S = \sum_{i=1}^{n} \Delta S_i \approx \sum_{i=1}^{n} f(\xi_i)\Delta x_i$$

(4) **取极限**

显然,和式 $\sum_{i=1}^{n} f(\xi_i)\Delta x_i$ 与区间 $[a,b]$ 的分割方法有关,也与 ξ_i 的取法有关. 但当分点非常稠密,亦即分割充分细时,它就可以无限接近曲边梯形的面积 S.

记 $\lambda = \max_{1\leq i\leq n}\{\Delta x_i\}$,令 $\lambda \to 0$,则有

$$S = \lim_{\lambda \to 0} \sum_{i=1}^{n} f(\xi_i)\Delta x_i$$

例2 变速直线运动的路程问题

设质点沿直线作变速运动,其速度 $v = v(t)$,求在时间间隔 $[a,b]$ 内质点所走的路程.

在平面直角坐标系中,作出 $v = v(t)(t \in [a,b])$ 的图形,则此曲边梯形的面积,就是质点所走的路程,其原因是,在匀速运动中,速度 v 与时间 t 无关,是常数,路程 $s = vt = v(b-a)$,对于变速运动问题的思想方法与例 1 一样,即对时间无限细分,在每一个小时间间隔内,把变速看作匀速,其步骤仍为分割、近似代替、求和、取极限.

(1) 分割

把区间 $[a,b]$ 用 $n+1$ 个分点 $a = t_0 < t_1 < \cdots < t_{i-1} < t_i < \cdots < t_n = b$ 分成 n 个小区间 $[t_{i-1}, t_i]$,小区间长记作 $\Delta t_i = t_i - t_{i-1} (i = 1, 2, \cdots, n)$.

(2) 近似代替(以不变代变)

在 $[t_{i-1}, t_i]$ 内任取一点 η_i,将质点的变速运动近似看作以等速 $v(\eta_i)$ 运动,在时间间隔 Δt_i 内所走的路程

$$\Delta s_i \approx v(\eta_i) \Delta t_i \quad (i = 1, 2, \cdots, n)$$

(3) 求和

在时间间隔 $[a,b]$ 内,质点所走的总路程为

$$s = \sum_{i=1}^{n} \Delta s_i \approx \sum_{i=1}^{n} v(\eta_i) \Delta t_i$$

(4) 取极限

记 $\lambda = \max_{1 \leq i \leq n} \{\Delta t_i\}$,令 $\lambda \to 0$,则

$$s = \lim_{\lambda \to 0} \sum_{i=1}^{n} v(\eta_i) \Delta t_i$$

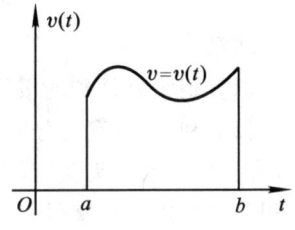

图 6-4

最后得到的就是图 6-4 中曲边梯形的面积,即总路程 s.

以上虽是两个不同范畴的实际问题,但从数学的角度来看,其解决问题的思想和步骤是一样的.这一类问题还可以举出很多,如物理学中变力作功、液体侧压力;几何学中旋转体的体积,平面曲线的弧长;经济学中总量与剩余等等,都是用上面的方法来处理的.因此,数学家把这一方法加以概括抽象,得到了定积分的概念.

二、定积分的定义

定义 6.1 设函数 $f(x)$ 在区间 $[a,b]$ 上有定义,用 (a,b) 内任意 $n-1$ 个分点

$$a = x_0 < x_1 < \cdots < x_{i-1} < x_i < \cdots < x_n = b$$

将区间 $[a,b]$ 分成 n 个小区间 $[x_0,x_1],[x_1,x_2],\cdots,[x_{i-1},x_i],\cdots,[x_{n-1},x_n]$，小区间长为 $\Delta x_i = x_i - x_{i-1}\,(i=1,2,\cdots,n)$. 在每个小区间上任取一点 $\xi_i \in [x_{i-1},x_i]$，作积

$$f(\xi_i)\Delta x_i \quad (i=1,2,\cdots,n)$$

求和

$$S_n = \sum_{i=1}^{n} f(\xi_i)\Delta x_i \tag{6-1}$$

记 $\lambda = \max\limits_{1\leq i\leq n}\{\Delta x_i\}$，令 $\lambda \to 0$，若不论区间分割如何，ξ_i 取法如何，极限

$$\lim_{\lambda \to 0} S_n = \lim_{\lambda \to 0} \sum_{i=1}^{n} f(\xi_i)\Delta x_i$$

存在，则称此极限值为函数 $f(x)$ 在区间 $[a,b]$ 上的**定积分**，记作 $\int_a^b f(x)\mathrm{d}x$，即

$$\int_a^b f(x)\mathrm{d}x = \lim_{\lambda \to 0} \sum_{i=1}^{n} f(\xi_i)\Delta x_i \tag{6-2}$$

这时称函数 $f(x)$ 在区间 $[a,b]$ 上**可积**. a 和 b 分别称为积分下限和积分上限，$[a,b]$ 称为积分区间，其他名称与不定积分相同. 由(6-2)不难得到

$$\int_a^b \mathrm{d}x = b-a, \quad \int_a^b 0\mathrm{d}x = 0 \tag{6-3}$$

注意

(1) 定积分是和的极限，因此它是一个数，这与不定积分不一样；

(2) 和 S_n 显然与分割法、ξ_i 的取法有关，但 S_n 的极限存在则要求与区间的分割法、ξ_i 的取法无关，因此，定积分仅与被积函数 $f(x)$ 和积分区间 $[a,b]$ 有关，与积分变量用什么字母表示无关，即有

$$\int_a^b f(x)\mathrm{d}x = \int_a^b f(t)\mathrm{d}t \tag{6-4}$$

(3) 极限过程是 $\lambda \to 0$，而不仅仅只是 $n \to \infty$：前者是无限细分的过程，后者是分点无限增加的过程，无限细分，分点必然要求无限增加，但分点无限增加，并不能保证无限细分；

(4) 在定积分定义中，实际假定了 $a < b$，为了今后使用方便，我们规定：

当 $a > b$ 时，$\quad \int_a^b f(x)\mathrm{d}x = -\int_b^a f(x)\mathrm{d}x \tag{6-5}$

这表明，定积分的上下限互换时，定积分的值变号. 当 $a = b$ 时，

$$\int_a^a f(x)\mathrm{d}x = 0 \tag{6-6}$$

(5) 关于函数的可积性，我们只需要知道下面几个重要结论：

① 可积函数必有界；

② 有限闭区间 $[a,b]$ 上的连续函数可积；

③ 在有限区间$[a,b]$上只有有限个间断点的有界函数可积.

三、定积分的几何意义

若连续函数$f(x)\geqslant 0$,由例1可知,定积分$\int_a^b f(x)\mathrm{d}x$表示由曲线$y=f(x)$,直线$x=a,x=b(a<b)$以及x轴所围成的曲边梯形的面积S(如图6-3). 即
$$S = \int_a^b f(x)\mathrm{d}x;$$
若$f(x)\leqslant 0$,由$y=f(x),y=0,x=a,x=b(a<b)$所围图形在x轴下方,定积分$\int_a^b f(x)\mathrm{d}x$表示上述曲边梯形面积的负值;若$f(x)$在$[a,b]$上既取正值又取负值时,则函数$f(x)$图形的某些部分在x轴上方,另外部分在x轴下方,此时所围的面积按上述规则相应地赋予正、负号,则定积分$\int_a^b f(x)\mathrm{d}x$的值就是这些面积的代数和.

例3 计算由抛物线$y=x^2$,直线$x=0,x=b(b>0)$及x轴所围成的平面图形的面积S,如图6-5.

解 $S = \int_0^b x^2 \mathrm{d}x.$

由于x^2是$[0,b]$上的连续函数,因而是可积函数,故和式$\sum_{i=1}^n f(\xi_i)\Delta x_i$的极限值与区间的分法、$\xi_i$的取法无关. 因此不妨将区间$[0,b]$分成$n$等份,$\xi_i$取区间$[x_{i-1},x_i]$的右端点$x_i$,即$\xi_i = x_i$.

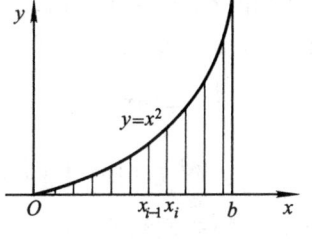

图6-5

小区间长 $\Delta x_i = \dfrac{b}{n}$

分点 $x_i = i\dfrac{b}{n}(i=1,2,\cdots,n)$. 作积分和
$$S_n = \sum_{i=1}^n f(\xi_i)\Delta x_i = \sum_{i=1}^n \left(i\dfrac{b}{n}\right)^2 \dfrac{b}{n} = \dfrac{b^3}{n^3}\sum_{i=1}^n i^2$$

由初等数学知
$$1^2 + 2^2 + \cdots + n^2 = \dfrac{n(n+1)(2n+1)}{6}$$

所以当$\lambda \to 0$,即$n\to\infty$
$$\int_0^b x^2\mathrm{d}x = \lim_{n\to\infty} S_n = \lim_{n\to\infty} \dfrac{b^3}{6}\dfrac{n(n+1)(2n+1)}{n^3} = \dfrac{b^3}{3}$$

四、定积分的基本性质

性质 6.1 设 $f(x),g(x)$ 在 $[a,b]$ 上可积,α,β 是任意常数,那么 $\alpha f(x)+\beta g(x)$,$f(x)g(x)$ 在 $[a,b]$ 上可积,并且

$$\int_a^b [\alpha f(x)+\beta g(x)]\,\mathrm{d}x = \alpha \int_a^b f(x)\,\mathrm{d}x + \beta \int_a^b g(x)\,\mathrm{d}x \qquad (6-7)$$

关于 $\alpha f(x)+\beta g(x)$ 以及 $f(x)g(x)$ 在 $[a,b]$ 上的可积性要用到极限的数学定义,在这里我们就不作介绍了. 而(6-7)很容易由(6-2)及极限的性质得到.

性质 6.2 设 $c \in (a,b)$,则 $f(x)$ 在 $[a,b]$ 上可积的充要条件是 $f(x)$ 在 $[a,c]$ 和 $[c,b]$ 上都可积;不论 a,b,c 三点在数轴上的位置如何,只要以下 3 个积分存在(即被积函数在积分区间上可积),则一定成立

$$\int_a^b f(x)\,\mathrm{d}x = \int_a^c f(x)\,\mathrm{d}x + \int_c^b f(x)\,\mathrm{d}x \qquad (6-8)$$

该性质的证明同样需要极限的数学定义,对此我们就不作介绍了. 当 $a<c<b$ 时,公式(6-8)可以由平面图形面积相加的性质来理解它的正确性(如图 6-6);当 a,b,c 三点在数轴上位置任意时,不妨设 $c<a<b$,这时

$$\int_c^b f(x)\,\mathrm{d}x = \int_c^a f(x)\,\mathrm{d}x + \int_a^b f(x)\,\mathrm{d}x$$

$$\int_a^c f(x)\,\mathrm{d}x + \int_c^b f(x)\,\mathrm{d}x = \int_a^c f(x)\,\mathrm{d}x + \int_c^a f(x)\,\mathrm{d}x + \int_a^b f(x)\,\mathrm{d}x$$

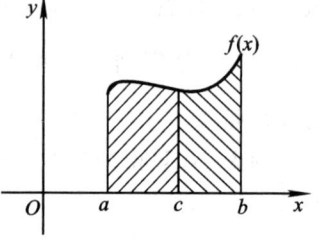

图 6-6

由(6-5)我们知道

$$\int_a^c f(x)\,\mathrm{d}x + \int_c^a f(x)\,\mathrm{d}x = 0$$

因此

$$\int_a^c f(x)\,\mathrm{d}x + \int_c^b f(x)\,\mathrm{d}x = \int_a^b f(x)\,\mathrm{d}x$$

公式(6-8)正确.

性质 6.3 设 $f(x),g(x)$ 在 $[a,b]$ 上可积,并且

$$f(x) \leqslant g(x), x \in [a,b]$$

则

$$\int_a^b f(x)\,\mathrm{d}x \leqslant \int_a^b g(x)\,\mathrm{d}x \qquad (6-9)$$

不等式(6-9)可以由极限的性质推得,不过我们还可以利用平面图形面积来理解它的正确性(如图 6-7).

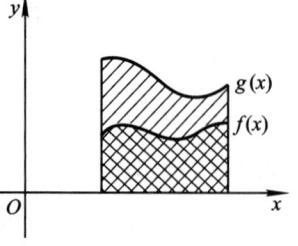

图 6-7

§6.1 定积分的概念与性质

由性质 6.3 我们容易得到如下一些推论.

推论 6.1 设 $f(x)$ 在 $[a,b]$ 上可积,并且 $f(x) \geq 0, x \in [a,b]$,则
$$\int_a^b f(x) \mathrm{d}x \geq 0$$

推论 6.2 设 $f(x)$ 在 $[a,b]$ 上可积,并且存在常数 m, M,使得
$$m \leq f(x) \leq M, x \in [a,b]$$
则
$$m(b-a) \leq \int_a^b f(x) \mathrm{d}x \leq M(b-a)$$

例 4 估计积分值 $\int_{\frac{\pi}{4}}^{\pi} (1 + \cos^2 x) \mathrm{d}x$ 的大小.

解 令 $f(x) = 1 + \cos^2 x$,

显然 $x = \frac{\pi}{2}$ 时, $f\left(\frac{\pi}{2}\right) = 1$ 为最小值, $f(\pi) = 2$ 为最大值.

即 $1 \leq f(x) \leq 2$

由推论 6.2,有
$$1 \cdot \left(\pi - \frac{\pi}{4}\right) \leq \int_{\frac{\pi}{4}}^{\pi} (1 + \cos^2 x) \mathrm{d}x \leq 2 \cdot \left(\pi - \frac{\pi}{4}\right)$$

从而 $\quad \dfrac{3}{4}\pi \leq \int_{\frac{\pi}{4}}^{\pi} (1 + \cos^2 x) \mathrm{d}x \leq \dfrac{3}{2}\pi$

例 5 比较积分
$$\int_0^1 \mathrm{e}^x \mathrm{d}x \text{ 与 } \int_0^1 (1+x) \mathrm{d}x \text{ 的大小}.$$

解 由于当 $x \in [0,1]$ 时, $\mathrm{e}^x \geq 1 + x$,由性质 6.3 可知, $\int_0^1 \mathrm{e}^x \mathrm{d}x \geq \int_0^1 (1+x) \mathrm{d}x$.

性质 6.4 设 $f(x)$ 在 $[a,b]$ 上可积,则 $|f(x)|$ 在 $[a,b]$ 上可积,且
$$\left| \int_a^b f(x) \mathrm{d}x \right| \leq \int_a^b |f(x)| \mathrm{d}x \tag{6-10}$$

关于 $|f(x)|$ 的可积性我们就不介绍了,至于(6-10),由于
$$-|f(x)| \leq f(x) \leq |f(x)|, x \in [a,b]$$

根据性质 6.3
$$-\int_a^b |f(x)| \mathrm{d}x \leq \int_a^b f(x) \mathrm{d}x \leq \int_a^b |f(x)| \mathrm{d}x$$

即
$$\left| \int_a^b f(x) \mathrm{d}x \right| \leq \int_a^b |f(x)| \mathrm{d}x$$

性质 6.5(积分中值定理) 设 $f(x)$ 在 $[a,b]$ 上连续,则存在 $c \in [a,b]$,使得

$$\int_a^b f(x)\mathrm{d}x = f(c)(b-a) \qquad (6-11)$$

证明 因为 $f(x)$ 在 $[a,b]$ 上连续,所以 $f(x)$ 在 $[a,b]$ 上有最大值 M 和最小值 m,由推论 6.2 可知

$$m(b-a) \leqslant \int_a^b f(x)\mathrm{d}x \leqslant M(b-a)$$

从而

$$m \leqslant \frac{1}{b-a}\int_a^b f(x)\mathrm{d}x \leqslant M$$

这说明 $\frac{1}{b-a}\int_a^b f(x)\mathrm{d}x$ 是介于最大值 M 与最小值 m 之间的一个数,由闭区间上连续函数的介值定理可知,存在一点 $c \in [a,b]$,使得

$$f(c) = \frac{1}{b-a}\int_a^b f(x)\mathrm{d}x$$

即

$$\int_a^b f(x)\mathrm{d}x = f(c)(b-a)$$

另外,使得 (6-11) 成立的 c 可以位于 (a,b) 内,即,设 $f(x)$ 在 $[a,b]$ 上连续,则存在 $c \in (a,b)$,使得 (6-11) 成立. 对此,我们就不作介绍了.

性质 6.5 的几何背景是:若 $f(x)$ 在 $[a,b]$ 上连续,且 $f(x) \geqslant 0, x \in [a,b]$,则由 $x = a, x = b, x$ 轴,$y = f(x)$ 所围成的曲边梯形的面积一定与某个矩形面积相等(如图 6-8).

通常称 $\frac{1}{b-a}\int_a^b f(x)\mathrm{d}x$ 为函数 $f(x)$ 在 $[a,b]$ 上的平均值.

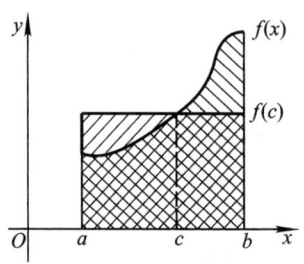

图 6-8

例 6 设 $f(x)$ 在 $[a,b]$ 上连续,在 (a,b) 内可导,且存在 $c \in (a,b)$,使得

$$\int_a^c f(x)\mathrm{d}x = f(b)(c-a)$$

证明在 (a,b) 内存在一点 ξ,使得 $f'(\xi) = 0$.

证明 由于 $f(x)$ 在 $[a,b]$ 上连续,知道 $f(x)$ 在 $[a,c]$ 上连续,又由积分中值定理知道,存在 $\eta \in [a,c]$,使得

$$\int_a^c f(x)\mathrm{d}x = f(\eta)(c-a)$$

因此 $\eta \neq b$ 且 $f(\eta) = f(b)$,由罗尔中值定理知道存在一点 $\xi \in (\eta,b) \subset (a,b)$,使

得 $f'(\xi) = 0$.

练习 6.1

1. 根据定积分的几何意义,说明下列各式的正确性：

(1) $\int_0^{2\pi} \sin x \, dx = 0$；

(2) $\int_{-2}^{2} (x^2 + 1) \, dx = 2 \int_0^2 (x^2 + 1) \, dx$；

(3) $\int_{-1}^{1} x^3 \, dx = 0$；

(4) $\int_{-1}^{1} |2x| \, dx = 4 \int_0^1 x \, dx$.

2. 利用定积分的几何意义,求下列积分：

(1) $\int_{-1}^{2} x \, dx$；

(2) $\int_{-2}^{1} |x + 1| \, dx$；

(3) $\int_{-2}^{2} \sqrt{4 - x^2} \, dx$；

(4) $\int_{-1}^{1} \arctan x \, dx$.

3. 不计算积分,比较下列各积分值的大小：

(1) $\int_0^1 x^2 \, dx$ 与 $\int_0^1 x^3 \, dx$；

(2) $\int_1^2 x^2 \, dx$ 与 $\int_1^2 x^3 \, dx$；

(3) $\int_3^4 \ln x \, dx$ 与 $\int_3^4 (\ln x)^2 \, dx$；

(4) $\int_0^1 e^x \, dx$ 与 $\int_0^1 e^{x^2} \, dx$；

(5) $\int_0^{\frac{\pi}{2}} \sin x \, dx$ 与 $\int_0^{\frac{\pi}{2}} x \, dx$；

(6) $\int_{-\frac{\pi}{2}}^{0} \cos x \, dx$ 与 $\int_0^{\frac{\pi}{2}} \cos x \, dx$.

4. 利用定积分的性质,估计下列积分值：

(1) $I = \int_0^2 e^{x^2 - x} \, dx$；

(2) $I = \int_{\frac{\pi}{4}}^{\frac{5\pi}{4}} (1 + \sin^2 x) \, dx$；

(3) $I = \int_{\frac{\sqrt{3}}{3}}^{\sqrt{3}} x \arctan x \, dx$；

(4) $I = \int_0^1 \frac{x^5}{\sqrt{1 + x}} \, dx$；

(5) $I = \int_0^2 \frac{5 - x}{9 - x^2} \, dx$；

(6) $I = \int_0^{\frac{\pi}{2}} \frac{\sin x}{x} \, dx$.

5. 设 $a < b$,用定积分的几何意义确定 a, b 取何值时,积分 $\int_a^b (x + 1)(x - 2) \, dx$ 取得最小值？

§6.2 微积分基本定理

上一节我们学习了定积分及其基本性质. 在那里我们学到 $\int_a^b f(x) \, dx$ 是一个与 $f(x), a, b$ 有关的常数,当 $f(x)$ 和 a 固定时,$\int_a^b f(x) \, dx$ 就是一个依赖于 b 的常数. 从函数的观点来看,设 $f(x)$ 在 $[a, b]$ 上可积,那么定积分 $\int_a^x f(t) \, dt, x \in [a, b]$ 就是其上限 x 的(定义在 $[a, b]$ 上的)函数,称其为变上限的积分；类似地

$\int_x^b f(t)\,\mathrm{d}t$ 也是一个关于 x 的函数,称其为变下限的积分. 变上限积分与变下限积分统称为变限积分. 本节我们就来学习变限积分这种函数的性质.

一、变限积分与原函数

首先,变限积分 $\int_a^x f(t)\,\mathrm{d}t$ 是 $[a,b]$ 上的连续函数.

定理 6.1 设 $f(x)$ 在 $[a,b]$ 上可积,则 $F(x)=\int_a^x f(t)\,\mathrm{d}t$ 是 $[a,b]$ 上的连续函数.

证明 我们只证 $F(x)$ 在 (a,b) 内处处连续,对于 $x=a$ 处的右连续和 $x=b$ 处的左连续也类似可证.

设 $x_0 \in (a,b)$,对于 x_0 的任一改变量 Δx,当 $x_0+\Delta x \in (a,b)$ 时,

$$F(x_0+\Delta x)-F(x_0)=\int_a^{x_0+\Delta x}f(t)\,\mathrm{d}t-\int_a^{x_0}f(t)\,\mathrm{d}t=\int_{x_0}^{x_0+\Delta x}f(t)\,\mathrm{d}t$$

由于 $f(x)$ 在 $[a,b]$ 上可积必有界,设 $|f(x)|\le M, x\in[a,b]$,那么由性质 6.4 和 (6-3)式可知

$$|F(x_0+\Delta x)-F(x_0)|=\left|\int_{x_0}^{x_0+\Delta x}f(t)\,\mathrm{d}t\right|\le M|\Delta x|$$

从而推得

$$\lim_{\Delta x \to 0} F(x_0+\Delta x)=F(x_0)$$

由 x_0 的任意性,知道 $F(x)=\int_a^x f(t)\,\mathrm{d}t$ 在 (a,b) 内处处连续.

其次,关于 $\int_a^x f(t)\,\mathrm{d}t$ 在 $[a,b]$ 上的可导性我们有下面的结论.

定理 6.2 设 $f(x)$ 在 $[a,b]$ 上连续,则 $F(x)=\int_a^x f(t)\,\mathrm{d}t$ 在 $[a,b]$ 上连续可导,且

$$F'(x)=\left(\int_a^x f(t)\,\mathrm{d}t\right)'=f(x),\quad x\in[a,b] \qquad (6-12)$$

证明 我们只要证明(6-12)式成立即可,并且我们只对 $x\in(a,b)$ 来证明,$x=a$ 处的右导数与 $x=b$ 处的左导数也类似可证.

设 $x_0\in(a,b)$,给定 x_0 的改变量 Δx,使得 $x_0+\Delta x \in(a,b)$,那么当 $\Delta x\ne 0$ 时

$$\frac{F(x_0+\Delta x)-F(x_0)}{\Delta x}=\frac{1}{\Delta x}\int_{x_0}^{x_0+\Delta x}f(t)\,\mathrm{d}t$$

由积分中值定理可知,存在 ξ 介于 x_0 与 $x_0+\Delta x$ 之间,使得

$$\frac{1}{\Delta x}\int_{x_0}^{x_0+\Delta x}f(t)\,\mathrm{d}t=f(\xi)$$

从而当 $\Delta x \to 0$ 时,$\xi \to x_0$,由 $f(x)$ 在 x_0 点的连续性,可得
$$\lim_{\Delta x \to 0} \frac{F(x_0 + \Delta x) - F(x_0)}{\Delta x} = \lim_{\Delta x \to 0} f(\xi) = f(x_0)$$
即
$$F'(x_0) = f(x_0)$$
由 x_0 的任意性,可知 $F(x)$ 在 (a,b) 内处处可导,且其导数 $f(x)$ 在 (a,b) 内连续.

以上讨论的是变上限积分 $F(x) = \int_a^x f(t) \mathrm{d}t$ 在 $[a,b]$ 上的函数性质.对于变下限积分 $G(x) = \int_x^b f(t) \mathrm{d}t$,注意到
$$G(x) = F(b) - F(x), x \in [a,b]$$
因此,由 $F(x)$ 的性质就可以直接得到 $G(x)$ 在 $[a,b]$ 上的函数性质.

由(6-12)及原函数的定义我们知道:当 $f(x)$ 在 $[a,b]$ 上连续时,$f(x)$ 在 $[a,b]$ 上存在原函数且 $F(x) = \int_a^x f(t) \mathrm{d}t$ 就是 $f(x)$ 在 $[a,b]$ 上的一个原函数.因此定理 6.2 有时也称为原函数存在定理.

另外,公式(6-12)是变限积分求导公式,它的一般形式是

推论 6.3 设 $f(x)$ 在 $[a,b]$ 上连续,$a(x),b(x)$ 在 $[a,b]$ 上可导且
$$a \leqslant a(x), b(x) \leqslant b, x \in [a,b]$$
则成立
$$\left(\int_{a(x)}^{b(x)} f(t) \mathrm{d}t \right)' = f[b(x)]b'(x) - f[a(x)]a'(x) \quad (6-13)$$

证明 设 $F(x) = \int_a^x f(t) \mathrm{d}t$,则由性质 6.2 可知
$$\int_{a(x)}^{b(x)} f(t) \mathrm{d}t = \int_a^{b(x)} f(t) \mathrm{d}t - \int_a^{a(x)} f(t) \mathrm{d}t = F[b(x)] - F[a(x)]$$
再由公式(6-12)及复合函数求导法则可知(6-13)成立.

例 1 求下列极限:

(1) $\displaystyle\lim_{x \to 0} \frac{\int_0^x f(t)(x-t) \mathrm{d}t}{x^2}$,其中 $f(x)$ 是 $(-\infty, +\infty)$ 内的连续函数;

(2) $\displaystyle\lim_{x \to +\infty} \frac{\int_0^x (\arctan t)^2 \mathrm{d}t}{\sqrt{1+x^2}}$.

解 (1) 由于
$$\int_0^x f(t)(x-t) \mathrm{d}t = x \int_0^x f(t) \mathrm{d}t - \int_0^x f(t) t \mathrm{d}t$$
且

$$\lim_{x\to 0}\int_0^x f(t)\,\mathrm{d}t = 0$$

因此由洛必达法则及(6-12)可知

$$\lim_{x\to 0}\frac{\int_0^x f(t)(x-t)\,\mathrm{d}t}{x^2} = \lim_{x\to 0}\frac{x\int_0^x f(t)\,\mathrm{d}t - \int_0^x f(t)t\,\mathrm{d}t}{x^2}$$

$$= \lim_{x\to 0}\frac{\int_0^x f(t)\,\mathrm{d}t}{2x}$$

$$= \frac{1}{2}\lim_{x\to 0}f(x) = \frac{1}{2}f(0).$$

(2) 当 $x\to +\infty$ 时,必有 $x>1$,这时

$$\int_0^x (\arctan t)^2\,\mathrm{d}t = \int_0^1 (\arctan t)^2\,\mathrm{d}t + \int_1^x (\arctan t)^2\,\mathrm{d}t$$

$$\geqslant \int_1^x (\arctan t)^2\,\mathrm{d}t \geqslant \int_1^x (\arctan 1)^2\,\mathrm{d}t$$

$$= \frac{\pi^2}{16}(x-1).$$

因此

$$\lim_{x\to +\infty}\int_0^x (\arctan t)^2\,\mathrm{d}t = +\infty.$$

由洛必达法则可得

$$\lim_{x\to +\infty}\frac{\int_0^x (\arctan t)^2\,\mathrm{d}t}{\sqrt{1+x^2}} = \lim_{x\to +\infty}\frac{(\arctan x)^2}{\frac{x}{\sqrt{1+x^2}}} = \frac{\pi^2}{4}.$$

例 2 设 $f(x)$ 在 $[a,b]$ 上连续,在 (a,b) 内可导,且 $f'(x)\leqslant 0$,证明:

$$F(x) = \frac{1}{x-a}\int_a^x f(t)\,\mathrm{d}t$$

在 (a,b) 内满足 $F'(x)\leqslant 0$.

证明 由于 $f(x)$ 在 $[a,b]$ 上连续,则 $F(x)$ 在 (a,b) 内可导,且

$$F'(x) = \frac{f(x)}{x-a} - \frac{1}{(x-a)^2}\int_a^x f(t)\,\mathrm{d}t$$

由积分中值定理知,存在一点 $\xi\in(a,x)$,使得

$$f(\xi) = \frac{1}{x-a}\int_a^x f(t)\,\mathrm{d}t$$

因此

$$F'(x) = \frac{f(x)-f(\xi)}{x-a}$$

又由 $f'(x) \le 0$,知 $f(x)$ 在 (a,b) 内单减,因而当 $x > \xi$ 时, $f(x) \le f(\xi)$,故 $x \in (a,b)$ 时

$$F'(x) \le 0$$

二、微积分基本定理(牛顿-莱布尼茨公式)

定理 6.2 提供了一种计算定积分非常有效的方法,即

定理 6.3 设 $f(x)$ 在 $[a,b]$ 上连续, $F(x)$ 是 $f(x)$ 在 $[a,b]$ 上的任意一个原函数,则有

$$\int_a^b f(x)\,\mathrm{d}x = F(b) - F(a) \tag{6-14}$$

为了计算时书写方便,常记 $F(b) - F(a) = F(x)\Big|_a^b$,即

$$\int_a^b f(x)\,\mathrm{d}x = F(x)\Big|_a^b = F(b) - F(a)$$

公式(6-14)常称为牛顿-莱布尼茨公式.

证明 因为 $F(x)$ 与 $\int_a^x f(t)\,\mathrm{d}t$ 都是 $f(x)$ 在 $[a,b]$ 上的原函数,因此它们只能相差一个常数 C,即

$$\int_a^x f(t)\,\mathrm{d}t = F(x) + C$$

令 $x = a$,可得 $C = -F(a)$,因此

$$\int_a^x f(t)\,\mathrm{d}t = F(x) - F(a), x \in [a,b]$$

特别

$$\int_a^b f(t)\,\mathrm{d}t = F(b) - F(a)$$

牛顿-莱布尼茨公式的重要作用,在于它将一个复杂的定积分计算(和式的极限)化为求被积函数一个原函数在 a,b 两点函数值之差. 但是,当被积函数的原函数不能用初等函数表示时,该公式也就无效了.

例 3 求下列定积分:

(1) $\int_a^b x^4\,\mathrm{d}x$;

(2) $\int_0^1 x\mathrm{e}^x\,\mathrm{d}x$;

(3) $\int_{\frac{\pi}{4}}^{\frac{\pi}{3}} \dfrac{1}{\sin^2 x \cos^2 x}\,\mathrm{d}x$;

(4) $\int_0^{\frac{\pi}{2}} \left|\dfrac{1}{2} - \sin x\right|\,\mathrm{d}x$.

解 (1) 由于

$$\int x^4\,\mathrm{d}x = \frac{x^5}{5} + C$$

因此

$$\int_a^b x^4 \mathrm{d}x = \frac{x^5}{5}\bigg|_a^b = \frac{1}{5}(b^5 - a^5)$$

(2) 由于

$$\int x\mathrm{e}^x \mathrm{d}x = (x-1)\mathrm{e}^x + C$$

因此

$$\int_0^1 x\mathrm{e}^x \mathrm{d}x = (x-1)\mathrm{e}^x\bigg|_0^1 = 1$$

(3) $\displaystyle\int_{\frac{\pi}{4}}^{\frac{\pi}{3}} \frac{1}{\sin^2 x \cos^2 x}\mathrm{d}x = \int_{\frac{\pi}{4}}^{\frac{\pi}{3}} \frac{\sin^2 x + \cos^2 x}{\sin^2 x \cos^2 x}\mathrm{d}x$

$$= \int_{\frac{\pi}{4}}^{\frac{\pi}{3}} \sec^2 x \mathrm{d}x + \int_{\frac{\pi}{4}}^{\frac{\pi}{3}} \csc^2 x \mathrm{d}x$$

$$= \tan x \bigg|_{\frac{\pi}{4}}^{\frac{\pi}{3}} - \cot x \bigg|_{\frac{\pi}{4}}^{\frac{\pi}{3}} = \frac{2\sqrt{3}}{3}$$

(4) $\displaystyle\int_0^{\frac{\pi}{2}} \bigg|\frac{1}{2} - \sin x\bigg| \mathrm{d}x = \int_0^{\frac{\pi}{6}} \bigg(\frac{1}{2} - \sin x\bigg)\mathrm{d}x + \int_{\frac{\pi}{6}}^{\frac{\pi}{2}} \bigg(\sin x - \frac{1}{2}\bigg)\mathrm{d}x$

$$= \bigg(\frac{x}{2} + \cos x\bigg)\bigg|_0^{\frac{\pi}{6}} + \bigg(-\cos x - \frac{x}{2}\bigg)\bigg|_{\frac{\pi}{6}}^{\frac{\pi}{2}}$$

$$= \sqrt{3} - 1 - \frac{\pi}{12}$$

例 4 设 $f(x)$ 在 $[0,1]$ 上连续，且满足

$$f(x) = x\int_0^1 f(t)\mathrm{d}t - 1$$

求 $\displaystyle\int_0^1 f(x)\mathrm{d}x$ 及 $f(x)$.

解 对等式两边求定积分，有

$$\int_0^1 f(x)\mathrm{d}x = \int_0^1 \bigg[x\int_0^1 f(t)\mathrm{d}t\bigg]\mathrm{d}x - 1 = \int_0^1 f(t)\mathrm{d}t \int_0^1 x\mathrm{d}x - 1$$

$$= \frac{1}{2}\int_0^1 f(t)\mathrm{d}t - 1 = \frac{1}{2}\int_0^1 f(x)\mathrm{d}x - 1$$

因此

$$\int_0^1 f(x)\mathrm{d}x = -2, f(x) = -2x - 1$$

练习 6.2

1. 求下列极限：

(1) $\lim\limits_{x\to 0}\dfrac{1}{x^2}\displaystyle\int_0^x \arctan t\,dt$;

(2) $\lim\limits_{x\to 1}\dfrac{\displaystyle\int_1^x \dfrac{\ln t}{t+1}dt}{(x-1)^2}$;

(3) $\lim\limits_{x\to 0}\dfrac{1}{x}\displaystyle\int_0^x (1+\sin 2t)^{\frac{1}{t}}dt$;

(4) $\lim\limits_{x\to +\infty}\left(\displaystyle\int_0^x e^{t^2}dt\right)^{\frac{1}{x^2}}$;

(5) $\lim\limits_{x\to +\infty}\dfrac{1}{x}\displaystyle\int_0^x (t+t^2)e^{t^2-x^2}dt$;

(6) $\lim\limits_{x\to 0}\dfrac{x-\displaystyle\int_0^x e^{-t^2}dt}{x\cdot\arctan x\cdot\sin x}$.

2. 求下列导数：

(1) $\dfrac{d}{dx}\displaystyle\int_{\sqrt{x}}^{x^3} e^{-t^2}dt$;

(2) $\dfrac{d}{dx}\displaystyle\int_0^x (t^3-x^3)\sin t\,dt$.

3. 设 $f(x)$ 在区间 $[a,b]$ 上连续，在 (a,b) 内可导，且 $\dfrac{2}{b-a}\displaystyle\int_a^{\frac{a+b}{2}} f(x)dx = f(b)$. 求证在 (a,b) 内至少存在一点 ξ，使 $f'(\xi)=0$.

提示：由积分中值定理知道存在 $\eta\in\left[a,\dfrac{a+b}{2}\right]$ 使得 $f(\eta)=f(b)$. 再用 $f(x)$ 在 $[\eta,b]$ 上的罗尔中值定理.

4. 求证方程 $\ln x = \dfrac{x}{e} - \displaystyle\int_0^\pi \sqrt{1-\cos 2x}\,dx$ 在 $(0,+\infty)$ 内有且仅有两个不同的实根.

提示：考虑函数
$$F(x) = \ln x - \dfrac{x}{e} - \int_0^\pi \sqrt{1-\cos 2x}\,dx$$
在 $(0,+\infty)$ 上的凹凸性，并考虑 $F(x)$ 的最大值以及区间两个端点处的极限.

5. 设 $f(x)$ 在 $[a,b]$ 上连续，且 $f(x)>0$，令
$$F(x) = \int_a^x f(t)dt + \int_b^x \dfrac{1}{f(t)}dt$$
求证：(1) $F'(x)\geq 2$;
(2) $F(x)$ 在 (a,b) 内有且仅有一个零点.

提示：(1) 利用 $a^2+b^2\geq 2ab$
(2) $F'(x)>0, F(a)<0, F(b)>0$

6. 设 $f(x)$ 为连续函数，且存在常数 a，满足
$$e^{x-1} - x = \int_x^a f(t)dt,$$
求 $f(x)$ 及常数 a.

7. 设 $f(x) = \displaystyle\int_0^x t(1-t)e^{-2t}dt$，问当 x 为何值时，$f(x)$ 取极大值或极小值.

8. 用牛顿－莱布尼茨公式计算下列定积分：

(1) $\displaystyle\int_{-1}^1 \dfrac{dx}{\sqrt{4-x^2}}$;

(2) $\displaystyle\int_{\frac{\pi}{6}}^{\frac{\pi}{3}} \tan x\,dx$;

(3) $\displaystyle\int_0^2 \dfrac{1}{4+x^2}dx$;

(4) $\displaystyle\int_{\frac{\pi}{4}}^{\frac{\pi}{3}} \dfrac{1}{\sin x\cos x}dx$;

(5) $\int_{\frac{\pi}{6}}^{\frac{\pi}{3}} \tan^2 x \, dx$;

(6) $\int_0^{\pi} \sqrt{1 - \sin 2x} \, dx$;

(7) $\int_2^3 \frac{dx}{x^4 - x^2}$;

(8) $\int_1^e \frac{x^2 + \ln x^2}{x} dx$;

(9) $\int_{\frac{\pi}{4}}^{\frac{\pi}{2}} \frac{x \cos x + \sin x}{(x \sin x)^2} dx$;

(10) $\int_{-2}^{3} \max\{1, x^4\} dx$;

(11) $\int_a^b |x| \, dx \, (a < b)$;

(12) $\int_0^1 |x - t| x \, dx$.

§6.3 定积分的换元积分法与分部积分法

用牛顿-莱布尼茨公式计算定积分时,需要求出被积函数的原函数,其中求不定积分时大多是函数式的运算,例如,换元积分法中换回原变量,分部积分法中求出的原函数都要带到下一步.为了简化计算过程,我们介绍定积分的换元积分法与分部积分法,这两种方法可以使我们对函数的几何性质有更进一步的认识.

一、定积分的换元积分法

定理 6.4 设 $f(x)$ 在 $[a,b]$ 上连续,$x = \varphi(t)$ 满足条件

(1) 当 t 在 $[\alpha, \beta]$ 上变化时,$x = \varphi(t)$ 在 $[a,b]$ 上变化;

(2) $\varphi'(t)$ 在 $[\alpha, \beta]$ 上连续且在 (α, β) 内保持定号;

(3) $a = \varphi(\alpha), b = \varphi(\beta)$,

则

$$\int_a^b f(x) \, dx = \int_{\alpha}^{\beta} f[\varphi(t)] \varphi'(t) \, dt \tag{6-15}$$

注意 (1) $\varphi'(t)$ 保号的条件是保证当 x 单调地从 a 变到 b 时,t 也单调地从 α 变到 β,另外当 $\varphi'(t) \geq 0$ 或 $\varphi'(t) \leq 0$ 且等号只在有限个值处成立时换元积分法仍然正确;

(2) 条件(3)是保证公式(6-15)中积分上、下限对齐,这一点在定积分换元积分法中很重要.

证明 因为 $f(x)$ 在 $[a,b]$ 上连续,因此它的原函数存在,设 $F(x)$ 为 $f(x)$ 的一个原函数,那么 $F[\varphi(t)]$ 是 $f[\varphi(t)]\varphi'(t)$ 的一个原函数,由牛顿-莱布尼茨公式可得

$$\int_{\alpha}^{\beta} f[\varphi(t)] \varphi'(t) \, dt = F[\varphi(t)] \Big|_{\alpha}^{\beta}$$

$$= F[\varphi(\beta)] - F[\varphi(\alpha)] = F(b) - F(a)$$

§6.3 定积分的换元积分法与分部积分法

又

$$\int_a^b f(x)\,dx = F(x)\Big|_a^b = F(b) - F(a)$$

所以

$$\int_a^b f(x)\,dx = \int_\alpha^\beta f[\varphi(t)]\varphi'(t)\,dt$$

例1 求下列定积分：

(1) $\int_0^1 x\sqrt{3-2x}\,dx$； (2) $\int_0^{\frac{\pi}{2}} x\sin x^2\,dx$；

(3) $\int_1^e \dfrac{1}{x\sqrt{1+\ln x}}\,dx$； (4) $\int_0^r \sqrt{r^2-x^2}\,dx\,(r>0)$.

解 (1) 令 $t=\sqrt{3-2x}$，则 $x=\dfrac{1}{2}(3-t^2)$，$dx=-t\,dt$. $x=0$ 时，$t=\sqrt{3}$；$x=1$ 时，$t=1$.

$$\int_0^1 x\sqrt{3-2x}\,dx = \int_{\sqrt{3}}^1 \frac{1}{2}(3-t^2)(-t^2)\,dt = \frac{1}{2}\int_1^{\sqrt{3}}(3t^2-t^4)\,dt$$

$$= \frac{t^3}{2}\Big|_1^{\sqrt{3}} - \frac{t^5}{10}\Big|_1^{\sqrt{3}} = \frac{3\sqrt{3}-2}{5}$$

(2) $\int_0^{\frac{\pi}{2}} x\sin x^2\,dx = \frac{1}{2}\int_0^{\frac{\pi}{2}} \sin x^2\,dx^2 = -\frac{1}{2}\cos x^2\Big|_0^{\frac{\pi}{2}} = \frac{1}{2} - \frac{1}{2}\cos\frac{\pi^2}{4}$.

注意 在 $\int_0^{\frac{\pi}{2}} \sin x^2\,dx^2$ 中也可以令 $t=x^2$，但是积分上下限必须作相应的变化，这时

$$\int_0^{\frac{\pi}{2}} \sin x^2\,dx^2 = \int_0^{\frac{\pi^2}{4}} \sin t\,dt = -\cos t\Big|_0^{\frac{\pi^2}{4}} = 1 - \cos\frac{\pi^2}{4}$$

(3) 令 $t=\ln x$，则 $x=e^t$，$dx=e^t\,dt$. $x=1$ 时，$t=0$；$x=e$ 时，$t=1$.

$$\int_1^e \frac{1}{x\sqrt{1+\ln x}}\,dx = \int_0^1 \frac{1}{e^t\sqrt{1+t}}e^t\,dt = \int_0^1 \frac{1}{\sqrt{1+t}}\,dt = 2\sqrt{1+t}\Big|_0^1 = 2(\sqrt{2}-1)$$

(4) 令 $x=r\sin t$，则 $dx=r\cos t\,dt$. $x=0$ 时，$t=0$；$x=r$ 时，$t=\dfrac{\pi}{2}$. 这时 $\sqrt{r^2-x^2}=r\cos t$.

$$\text{原式} = \int_0^{\frac{\pi}{2}} r^2\cos^2 t\,dt = r^2\int_0^{\frac{\pi}{2}} \frac{1+\cos 2t}{2}\,dt$$

$$= \frac{\pi}{4}r^2 + \frac{r^2}{4}\sin 2t\Big|_0^{\frac{\pi}{2}} = \frac{\pi}{4}r^2$$

从此题的计算过程来看，由于不需要把变量 t 再还原成 x，因此比先求出

$\int \sqrt{r^2-x^2}\,dx$,再利用牛顿-莱布尼茨公式求 $\int_0^r \sqrt{r^2-x^2}\,dx$ 要简单.

我们注意到,此题利用定积分的几何意义,可以直接给出答案,因为它是四分之一个半径为 r 的圆的面积.

例 2 设 $f(x)$ 在 $[-a,a]$ $(a>0)$ 上连续,证明:
$$\int_{-a}^a f(x)\,dx = \int_0^a [f(x)+f(-x)]\,dx$$

并由此证明:当 $f(x)$ 是奇函数时,
$$\int_{-a}^a f(x)\,dx = 0$$

当 $f(x)$ 是偶函数时,
$$\int_{-a}^a f(x)\,dx = 2\int_0^a f(x)\,dx$$

证明 由于
$$\int_{-a}^a f(x)\,dx = \int_0^a f(x)\,dx + \int_{-a}^0 f(x)\,dx$$

在 $\int_{-a}^0 f(x)\,dx$ 中令 $x=-t$,则
$$\int_{-a}^0 f(x)\,dx = -\int_a^0 f(-t)\,dt = \int_0^a f(-x)\,dx$$

因此
$$\int_{-a}^a f(x)\,dx = \int_0^a f(x)\,dx + \int_0^a f(-x)\,dx = \int_0^a [f(x)+f(-x)]\,dx$$

当 $f(x)$ 是奇函数时,$f(-x)+f(x)=0$,$x\in[-a,a]$,因此
$$\int_{-a}^a f(x)\,dx = 0$$

当 $f(x)$ 是偶函数时,$f(-x)+f(x)=2f(x)$,$x\in[-a,a]$,因此
$$\int_{-a}^a f(x)\,dx = 2\int_0^a f(x)\,dx$$

例 3 设 $f(x)$ 是以 $T(T>0)$ 为周期的连续函数,试证明:对任何常数 a,有
$$\int_a^{a+T} f(x)\,dx = \int_0^T f(x)\,dx$$

证明 由性质 6.2 可知
$$\int_a^{a+T} f(x)\,dx = \int_a^0 f(x)\,dx + \int_0^T f(x)\,dx + \int_T^{a+T} f(x)\,dx$$

在 $\int_T^{a+T} f(x)\,dx$ 中令 $x=t+T$,则
$$\int_T^{a+T} f(x)\,dx = \int_0^a f(t+T)\,dt = \int_0^a f(t)\,dt = \int_0^a f(x)\,dx$$

由于
$$\int_a^0 f(x)\,dx + \int_0^a f(x)\,dx = 0$$
因此
$$\int_a^{a+T} f(x)\,dx = \int_0^T f(x)\,dx$$

以上两个例题是函数的几何性质在定积分中的表现,在求定积分时,考虑到函数的几何性质可以使得计算更简单,例如
$$\int_{-1}^1 x^3\sqrt{1-x^2}\,dx = 0$$
是由于被积函数是奇函数,再如
$$\int_0^{2\pi} \sin nx \cos mx\,dx = \int_{-\pi}^{\pi} \sin nx \cos mx\,dx = 0$$

例 4 设 $f(x)$ 是 $[0,1]$ 上的连续函数,证明:

(1) $\int_0^{\frac{\pi}{2}} f(\sin x)\,dx = \int_0^{\frac{\pi}{2}} f(\cos x)\,dx$;

(2) $\int_0^{\pi} xf(\sin x)\,dx = \pi\int_0^{\frac{\pi}{2}} f(\sin x)\,dx$,并由此计算定积分
$$I_n = \int_0^{\pi} \frac{x\sin^{2n}x}{\sin^{2n}x + \cos^{2n}x}\,dx\ (n\ \text{为正整数})$$

证明 (1) 令 $x = \frac{\pi}{2} - t$,则 $dx = -dt$. $x=0$ 时,$t = \frac{\pi}{2}$;$x = \frac{\pi}{2}$ 时,$t = 0$.
$$\int_0^{\frac{\pi}{2}} f(\sin x)\,dx = -\int_{\frac{\pi}{2}}^0 f(\cos t)\,dt = \int_0^{\frac{\pi}{2}} f(\cos t)\,dt = \int_0^{\frac{\pi}{2}} f(\cos x)\,dx$$

(2) 由于
$$\int_0^{\pi} xf(\sin x)\,dx = \int_0^{\frac{\pi}{2}} xf(\sin x)\,dx + \int_{\frac{\pi}{2}}^{\pi} xf(\sin x)\,dx$$

在 $\int_{\frac{\pi}{2}}^{\pi} xf(\sin x)\,dx$ 中令 $x = \pi - t$,则
$$\int_{\frac{\pi}{2}}^{\pi} xf(\sin x)\,dx = -\int_{\frac{\pi}{2}}^0 (\pi - t)f(\sin t)\,dt = \int_0^{\frac{\pi}{2}} (\pi - x)f(\sin x)\,dx$$

因此
$$\int_0^{\pi} xf(\sin x)\,dx = \int_0^{\frac{\pi}{2}} xf(\sin x)\,dx + \int_0^{\frac{\pi}{2}} (\pi - x)f(\sin x)\,dx$$
$$= \pi\int_0^{\frac{\pi}{2}} f(\sin x)\,dx$$

注意到 $\cos^2 x = 1 - \sin^2 x$,因此 $\dfrac{\sin^{2n}x}{\sin^{2n}x + \cos^{2n}x}$ 是 $f(\sin x)$ 型的函数,由

(2) 可知
$$I_n = \int_0^\pi \frac{x\sin^{2n}x}{\sin^{2n}x + \cos^{2n}x}\mathrm{d}x = \pi\int_0^{\frac{\pi}{2}} \frac{\sin^{2n}x}{\sin^{2n}x + \cos^{2n}x}\mathrm{d}x$$

再由(1)可知
$$\int_0^{\frac{\pi}{2}} \frac{\sin^{2n}x}{\sin^{2n}x + \cos^{2n}x}\mathrm{d}x = \int_0^{\frac{\pi}{2}} \frac{\cos^{2n}x}{\cos^{2n}x + \sin^{2n}x}\mathrm{d}x$$

因此
$$I_n = \frac{\pi}{2}\left(\int_0^{\frac{\pi}{2}} \frac{\sin^{2n}x}{\sin^{2n}x + \cos^{2n}x}\mathrm{d}x + \int_0^{\frac{\pi}{2}} \frac{\cos^{2n}x}{\cos^{2n}x + \sin^{2n}x}\mathrm{d}x\right)$$
$$= \frac{\pi}{2}\int_0^{\frac{\pi}{2}} \frac{\sin^{2n}x + \cos^{2n}x}{\sin^{2n}x + \cos^{2n}x}\mathrm{d}x = \frac{\pi^2}{4}$$

例 5 设 $f(x)$ 是 $(-\infty, +\infty)$ 内的连续函数,且满足
$$\int_0^x f(x-t)t\mathrm{d}t = \mathrm{e}^x - x - 1$$
求 $f(x)$.

解 在 $\int_0^x f(x-t)t\mathrm{d}t$ 中令 $u = x-t$,则 $t = x-u, \mathrm{d}t = -\mathrm{d}u$. $t=0$ 时,$u=x$;$t=x$ 时,$u=0$.
$$\int_0^x f(x-t)t\mathrm{d}t = -\int_x^0 f(u)(x-u)\mathrm{d}u$$
$$= \int_0^x f(u)(x-u)\mathrm{d}u = x\int_0^x f(u)\mathrm{d}u - \int_0^x f(u)u\mathrm{d}u$$

因此 $f(x)$ 满足
$$x\int_0^x f(u)\mathrm{d}u - \int_0^x f(u)u\mathrm{d}u = \mathrm{e}^x - x - 1$$

等式两边关于 x 求导得
$$\int_0^x f(u)\mathrm{d}u = \mathrm{e}^x - 1$$

两边再关于 x 求导得
$$f(x) = \mathrm{e}^x$$

二、定积分的分部积分法

与不定积分的分部积分法类似,我们有下面的

定理 6.5 设 $u = u(x), v = v(x)$ 在区间 $[a,b]$ 上连续可导,则下面的分部积分公式成立
$$\int_a^b u(x)v'(x)\mathrm{d}x = u(x)v(x)\Big|_a^b - \int_a^b v(x)u'(x)\mathrm{d}x \qquad (6-16)$$

例 6 求下列定积分:

(1) $\int_0^1 e^{-\sqrt{x}} dx$;   (2) $\int_0^{\frac{1}{2}} \arcsin x\, dx$.

解 (1) 令 $t = -\sqrt{x}$, 则 $x = t^2$, $dx = 2t\, dt$. $x = 0$ 时, $t = 0$; $x = 1$ 时, $t = -1$.

$$\int_0^1 e^{-\sqrt{x}} dx = 2\int_0^{-1} e^t t\, dt = 2\int_0^{-1} t\, de^t$$

$$= 2\left(te^t \bigg|_0^{-1} - \int_0^{-1} e^t dt \right)$$

$$= 2\left(-\frac{1}{e} - e^t \bigg|_0^{-1} \right) = 2 - \frac{4}{e}$$

(2) 原式 $= x\arcsin x \bigg|_0^{\frac{1}{2}} - \int_0^{\frac{1}{2}} \frac{x}{\sqrt{1-x^2}} dx$

$$= \frac{\pi}{12} + \frac{1}{2}\int_0^{\frac{1}{2}} \frac{1}{\sqrt{1-x^2}} d(1-x^2)$$

$$= \frac{\pi}{12} + \sqrt{1-x^2} \bigg|_0^{\frac{1}{2}} = \frac{\pi}{12} + \frac{\sqrt{3}}{2} - 1.$$

例 7 求定积分

$$I_n = \int_0^{\frac{\pi}{2}} \sin^n x\, dx = \int_0^{\frac{\pi}{2}} \cos^n x\, dx \quad (n = 1, 2, 3, \cdots)$$

解 $I_1 = \int_0^{\frac{\pi}{2}} \sin x\, dx = 1$, $I_2 = \int_0^{\frac{\pi}{2}} \sin^2 x\, dx = \int_0^{\frac{\pi}{2}} \frac{1-\cos 2x}{2} dx = \frac{\pi}{4}$.

当 $n \geqslant 3$ 时, 用分部积分法建立递推公式

$$I_n = \int_0^{\frac{\pi}{2}} \sin^n x\, dx = \int_0^{\frac{\pi}{2}} \sin^{n-1} x\, d(-\cos x)$$

$$= -\cos x \sin^{n-1} x \bigg|_0^{\frac{\pi}{2}} + \int_0^{\frac{\pi}{2}} \cos x\, d(\sin^{n-1} x)$$

$$= (n-1)\int_0^{\frac{\pi}{2}} \cos^2 x \sin^{n-2} x\, dx = (n-1)\left(\int_0^{\frac{\pi}{2}} \sin^{n-2} dx - \int_0^{\frac{\pi}{2}} \sin^n x\, dx \right)$$

$$= (n-1)I_{n-2} - (n-1)I_n$$

因此

$$I_n = \frac{n-1}{n} I_{n-2}$$

由此可得

$$I_{2m-1} = \frac{2m-2}{2m-1} I_{2m-3} = \frac{(2m-2)(2m-4)}{(2m-1)(2m-3)} I_{2m-5}$$

$$= \cdots = \frac{(2m-2)(2m-4)\cdots 4\cdot 2}{(2m-1)(2m-3)\cdots 5\cdot 3}I_1 = \frac{(2m-2)!!}{(2m-1)!!}$$

$$I_{2m} = \frac{2m-1}{2m}I_{2m-2} = \frac{(2m-1)(2m-3)}{2m(2m-2)}I_{2m-4}$$

$$= \cdots = \frac{(2m-1)(2m-3)\cdots 5\cdot 3}{2m(2m-2)\cdots 6\cdot 4}I_2 = \frac{(2m-1)!!}{(2m)!!}\cdot\frac{\pi}{2}$$

统一起来就是

$$I_n = \begin{cases} \dfrac{(n-1)!!}{n!!}\cdot\dfrac{\pi}{2}, & n \text{ 为偶数} \\ \dfrac{(n-1)!!}{n!!}, & n \text{ 为奇数} \end{cases} \tag{6-17}$$

我们可以直接利用这个公式来求定积分,例如

$$\int_0^{\frac{\pi}{2}}\sin^5 x\,\mathrm{d}x = \frac{4!!}{5!!} = \frac{4\times 2}{5\times 3\times 1} = \frac{8}{15}$$

$$\int_0^{\frac{\pi}{2}}\cos^8 x\,\mathrm{d}x = \frac{7!!}{8!!}\cdot\frac{\pi}{2} = \frac{7\times 5\times 3\times 1}{8\times 6\times 4\times 2}\cdot\frac{\pi}{2} = \frac{35}{256}\pi$$

练习 6.3

1. 用换元积分法计算下列各题:

(1) $\int_1^2 \dfrac{\mathrm{d}x}{(3x-1)^2}$;

(2) $\int_0^{\frac{\sqrt{2}}{3}} \sqrt{2-9x^2}\,\mathrm{d}x$;

(3) $\int_4^9 \dfrac{\sqrt{x}}{\sqrt{x}-1}\mathrm{d}x$;

(4) $\int_1^{\sqrt{3}} \dfrac{\mathrm{d}x}{x\sqrt{1+x^2}}$;

(5) $\int_1^2 \dfrac{\sqrt{x^2-1}}{x}\mathrm{d}x$;

(6) $\int_1^{e^2} \dfrac{\mathrm{d}x}{x\sqrt{1+\ln x}}$;

(7) $\int_{-1}^0 \dfrac{(1+x)e^x}{\sqrt{1+xe^x}}\mathrm{d}x$;

(8) $\int_{-\frac{1+\sqrt{5}}{2}}^{-1}(2x+1)\sqrt{1-x-x^2}\,\mathrm{d}x$;

(9) $\int_0^{\pi}\sqrt{\sin x-\sin^3 x}\,\mathrm{d}x$;

(10) $\int_{-1}^1 \dfrac{\mathrm{d}x}{1+\sqrt{1-x^2}}$.

2. 用分部积分法计算下列各题:

(1) $\int_0^{\frac{\pi}{4}} x\cos 2x\,\mathrm{d}x$;

(2) $\int_0^{e-1}(1+x)\ln^2(1+x)\,\mathrm{d}x$;

(3) $\int_0^{\frac{\pi}{2}} e^{-x}\sin 2x\,\mathrm{d}x$;

(4) $\int_0^{\sqrt{\ln 2}} x^3 e^{-x^2}\,\mathrm{d}x$;

(5) $\int_{-1}^1 x\arccos x\,\mathrm{d}x$;

(6) $\int_{-1}^0 x^2(x+1)^5\,\mathrm{d}x$.

3. 证明 $\int_0^{2\pi} \sin^n x \, dx = \begin{cases} 4\int_0^{\frac{\pi}{2}} \sin^n x \, dx, & n \text{ 为偶数} \\ 0, & n \text{ 为奇数} \end{cases}$.

4. 当 $x > 0$ 时,$f(x)$ 可导,且满足方程
$$f(x) = 1 + \int_1^x \frac{1}{x} f(t) \, dt$$
求 $f(x)$.

5. 设 $f(x) = \dfrac{1}{1+x^2} + \sqrt{1-x^2} \int_0^1 f(x) \, dx$,求 $\int_0^1 f(x) \, dx$.

6. 设连续函数 $f(x)$ 满足
$$\int_0^x f(x-t) \, dt = e^{-2x} - 1$$
求定积分
$$\int_0^1 f(x) \, dx$$

7. 设 $f(x)$ 是连续函数,证明
$$\int_0^\pi x f(\sin x) \, dx = \frac{\pi}{2} \int_0^\pi f(\sin x) \, dx.$$

提示:在 $\int_0^\pi x f(\sin x) \, dx$ 中令 $x = \pi - t$.

8. 设函数 $f(x)$ 在 $(-\infty, +\infty)$ 内连续,并满足条件
$$\int_0^x f(x-u) e^u \, du = \sin x$$
求 $f(x)$.

9. 利用函数奇偶性计算下列积分:

(1) $\int_{-\frac{\pi}{2}}^{\frac{\pi}{2}} \sin^2 x \ln(x + \sqrt{1+x^2}) \, dx$; (2) $\int_{-\frac{\pi}{2}}^{\frac{\pi}{2}} \dfrac{x}{1+\cos x} \, dx$;

(3) $\int_{-1}^1 \dfrac{1}{\sqrt{4-x^2}} \left(\dfrac{1}{1+e^x} - \dfrac{1}{2} \right) dx$; (4) $\int_{-1}^1 \cos x \arccos x \, dx$.

提示:(3) 中 $\dfrac{1}{1+e^x} - \dfrac{1}{2}$ 是奇函数;

(4) 中利用 $\arcsin x + \arccos x = \dfrac{\pi}{2}$,其中 $\arcsin x$ 是奇函数.

---

§6.4 定积分的应用

一、平面图形的面积

我们知道,$[a,b]$ 上的连续函数 $f(x) \geq 0$ 时,由 $x=a$, $x=b$, x 轴及 $y=f(x)$ 所围成的曲边梯形面积为

$$S = \int_a^b f(x)\,\mathrm{d}x$$

下面我们来讨论如何用定积分求平面图形的面积，我们分以下几种情形来讨论：

情形 1 由直线 $x=a,x=b,x$ 轴及 $y=f(x)$（其中 $f(x)$ 在 $[a,b]$ 上连续）所围成的平面图形面积（我们所讨论的平面图形都是指平面直角坐标系中有界的部分）.

考虑到 $f(x)$ 在 $[a,b]$ 上可能有正有负，而面积总是非负的，这时 $\int_a^b f(x)\,\mathrm{d}x$ 就未必是所求的面积，但是由 $x=a,x=b,x$ 轴及 $y=|f(x)|$ 所围成的平面图形面积与所求的面积是相等的（因为绝对值可以使位于 x 轴下方的部分关于 x 轴对称地变到 x 轴上方且保持 x 轴上方的部分不变，如图 6-9）. 因此所求的面积为

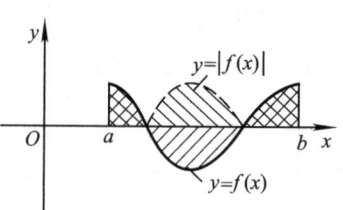

图 6-9

$$S = \int_a^b |f(x)|\,\mathrm{d}x \qquad (6-18)$$

情形 2 由直线 $x=a,x=b$，曲线 $y=f(x)$ 及曲线 $y=g(x)$ 所围的平面图形（如图 6-10）面积（其中 $f(x),g(x)$ 是 $[a,b]$ 上的连续函数）.

由情形 1 易知所求平面图形的面积为

$$S = \int_a^b |f(x) - g(x)|\,\mathrm{d}x \qquad (6-19)$$

值得注意的是，对于由曲线 $y=f(x)$ 与曲线 $y=g(x)$ 所围封闭图形（如图 6-10 中 $[c,b]$ 上的部分）的面积，应该先确定出两曲线的交点坐标，其中的横坐标就是表示面积的定积分的上下限.

情形 3 由直线 $y=c,y=d$，曲线 $x=\varphi(y)$ 及曲线 $x=\psi(y)$ 所围的平面图形（如图 6-11）面积（其中 $\varphi(y),\psi(y)$ 是 $[c,d]$ 上的连续函数）.

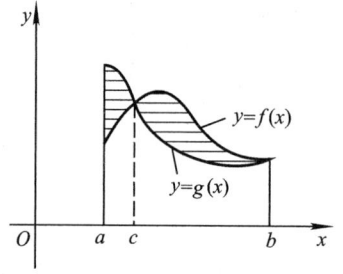

图 6-10

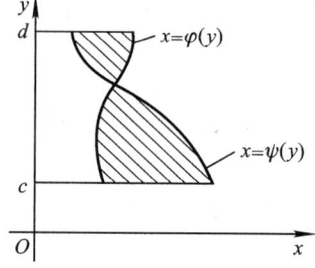

图 6-11

类似于情形 2 易知所求平面图形的面积为

$$S = \int_c^d |\varphi(y) - \psi(y)| \, dy \tag{6-20}$$

例 1 求由曲线 $y = x^2, x = y^2$ 所围平面图形的面积.

解 (1) 先画出图形,如图 6-12.

(2) 求曲线交点

$$\begin{cases} y = x^2 \\ x = y^2 \end{cases}$$

交点为 $(0,0),(1,1)$,积分限为 0 到 1,故

$$S = \int_0^1 |x^2 - \sqrt{x}| \, dx = \int_0^1 (\sqrt{x} - x^2) \, dx$$

$$= \left(\frac{2}{3} x^{\frac{3}{2}} - \frac{1}{3} x^3 \right) \Big|_0^1 = \frac{1}{3}$$

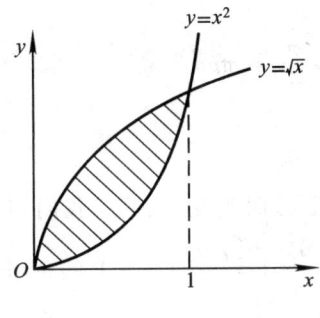
图 6-12

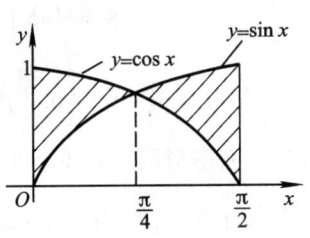
图 6-13

例 2 求由曲线 $y = \sin x, y = \cos x$ 及直线 $x = 0, x = \dfrac{\pi}{2}$ 所围图形的面积.

解 先画出草图,如图 6-13,$y = \sin x$ 与 $y = \cos x$ 交点的横坐标为 $\dfrac{\pi}{4}$. 故所求的面积为

$$S = \int_0^{\frac{\pi}{2}} |\sin x - \cos x| \, dx$$

$$= \int_0^{\frac{\pi}{4}} (\cos x - \sin x) \, dx + \int_{\frac{\pi}{4}}^{\frac{\pi}{2}} (\sin x - \cos x) \, dx$$

$$= (\sin x + \cos x) \Big|_0^{\frac{\pi}{4}} + (-\cos x - \sin x) \Big|_{\frac{\pi}{4}}^{\frac{\pi}{2}}$$

$$= 2(\sqrt{2} - 1)$$

例 3 求椭圆 $\dfrac{x^2}{a^2} + \dfrac{y^2}{b^2} \leq 1 \, (a > 0, b > 0)$ 的面积.

解 所求的面积是椭圆曲线

$$\frac{x^2}{a^2} + \frac{y^2}{b^2} = 1$$

所围成的平面图形的面积(如图 6 – 14).它相当于由曲线

$$y = b\sqrt{1 - \frac{x^2}{a^2}}, y = -b\sqrt{1 - \frac{x^2}{a^2}}$$

所围成的封闭图形的面积,两曲线的交点坐标为 $(-a,0)$ 和 $(a,0)$. 由图形的对称性,所求的面积为

$$S = 4\int_0^a b\sqrt{1 - \frac{x^2}{a^2}}\,\mathrm{d}x$$

为了求定积分,令 $x = a\sin t$,则 $x=0$ 时,$t=0$;$x=a$ 时,$t = \frac{\pi}{2}$. $\sqrt{1 - \frac{x^2}{a^2}} = \cos t$, $\mathrm{d}x = a\cos t\mathrm{d}t$,因此

$$S = 4ab\int_0^{\frac{\pi}{2}}\cos^2 t\mathrm{d}t = 4ab\,\frac{\pi}{4} = \pi ab$$

其中 $\int_0^{\frac{\pi}{2}}\cos^2 t\mathrm{d}t = \frac{\pi}{4}$,见 §6.3 例 7.

由于平面图形的面积不随坐标轴的旋转、平移而改变,从例 3 我们知道:椭圆 $\frac{x^2}{b^2} + \frac{y^2}{a^2} \leq 1$ 的面积为 $S = \pi ab$,椭圆 $\frac{(x-x_0)^2}{a^2} + \frac{(y-y_0)^2}{b^2} \leq 1$ 的面积也为 $S = \pi ab$.另外当 $a = b$ 时,椭圆 $\frac{x^2}{a^2} + \frac{y^2}{b^2} \leq 1$ 就是圆 $x^2 + y^2 \leq a^2$,它的面积就是我们熟知的 $S = \pi a^2$.

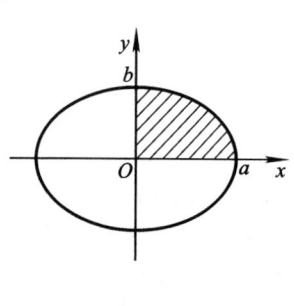

图 6 – 14

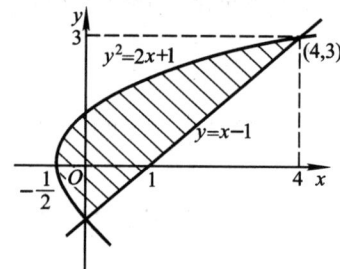

图 6 – 15

例 4 求由曲线 $y^2 = 2x + 1$ 与直线 $y = x - 1$ 所围成图形的面积.

解 先画草图(如图 6 – 15).

为确定积分限,解方程组
$$\begin{cases} y^2 = 2x + 1 \\ y = x - 1 \end{cases}$$
得交点 $(0, -1), (4, 3)$. 对 y 积分.
$$S = \int_{-1}^{3} \left[(y+1) - \frac{1}{2}(y^2 - 1) \right] dy$$
$$= \left(\frac{1}{2}y^2 - \frac{1}{6}y^3 + \frac{3}{2}y \right) \Big|_{-1}^{3} = \frac{16}{3}$$

此题如果选 x 作积分变量,则必须分成两部分,即
$$S = 2\int_{-\frac{1}{2}}^{0} \sqrt{2x+1}\, dx + \int_{0}^{4} \left[\sqrt{2x+1} - (x-1) \right] dx$$

利用定积分计算面积,一般是先画出草图,根据图形特点,选择积分变量,即对 y 积分还是对 x 积分,然后再求曲线交点,定出积分上下限,写出面积的积分表达式,最后计算定积分.

例 5 假设曲线 $L_1: y = 1 - x^2 (0 \leq x \leq 1)$,$x$ 轴和 y 轴所围区域被曲线 $L_2: y = ax^2$ 分为面积相等的两部分,其中 a 为大于零的常数,试确定 a 的值.

解 依题意画出图 6-16.
先求曲线 L_1, L_2 的交点,由
$$1 - x^2 = ax^2 \quad (0 \leq x \leq 1, a > 0)$$
解得
$$x = \frac{1}{\sqrt{1+a}}$$
$$y = \frac{a}{1+a}$$

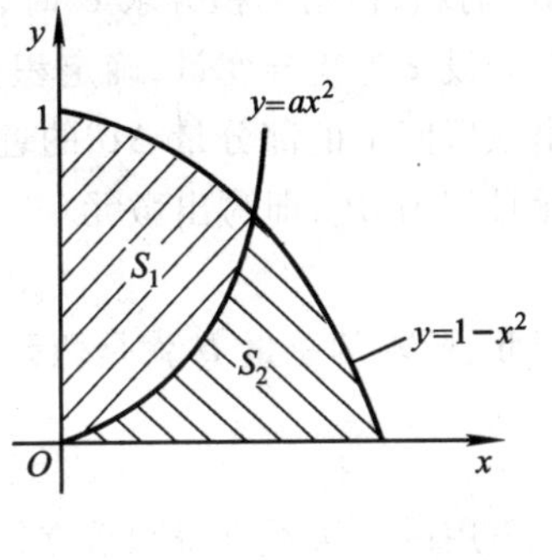

于是有
$$S_1 = \int_{0}^{\frac{1}{\sqrt{1+a}}} \left[(1 - x^2) - ax^2 \right] dx$$
$$= \left(x - \frac{1}{3}x^3 - \frac{1}{3}ax^3 \right) \Big|_{0}^{\frac{1}{\sqrt{1+a}}}$$
$$= \frac{2}{3\sqrt{1+a}}$$

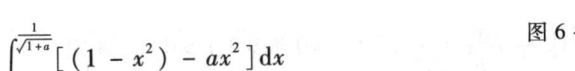

图 6-16

又
$$S_1 = \frac{1}{2}\int_{0}^{1}(1 - x^2) dx = \frac{1}{2} \cdot \frac{2}{3} = \frac{1}{3}$$

从而有

$$S_1 = \frac{2}{3\sqrt{1+a}} = \frac{1}{3}$$

于是
$$a = 3$$

二、立体的体积

用定积分计算立体的体积,我们只考虑下面两种简单情形,对一般的立体体积的计算,将在二重积分中讨论.

1. 已知平行截面面积求立体的体积

设空间某立体由一曲面和垂直于 x 轴的两平面 $x=a, x=b$ 围成(如图 6 – 17),如果用过任意点 $x(a \leqslant x \leqslant b)$ 且垂直于 x 轴的平面截立体所得的截面面积 $S(x)$ 是已知的连续函数,则此立体的体积为

$$V = \int_a^b S(x)\,dx \qquad (6-21)$$

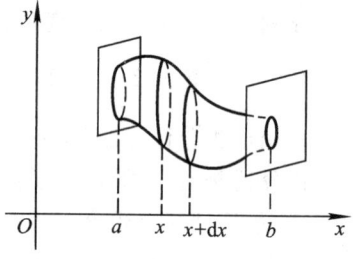

图 6 – 17

设 U 是一个总量,并且它是一些部分量 ΔU 的和,在用定积分求 U 时,通常采用"微元法",具体作法是:选定积分变量,例如设 x 为积分变量;确定积分区间 $[a,b]$,取其中任一个小区间 $[x, x+dx]$;求出该区间上的部分量 ΔU 的近似值,假设 $\Delta U \approx f(x)\,dx$,这时称 $f(x)\,dx$ 为 U 的微元且记为 dU,即写出微元

$$dU = f(x)\,dx$$

因此,所求的总量 U 就是微元 dU 在 $[a,b]$ 上的定积分

$$U = \int_a^b dU = \int_a^b f(x)\,dx$$

用微元法不难得到求立体体积的公式(6 – 21).

例 6 求椭球 $\dfrac{x^2}{a^2} + \dfrac{y^2}{b^2} + \dfrac{z^2}{c^2} \leqslant 1\,(a>0, b>0, c>0)$ 的体积.

解 如图 6 – 18,取 x 为积分变量,则 $x \in [-a, a]$;与 x 轴垂直的平面截得椭球截面为椭圆(在 x 处)

$$\frac{y^2}{b^2\left(1-\dfrac{x^2}{a^2}\right)} + \frac{z^2}{c^2\left(1-\dfrac{x^2}{a^2}\right)} \leqslant 1$$

由例 3 知道该椭圆的面积为

$$S(x) = \pi bc\left(1 - \frac{x^2}{a^2}\right)$$

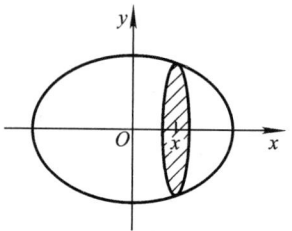

图 6 – 18

从而由(6-21)知道所求体积为

$$V = \int_{-a}^{a} S(x)\,dx = \int_{-a}^{a} \pi bc\left(1 - \frac{x^2}{a^2}\right)dx$$

$$= 2\pi bc \int_{0}^{a}\left(1 - \frac{x^2}{a^2}\right)dx$$

$$= \frac{4\pi}{3}abc$$

由例 6 我们知道,当 $a = b = c$ 时,椭球 $\frac{x^2}{a^2} + \frac{y^2}{b^2} + \frac{z^2}{c^2} \leqslant 1$ 变为球 $x^2 + y^2 + z^2 \leqslant a^2$,因此该球体的体积为 $V = \frac{4\pi}{3}a^3$.

2. 旋转体的体积

旋转体是一类特殊的平行截面面积已知的立体.下面我们讨论几种旋转体的体积计算公式.

由 $x = a$, $x = b$, x 轴及连续曲线 $y = f(x)$ 所围成的平面图形绕 x 轴旋转一周,就得到一个旋转体(如图 6-19).设 $x \in [a, b]$,在 x 处用垂直于 x 轴的平面截得该旋转体的截面是一个以 $|f(x)|$ 为半径的圆,则该截面面积为

$$S(x) = \pi[f(x)]^2$$

因此由(6-21)可知该旋转体体积为

$$V = \int_{a}^{b} S(x)\,dx$$

$$= \pi \int_{a}^{b} [f(x)]^2 dx \qquad (6-22)$$

由 $x = a$, $x = b$, $y = f(x)$, $y = g(x)$ (其中 $f(x)$, $g(x)$ 在 $[a, b]$ 上连续,且满足 $f(x) \geqslant g(x) \geqslant 0$)所围成的平面图形(如图 6-20)绕 x 轴旋转一周所得旋转体的体积为

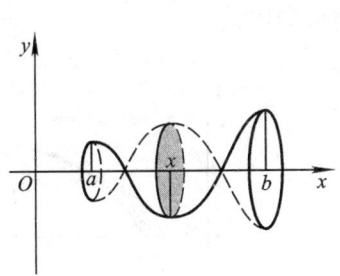

图 6-19

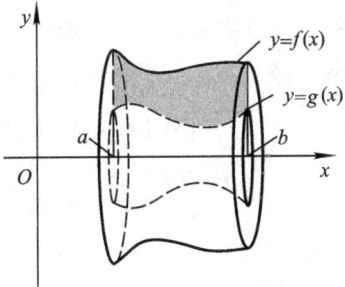

图 6-20

$$V = \pi \int_a^b ([f(x)]^2 - [g(x)]^2)\,dx \qquad (6-23)$$

类似地,由 $y=c, y=d, y$ 轴及连续曲线 $x=\varphi(y)$ 所围成的平面围形绕 y 轴旋转一周所得旋转体(如图 6-21)的体积为

$$V = \pi \int_c^d [\varphi(y)]^2\,dy \qquad (6-24)$$

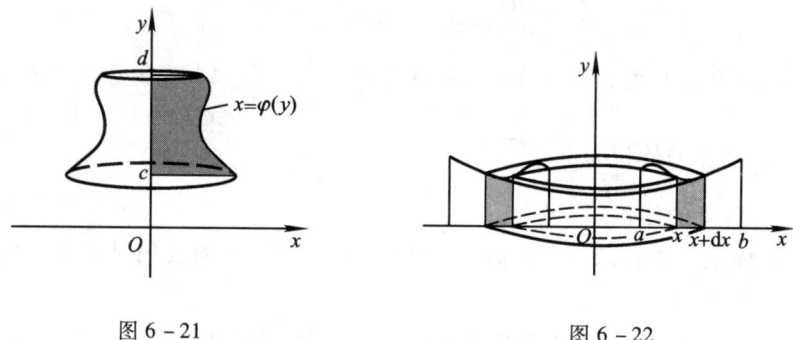

图 6-21　　　　　　　　图 6-22

但是,对于由 $x=a, x=b(b>a\geqslant 0), x$ 轴及连续曲线 $y=f(x)$ 所围成的平面图形绕 y 轴旋转一周所得旋转体(如图 6-22),其体积可用微元法来求. 在 $[x, x+dx]$ 上的部分体积

$$\Delta V \approx \pi[(x+dx)^2 - x^2]|f(x)| = \pi[2x\,dx + (dx)^2]|f(x)|$$
$$\approx 2\pi x |f(x)|\,dx$$

其中 $(dx)^2$ 相对于 dx 是高阶无穷小量(当 $dx\to 0$ 时),即体积微元为

$$dV = 2\pi x |f(x)|\,dx$$

因此,该立体体积为

$$V = \int_a^b dV = 2\pi \int_a^b x|f(x)|\,dx \qquad (6-25)$$

例 7　求 $y=\sqrt{x-1}$ 的过原点的切线与 x 轴和 $y=\sqrt{x-1}$ 所围成的平面图形(如图 6-23)绕 x 轴及 y 轴旋转一周所得旋转体的体积.

解　设 $y=\sqrt{x-1}$ 的过原点的切线方程为 $y=kx$,由于 $y=\sqrt{x-1}$ 在 $(x,\sqrt{x-1})$ 处切线斜率为

$$(\sqrt{x-1})' = \frac{1}{2\sqrt{x-1}}$$

因此在切点 $(x,\sqrt{x-1})$ 处有关系式

$$\sqrt{x-1} = kx = \frac{x}{2\sqrt{x-1}}$$

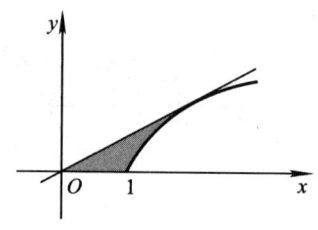

图 6-23

由此可求得 $x = 2, k = \dfrac{1}{2}$，从而切线方程为 $y = \dfrac{1}{2}x$，切点坐标为 $(2,1)$.

由直线 $y = \dfrac{1}{2}x$，曲线 $y = \sqrt{x-1}$ 及 x 轴所围平面图形绕 x 轴旋转一周所得旋转体的体积

$$V_x = \pi \int_0^2 \left(\dfrac{1}{2}x\right)^2 dx - \pi \int_1^2 (\sqrt{x-1})^2 dx = \dfrac{\pi x^3}{12}\bigg|_0^2 - \dfrac{\pi(x-1)^2}{2}\bigg|_1^2 = \dfrac{\pi}{6}$$

由直线 $y = \dfrac{1}{2}x$，曲线 $y = \sqrt{x-1}$ 及 x 轴所围平面图形绕 y 轴旋转一周所得旋转体的体积有两种方法可求：

法一　取 x 为积分变量，则

$$V_y = 2\pi \int_0^2 x \dfrac{1}{2}x dx - 2\pi \int_1^2 x\sqrt{x-1} dx$$
$$= \pi \int_0^2 x^2 dx - 2\pi \int_1^2 x\sqrt{x-1} dx$$

在 $\int_1^2 x\sqrt{x-1} dx$ 中令 $t = \sqrt{x-1}$，可求得

$$\int_1^2 x\sqrt{x-1} dx = \int_0^1 (t^2+1)t 2t dt = \dfrac{16}{15}$$

因此

$$V_y = \dfrac{\pi x^3}{3}\bigg|_0^2 - \dfrac{32\pi}{15} = \dfrac{8\pi}{15}$$

法二　取 y 为积分变量，则

$$V_y = \pi \int_0^1 [(y^2+1)^2 - (2y)^2] dy = \pi \int_0^1 (y^4 - 2y^2 + 1) dy = \dfrac{8\pi}{15}$$

三、定积分在经济学中的简单应用

由边际函数求总函数

已知总成本函数 $C = C(q)$，总收益函数 $R = R(q)$，由微分学可得

边际成本函数　$MC = \dfrac{dC}{dq}$；

边际收益函数　$MR = \dfrac{dR}{dq}$.

因此，总成本函数可以表示为

$$C(q) = \int_0^q (MC) dq + C_0 \qquad (6-26)$$

总收益函数　$R(q) = \int_0^q (MR) dq;$ $\qquad (6-27)$

总利润函数
$$L(q) = \int_0^q (MR - MC)\mathrm{d}q - C_0, \tag{6-28}$$
其中 C_0 为固定成本.

例8 生产某产品的固定成本为50万元,边际成本与边际收益分别为
$$MC = q^2 - 14q + 111(单位:万元/单位)$$
$$MR = 100 - 2q(单位:万元/单位)$$
试确定厂商的最大利润.

解 先确定获得最大利润的产出水平 q_0.

由极值存在的必要条件 $MC = MR$,可得
$$q^2 - 14q + 111 = 100 - 2q$$
解方程可得 $q_1 = 1, q_2 = 11$.

由极值存在的充分条件
$$\frac{\mathrm{d}(MR - MC)}{\mathrm{d}q} < 0$$
即
$$\frac{\mathrm{d}(MR)}{\mathrm{d}q} - \frac{\mathrm{d}(MC)}{\mathrm{d}q} = -2 - 2q + 14 < 0$$
显然 $q_2 = 11$ 满足充分条件.即获得最大利润的产出水平是 $q_0 = 11$.

最大利润为
$$L = \int_0^{q_0}(MR - MC)\mathrm{d}q - C_0$$
$$= \int_0^{11}[(100 - 2q) - (q^2 - 14q + 111)]\mathrm{d}q - 50$$
$$= \frac{334}{3}(万元)$$

例8是利润关于产出水平的最大化问题,还有与此相类似的利润关于时间的最大化问题,它是具有特别性质的开发模型,如石油钻探、矿物开采等耗竭性资源开发.收益率 $R'(t)$ 一般是时间的减函数,即开始收益率较高,过一段时间就会降低.另一方面,开发成本率 $C'(t)$ 随时间逐渐上升,它是时间的增函数(图6-24).

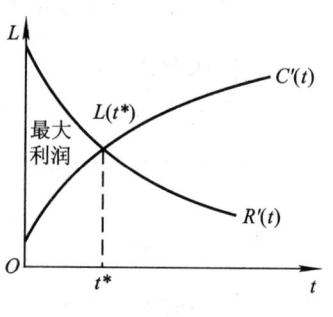

图 6-24

作为开发者,面临的问题是如何定出 t^*,使利润 $L(t)$ 最大.

由于 $$L(t) = R(t) - C(t)$$
当 $L'(t) = R'(t) - C'(t) = 0$ 时,L 取最大值,故有 t^* 满足

§6.4 定积分的应用

$$R'(t^*) = C'(t^*)$$

而利润

$$L(t) = \int_0^t [R'(t) - C'(t)]dt - C_0$$

当 $t = t^*$ 时，$L(t)$ 最大.

例 9 某煤矿投资 2 000 万元建成，在时刻 t 的追加成本和增加收益分别为

$$C'(t) = 6 + 2t^{\frac{2}{3}} (单位：百万元/年)$$

$$R'(t) = 18 - t^{\frac{2}{3}} (单位：百万元/年)$$

试确定该矿在何时停止生产方可获最大利润？最大利润是多少？

解 由极值存在的必要条件 $R'(t) - C'(t) = 0$，即

$$18 - t^{\frac{2}{3}} - (6 + 2t^{\frac{2}{3}}) = 0$$

可解得

$$t = 8$$

又

$$R''(t) - C''(t) = -\frac{2}{3}t^{-\frac{1}{3}} - \frac{4}{3}t^{-\frac{2}{3}}$$

$$R''(8) - C''(8) < 0$$

故 $t^* = 8$ 是最佳终止时间. 此时的利润为

$$L = \int_0^8 [R'(t) - C'(t)]dt - 20 = \int_0^8 [(18 - t^{\frac{2}{3}}) - (6 + 2t^{\frac{2}{3}})]dt - 20$$

$$= \left(12t - \frac{9}{5}t^{\frac{5}{3}}\right)\Big|_0^8 - 20 = 38.4 - 20 = 18.4 (百万元)$$

练习 6.4

1. 计算下列曲线围成的平面图形的面积：

(1) $y = e^x, y = e^{-x}, x = 1$； (2) $y = x^3 - 4x, y = 0$；

(3) $y = x^2, y = x, y = 2x$； (4) $y^2 = 12(x + 3), y^2 = -12(x - 3)$.

2. 求由抛物线 $y = -x^2 + 4x - 3$ 及其在点 $(0, -3)$ 和点 $(3, 0)$ 处两条切线所围成图形的面积.

3. 考虑函数 $y = \sin x, 0 \leqslant x \leqslant \frac{\pi}{2}$，问

(1) t 取何值时，图中阴影部分的面积 S_1 与 S_2 之和 $S = S_1 + S_2$ 最小？

(2) t 取何值时，面积 $S = S_1 + S_2$ 最大？

4. 设直线 $y = ax$ 与抛物线 $y = x^2$ 所围成图形的面积为 S_1，它们与直线 $x = 1$ 所围成图形的面积为 S_2，并且 $0 < a < 1$.

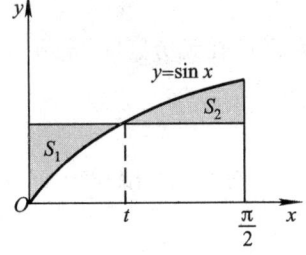

题 3 图

(1) 试确定 a 的值,使 $S_1 + S_2$ 达到最小,并求出最小值;

(2) 求该最小值所对应的平面图形绕 x 轴旋转一周所得旋转体的体积.

5. 求由下列已知曲线围成的平面图形绕指定的轴旋转而形成的旋转体的体积:

(1) $xy = a^2, y = 0, x = a, x = 2a(a > 0)$,绕 x 轴和 y 轴;

(2) $x^2 + (y-2)^2 = 1$,绕 x 轴;

(3) $y = \ln x, y = 0, x = e$,绕 x 轴和 y 轴;

(4) $x^2 + y^2 = 4, x^2 = -4(y-1), y > 0$,绕 x 轴.

6. 过点 $P(1,0)$ 作抛物线 $y = \sqrt{x-2}$ 的切线,该切线与上述抛物线及 x 轴围成一平面图形,求此图形绕 x 轴和 y 轴旋转一周所成旋转体的体积.

7. 已知某产品的边际收益函数为

$$R'(q) = 10(10-q)e^{-\frac{q}{10}}$$

其中 q 为销售量,$R = R(q)$ 为总收益,求该产品的总收益函数 $R(q)$.

8. 已知某产品的边际成本和边际收益函数分别为

$$C'(q) = q^2 - 4q + 6, R'(q) = 105 - 2q$$

固定成本为 100,其中 q 为销售量,$C(q)$ 为总成本,$R(q)$ 为总收益,求最大利润.

§6.5 反常积分初步

我们前面讨论的定积分,都是有界函数在有限区间上的积分,但在实际应用和理论研究中,常常会遇到积分区间是无限的,或者积分区间有限但被积函数无界的情形,这时需对定积分概念加以推广. 对无限区间上的积分称为无穷限积分,对无界函数的积分称为瑕积分,统称为**反常积分**.

一、无穷限积分

1. 定义

定义 6.2 设函数 $f(x)$ 在区间 $[a, +\infty)$ 上有定义,且对任意实数 $b(b>a)$,$f(x)$ 在 $[a,b]$ 上可积,则称符号

$$\int_a^{+\infty} f(x) dx \tag{6-29}$$

为 $f(x)$ 在无穷区间 $[a, +\infty)$ 上的无穷限积分. 若极限

$$\lim_{b \to +\infty} \int_a^b f(x) dx \tag{6-30}$$

存在,则称无穷限积分 $\int_a^{+\infty} f(x) dx$ 收敛,并且定义极限值为该无穷限积分的值,记作

$$\int_a^{+\infty} f(x) dx = \lim_{b \to +\infty} \int_a^b f(x) dx \tag{6-31}$$

若极限(6-30)不存在,则称无穷限积分 $\int_a^{+\infty} f(x)\mathrm{d}x$ 发散,这时它只是一个符号,无数值意义.

类似地,我们可以定义 $f(x)$ 在 $(-\infty,b]$,$(-\infty,+\infty)$ 上的无穷限积分.

定义 6.3 设 $f(x)$ 在区间 $(-\infty,b]$ 上有定义,且对任意实数 $a(a<b)$,$f(x)$ 在 $[a,b]$ 上可积,则称

$$\int_{-\infty}^b f(x)\mathrm{d}x \qquad (6-30')$$

为 $f(x)$ 在无穷区间 $(-\infty,b]$ 上的无穷限积分.

若极限 $\lim\limits_{a\to-\infty}\int_a^b f(x)\mathrm{d}x$ 存在,称无穷限积分 $\int_{-\infty}^b f(x)\mathrm{d}x$ 收敛,且

$$\int_{-\infty}^b f(x)\mathrm{d}x = \lim_{a\to-\infty}\int_a^b f(x)\mathrm{d}x \qquad (6-31')$$

若上述极限不存在,则称无穷限积分 $\int_{-\infty}^b f(x)\mathrm{d}x$ 发散.

定义 6.4 设 $f(x)$ 在 $(-\infty,+\infty)$ 内有定义,若对任意实数 c,积分

$$\int_{-\infty}^c f(x)\mathrm{d}x \text{ 与 } \int_c^{+\infty} f(x)\mathrm{d}x$$

都收敛,则称无穷限积分 $\int_{-\infty}^{+\infty} f(x)\mathrm{d}x$ 收敛,记作

$$\int_{-\infty}^{+\infty} f(x)\mathrm{d}x = \int_{-\infty}^c f(x)\mathrm{d}x + \int_c^{+\infty} f(x)\mathrm{d}x \qquad (6-32)$$

当上式右端两个积分中,只要有一个积分发散,则称积分 $\int_{-\infty}^{+\infty} f(x)\mathrm{d}x$ 发散.

例 1 讨论下列无穷限积分的敛散性:

(1) $\int_0^{+\infty} \dfrac{1}{1+x^2}\mathrm{d}x$; (2) $\int_{-\infty}^0 \mathrm{e}^x\mathrm{d}x$; (3) $\int_{-\infty}^{+\infty}\sin x\mathrm{d}x$.

解 (1) 对任何 $b>0$,有

$$\int_0^b \frac{1}{1+x^2}\mathrm{d}x = \arctan x\Big|_0^b = \arctan b$$

且由于 $\lim\limits_{b\to+\infty}\arctan b = \dfrac{\pi}{2}$,因此 $\int_0^{+\infty}\dfrac{1}{1+x^2}\mathrm{d}x$ 收敛于 $\dfrac{\pi}{2}$.

(2) 对任何 $b<0$,有

$$\int_b^0 \mathrm{e}^x\mathrm{d}x = \mathrm{e}^x\Big|_b^0 = 1-\mathrm{e}^b$$

且由于 $\lim\limits_{b\to-\infty}\mathrm{e}^b = 0$,因此 $\int_{-\infty}^0 \mathrm{e}^x\mathrm{d}x$ 收敛于 1.

(3) 由于 $\int_{-\infty}^{+\infty}\sin x\mathrm{d}x$ 中包含两个无穷限积分 $\int_0^{+\infty}\sin x\mathrm{d}x$ 和 $\int_{-\infty}^0\sin x\mathrm{d}x$,在

$\int_0^{+\infty}\sin x\mathrm{d}x$ 中,对任何 $b > 0$,

$$\int_0^b \sin x\mathrm{d}x = -\cos x\Big|_0^b = 1 - \cos b$$

且由于 $\lim\limits_{b\to+\infty}\cos b$ 不存在,因此 $\int_0^{+\infty}\sin x\mathrm{d}x$ 发散,从而 $\int_{-\infty}^{+\infty}\sin x\mathrm{d}x$ 发散.

由无穷限积分 $\int_a^{+\infty}f(x)\mathrm{d}x$ 收敛的定义我们看出,无穷限积分 $\int_a^{+\infty}f(x)\mathrm{d}x$ 是变限积分 $\int_a^x f(t)\mathrm{d}t$ 在 $x\to+\infty$ 时的极限,因此它有如下一些性质:

性质 6.6 $\int_a^{+\infty}f(x)\mathrm{d}x$ 与 $\int_b^{+\infty}f(x)\mathrm{d}x (b>a)$ 具有相同的敛散性.

性质 6.7 $\int_a^{+\infty}Af(x)\mathrm{d}x$ 与 $\int_a^{+\infty}f(x)\mathrm{d}x (A\ne 0$ 为常数$)$ 具有相同的敛散性.

性质 6.8 设 $\int_a^{+\infty}f(x)\mathrm{d}x$ 与 $\int_a^{+\infty}g(x)\mathrm{d}x$ 收敛,则 $\int_a^{+\infty}[f(x)\pm g(x)]\mathrm{d}x$ 收敛,且

$$\int_a^{+\infty}[f(x)\pm g(x)]\mathrm{d}x = \int_a^{+\infty}f(x)\mathrm{d}x \pm \int_a^{+\infty}g(x)\mathrm{d}x$$

另外,关于无穷限积分 $\int_a^{+\infty}f(x)\mathrm{d}x$ 的计算我们也有类似的牛顿 – 莱布尼茨公式.

性质 6.9 设 $F(x)$ 是 $f(x)$ 在 $[a,+\infty)$ 上的原函数,且 $\lim\limits_{x\to+\infty}F(x)$ 存在,记 $F(+\infty) = \lim\limits_{x\to+\infty}F(x)$,则

$$\int_a^{+\infty}f(x)\mathrm{d}x = F(x)\Big|_a^{+\infty} = F(+\infty) - F(a) \qquad (6-33)$$

而且定积分的换元法在无穷限积分中也成立.

对于 $\int_{-\infty}^b f(x)\mathrm{d}x, \int_{-\infty}^{+\infty}f(x)\mathrm{d}x$,也有类似的结论.

例 2 讨论下列无穷限积分的敛散性:

(1) $\int_0^{+\infty} x\mathrm{e}^{-x}\mathrm{d}x$; (2) $\int_1^{+\infty}\dfrac{\mathrm{d}x}{x^p}$;

(3) $\int_{-\infty}^{+\infty}\dfrac{\mathrm{e}^x}{1+\mathrm{e}^{2x}}\mathrm{d}x$; (4) $\int_1^{+\infty}\dfrac{\mathrm{d}x}{x^2+x}$.

解 (1) 由分部积分公式可得

$$\int_0^{+\infty}x\mathrm{e}^{-x}\mathrm{d}x = -\int_0^{+\infty}x\mathrm{d}\mathrm{e}^{-x} = -x\mathrm{e}^{-x}\Big|_0^{+\infty} + \int_0^{+\infty}\mathrm{e}^{-x}\mathrm{d}x$$

$$= -\mathrm{e}^{-x}\Big|_0^{+\infty} = 1$$

其中 $xe^{-x}\Big|_0^{+\infty} = \lim\limits_{x\to +\infty} xe^{-x} = \lim\limits_{x\to +\infty} \dfrac{x}{e^x} = 0.$

要注意,不能出现如下运算
$$xe^{-x}\Big|_0^{+\infty} = \infty \, e^{-\infty} = 0$$

(2) 当 $p = 1$ 时,
$$\int_1^{+\infty} \dfrac{1}{x} dx = \ln x \Big|_1^{+\infty} = +\infty$$

当 $p \neq 1$ 时,
$$\int_1^{+\infty} \dfrac{1}{x^p} dx = \dfrac{x^{1-p}}{1-p}\Big|_1^{+\infty} = \begin{cases} +\infty, & p < 1 \\ \dfrac{1}{p-1}, & p > 1 \end{cases}$$

故 $\int_1^{+\infty} \dfrac{1}{x^p} dx$ 在 $p \leq 1$ 时发散,在 $p > 1$ 时收敛于 $\dfrac{1}{p-1}$.

这一结论很重要,我们以后经常要用到.

(3) 由于
$$\int_{-\infty}^{+\infty} \dfrac{e^x}{1+e^{2x}} dx = \int_{-\infty}^{+\infty} \dfrac{de^x}{1+e^{2x}}$$

令 $t = e^x$,则
$$\int_{-\infty}^{+\infty} \dfrac{de^x}{1+e^{2x}} = \int_0^{+\infty} \dfrac{dt}{1+t^2} = \arctan t \Big|_0^{+\infty} = \dfrac{\pi}{2}$$

(4) 由于
$$\int_1^{+\infty} \dfrac{dx}{x^2+x} = \int_1^{+\infty} \dfrac{dx}{x(x+1)} = \int_1^{+\infty} \left(\dfrac{1}{x} - \dfrac{1}{x+1}\right) dx$$
$$= \ln\left|\dfrac{x}{x+1}\right|\Big|_1^{+\infty} = \ln 2$$

要注意以下的运算是错误的:
$$\int_1^{+\infty} \left(\dfrac{1}{x} - \dfrac{1}{x+1}\right) dx = \int_1^{+\infty} \dfrac{1}{x} dx - \int_1^{+\infty} \dfrac{1}{x+1} dx$$
$$= \ln|x|\Big|_1^{+\infty} - \ln|1+x|\Big|_1^{+\infty}$$

这是因为 $\int_1^{+\infty} \dfrac{1}{x} dx$ 发散,$\int_1^{+\infty} \dfrac{1}{x+1} dx$ 发散,因此不能应用性质 6.8.

2. 无穷限积分敛散性的判别

上面讨论无穷限积分的敛散性时,主要是利用牛顿-莱布尼茨公式求被积函数 $f(x)$ 的原函数 $F(x)$ 在 $x \to +\infty$ ($x \to -\infty$) 时的极限. 这样做具有一定的局限,一方面当原函数 $F(x)$ 不能用初等函数表示时这种方法就失效了;另一方面关于无穷限积分我们往往只需要知道它的敛散性,并不需要知道它收敛时的积分值,因此有必要介绍一些简单的由被积函数本身来判别无穷限积分敛散性的方法.

(1) $f(x)$ 为保号函数

我们先介绍一个与数列极限的存在性相类似的结论.

引理 若 $f(x)$ 在区间 $[a,+\infty)$ 上单调递增(减),且有上(下)界,则极限 $\lim\limits_{x\to +\infty} f(x) = A$ 存在,且
$$f(x) \leqslant A(f(x) \geqslant A), x \in [a, +\infty)$$

该引理的证明我们就不介绍了.

注意到,当 $f(x) \leqslant 0, x \in [a,+\infty)$ 时,$-f(x) \geqslant 0, x \in [a,+\infty)$,因此我们只讨论 $f(x)$ 在 $[a,+\infty)$ 上是非负的情形.

定理 6.6(比较判别法) 若 $f(x), g(x)$ 在任何有限区间 $[a,b]$ 上可积,且 $x \to +\infty$ 时,
$$0 \leqslant f(x) \leqslant g(x)$$
那么当 $\int_a^{+\infty} g(x)\mathrm{d}x$ 收敛时,$\int_a^{+\infty} f(x)\mathrm{d}x$ 收敛;当 $\int_a^{+\infty} f(x)\mathrm{d}x$ 发散时,$\int_a^{+\infty} g(x)\mathrm{d}x$ 发散.

证明 由于 $x \to +\infty$ 时,
$$0 \leqslant f(x) \leqslant g(x)$$
因此存在 $M > |a|$,使得 $x \in [M, +\infty)$ 时,
$$0 \leqslant f(x) \leqslant g(x)$$
注意到 $\int_a^{+\infty} f(x)\mathrm{d}x$ 与 $\int_M^{+\infty} f(x)\mathrm{d}x$ 具有相同的敛散性,因此我们对积分限为 "$\int_M^{+\infty}$" 来证明定理的结论.

由于 $\int_M^b f(x)\mathrm{d}x, \int_M^b g(x)\mathrm{d}x$ 是 b 的单增函数,当 $\int_M^{+\infty} g(x)\mathrm{d}x$ 收敛时,由引理可知
$$F(b) = \int_M^b f(x)\mathrm{d}x \leqslant \int_M^b g(x)\mathrm{d}x \leqslant \int_M^{+\infty} g(x)\mathrm{d}x$$
从而再次由引理知道极限
$$\lim_{b\to +\infty} F(b) = \int_M^{+\infty} f(x)\mathrm{d}x$$
存在,故 $\int_M^{+\infty} f(x)\mathrm{d}x$ 收敛;当 $\int_M^{+\infty} f(x)\mathrm{d}x$ 发散时,$\int_M^{+\infty} g(x)\mathrm{d}x$ 必发散,若不然由刚才所证可得 $\int_M^{+\infty} f(x)\mathrm{d}x$ 收敛,产生矛盾.

由函数极限的保号性不难从定理 6.6 推得下面的

定理 6.7(比较判别法的极限形式) 设 $f(x), g(x)$ 为非负函数,且在任何有限区间 $[a,b]$ 上可积,若

$$\lim_{x \to +\infty} \frac{f(x)}{g(x)} = l$$

那么有如下结论成立:

① 当 $0 < l < +\infty$ 时,积分 $\int_a^{+\infty} f(x) dx$ 与 $\int_a^{+\infty} g(x) dx$ 有相同的敛散性;

② 当 $l = 0$ 时,若 $\int_a^{+\infty} g(x) dx$ 收敛,则 $\int_a^{+\infty} f(x) dx$ 收敛;

③ 当 $l = +\infty$ 时,若 $\int_a^{+\infty} g(x) dx$ 发散,则 $\int_a^{+\infty} f(x) dx$ 发散.

特别取 $g(x) = \frac{1}{x^p}$ 时,有下面的判别法:

定理 6.8(柯西判别法) 设 $f(x) \geq 0, x \in [a, +\infty)$,且 $f(x)$ 在任何有限区间 $[a, b]$ 上可积,如果

$$\lim_{x \to +\infty} x^p f(x) = l$$

则有下列结论成立:

① 当 $0 \leq l < +\infty$ 时,若 $p > 1$,则 $\int_a^{+\infty} f(x) dx$ 收敛;

② 当 $0 < l \leq +\infty$ 时,若 $p \leq 1$,则 $\int_a^{+\infty} f(x) dx$ 发散.

例 3 判别下列无穷限积分的敛散性:

(1) $\int_0^{+\infty} e^{-x^2} dx$;   (2) $\int_2^{+\infty} \frac{1}{\ln x} dx$.

解 注意到 e^{-x^2} 与 $\frac{1}{\ln x}$ 的原函数都不能用初等函数表示,因此不能用例 1 和例 2 中的方法来判别题中无穷限积分的敛散性.

(1) 由于 $\int_0^{+\infty} e^{-x^2} dx$ 与 $\int_1^{+\infty} e^{-x^2} dx$ 具有相同的敛散性,且 $x \geq 1$ 时, $x^2 \geq x$,从而 $e^{-x^2} \leq e^{-x}$,

$$\int_1^{+\infty} e^{-x} dx = -e^{-x} \Big|_1^{+\infty} = \frac{1}{e}$$

故由定理 6.5 知道 $\int_1^{+\infty} e^{-x^2} dx$ 收敛,因此 $\int_0^{+\infty} e^{-x^2} dx$ 收敛.

(2) 由于

$$\lim_{x \to +\infty} \frac{x}{\ln x} = +\infty$$

且 $\int_2^{+\infty} \frac{1}{x} dx$ 发散,从而由定理 6.7 知道 $\int_2^{+\infty} \frac{1}{\ln x} dx$ 发散.

在应用定理 6.7 来判别无穷限积分 $\int_a^{+\infty} f(x)\mathrm{d}x$ 的敛散性时,通常利用无穷小量和无穷大量的等价关系找出 $x \to +\infty$ 时与 $f(x)$ 等价的幂函数 $\dfrac{A}{x^p}$(A 是常数),再应用例 2(2) 的结论进行判别.

例如:$x \to +\infty$ 时,$\dfrac{\arctan x}{x} \sim \dfrac{\pi}{2}\dfrac{1}{x}$,由积分 $\int_1^{+\infty} \dfrac{1}{x}\mathrm{d}x$ 的发散性知道 $\int_1^{+\infty} \dfrac{\arctan x}{x}\mathrm{d}x$ 发散;又如,$x \to +\infty$ 时,$\dfrac{\sqrt{x+1}}{x^2+|\sin x|} \sim \dfrac{1}{x^{\frac{3}{2}}}$,由 $\int_1^{+\infty} \dfrac{1}{x^{\frac{3}{2}}}\mathrm{d}x$ 的收敛性知道 $\int_1^{+\infty} \dfrac{\sqrt{x+1}}{x^2+|\sin x|}\mathrm{d}x$ 收敛.

(2) 绝对收敛与条件收敛

定义 6.5 若函数 $f(x)$ 在任何有限区间 $[a,b]$ 上可积,且无穷限积分 $\int_a^{+\infty} |f(x)|\mathrm{d}x$ 收敛,则称无穷限积分 $\int_a^{+\infty} f(x)\mathrm{d}x$ 绝对收敛;若 $\int_{-\infty}^c |f(x)|\mathrm{d}x$ 收敛,则称无穷限积分 $\int_{-\infty}^c f(x)\mathrm{d}x$ 绝对收敛;若 $\int_{-\infty}^{+\infty} |f(x)|\mathrm{d}x$ 收敛,则称无穷限积分 $\int_{-\infty}^{+\infty} f(x)\mathrm{d}x$ 绝对收敛.

为了引入下面的概念,我们不加证明地介绍一个结论:

若 $\int_a^{+\infty} f(x)\mathrm{d}x \left(\int_{-\infty}^c f(x)\mathrm{d}x, \int_{-\infty}^{+\infty} f(x)\mathrm{d}x\right)$ 绝对收敛,那么 $\int_a^{+\infty} f(x)\mathrm{d}x \left(\int_{-\infty}^c f(x)\mathrm{d}x, \int_{-\infty}^{+\infty} f(x)\mathrm{d}x\right)$ 一定收敛.

定义 6.6 若函数 $f(x)$ 在任何有限区间 $[a,b]$ 上可积,且无穷限积分 $\int_a^{+\infty} f(x)\mathrm{d}x$ 收敛,无穷限积分 $\int_a^{+\infty} |f(x)|\mathrm{d}x$ 发散,则称无穷限积分 $\int_a^{+\infty} f(x)\mathrm{d}x$ 条件收敛;若 $\int_{-\infty}^c f(x)\mathrm{d}x \left(\int_{-\infty}^{+\infty} f(x)\mathrm{d}x\right)$ 收敛,$\int_{-\infty}^c |f(x)|\mathrm{d}x \left(\int_{-\infty}^{+\infty} |f(x)|\mathrm{d}x\right)$ 发散,则称 $\int_{-\infty}^c f(x)\mathrm{d}x \left(\int_{-\infty}^{+\infty} f(x)\mathrm{d}x\right)$ 条件收敛.

因此对任何一个无穷限积分,它要么发散,要么条件收敛,要么绝对收敛,三者必居其一.

例 4 判别下列无穷限积分的敛散性:

(1) $\int_1^{+\infty} \dfrac{\sin x}{x}\mathrm{d}x$;   (2) $\int_1^{+\infty} x^p \mathrm{e}^{-\alpha x} \sin \beta x \mathrm{d}x (\alpha > 0)$.

解 注意到题中被积函数在积分区间上不是保号的,因此不能用例 3 中的方法来判别它们的敛散性.

(1) 对任何 $b > 1$,有
$$\int_1^b \frac{\sin x}{x}dx = -\int_1^b \frac{1}{x}d\cos x = -\frac{\cos x}{x}\Big|_1^b - \int_1^b \frac{\cos x}{x^2}dx$$
$$= \cos 1 - \frac{\cos b}{b} - \int_1^b \frac{\cos x}{x^2}dx$$

注意到 $\lim\limits_{b\to +\infty}\dfrac{\cos b}{b} = 0$,因此 $\int_1^{+\infty}\dfrac{\sin x}{x}dx$ 与 $\int_1^{+\infty}\dfrac{\cos x}{x^2}dx$ 同时收敛或者同时发散. 在 $\int_1^{+\infty}\dfrac{\cos x}{x^2}dx$ 中,

$$\left|\frac{\cos x}{x^2}\right| \leq \frac{1}{x^2}$$

由 $\int_1^{+\infty}\dfrac{1}{x^2}dx$ 收敛知道 $\int_1^{+\infty}\dfrac{\cos x}{x^2}dx$ 绝对收敛,从而 $\int_1^{+\infty}\dfrac{\cos x}{x^2}dx$ 收敛,$\int_1^{+\infty}\dfrac{\sin x}{x}dx$ 收敛,同理可得 $\int_1^{+\infty}\dfrac{\cos 2x}{x}dx$ 收敛,另外

$$\left|\frac{\sin x}{x}\right| \geq \frac{\sin^2 x}{x} = \frac{1-\cos 2x}{2x} \geq 0$$

由于 $\int_1^{+\infty}\dfrac{1}{2x}dx$ 发散,$\int_1^{+\infty}\dfrac{\cos 2x}{2x}dx$ 收敛,因此 $\int_1^{+\infty}\dfrac{1-\cos 2x}{2x}dx$ 发散,根据定理6.6我们知道 $\int_1^{+\infty}\left|\dfrac{\sin x}{x}\right|dx$ 发散,从而 $\int_1^{+\infty}\dfrac{\sin x}{x}dx$ 条件收敛.

(2) 由于
$$|x^p e^{-\alpha x}\sin \beta x| \leq x^p e^{-\alpha x}$$
$$\lim_{x\to +\infty}\frac{x^p}{e^{\frac{1}{2}\alpha x}} = 0$$

从而 $x \to +\infty$ 时,$x^p e^{-\frac{1}{2}\alpha x} \leq 1$,$x^p e^{-\alpha x} \leq e^{-\frac{1}{2}\alpha x}$,由 $\int_1^{+\infty}e^{-\frac{1}{2}\alpha x}dx$ 的收敛性知道 $\int_1^{+\infty}|x^p e^{-\alpha x}\sin \beta x|dx$ 收敛,即 $\int_1^{+\infty}x^p e^{-\alpha x}\sin \beta x dx$ 绝对收敛.

二、瑕积分

1. 定义

定义 6.7 设函数 $f(x)$ 在区间 $(a,b]$ 上有定义,并且对任意 $\varepsilon > 0 (0 < \varepsilon < b-a)$,$f(x)$ 在 $[a+\varepsilon,b]$ 上可积,但 $f(x)$ 在 $x \to a^+$ 时无界,则称 a 为 $f(x)$ 的瑕点,称 $\int_a^b f(x)dx$ 为 $f(x)$ 在区间 $(a,b]$ 上的瑕积分. 若极限

$$\lim_{\varepsilon \to 0^+}\int_{a+\varepsilon}^b f(x)dx$$

存在,则称瑕积分 $\int_a^b f(x) \mathrm{d}x$ 收敛,并以此极限值为其值,即

$$\int_a^b f(x) \mathrm{d}x = \lim_{\varepsilon \to 0^+} \int_{a+\varepsilon}^b f(x) \mathrm{d}x \qquad (6-34)$$

若极限不存在,则称瑕积分 $\int_a^b f(x) \mathrm{d}x$ 发散.

当 b 为瑕点时,即函数 $f(x)$ 在 $x \to b^-$ 时无界,可以类似地定义瑕积分 $\int_a^b f(x) \mathrm{d}x$ 的收敛性:

若 $\lim\limits_{\varepsilon \to 0^+} \int_a^{b-\varepsilon} f(x) \mathrm{d}x$ 存在,称瑕积分 $\int_a^b f(x) \mathrm{d}x$ 收敛,且定义其值为极限值,即

$$\int_a^b f(x) \mathrm{d}x = \lim_{\varepsilon \to 0^+} \int_a^{b-\varepsilon} f(x) \mathrm{d}x \qquad (6-35)$$

若极限 $\lim\limits_{\varepsilon \to 0^+} \int_a^{b-\varepsilon} f(x) \mathrm{d}x$ 不存在,则称瑕积分 $\int_a^b f(x) \mathrm{d}x$ 发散.

一般地,如果 $f(x)$ 在 (a,b) 内部一点 c,即 $a<c<b$,当 $x \to c$ 时无界,那么规定两个瑕积分 $\int_a^c f(x) \mathrm{d}x$ 与 $\int_c^b f(x) \mathrm{d}x$ 皆收敛时,称瑕积分 $\int_a^b f(x) \mathrm{d}x$ 收敛,且

$$\begin{aligned}\int_a^b f(x) \mathrm{d}x &= \int_a^c f(x) \mathrm{d}x + \int_c^b f(x) \mathrm{d}x \\ &= \lim_{\varepsilon \to 0^+} \int_a^{c-\varepsilon} f(x) \mathrm{d}x + \lim_{\delta \to 0^+} \int_{c+\delta}^b f(x) \mathrm{d}x \qquad (6-36)\end{aligned}$$

否则称瑕积分 $\int_a^b f(x) \mathrm{d}x$ 发散.

例 5 讨论下列瑕积分的敛散性:

(1) $\int_0^1 \dfrac{\ln x}{\sqrt{x}} \mathrm{d}x$; (2) $\int_0^2 \dfrac{1}{\sqrt[3]{(x-1)^2}} \mathrm{d}x$;

(3) $\int_a^b \dfrac{1}{(x-a)^p} \mathrm{d}x$.

解 (1) $x=0$ 是瑕点,对任何 $\varepsilon \in (0,1)$,

$$\int_\varepsilon^1 \dfrac{\ln x}{\sqrt{x}} \mathrm{d}x = 2 \int_\varepsilon^1 \ln x \mathrm{d}\sqrt{x} = 2 \left(\sqrt{x} \ln x \Big|_\varepsilon^1 - \int_\varepsilon^1 \dfrac{1}{\sqrt{x}} \mathrm{d}x \right)$$

$$= 2 \left(-\sqrt{\varepsilon} \ln \varepsilon - 2\sqrt{x} \Big|_\varepsilon^1 \right)$$

$$= -2\sqrt{\varepsilon} \ln \varepsilon - 4 + 4\sqrt{\varepsilon}$$

由洛必达法则可求得 $\lim\limits_{\varepsilon \to 0^+} \sqrt{\varepsilon} \ln \varepsilon = 0$,因此

$$\lim_{\varepsilon \to 0^+} \int_\varepsilon^1 \dfrac{\ln x}{\sqrt{x}} \mathrm{d}x = -4$$

即瑕积分 $\int_0^1 \dfrac{\ln x}{\sqrt{x}}\mathrm{d}x$ 收敛于 -4.

(2) $x=1$ 是瑕点，我们先考察瑕积分 $\int_0^1 \dfrac{1}{\sqrt[3]{(x-1)^2}}\mathrm{d}x$，由于

$$\lim_{\varepsilon\to 0^+}\int_0^{1-\varepsilon}\dfrac{1}{\sqrt[3]{(x-1)^2}}\mathrm{d}x = \lim_{\varepsilon\to 0^+}3\sqrt[3]{x-1}\Big|_0^{1-\varepsilon}$$

$$= 3\lim_{\varepsilon\to 0^+}(-\sqrt[3]{\varepsilon}+1) = 3$$

因此瑕积分 $\int_0^1 \dfrac{1}{\sqrt[3]{(x-1)^2}}\mathrm{d}x$ 收敛于 3；同样可求得瑕积分 $\int_1^2 \dfrac{1}{\sqrt[3]{(x-1)^2}}\mathrm{d}x$ 收敛于 3，因此瑕积分 $\int_0^2 \dfrac{1}{\sqrt[3]{(x-1)^2}}\mathrm{d}x$ 收敛于 6.

(3) $x=a$ 是瑕点，对任何 $\varepsilon\in(0,b-a)$，$p=1$ 时，

$$\int_{a+\varepsilon}^b \dfrac{1}{x-a}\mathrm{d}x = \ln|x-a|\Big|_{a+\varepsilon}^b = \ln(b-a)-\ln\varepsilon$$

$p\neq 1$ 时，

$$\int_{a+\varepsilon}^b \dfrac{1}{(x-a)^p}\mathrm{d}x = \dfrac{(x-a)^{1-p}}{1-p}\Big|_{a+\varepsilon}^b = \dfrac{1}{1-p}[(b-a)^{1-p}-\varepsilon^{1-p}]$$

因此

$$\int_a^b \dfrac{1}{(x-a)^p}\mathrm{d}x = \lim_{\varepsilon\to 0^+}\int_{a+\varepsilon}^b \dfrac{1}{(x-a)^p}\mathrm{d}x = \begin{cases}+\infty, & p\geq 1\\ \dfrac{(b-a)^{1-p}}{1-p}, & p<1\end{cases}$$

即瑕积分 $\int_a^b \dfrac{1}{(x-a)^p}\mathrm{d}x$ 当 $p\geq 1$ 时发散；当 $p<1$ 时收敛于 $\dfrac{(b-a)^{1-p}}{1-p}$.

这个结论很重要，以后我们经常要用到.

与无穷限积分一样，瑕积分具有类似于定积分的性质，在此我们就不一一赘述. 值得一提的是，在应用牛顿-莱布尼茨公式、换元积分法和分部积分法计算时，必须指出瑕点，被积函数的原函数在瑕点处的值按照初等函数的连续性来求.

例 6 判别下列瑕积分的敛散性：

(1) $\int_0^a \dfrac{1}{\sqrt{a^2-x^2}}\mathrm{d}x$； (2) $\int_{-1}^1 \dfrac{1}{x}\mathrm{d}x$.

解 (1) $x=a$ 是瑕点，令 $x=a\sin t$，则

$$\int_0^a \dfrac{1}{\sqrt{a^2-x^2}}\mathrm{d}x = \int_0^{\frac{\pi}{2}}\dfrac{a\cos t}{a\cos t}\mathrm{d}t = \int_0^{\frac{\pi}{2}}\mathrm{d}t = \dfrac{\pi}{2}$$

即瑕积分 $\int_0^a \frac{1}{\sqrt{a^2-x^2}}dx$ 收敛于 $\frac{\pi}{2}$.

(2) $x=0$ 是瑕点,分别考虑瑕积分 $\int_{-1}^0 \frac{1}{x}dx$ 与 $\int_0^1 \frac{1}{x}dx$,由例 5(3) 的结论知道 $\int_{-1}^1 \frac{1}{x}dx$ 发散.

注意   以下计算是错误的:
$$\int_{-1}^1 \frac{1}{x}dx = \ln|x|\Big|_{-1}^1 = 0$$

这是因为 $\frac{1}{x}$ 的原函数 $\ln|x|$ 在 $x=0$ 点不连续.

2. 瑕积分敛散性的判别

与无穷限积分类似,瑕积分也有相应的敛散性判别法,下面我们只讨论区间左端点为瑕点的情形,其他情形可以类推.

定理 6.9(比较判别法)   设函数 $f(x),g(x)$ 在任何区间 $[a+\varepsilon,b]$,$\varepsilon\in(0,b-a)$ 上可积,
$$\lim_{x\to a^+}f(x)=+\infty,\ \lim_{x\to a^+}g(x)=+\infty$$
且 $x\in(a,b]$ 时,
$$0\leqslant f(x)\leqslant g(x)$$
那么有下列结论成立:

① 若瑕积分 $\int_a^b g(x)dx$ 收敛,则瑕积分 $\int_a^b f(x)dx$ 收敛;

② 若瑕积分 $\int_a^b f(x)dx$ 发散,则瑕积分 $\int_a^b g(x)dx$ 发散.

其证明与定理 6.6 的证明类似,这里从略.

定理 6.10(比较判别法的极限形式)   设 $f(x),g(x)$ 在 $(a,b]$ 上为非负函数,且在任何区间 $[a+\varepsilon,b]$,$\varepsilon\in(0,b-a)$ 上可积,
$$\lim_{x\to a^+}f(x)=+\infty,\ \lim_{x\to a^+}g(x)=+\infty,\ \lim_{x\to a^+}\frac{f(x)}{g(x)}=l$$
那么有下列结论成立:

① 当 $0<l<+\infty$ 时,$\int_a^b f(x)dx$ 与 $\int_a^b g(x)dx$ 具有相同的敛散性;

② 当 $l=0$ 时,若 $\int_a^b g(x)dx$ 收敛,则 $\int_a^b f(x)dx$ 收敛;

③ 当 $l=+\infty$ 时,若 $\int_a^b g(x)dx$ 发散,则 $\int_a^b f(x)dx$ 发散.

当取 $g(x)=\frac{1}{(x-a)^p}$ 时,则有下面的判别法.

定理 6.11(柯西判别法)　设 $f(x)$ 在任何区间 $[a+\varepsilon,b]$，$\varepsilon\in(0,b-a)$ 上可积，且
$$\lim_{x\to a^+}f(x)=+\infty,\quad \lim_{x\to a^+}(x-a)^p f(x)=l$$
那么

① 当 $0\leq l<+\infty$ 时，若 $p<1$，则 $\int_a^b f(x)\mathrm{d}x$ 收敛；

② 当 $0<l\leq +\infty$ 时，若 $p\geq 1$，则 $\int_a^b f(x)\mathrm{d}x$ 发散.

与无穷限积分相同，在利用定理 6.10 和定理 6.11 判别瑕积分的敛散性时，往往利用函数极限中的等价关系，根据例 5(3) 中的结论来判别.

例 7　判别下列瑕积分的敛散性：

(1) $\int_0^1 \dfrac{\ln(1+x)}{x^p}\mathrm{d}x$；　　(2) $\int_0^1 x^p(1-x)^q\mathrm{d}x$.

解　(1) 当 $p>0$ 时，$x=0$ 可能是瑕点，注意到 $x\to 0^+$ 时，
$$\ln(1+x)\sim x,\quad \frac{\ln(1+x)}{x^p}\sim \frac{1}{x^{p-1}}$$
由 $\int_0^1 \dfrac{1}{x^{p-1}}\mathrm{d}x$ 当 $p-1\geq 1$ 时发散，当 $p-1<1$ 时收敛，可知 $\int_0^1 \dfrac{\ln(1+x)}{x^p}\mathrm{d}x$ 当 $p<2$ 时收敛，当 $p\geq 2$ 时发散.

(2) 当 $p<0,q<0$ 时，$x=0$ 与 $x=1$ 都是瑕点，因此分别考虑 $\int_0^{\frac{1}{2}} x^p(1-x)^q\mathrm{d}x$ 与 $\int_{\frac{1}{2}}^1 x^p(1-x)^q\mathrm{d}x$.

在 $\int_0^{\frac{1}{2}} x^p(1-x)^q\mathrm{d}x$ 中，当 $p<0$ 时，$x=0$ 是瑕点，且 $x\to 0^+$ 时，
$$x^p(1-x)^q\sim x^p$$
而 $\int_0^{\frac{1}{2}} x^p\mathrm{d}x=\int_0^{\frac{1}{2}}\dfrac{1}{x^{-p}}\mathrm{d}x$ 当 $-p<1$ 时收敛，当 $-p\geq 1$ 时发散，因此 $\int_0^{\frac{1}{2}} x^p(1-x)^q\mathrm{d}x$ 当 $p>-1$ 时收敛，当 $p\leq -1$ 时发散.

同理可得 $\int_{\frac{1}{2}}^1 x^p(1-x)^q\mathrm{d}x$ 当 $q>-1$ 时收敛，当 $q\leq -1$ 时发散.

因此 $\int_0^1 x^p(1-x)^q\mathrm{d}x$ 当 $p>-1$，且 $q>-1$ 时收敛，其余情形皆发散.

瑕积分与无穷限积分一样，也有条件收敛与绝对收敛之分，在这里我们就不介绍了.

例 8　讨论反常积分 $\int_0^{+\infty} x^{\alpha-1}\mathrm{e}^{-x}\mathrm{d}x$ 的敛散性.

解 当 $\alpha < 1$ 时,$x = 0$ 是瑕点,这时 $\int_0^{+\infty} x^{\alpha-1} e^{-x} dx$ 中既有瑕积分 $\int_0^1 x^{\alpha-1} e^{-x} dx$,又有无穷限积分 $\int_1^{+\infty} x^{\alpha-1} e^{-x} dx$(像这种反常积分我们称之为混合型反常积分,当且仅当两种反常积分都收敛时,我们才称之是收敛的).

对于 $\int_1^{+\infty} x^{\alpha-1} e^{-x} dx$,由例 4(2) 我们知道它是收敛的;在 $\int_0^1 x^{\alpha-1} e^{-x} dx$ 中,$x \to 0^+$ 时,

$$x^{\alpha-1} e^{-x} \sim x^{\alpha-1}$$

由于 $\int_0^1 x^{\alpha-1} dx = \int_0^1 \frac{1}{x^{1-\alpha}} dx$ 当 $1-\alpha < 1$ 时收敛,当 $1-\alpha \geq 1$ 时发散,因此当 $\alpha > 0$ 时 $\int_0^{+\infty} x^{\alpha-1} e^{-x} dx$ 收敛,当 $\alpha \leq 0$ 时 $\int_0^{+\infty} x^{\alpha-1} e^{-x} dx$ 发散.

三、Γ 函数与 B 函数

1. Γ 函数

反常积分 $\int_0^{+\infty} x^{\alpha-1} e^{-x} dx$(其中 α 称为参变量)作为参变量 α 的函数就称为 Γ 函数,记为

$$\Gamma(\alpha) = \int_0^{+\infty} x^{\alpha-1} e^{-x} dx \qquad (6-37)$$

由例 8 我们知道 $\Gamma(\alpha)$ 的定义域 $\left(\text{使得反常积分} \int_0^{+\infty} x^{\alpha-1} e^{-x} dx \text{ 收敛的 } \alpha \text{ 取值全体}\right)$ 为 $\alpha > 0$.

Γ 函数是概率论中的一个重要函数,下面我们来介绍 Γ 函数的一些基本性质.

性质 6.10 $\Gamma(\alpha)$ 满足下列关系:
(1) $\Gamma(\alpha + 1) = \alpha \Gamma(\alpha)$;
(2) $\Gamma(1) = 1$;
(3) $\Gamma(n + 1) = n!$(n 为自然数).

证明 由分部积分公式可得

$$\Gamma(\alpha + 1) = \int_0^{+\infty} x^\alpha e^{-x} dx = -\int_0^{+\infty} x^\alpha d e^{-x}$$

$$= -x^\alpha e^{-x} \Big|_0^{+\infty} + \alpha \int_0^{+\infty} x^{\alpha-1} e^{-x} dx = \alpha \Gamma(\alpha)$$

$$\Gamma(1) = \int_0^{+\infty} e^{-x} dx = -e^{-x} \Big|_0^{+\infty} = 1$$

在 $\Gamma(\alpha + 1) = \alpha \Gamma(\alpha)$ 中取 $\alpha = n$,则

$$\Gamma(n+1) = n\Gamma(n) = n(n-1)\Gamma(n-1) = n(n-1)\cdots 2\cdot 1\cdot \Gamma(1) = n!$$

2. B 函数

反常积分 $\int_0^1 x^{p-1}(1-x)^{q-1}\mathrm{d}x$ 作为参变量 p,q 的函数就称为 B 函数，记为

$$B(p,q) = \int_0^1 x^{p-1}(1-x)^{q-1}\mathrm{d}x \qquad (6-38)$$

由例 7(2) 的结论我们知道 $B(p,q)$ 的定义域是 $p>0$ 且 $q>0$。

B 函数是与 Γ 函数密切相关的函数，它具有如下一些性质：

性质 6.11 B 函数满足下列关系：

(1) $B(p,q) = B(q,p)$；

(2) $B(p+1,q+1) = \dfrac{q}{p+q+1}B(p+1,q)$；

(3) $B(p,q) = \dfrac{\Gamma(p)\Gamma(q)}{\Gamma(p+q)}$.

证明 在 (6-38) 中令 $x = 1-t$，则

$$B(p,q) = \int_0^1 x^{p-1}(1-x)^{q-1}\mathrm{d}x = \int_0^1 t^{q-1}(1-t)^{p-1}\mathrm{d}t = B(q,p)$$

$$B(p+1,q+1) = \int_0^1 x^p(1-x)^q\mathrm{d}x = \int_0^1 x^p(1-x)^{q-1}(1-x)\mathrm{d}x$$

$$= \int_0^1 x^p(1-x)^{q-1}\mathrm{d}x - \int_0^1 x^{p+1}(1-x)^{q-1}\mathrm{d}x$$

$$= B(p+1,q) - \int_0^1 x^{p+1}(1-x)^{q-1}\mathrm{d}x$$

在 $\int_0^1 x^{p+1}(1-x)^{q-1}\mathrm{d}x$ 中利用分部积分公式可得

$$\int_0^1 x^{p+1}(1-x)^{q-1}\mathrm{d}x = -\frac{1}{q}\int_0^1 x^{p+1}\mathrm{d}(1-x)^q$$

$$= -\frac{1}{q}x^{p+1}(1-x)^q\Big|_0^1 + \frac{p+1}{q}\int_0^1 x^p(1-x)^q\mathrm{d}x$$

$$= \frac{p+1}{q}B(p+1,q+1)$$

因此

$$B(p+1,q+1) = B(p+1,q) - \frac{p+1}{q}B(p+1,q+1)$$

求得

$$B(p+1,q+1) = \frac{q}{p+q+1}B(p+1,q)$$

关系式 (3) 的证明我们就不介绍了.

例 9 (1) 求 $B\left(\dfrac{1}{2},\dfrac{1}{2}\right), \Gamma\left(\dfrac{1}{2}\right)$；

(2) 求 $\int_0^{+\infty} e^{-x^2} dx$.

解 (1) 由于
$$B\left(\frac{1}{2},\frac{1}{2}\right) = \int_0^1 \frac{1}{\sqrt{x-x^2}} dx$$

其中 $x=0, x=1$ 是瑕点，由配方法可得
$$\int_0^1 \frac{1}{\sqrt{x-x^2}} dx = 2\int_0^1 \frac{1}{\sqrt{1-(2x-1)^2}} dx$$

再令 $t=2x-1$，有
$$\int_0^1 \frac{1}{\sqrt{1-(2x-1)^2}} dx = \frac{1}{2}\int_{-1}^1 \frac{1}{\sqrt{1-t^2}} dt = \int_0^1 \frac{1}{\sqrt{1-t^2}} dt = \frac{\pi}{2}$$

因此
$$B\left(\frac{1}{2},\frac{1}{2}\right) = \pi$$

由性质 6.11(3) 可知 $\Gamma\left(\frac{1}{2}\right) = \sqrt{B\left(\frac{1}{2},\frac{1}{2}\right)} = \sqrt{\pi}$.

(2) 在 $\int_0^{+\infty} e^{-x^2} dx$ 中令 $t=x^2$，则
$$\int_0^{+\infty} e^{-x^2} dx = \frac{1}{2}\int_0^{+\infty} \frac{1}{\sqrt{t}} e^{-t} dt = \frac{1}{2}\Gamma\left(\frac{1}{2}\right) = \frac{\sqrt{\pi}}{2}$$

注意 关于概率积分 $\int_0^{+\infty} e^{-x^2} dx$ 的值，我们将在第 7 章 §7.7 中利用二重积分给出另一种较直接的求法.

练习 6.5

1. 计算下列反常积分：

(1) $\int_{-\infty}^{+\infty} \frac{1}{4x^2+4x+5} dx$;

(2) $\int_0^{+\infty} e^{-\sqrt{x}} dx$;

(3) $\int_1^{+\infty} \frac{1}{x(1+x^2)} dx$;

(4) $\int_0^{+\infty} e^{-2x}\sin x dx$;

(5) $\int_0^1 \ln x dx$;

(6) $\int_1^2 \frac{dx}{\sqrt{(2-x)(x-1)}}$.

2. 判断下列反常积分的敛散性：

(1) $\int_2^{+\infty} \frac{1+\sin x}{x\sqrt{x^2-1}} dx$;

(2) $\int_1^{+\infty} \frac{1}{x}\ln(1+x^2) dx$;

(3) $\int_0^{+\infty} x^n e^{-x^2} dx\,(n>0)$;

(4) $\int_1^{+\infty} \frac{2x}{\sqrt{1+x}} \arctan x dx$;

(5) $\int_{\frac{1}{e}}^{e} \frac{\ln x}{(1-x)^2} dx$;   (6) $\int_{-1}^{2} \frac{2x}{x^2-4} dx$.

3. 已知 $\int_{0}^{+\infty} \frac{\sin x}{x} dx = \frac{\pi}{2}$, 求

(1) $\int_{0}^{+\infty} \frac{\sin x \cos x}{x} dx$;   (2) $\int_{0}^{+\infty} \frac{\sin^2 x}{x^2} dx$.

4. 求 c 的值, 使

$$\lim_{x \to +\infty} \left(\frac{x+c}{x-c}\right)^x = \int_{-\infty}^{c} t e^{2t} dt$$

5. 利用 Γ 函数和 B 函数的关系, 证明

$$\int_{-\infty}^{\infty} x^2 e^{-x^2} dx = \frac{\sqrt{\pi}}{2}$$

6. 计算 $\Gamma\left(\frac{1}{2} + n\right)$, $\dfrac{\Gamma(2) \Gamma\left(\frac{3}{2}\right)}{\Gamma\left(\frac{7}{2}\right)}$.

7. 利用 Γ 函数、B 函数计算下列积分:

(1) $\int_{0}^{+\infty} e^{-4x} x^{\frac{3}{2}} dx$;   (2) $\int_{0}^{+\infty} x^{2n} e^{-x^2} dx \left(n > -\frac{1}{2}\right)$;

(3) $\int_{0}^{+\infty} t^{\frac{1}{2}} e^{-at} dt (a > 0)$;   (4) $\int_{0}^{1} \frac{dx}{\sqrt{1-\sqrt[3]{x}}}$ (提示: 令 $\sqrt[3]{x} = t$).

8. 利用 Γ 函数或 B 函数表示下列积分:

(1) $\int_{0}^{+\infty} e^{-x^n} dx$;   (2) $\int_{0}^{1} \left(\ln \frac{1}{x}\right)^p dx (p > -1)$;

(3) $\int_{0}^{+\infty} x^n e^{-x^m} dx$;   (4) $\int_{0}^{+\infty} \frac{dx}{1+x^3} \left(\text{提示: 令} \frac{1}{1+x^3} = t\right)$;

(5) $\int_{0}^{1} \frac{dx}{\sqrt[n]{1-x^n}}$.

习 题 六

1. 设 $f(x)$ 在区间 $[0,1]$ 上连续, 在 $(0,1)$ 内可导, 且满足 $f(1) = 2\int_{0}^{\frac{1}{2}} x f(x) dx$, 试证存在一点 $\xi \in (0,1)$, 使 $f(\xi) + \xi f'(\xi) = 0$.

提示: 考虑函数 $F(x) = x f(x)$.

2. 设 $a < b$, 证明不等式

$$\left[\int_{a}^{b} f(x) g(x) dx\right]^2 \leq \int_{a}^{b} f^2(x) dx \int_{a}^{b} g^2(x) dx$$

提示: 考虑关于 λ 的二次三项式 $\int_{a}^{b} [f(x) + \lambda g(x)]^2 dx$ 的符号.

3. 设 $f(x) > 0$ 且有连续的导数, 令

$$\varphi(x) = \begin{cases} \dfrac{\int_0^x tf(t)\,dt}{\int_0^x f(t)\,dt}, & x \neq 0 \\ a, & x = 0 \end{cases}$$

(1) 确定常数 a，使 $\varphi(x)$ 在 $x = 0$ 处连续；

(2) 求 $\varphi'(x)$；

(3) 讨论 $\varphi'(x)$ 在 $x = 0$ 处的连续性；

(4) 证明当 $x \geq 0$ 时，$\varphi(x)$ 单调递增.

4. 设函数 $f(x)$ 在 $[0, +\infty)$ 上连续，单调递增且 $f(0) \geq 0$，试证函数

$$F(x) = \begin{cases} \dfrac{1}{x}\int_0^x t^n f(t)\,dt, & x > 0 \\ 0, & x = 0 \end{cases} \quad (n > 0)$$

在 $[0, +\infty)$ 上连续且单调递增.

5. 设 $f(x) = \int_0^x \dfrac{\sin t}{\pi - t}\,dt$，求 $\int_0^\pi f(x)\,dx$.

提示：考虑 $\int_0^\pi f(x)\,d(x - \pi)$ 的分部积分公式.

6. 设 $f(x) = \int_0^x e^{-t^2 + 2t}\,dt$，求 $\int_0^1 (x-1)^2 f(x)\,dx$.

7. 设连续函数 $f(x)$ 满足 $f(1) = 2$，且

$$\int_0^x f(2x - t) t\,dt = x^2$$

求定积分

$$\int_1^2 f(x)\,dx$$

8. 证明 $\int_0^{\frac{\pi}{2}} \cos^m x \sin^m x\,dx = \dfrac{1}{2^m}\int_0^{\frac{\pi}{2}} \cos^m x\,dx$.

提示：对左边积分先用倍角公式再令 $t = 2x$，在所得积分中对 $\int_{\frac{\pi}{2}}^\pi \sin^m t\,dt$ 作变换 $u = \pi - t$.

9. 设 $f(x) = \int_1^x \dfrac{\ln t}{1 + t}\,dt$，其中 $x > 0$，求 $f(x) + f\left(\dfrac{1}{x}\right)$.

10. 设函数 $f(x) = \begin{cases} 1 + x^2, & x < 0 \\ e^{-x}, & x \geq 0 \end{cases}$，求 $\int_1^3 f(x - 2)\,dx$.

11. 设 $f(x)$ 是连续的奇函数，证明：$f(x)$ 的原函数是偶函数. 若 $f(x)$ 是连续的偶函数，问 $f(x)$ 的原函数是否都是奇函数？

12. 设 $f(x)$ 是以 $T(T > 0)$ 为周期的连续函数，且满足

$$\int_0^T f(x)\,dx = 0$$

证明：$f(x)$ 的原函数也是以 T 为周期的周期函数.

13. 设函数 $f(x)$ 在 $(-\infty, +\infty)$ 内满足 $f(x) = f(x - \pi) + \sin x$，且 $f(x) = x, x \in [0,$

π),计算 $\int_\pi^{3\pi} f(x)\,\mathrm{d}x$.

14. 设函数 $f(x)$ 在区间 $[a,b]$ 上连续,且在 (a,b) 内有 $f'(x) > 0$,证明:在 (a,b) 内存在惟一的 ξ,使曲线 $y = f(x)$ 与两直线 $y = f(\xi)$,$x = a$ 所围平面图形面积 S_1 是曲线 $y = f(x)$ 与两直线 $y = f(\xi)$,$x = b$ 所围平面图形面积 S_2 的 3 倍.

15. 设曲线方程为 $y = \mathrm{e}^{-x}(x \geq 0)$,

(1) 把曲线 $y = \mathrm{e}^{-x}$,x 轴,y 轴和直线 $x = \xi(\xi > 0)$ 所围平面图形绕 x 轴旋转一周,得一旋转体,求此旋转体的体积 $V(\xi)$,求满足 $V(a) = \dfrac{1}{2}\lim\limits_{\xi \to +\infty} V(\xi)$ 的 a;

(2) 在此曲线上找一点,使过该点的切线与两个坐标轴所夹平面图形的面积最大,并求出该面积.

16. 设 $f(x)$ 在 $[a,b]$ 上连续,在 (a,b) 内可导,$f'(x) < 0$,且

$$F(x) = \frac{1}{x-a}\int_a^x f(t)\,\mathrm{d}t.$$

试证:(1) $F'(x) \leq 0$;

(2) $0 \leq F(x) - f(x) \leq f(a) - f(b)$.

提示:利用 $f(x)(x-a) = \int_a^x f(t)\,\mathrm{d}t$;$f(x) \geq f(b)$,$x \in [a,b]$;

$F(x) = f(\xi)$,$\xi \in [a,x]$,$f(\xi) \leq f(a)$.

17. 设 $f(x)$,$g(x)$ 在 $[0,1]$ 上有连续的导数,且 $f(0) = 0$,$f'(x) \geq 0$,$g'(x) \geq 0$. 证明:对任何 $a \in [0,1]$,

$$\int_0^a g(x)f'(x)\,\mathrm{d}x + \int_0^1 f(x)g'(x)\,\mathrm{d}x \geq f(a)g(1).$$

提示:在 $\int_a^1 f(x)g'(x)\,\mathrm{d}x$ 中利用 $f(x) \geq f(a)$,$x \in [a,1]$.

18. 设 $f(x)$ 在 $(-\infty, +\infty)$ 内有连续导数,且 $m \leq f(x) \leq M$.

(1) 求 $\lim\limits_{a \to 0} \dfrac{1}{4a^2}\int_{-a}^{a}[f(t+a) - f(t-a)]\,\mathrm{d}t$; (提示:分成两项,分别作变量替换,再用洛必达法则和导数定义.)

(2) 证明:$\left|\dfrac{1}{2a}\int_{-a}^{a} f(t)\,\mathrm{d}t - f(x)\right| \leq M - m$. (提示:用积分中值定理.)

19. 设函数 $f(x)$,$g(x)$ 在 $[a,b]$ 上连续,且 $g(x) > 0$. 证明存在一点 $\xi \in [a,b]$ 使得

$$\int_a^b f(x)g(x)\,\mathrm{d}x = f(\xi)\int_a^b g(x)\,\mathrm{d}x.$$

提示:设 $m \leq f(x) \leq M$,m,M 分别为 $f(x)$ 在 $[a,b]$ 上的最小值和最大值. 由不等式 $mg(x) \leq f(x)g(x) \leq Mg(x)$ 得到相应的积分不等式,再用 $f(x)$ 在 $[a,b]$ 上的介值定理.

第 7 章

多元函数微积分学

前面各章中,我们阐述了只依赖于一个自变量的函数即一元函数的微积分学. 而在诸多实际问题中所遇到的是多个变量的函数. 比如,矩形面积 $S = xy$,其中 x,y 分别表示矩形的长和宽,即面积 S 依赖于两个变量 x 和 y. 本章介绍多元函数微积分学. 它是一元函数微积分学的直接推广和发展,我们将会看到多元函数微积分学与一元函数微积分学既有密切的联系,同时又有较大的区别,其内容比一元函数微积分学更丰富.

对于多元函数,我们将主要讨论二元函数. 在掌握了二元函数的有关理论和研究方法后,不难把它们推广到一般的多元函数中去.

§7.1 预备知识

一、空间直角坐标系

人们引入坐标系,不仅可以利用代数知识解决几何问题,还可以利用几何直观简化抽象的数学推导. 在建立了直线坐标系即数轴后,直线上的点便与实数 x 之间建立了一一对应关系;在建立了平面直角坐标系后,平面上的点便与有序实数组 (x,y) 之间建立了一一对应关系. 于是平面上的曲线与二元方程 $F(x,y) = 0$ 相对应.

以下我们介绍空间直角坐标系的有关知识. 我们将知道:在空间直角坐标系下,空间中的任意一点与三元有序实数组 (x,y,z) 之间建立了一一对应关系;空间中的一个曲面与一个三元方程 $F(x,y,z) = 0$ 相对应;空间中的曲线可以看成是两曲面的交线,因而空间曲线与两个三元方程所组成的三元方程组
$$\begin{cases} F_1(x,y,z) = 0 \\ F_2(x,y,z) = 0 \end{cases}$$
相对应.

1. 坐标系的建立

在空间任取一点 O,过 O 点作三条相互垂直的数轴 Ox, Oy, Oz,各轴的方向按右手规则确定. 所谓右手规则是指:先使右手的拇指、食指、中指互相垂直,如果将右手的拇指和食指分别指着 Ox, Oy 轴的正方向,则中指所指的方向与 Oz

轴的正方向相同. 各轴上再规定一个共同的长度单位,则我们建立了一个空间直角坐标系,记为 $Oxyz$,如图 7-1 所示. 其中 O 点称为坐标系的原点;Ox,Oy,Oz 都称为坐标轴,分别称为 x 轴、y 轴、z 轴;由每两条坐标轴所确定的平面,都称为坐标平面,按照坐标平面所含的坐标轴,分别称为 xOy 平面、yOz 平面、zOx 平面. 这 3 个平面将空间分成 8 个部分,称为 8 个卦限. 如图 7-2 所示.

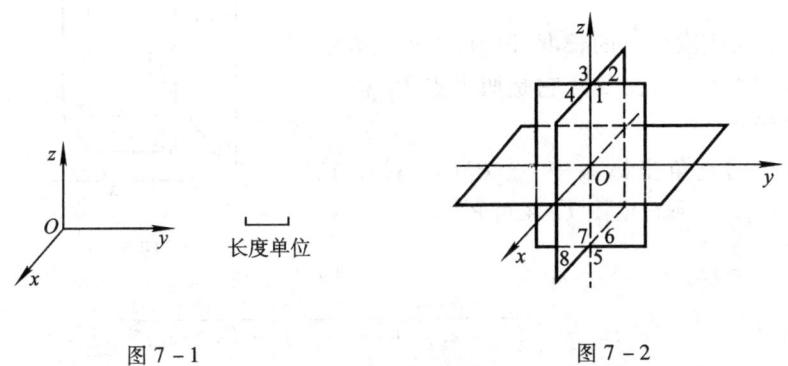

图 7-1   图 7-2

2. 空间中的点与三元有序数组的对应

设 P 是空间中任意一点,过 P 点作垂直于 xOy 平面的直线,交 xOy 平面于点 P_{xy},再过 P_{xy} 点在 xOy 面上分别作垂直于 Ox 轴、Oy 轴的直线,分别交 Ox 轴于 P_x 点、交 Oy 轴于 P_y 点. 连接 OP_{xy},过 P 点作直线平行于 OP_{xy},必交 Oz 轴于一点,记为 P_z. 如图 7-3 所示.

设点 P_x,P_y,P_z 在 Ox 轴、Oy 轴、Oz 轴上的坐标分别为 x_0,y_0,z_0,分别称 x_0,y_0,z_0 为点 P 的 x 坐标,y 坐标和 z 坐标,而称点 P 的坐标为 (x_0, y_0, z_0),通常记为 $P(x_0, y_0, z_0)$.

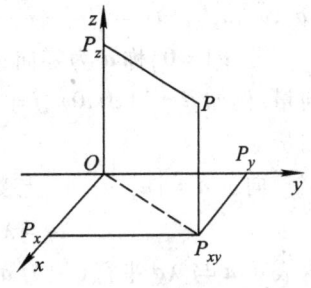

这样,在空间直角坐标系 $Oxyz$ 中,空间中任意一点 P 按上述方式惟一确定一个三元有序数

图 7-3

组 (x_0, y_0, z_0). 反之,任意给定一个三元数组 (x_0, y_0, z_0),在空间中必惟一确定一点 P. 于是,空间中的点与任意三元有序数组 (x, y, z) 之间建立了一一对应关系.

由上述空间点的坐标定义可知:坐标原点 O 的坐标为 $(0, 0, 0)$;Ox 轴、Oy 轴、Oz 轴上的点的坐标分别为 $(x, 0, 0)$,$(0, y, 0)$,$(0, 0, z)$;xOy 平面、yOz 平面和 zOx 平面上点的坐标分别为 $(x, y, 0)$,$(0, y, z)$ 和 $(x, 0, z)$.

二、空间直角坐标系中的向量

先回顾中学里学过的向量的有关知识. 向量是一个既有大小又有方向的量. 空间中的向量通常是用具有一定长度和一定方向的线段表示. 例如,以 P_1 为始点, P_2 为终点的空间向量 $\overrightarrow{P_1P_2}$,就是连接两点 P_1, P_2 的有向线段. 有向线段 $\overrightarrow{P_1P_2}$ 的长度,记为 $|\overrightarrow{P_1P_2}|$,表示该向量的大小(或长度),它是两个点 P_1 和 P_2 之间的距离.

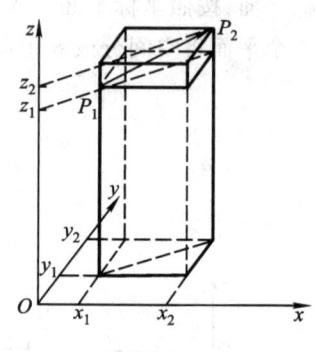

图 7-4

在空间直角坐标系中,设 $P_1(x_1, y_1, z_1)$, $P_2(x_2, y_2, z_2)$,那么由图 7-4 可知

$$\overrightarrow{P_1P_2} = \{x_2 - x_1, y_2 - y_1, z_2 - z_1\} \qquad (7-1)$$

$$|\overrightarrow{P_1P_2}| = \sqrt{(x_2-x_1)^2 + (y_2-y_1)^2 + (z_2-z_1)^2}$$

因此,点 P_1 和 P_2 之间的距离公式

$$|\overrightarrow{P_1P_2}| = \sqrt{(x_2-x_1)^2 + (y_2-y_1)^2 + (z_2-z_1)^2} \qquad (7-2)$$

向量还常用粗体小写字母 $\boldsymbol{a}, \boldsymbol{b}, \boldsymbol{c}$ 等表示. 向量 $\boldsymbol{a}$ 的长度用 $|\boldsymbol{a}|$ 表示,即 $\boldsymbol{a} = \{a_x, a_y, a_z\}$, $|\boldsymbol{a}| = \sqrt{a_x^2 + a_y^2 + a_z^2}$.

若 $|\boldsymbol{a}| = 0$,称 $\boldsymbol{a}$ 为零向量,零向量没有确定的方向;若 $|\boldsymbol{a}| = 1$,则称 $\boldsymbol{a}$ 为单位向量. 例如, $\boldsymbol{i} = \{1,0,0\}, \boldsymbol{j} = \{0,1,0\}, \boldsymbol{k} = \{0,0,1\}$ 分别是 $Ox、Oy、Oz$ 轴上的单位向量.

向量 $\boldsymbol{a} = \{a_x, a_y, a_z\}$ 与数 λ 的数乘 $\lambda \boldsymbol{a}$ 为

$$\lambda \boldsymbol{a} = \lambda \{a_x, a_y, a_z\} = \{\lambda a_x, \lambda a_y, \lambda a_z\},$$

这表示 $\boldsymbol{a}$ 与 $\lambda \boldsymbol{a}$ 平行(记为 $\boldsymbol{a} /\!/ \lambda \boldsymbol{a}$). 并且,两向量 $\boldsymbol{a} = \{a_x, a_y, a_z\}, \boldsymbol{b} = \{b_x, b_y, b_z\}$ 平行,即 $\boldsymbol{a} /\!/ \boldsymbol{b}$ 的充要条件是存在常数 λ 使得 $\boldsymbol{b} = \lambda \boldsymbol{a}$ 或 $\boldsymbol{a} = \lambda \boldsymbol{b}$.

两向量 $\boldsymbol{a} = \{a_x, a_y, a_z\}, \boldsymbol{b} = \{b_x, b_y, b_z\}$ 的加法 $\boldsymbol{a} + \boldsymbol{b}$ 为

$$\boldsymbol{a} + \boldsymbol{b} = \{a_x, a_y, a_z\} + \{b_x, b_y, b_z\} = \{a_x + b_x, a_y + b_y, a_z + b_z\},$$

它们满足平行四边形法则(如图 7-5).

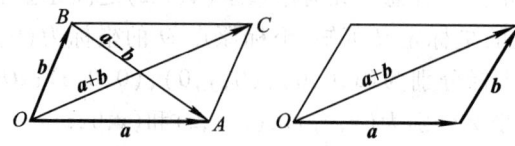

图 7-5

向量 $\boldsymbol{a} = \{a_x, a_y, a_z\}, \boldsymbol{b} = \{b_x, b_y, b_z\}$ 的内积(标量积)为

$$\boldsymbol{a} \cdot \boldsymbol{b} = |\boldsymbol{a}||\boldsymbol{b}|\cos(\widehat{\boldsymbol{a},\boldsymbol{b}}) = a_x b_x + a_y b_y + a_z b_z$$

其中 $\theta = (\widehat{\boldsymbol{a},\boldsymbol{b}})(\theta \in [0,\pi])$ 表示向量 $\boldsymbol{a}$ 与 $\boldsymbol{b}$ 之间的夹角,因此两非零向量 $\boldsymbol{u} = \{a_x, a_y, a_z\}, \boldsymbol{b} = \{b_x, b_y, b_z\}$ 之间的夹角满足

$$\cos(\widehat{\boldsymbol{a},\boldsymbol{b}}) = \frac{a_x b_x + a_y b_y + a_z b_z}{\sqrt{a_x^2 + a_y^2 + a_z^2}\sqrt{b_x^2 + b_y^2 + b_z^2}}$$

两向量 $\boldsymbol{a} = \{a_x, a_y, a_z\}, \boldsymbol{b} = \{b_x, b_y, b_z\}$ 垂直(记为 $\boldsymbol{a} \perp \boldsymbol{b}$)的充要条件是

$$\boldsymbol{a} \cdot \boldsymbol{b} = a_x b_x + a_y b_y + a_z b_z = 0 \tag{7-3}$$

以上介绍了空间直角坐标系中向量的有关知识,我们可以类似地考虑平面直角坐标系中向量的有关知识.要注意的是在平面直角坐标系中,点以及向量的坐标都是二元有序数组.

三、空间曲面与方程

1. 平面方程

空间中有且只有一个平面经过一个已知点,并且和一个已知的非零向量垂直.这个向量称为平面的法向量.在空间直角坐标系 $Oxyz$ 下,设平面 π 经过点 $P_0(x_0, y_0, z_0)$,且垂直于向量 $\boldsymbol{n} = \{A, B, C\}$,设点 $P(x, y, z)$ 在平面 π 上,则从 P_0 到 P 的向量 $\overrightarrow{P_0 P} = \{x - x_0, y - y_0, z - z_0\}$ 垂直于 $\boldsymbol{n}$,于是 $\overrightarrow{P_0 P} \cdot \boldsymbol{n} = 0$,即

$$A(x - x_0) + B(y - y_0) + C(z - z_0) = 0 \tag{7-4}$$

亦即

$$Ax + By + Cz + D = 0 \tag{7-5}$$

其中 $D = -Ax_0 - By_0 - Cz_0$.(7-5)是平面 π 上的点的直角坐标所满足的条件,它是三元一次方程.我们很容易将(7-5)化为(7-4)的形式(例如,任取 $x = x_0$, $y = y_0$,则由(7-5)可以解出 $z = z_0$,这时点 (x_0, y_0, z_0) 就是 π 上的点,可以将(7-5)化为(7-4)的形式).(7-5)式中的三元一次方程也一定表示一个平面,我们称(7-5)为平面的一般方程.

例1 试写出 xOy 坐标平面的方程.

解 显然 xOy 坐标平面经过原点 $O(0,0,0)$,且垂直于 z 轴(即向量 $\boldsymbol{k} = \{0,0,1\}$),于是可知 xOy 平面上任一点 $P(x,y,z)$ 应满足

$$(x - 0) \cdot 0 + (y - 0) \cdot 0 + (z - 0) \cdot 1 = 0$$

即 $z = 0$,此为 xOy 平面的方程.

同理可知: $y = 0$ 表示 xOz 平面, $x = 0$ 表示 yOz 平面。

例2 已知平面 π 经过三点 $P_1(a,0,0), P_2(0,b,0), P_3(0,0,c)$,求 π 的方程.(a, b, c 都不为零)

解 设 π 的方程为
$$Ax + By + Cz + D = 0$$
因平面经过 P_1, P_2, P_3,故
$$\begin{cases} Aa + D = 0 \\ Bb + D = 0 \\ Cc + D = 0 \end{cases}$$
由此可得 $A = -\dfrac{1}{a}D$, $B = -\dfrac{1}{b}D$, $C = -\dfrac{1}{c}D$,于是得
$$-\frac{1}{a}Dx - \frac{1}{b}Dy - \frac{1}{c}Dz + D = 0$$
因 A,B,C 不全为零,而 a,b,c 都不为零,故 $D \neq 0$,在上式中令 $D = -1$ 得 π 的方程为
$$\frac{x}{a} + \frac{y}{b} + \frac{z}{c} - 1 = 0$$
亦即
$$\frac{x}{a} + \frac{y}{b} + \frac{z}{c} = 1 \qquad (7-6)$$

(7-6)式中方程叫做平面的截距式方程.其中的 a,b,c 分别叫做平面 π 在 x 轴、y 轴、z 轴上的截距.

2. 空间直线的方程

空间中有且仅有一条直线经过一个已知点,并且和一个已知的非零向量平行.这个向量称为直线的方向向量(或定向向量).

在直角坐标系中给定一点 $P_0(x_0, y_0, z_0)$ 和一个非零向量 $v = \{a, b, c\}$,由 P_0 和 v 所决定的直线记为 l,设点 $P(x, y, z)$ 在 l 上,因 P_0 也在 l 上,故从 P_0 到 P 的向量应与 v 平行,即 $\overrightarrow{P_0P} \parallel v$,于是存在实数 $t \in \mathbf{R}$,使得 $\overrightarrow{P_0P} = tv$.用坐标表示为
$$\begin{cases} x - x_0 = ta \\ y - y_0 = tb \\ z - z_0 = tc \end{cases} \qquad (7-7)$$

这组方程把直线 l 上点 P 的坐标表成了 t 的函数,当 t 取遍所有的实数时,对应点的轨迹就是直线 l.(7-7)叫做直线的参数方程.t 叫做参数.

方程(7-7)可以改写成
$$\frac{x - x_0}{a} = \frac{y - y_0}{b} = \frac{z - z_0}{c} \qquad (7-8)$$

(7-8)叫做直线的点向式方程或对称式方程.从对称式方程(7-8)中可以清楚地看出直线 l 经过的点及直线的方向向量.

注意 直线的对称式方程实质上是只包含两个一次方程的一个方程组(假定 $b \neq 0$):

$$\begin{cases} \dfrac{x - x_0}{a} = \dfrac{y - y_0}{b} \\ \dfrac{z - z_0}{c} = \dfrac{y - y_0}{b} \end{cases}$$

方程组中所含的两个一次方程各表示一个平面,直线 l 上的点的坐标同时满足这两个方程,表明直线 l 就是这两个平面的交线. 若 $b = 0$,则由(7-7)知 $y - y_0 = 0$,这是一个平行于 xOz 的平面,而此时直线 l 的方程组应为

$$\begin{cases} y - y_0 = 0 \\ \dfrac{x - x_0}{a} = \dfrac{z - z_0}{c} \end{cases}$$

我们往往把直线作为两个平面的交线,也就是将两个平面的方程联立起来,用三元一次方程组

$$\begin{cases} A_1 x + B_1 y + C_1 z + D_1 = 0 \\ A_2 x + B_2 y + C_2 z + D_2 = 0 \end{cases} \tag{7-9}$$

来表示. (7-9)叫做直线的一般方程.

直线的参数方程、对称式方程及一般方程可以互相转化. 这里只需说明从一般方程到参数方程的转化. 实质上,参数方程是一般方程所有解的一般表示式,求出方程组(7-9)的所有解的一般表示式就可得到参数方程:不妨设 $A_1 B_2 - A_2 B_1 \neq 0$,用消元法可从(7-9)解出

$$\begin{cases} x = x_0 + az \\ y = y_0 + bz \end{cases}$$

于是得到参数方程为

$$\begin{cases} x = x_0 + at \\ y = y_0 + bt \\ z = t \end{cases}$$

由此得到对称式方程:

$$\dfrac{x - x_0}{a} = \dfrac{y - y_0}{b} = \dfrac{z - 0}{1}.$$

例 3 求两点 $P_1(1, 0, 1)$ 和 $P_2(2, 3, 5)$ 连线的方程.

解 $\overrightarrow{P_1 P_2} = \{2 - 1, 3 - 0, 5 - 1\} = \{1, 3, 4\}$ 是直线所沿的方向. 所以直线的对称式方程为

$$\dfrac{x - 1}{1} = \dfrac{y - 0}{3} = \dfrac{z - 1}{4}$$

注意 平面上直线方程,可以用类似的方法在平面直角坐标系中建立. 设平面上直线 l 过点 $P_0(x_0,y_0)$,平行于非零向量 $\boldsymbol{v}=\{a,b\}$,则直线 l 的参数方程为

$$\begin{cases} x = x_0 + ta \\ y = y_0 + tb \end{cases}$$

其中 t 为参数.

3. 空间曲面

在空间直角坐标系 $Oxyz$ 下,空间中的任意曲面 S 都是点的几何轨迹. 凡位于这一曲面上的点的坐标 (x,y,z) 都要满足一个三元方程

$$F(x,y,z) = 0 \qquad (7-10)$$

而不在这个曲面上的点的坐标都不满足方程(7-10),我们称方程(7-10)为曲面 S 的方程,而曲面 S 的几何图形称为方程(7-10)的图形.

注意 空间中的曲线也是点的几何轨迹,位于曲线上点的坐标 (x,y,z) 也满足一定的方程. 空间中的任何曲线总可以看作是两个不同曲面的交线,若方程 $F_1(x,y,z) = 0$ 与 $F_2(x,y,z) = 0$ 是某两个不同曲面的方程,则它们的交线的方程为

$$\begin{cases} F_1(x,y,z) = 0 \\ F_2(x,y,z) = 0 \end{cases}$$

这种三元方程组就是空间曲线的解析表示.

例 4 求以 $P_0(x_0,y_0,z_0)$ 为中心,以 R 为半径的球面 S 的方程.

解 设 $P(x,y,z)$ 是球面 S 上的任意一点,则 $|\overrightarrow{PP_0}| = R$. 由两点间的距离公式(7-3)得

$$\sqrt{(x-x_0)^2 + (y-y_0)^2 + (z-z_0)^2} = R$$

即

$$(x-x_0)^2 + (y-y_0)^2 + (z-z_0)^2 = R^2$$

这就是所求的球面的方程. 该球面的图形如图7-6(a)所示.

例 5 球面 $x^2 + y^2 + z^2 = 1$ 与平面 $z = \dfrac{1}{2}$ 的交线是平面 $z = \dfrac{1}{2}$ 上的一个圆,这个圆的方程为

$$\begin{cases} x^2 + y^2 + z^2 = 1 \\ z = \dfrac{1}{2} \end{cases}$$

如图7-6(b)所示.

常见的空间曲面有平面、柱面、锥面、旋转曲面以及二次曲面,关于平面,已在前面单独介绍过. 以下先简单介绍一般柱面、一般旋转曲面(包括锥面),最后介绍二次曲面的标准方程与图形.

(A) 柱面

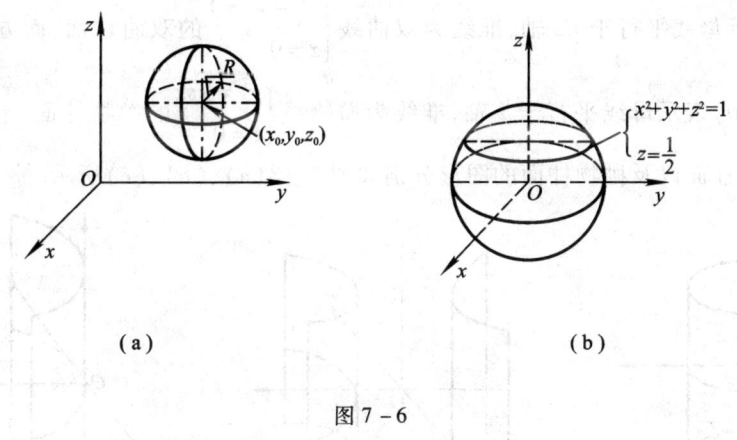

(a)   (b)

图 7-6

定义 7.1 与给定直线 L 平行的动直线 l 沿着某给定的曲线 (C) 移动所得到的空间曲面,称为柱面;动直线 l 称为柱面的母线,定曲线 (C) 称为柱面的准线.

如图 7-7(a) 所示.

可以证明:若取母线 l 平行于 Oz 轴,取 xOy 平面上的曲线 (C) 为准线,而 (C) 的方程为 $\begin{cases} z = 0 \\ f(x,y) = 0 \end{cases}$,则由 l 沿 (C)(平行于 Oz 轴)移动所得到的柱面的方程为

$$f(x,y) = 0$$

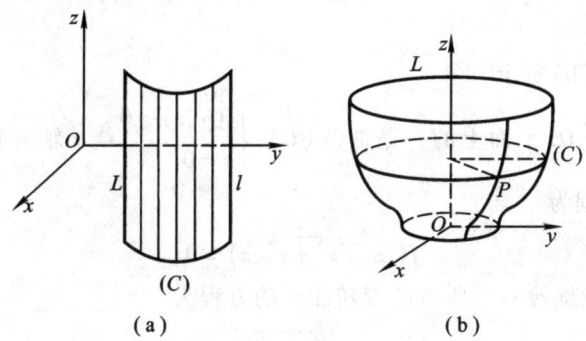

(a)   (b)

图 7-7

在上述方程中没有出现坐标 z,表明 z 可以取任意值,因此它表示母线平行于 z 轴的柱面.

例如 $x^2 + y^2 = R^2$ 在空间中表示母线平行于 z 轴,准线是 xOy 平面上的圆 $\begin{cases} x^2 + y^2 = R^2 \\ z = 0 \end{cases}$ 的圆柱面的方程,简称为圆柱面. 类似地可知:方程 $x^2 - y^2 = 1$ 在空

间中表示母线平行于 Oz 轴,准线为双曲线 $\begin{cases} x^2 - y^2 = 1 \\ z = 0 \end{cases}$ 的双曲柱面,而方程 $y^2 = 2px(p>0)$ 表示母线平行于 z 轴,准线为抛物线 $\begin{cases} y^2 = 2px \\ z = 0 \end{cases}$ 的抛物柱面. 上述圆柱面、双曲柱面以及抛物柱面的图形分别如图 7-8(a)、(b)、(c)所示.

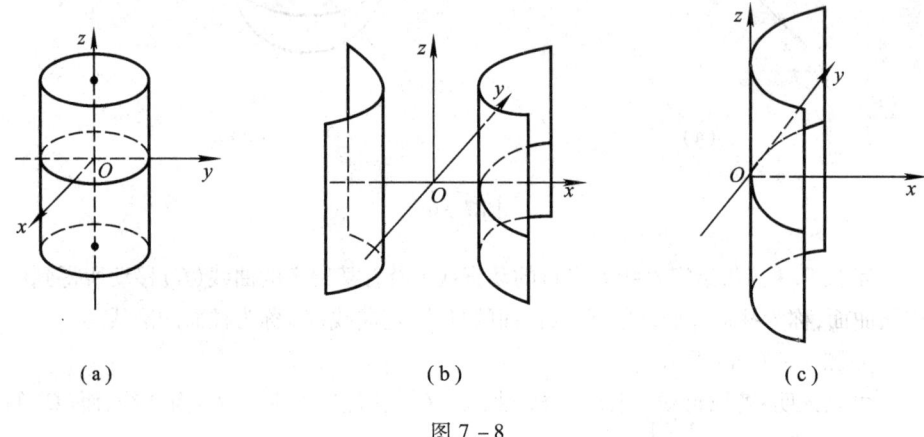

图 7-8

(B) 旋转曲面

定义 7.2 由一条平面曲线 (C) 绕着同平面上的一条直线 L 旋转一周所产生的曲面叫做旋转曲面,直线 L 叫做旋转曲面的轴,曲线 (C) 叫做旋转曲面的一条母线.

如图 7-7(b)所示.

可以证明: yOz 平面上的一条曲线 $(C):\begin{cases} f(y,z) = 0 \\ x = 0 \end{cases}$ 绕 z 轴旋转一周所得的旋转曲面的方程为

$$f(\pm\sqrt{x^2+y^2}, z) = 0$$

而当 (C) 绕 y 轴旋转一周所得的旋转曲面的方程为

$$f(y, \pm\sqrt{x^2+z^2}) = 0$$

例如,抛物线 $\begin{cases} z = y^2 \\ x = 0 \end{cases}$ 绕 z 轴旋转一周得到的旋转曲面的方程为 $z = x^2 + y^2$,称此曲面为旋转抛物面.

又例如,直线 $\begin{cases} z = 2y \\ x = 0 \end{cases}$ 绕 z 轴旋转一周所得的旋转曲面的方程为 $z = \pm 2\sqrt{x^2+y^2}$,亦即 $z^2 = 4(x^2+y^2)$. 此旋转曲面是一个圆锥面.

上述旋转抛物面和圆锥面如图 7-9(a)、(b)所示.

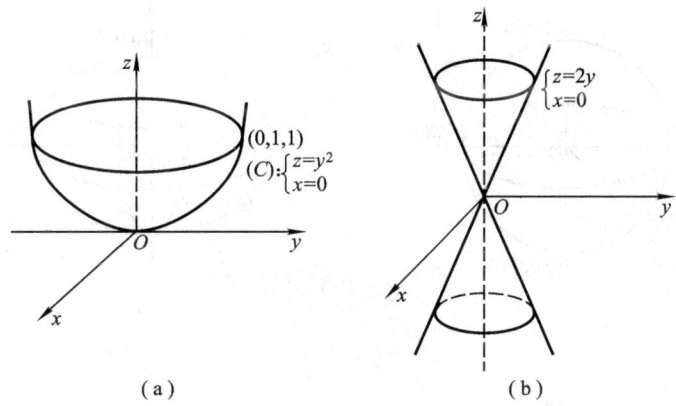

(a) (b)

图 7-9

(C) 二次曲面的方程与图形

三元二次方程 $a_1x^2 + a_2y^2 + a_3z^2 + b_1xy + b_2yz + b_3zx + c_1x + c_2y + c_3z + d = 0$ 在空间中表示的曲面称为二次曲面. 其中 $a_i, b_i, c_i (i=1,2,3), d$ 均为常数,且 $a_i, b_i (i=1,2,3)$ 不全为零.

可以证明:二次曲面的方程主要有以下 7 种标准形式. 这 7 种标准方程及它们所表示的曲面名称分别是

球面: $x^2 + y^2 + z^2 = R^2 (R>0)$;

椭球面: $\dfrac{x^2}{a^2} + \dfrac{y^2}{b^2} + \dfrac{z^2}{c^2} = 1 (a,b,c>0)$;

单叶双曲面: $\dfrac{x^2}{a^2} + \dfrac{y^2}{b^2} - \dfrac{z^2}{c^2} = 1 (a,b,c>0)$;

双叶双曲面: $\dfrac{x^2}{a^2} + \dfrac{y^2}{b^2} - \dfrac{z^2}{c^2} = -1 (a,b,c>0)$;

二次锥面: $\dfrac{x^2}{a^2} + \dfrac{y^2}{b^2} - \dfrac{z^2}{c^2} = 0 (a,b,c>0)$;

椭圆抛物面: $\dfrac{x^2}{a^2} + \dfrac{y^2}{b^2} = 2z (a,b>0)$;

双曲抛物面(马鞍面): $\dfrac{x^2}{a^2} - \dfrac{y^2}{b^2} = -2z (a,b>0)$.

以上 7 种曲面的图形的大致形状,可以用一些定性的讨论和截痕法得到,即通过曲面方程来讨论曲面是否具有有界性、对称性等特性;用坐标平面或与坐标平面平行的平面与曲面相交,通过分析交线(称为截痕)的形状,确定曲面的大致形状.

以上 7 种曲面的图形分别如图 7-10(a)、(b)、(c)、(d)、(e)、(f)、(g)所示.

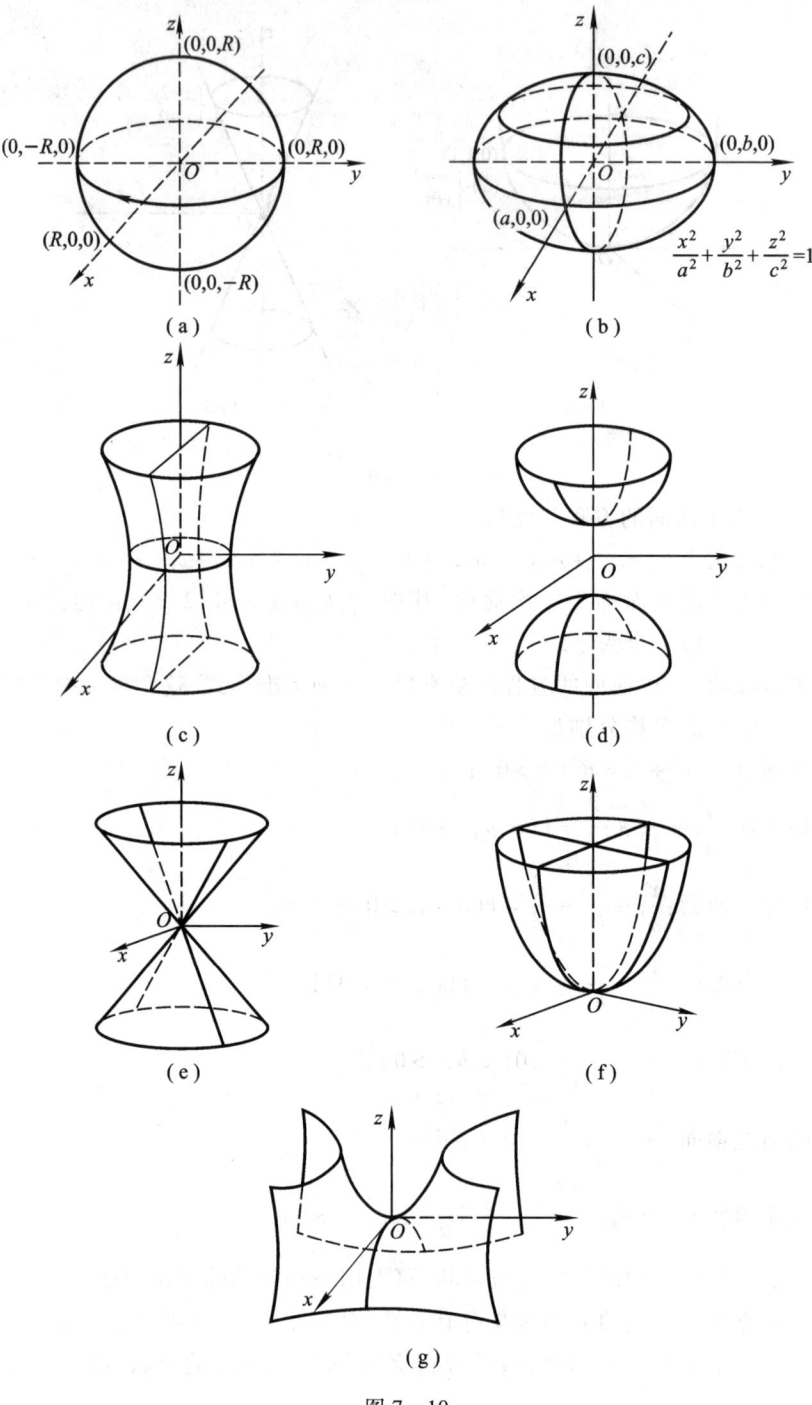

图 7-10

四、平面区域的概念及其解析表示

本段仅限于 xOy 坐标平面上讨论.

设 $P_0(x_0, y_0)$ 是 xOy 平面上的一定点, δ 为一正数, 以 P_0 为圆心、δ 为半径的圆的内部(即不含圆周)

$$O_\delta(P_0) = \{P \mid |\overrightarrow{PP_0}| < \delta\}$$
$$= \{(x, y) \mid (x-x_0)^2 + (y-y_0)^2 < \delta^2\}$$

称为点 P_0 的 δ - 圆邻域, 如图 7 - 11 所示.

上述邻域 $O_\delta(P_0)$ 去掉中心 P_0 后, 称为 P_0 的去心邻域, 记为 $O_\delta(P_0) \setminus \{P_0\}$.

下面用邻域来描述平面上的点与点集之间的关系.

设 D 是 xOy 平面上的一点集, P 为 xOy 平面上任一点, 则 P 与 D 的关系有以下三种:

内点: 若存在 $\delta > 0$, 使得 $O_\delta(P) \subset D$, 则称点 P 是 D 的内点.

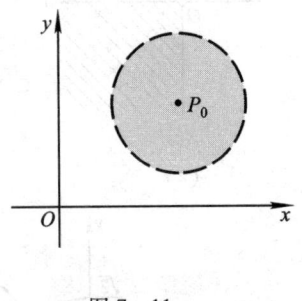

图 7 - 11

外点: 若存在 P 的某个邻域, 即存在 $\delta > 0$, 使得 $O_\delta(P) \cap D = \varnothing$, 则称 P 为 D 的外点.

边界点: 若在 P 的任何邻域内, 既含有属于 D 的点, 又含有不属于 D 的点, 则称 P 为点集 D 的边界点. D 的所有边界点集合称为 D 的边界.

点集 D 的内点必定属于 D; D 的外点必不属于 D; D 的边界点可能属于 D, 也可能不属于 D.

例如, 点集 $D = \{(x, y) \mid 4 \leq x^2 + y^2 < 9\}$, 如图 7 - 12 所示, 满足 $4 < x^2 + y^2 < 9$ 的点都是 D 的内点; 满足 $x^2 + y^2 = 4$ 的点均为 D 的边界点, 它们都属于 D; 满足 $x^2 + y^2 = 9$ 的点也均为 D 的边界点, 它们都不属于 D. D 的边界是圆周 $x^2 + y^2 = 4$ 与 $x^2 + y^2 = 9$.

如果 D 内任意一点均为 D 的内点, 则称 D 为开集.

设 D 为一开集, P_1 和 P_2 为 D 内任意两点, 若在 D 内存在一条直线或有限条直线段组成的折线将 P_1 与 P_2 连接起来, 则称 D 为区域(或开区域), 区域与区域的边界所构成的集合, 称为闭区域.

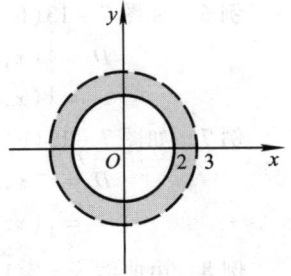

图 7 - 12

如果存在正数 R, 使得区域 $D \subset O_R(O)$, 则称 D 为有界区域; 否则称 D 为无界区域, 这里 $O_R(O)$ 表示以原点 $O(0,0)$ 为中心, R 为半径的圆的内部(不含圆

周)——习惯上称为开圆盘,即
$$O_R(O) = \{(x,y) \mid x^2 + y^2 < R^2\}$$

例如,平面上的矩形区域、圆盘及两个同心圆周所围成的圆环都是有界区域. 整个平面是无界区域. 而 $D = \{(x,y) \mid xy < 0\}$ 不是区域(如图 7-13(a)中阴影部分).

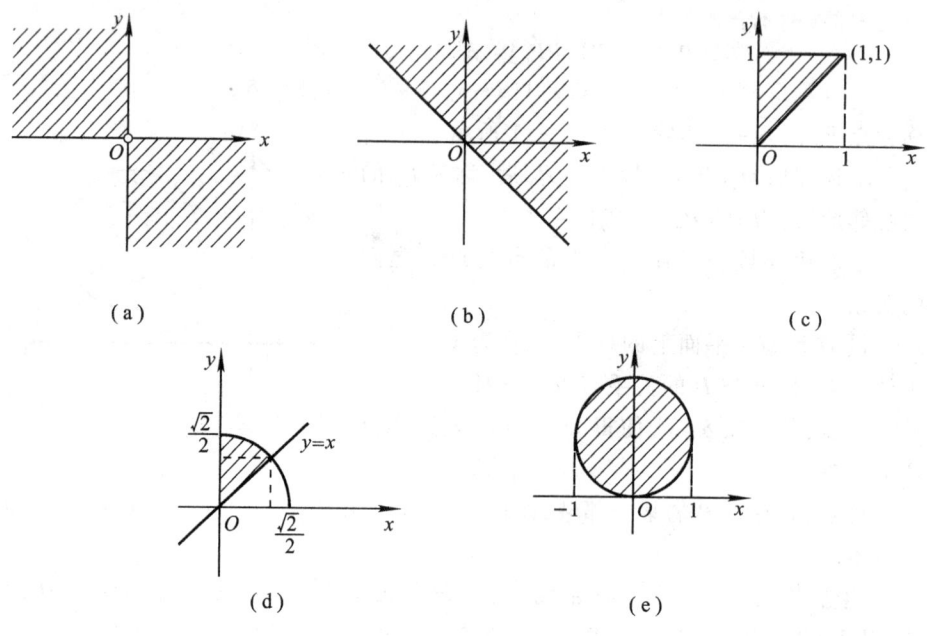

图 7-13

平面上的区域均可用含该区域内的点的坐标 (x,y) 的二元不等式或不等式组来表示(称为平面区域的解析表示),而且同一个区域有不同的表示形式.

例 6 如图 7-13(b)中阴影部分,D 是一个平面区域. 它有 3 种表示:
$$D = \{(x,y) \mid x+y \geq 0\}$$
$$= \{(x,y) \mid y \geq -x\} = \{(x,y) \mid x \geq -y\}$$

例 7 如图 7-13(c)中阴影部分,D 是一个平面区域,它通常可表为
$$D = \{(x,y) \mid 0 \leq x \leq 1, x \leq y \leq 1\}$$
$$= \{(x,y) \mid 0 \leq y \leq 1, 0 \leq x \leq y\}$$

例 8 由曲线 $y = \sqrt{1-x^2}$,直线 $y = x$ 及 $x = 0$ 所围成的平面区域 D,如图 7-13(d)中阴影部分所示,它的解析表示为
$$D = \left\{(x,y) \;\middle|\; 0 \leq x \leq \frac{\sqrt{2}}{2}, x \leq y \leq \sqrt{1-x^2}\right\}$$
$$= \left\{(x,y) \;\middle|\; 0 \leq y \leq \frac{\sqrt{2}}{2}, 0 \leq x \leq y\right\} \cup \left\{(x,y) \;\middle|\; \frac{\sqrt{2}}{2} \leq y \leq 1, 0 \leq x \leq \sqrt{1-y^2}\right\}$$

例 9 由圆周 $x^2+(y-1)^2=1$ 围成一个平面区域 D,如图 $7-13(e)$ 中阴影部分所示. 此区域可以表示为

$$D=\{(x,y)\mid -1\leqslant x\leqslant 1, 1-\sqrt{1-x^2}\leqslant y\leqslant 1+\sqrt{1-x^2}\}$$
$$=\{(x,y)\mid 0\leqslant y\leqslant 2, -\sqrt{2y-y^2}\leqslant x\leqslant \sqrt{2y-y^2}\}$$

练习 7.1

1. 已知向量 $\boldsymbol{a}=\{1,0,1\}, \boldsymbol{b}=\{0,2,0\}$,求 $\boldsymbol{a}+\boldsymbol{b}$、$\boldsymbol{a}\cdot\boldsymbol{b}$、$|\boldsymbol{a}|$ 以及 $(\boldsymbol{a},\boldsymbol{b})$.
2. 已知平面 π 经过点 $P(3,-2,1)$,且垂直于 P 与 $Q(6,2,7)$ 的连线,求平面 π 的方程.
3. 已知点 $P(3,2,17)$,平面 $\pi:3x+4y+12z-52=0$,过 P 向平面 π 引垂线,求此垂线的方程.
4. 将直线 l 的方程化为对称式,并指出直线 l 的方向向量 $\boldsymbol{v}$. 其中 l 的方程为 $\begin{cases} x-y+1=0 \\ z+1=0 \end{cases}$.
5. 求直线 $\begin{cases} y=x \\ z=0 \end{cases}$ 绕 x 轴旋转一周所得的旋转曲面的方程.
6. 求抛物线 $y=x^2$ 绕 y 轴旋转一周所得的旋转曲面的方程.
7. 试用含 x,y 的不等式或不等式组表示下面各图中阴影部分所表示的平面点集.

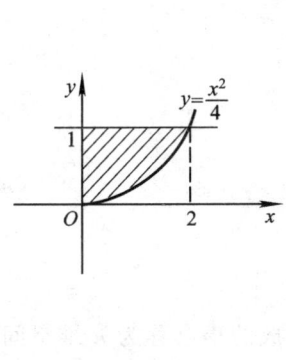

(1)

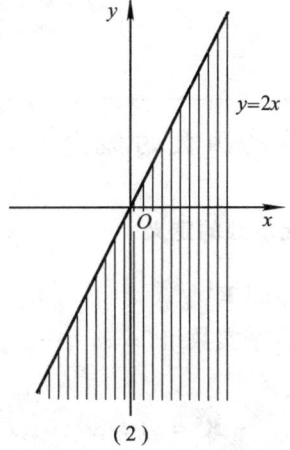

(2)

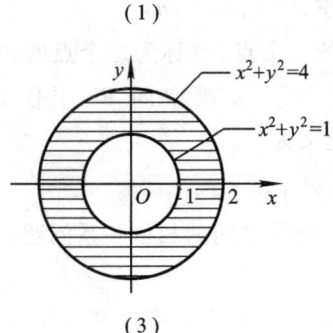

(3)

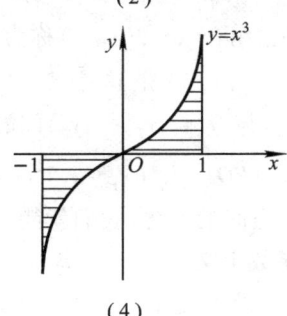

(4)

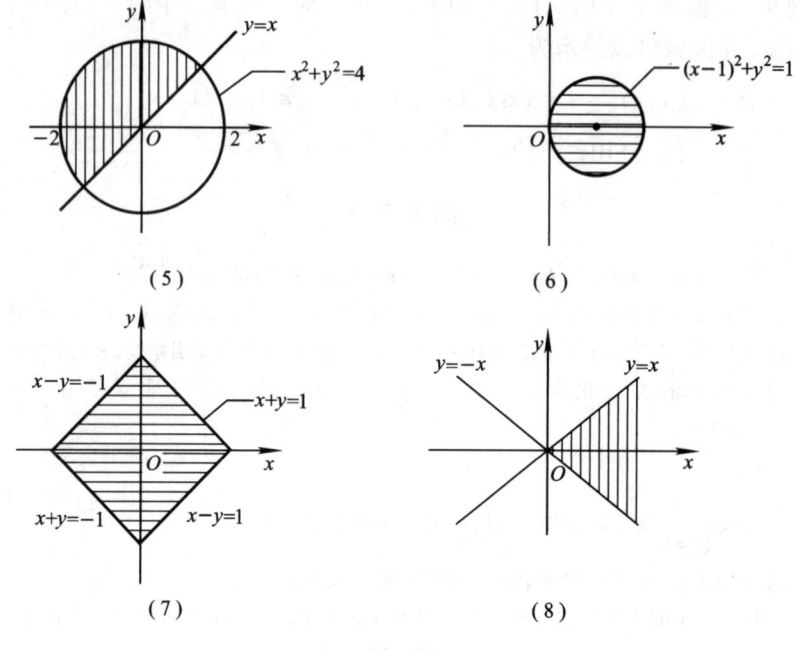

题 7 图

§7.2 多元函数的概念

一、多元函数的定义

1. n 维空间 $\mathbf{R}^n$

由 n 元有序实数组 $(x_1, x_2, \cdots, x_n)$ 的全体组成的集合称为 n 维空间,记作 $\mathbf{R}^n$,即

$$\mathbf{R}^n = \{(x_1, x_2, \cdots, x_n) \mid x_i \in \mathbf{R}, i = 1, 2, \cdots, n\}$$

其中每个有序数组 $(x_1, x_2, \cdots, x_n)$ 称为 $\mathbf{R}^n$ 中的一个点(也称为这个点的坐标),n 个实数 $x_1, x_2, \cdots, x_n$ 就是这个点的坐标的分量.n 维空间 $\mathbf{R}^n$ 中任意两点 $P(x_1, x_2, \cdots, x_n)$ 与 $Q(y_1, y_2, \cdots, y_n)$ 间的距离定义为

$$|PQ| = \sqrt{(x_1 - y_1)^2 + (x_2 - y_2)^2 + \cdots + (x_n - y_n)^2}$$

引入 n 维空间的概念,我们就能处理多个变量之间的相依关系问题.

2. n 元函数定义

定义 7.3 设 D 是 $\mathbf{R}^n$ 中的一个非空点集,若有一个对应规则 f,使得对于 D 内每一个点 $P(x_1, x_2, \cdots, x_n) \in D$,都能由 f 惟一地确定一个实数 y,则称对应规

则 f 为定义在 D 上的 n 元函数,记为
$$y = f(x_1, x_2, \cdots, x_n), (x_1, x_2, \cdots, x_n) \in D$$
或
$$y = f(P), P \in D$$
其中 $(x_1, x_2, \cdots, x_n)$ 称为自变量,y 称为因变量,点集 D 称为函数的定义域,一般记为 $D(f)$.

$f(x_1, x_2, \cdots, x_n)$ 称为 $(x_1, x_2, \cdots, x_n)$ 所对应的函数值,有时记为
$$y\Big|_{(x_1, x_2, \cdots, x_n)} = f(x_1, x_2, \cdots, x_n)$$
全体函数值的集合,记为 $R(f)$,称为函数 f 的值域,即
$$R(f) = \{y \mid y = f(x_1, x_2, \cdots, x_n), (x_1, x_2, \cdots, x_n) \in D(f)\}$$

注意 定义 7.3 中多元函数的记法 $y = f(P), P \in D$,被称为"点函数"写法. 这样可使多元函数与一元函数在形式上保持一致.

当 $n = 1$ 时,即得一元函数,通常记为 $y = f(x), x \in D, D \subset \mathbf{R}$;当 $n = 2$ 时,即得二元函数,通常记为 $z = f(x, y), (x, y) \in D, D \subset \mathbf{R}^2$,或记为 $y = f(P), P \in D$.

二元与二元以上的函数统称为多元函数.

与一元函数一样,多元函数的概念仍包含两个要素,即对应规则和定义域.

3. 二元函数的定义域与几何图形

与一元函数类似,给定一个多元函数,则其定义域也相应给定,若从实际问题中建立一个多元函数,则该函数的自变量有其实际意义,其取值范围(亦即函数的定义域)要符合实际. 若是用解析式表示的函数,它的定义域就是使解析式中的运算有意义的自变量取值全体,通常需要我们去确定.

例 1 在西方经济学中,著名的 Cobb-Douglas 生产函数为 $Y = CK^\alpha L^\beta$,这是一个关于 K, L 的二元函数,其中 K, L 分别表示劳动力数量和资本数量,函数 Y 表示生产量,C, α, β 均为正的常数,且 $\alpha, \beta \in (0, 1)$,它的定义域为 $\{(K, L) \mid K > 0, L > 0\}$.

例 2 设长方体的长、宽、高分别为 x, y, z,则该长方体的体积 $V = xyz$,这是关于 x, y, z 的三元函数,其定义域为 $\{(x, y, z) \mid x > 0, y > 0, z > 0\}$.

例 3 求函数 $z = \sqrt{1 - x^2 - y^2}$ 的定义域 D,并作出 D 的示意图.

解 由函数表达式知
$$1 - x^2 - y^2 \geq 0, \text{即 } x^2 + y^2 \leq 1$$
故
$$D = \{(x, y) \mid x^2 + y^2 \leq 1\}$$
D 的图形如图 7 - 14(a) 阴影部分所示.

例 4 求函数 $z = \ln(y - x) + \dfrac{\sqrt{xy}}{\sqrt{x^2 + y^2 - 1}}$ 的定义域 D,并作出 D 的示意图.

解 要使函数有意义,必须要有

$$\begin{cases} y - x > 0 \\ xy \geq 0 \\ x^2 + y^2 - 1 > 0 \end{cases}$$

故定义域 $D = \{(x,y) | y - x > 0, xy \geq 0, x^2 + y^2 > 1\}$

D 的图形如图 7-14(b) 阴影部分所示.

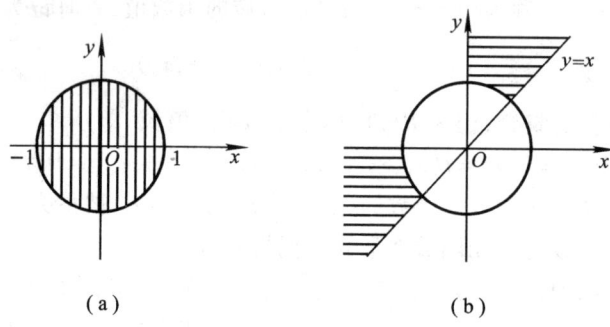

图 7-14

二元函数的几何图形:

设 $z = f(x,y)$ 是定义在 $D(\subset \mathbf{R}^2)$ 上的一个二元函数,当 (x,y) 在 D 内任意取值时,它们与所对应的函数值 $z = f(x,y)$ 一起组成三元数组 (x,y,z),其全体是空间 $\mathbf{R}^3$ 中的点集:

$$S = \{(x,y,z) | z = f(x,y), (x,y) \in D\}$$

属于 S 的点 (x,y,z) 满足三元方程

$$F(x,y,z) = z - f(x,y) = 0$$

它一般是空间 $\mathbf{R}^3$ 中的一个曲面. 此即二元函数 $z = f(x,y)$ 的几何图形. 此时定义域 D 是曲面 S 在 xOy 平面上的投影.

例 5 二元函数 $z = \sqrt{1 - x^2 - y^2}$ 表示以原点为中心,半径为 1 的球面(称为单位球面)在 xOy 平面上方的部分,即上半球面(如图 7-15). 它的定义域 D 是 xOy 平面上的以原点为中心的单位圆.

例 6 二元函数 $z = y^2 - x^2$ 是定义在整个 xOy 平面上的,它表示通过原点的双曲抛物面(马鞍面),如图 7-10(g) 所示.

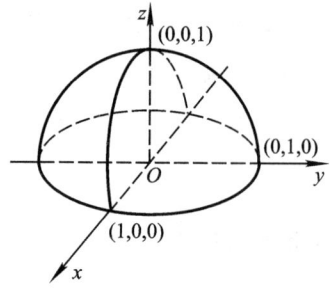

图 7-15

二、二元函数的极限与连续性

1. 二元函数的极限

与一元函数极限概念类似,二元函数的极限是反映函数值随自变量变化而变化的趋势,我们采用二元函数作为点的函数方式来表述:

设函数 $f(P)$ 在 P_0 点的去心邻域内有定义,如果存在实数 A,使得当 P 无限趋近于 P_0 时,相应的 $f(P)$ 无限地趋于数 A,则称 A 是 $f(P)$ 当 $P \to P_0$ 时的极限,也称 $P \to P_0$ 时,$f(P)$ 收敛于 A,记为

$$\lim_{P \to P_0} f(P) = A \quad \text{或者} \quad f(P) \to A(P \to P_0)$$

上面的极限若用点的坐标表示就是

$$\lim_{(x,y) \to (x_0, y_0)} f(x, y) = A$$

值得注意的是,动点 P 在区域 D 内趋于定点 P_0 可以沿着 D 内的任意路径,而 $P \to P_0$ 时 $f(P)$ 收敛于 A 是指:P 在区域 D 内沿着任意不同路径趋于 P_0 时,$f(P)$ 都以 A 为极限.因此,若 P 在区域 D 内沿着不同的路径趋于 P_0 时,$f(P)$ 的极限不同,则称 $P \to P_0$ 时 $f(P)$ 不收敛(发散),或 $f(P)$ 的极限不存在.

二元函数极限与一元函数极限具有相同的性质和运算法则,在此我们不再赘述.

例 7 判断下列极限是否存在,若存在求出其值:

(1) $\lim\limits_{(x,y) \to (0,0)} \sqrt{1 - x^2 - y^2}$;

(2) $\lim\limits_{(x,y) \to (0,0)} f(x, y)$,其中

$$f(x, y) = \begin{cases} \dfrac{xy}{x^2 + y^2}, & x^2 + y^2 \neq 0 \\ 0, & x^2 + y^2 = 0 \end{cases}$$

(3) $\lim\limits_{(x,y) \to (0,0)} \dfrac{xy^2}{x^2 + y^2}$;

(4) $\lim\limits_{(x,y) \to (0,2)} \dfrac{\sin xy}{x}$.

解 (1) 由图 7-15 可知,当 $(x, y) \to (0, 0)$ 时,$\sqrt{1 - x^2 - y^2} \to 1$,因此

$$\lim_{(x,y) \to (0,0)} \sqrt{1 - x^2 - y^2} = 1$$

(2) 当 (x, y) 沿着 x 轴趋于 $(0, 0)$ 时,这时 $y = 0, x \neq 0, x \to 0$,

$$\lim_{\substack{(x,y) \to (0,0) \\ y = 0}} f(x, y) = \lim_{(x,y) \to (0,0)} \frac{xy}{x^2 + y^2} = 0$$

当 (x, y) 沿着斜率为 k 的直线趋于 $(0, 0)$ 时,这时 $y = kx, x \to 0$,

$$\lim_{\substack{(x,y)\to(0,0)\\ y=kx}} f(x,y) = \lim_{\substack{(x,y)\to(0,0)\\ y=kx}} \frac{xy}{x^2+y^2} = \lim_{x\to 0} \frac{kx^2}{x^2+k^2x^2} = \frac{k}{1+k^2}$$

当 $k\neq 0$ 时,$\lim_{\substack{(x,y)\to(0,0)\\ y=kx}} f(x,y) \neq 0$,因此存在不同的路径,使得 $(x,y)\to(0,0)$ 时 $f(x,y)$ 的极限不同,$\lim_{(x,y)\to(0,0)} f(x,y)$ 不存在.

(3) 当 $(x,y)\to(0,0)$ 时,$x^2+y^2\neq 0$,这时由 $x^2+y^2\geq 2|xy|$ 可知,$\frac{xy}{x^2+y^2}$ 是 $(x,y)\to(0,0)$ 时的有界量,而 y 是 $(x,y)\to(0,0)$ 时的无穷小量,因此根据无穷小量乘以有界量仍然是无穷小量可得

$$\lim_{(x,y)\to(0,0)} \frac{xy^2}{x^2+y^2} = 0$$

(4) 当 $(x,y)\to(0,2)$ 时,$xy\to 0$,$\sin xy \sim xy$,因此

$$\lim_{(x,y)\to(0,2)} \frac{\sin xy}{x} = \lim_{(x,y)\to(0,2)} \frac{xy}{x} = \lim_{(x,y)\to(0,2)} y = 2$$

2. 二元函数的连续性

有了二元函数极限的概念,我们就可以定义二元函数的连续性.

定义 7.4 设二元函数 $z=f(x,y)$ 在点 $P_0(x_0,y_0)$ 的某个邻域内有定义,分别给 x_0,y_0 一个改变量 $\Delta x,\Delta y$,使得 $(x_0+\Delta x, y_0+\Delta y)$ 属于 $f(x,y)$ 的定义域,这时得到函数 z 的改变量

$$\Delta z = f(x_0+\Delta x, y_0+\Delta y) - f(x_0,y_0)$$

如果 $\lim_{(\Delta x,\Delta y)\to(0,0)} \Delta z = 0$,即

$$\lim_{(\Delta x,\Delta y)\to(0,0)} f(x_0+\Delta x, y_0+\Delta y) = f(x_0,y_0)$$

则称 $z=f(x,y)$ 在 (x_0,y_0) 处连续,否则称 $f(x,y)$ 在 (x_0,y_0) 处间断(不连续).

二元函数 $z=f(x,y)$ 在 $P_0(x_0,y_0)$ 处的连续性用点函数形式来表示就是:$z=f(P)$ 在 P_0 点连续的充要条件是 $\lim_{P\to P_0} f(P) = f(P_0)$.

例如,由例 7 我们知道 $z=\sqrt{1-x^2-y^2}$ 在 $(0,0)$ 点连续;

$$f(x,y) = \begin{cases} \dfrac{xy}{x^2+y^2}, & x^2+y^2\neq 0 \\ 0, & x^2+y^2=0 \end{cases} \text{在}(0,0)\text{点不连续};$$

$$f(x,y) = \begin{cases} \dfrac{xy^2}{x^2+y^2}, & x^2+y^2\neq 0 \\ 0, & x^2+y^2=0 \end{cases} \text{在}(0,0)\text{点连续}.$$

如果二元函数 $f(x,y)$ 在区域 D 内每一点处都连续,则称 $f(x,y)$ 在 D 内连续,也称 $f(x,y)$ 是 D 内的连续函数.

若 $z=f(x,y)$ 在区域 D 内连续,则它在 D 内的图形就是一个连续曲面.

与一元情形一样,二元初等函数就是由 x 的初等函数、y 的初等函数及二者经过有限次四则运算和有限次复合并能用一个统一的解析式表示的函数. 例如, $\ln(x+y)$, $\dfrac{xy}{x^2+y^2}$, $\sin\sqrt{xy}$, $\arccos\dfrac{x}{y}$, $x^y=e^{y\ln x}$ 等都是二元初等函数. 可以证明二元初等函数在其定义域的区域内处处连续.

例 8 指出 $z=\tan\left[\dfrac{\pi}{2}(x^2+y^2)\right]$ 的连续范围.

解 由 $z=\tan u$ 的定义域为 $u\neq\dfrac{2k-1}{2}\pi$, $k=0,\pm 1,\cdots$ 可知, $z=\tan\left[\dfrac{\pi}{2}(x^2+y^2)\right]$ 的定义域为 $x^2+y^2\neq 2k-1$, $k=1,2,3,\cdots$, 由于 $z=\tan\left[\dfrac{\pi}{2}(x^2+y^2)\right]$ 是初等函数, 因此在定义域的区域内处处连续, 其连续范围如图 7-16 所示.

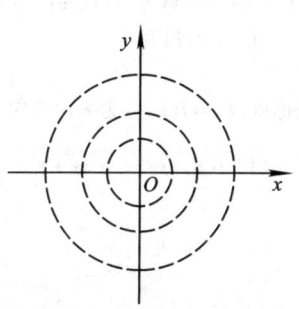

图 7-16

下面我们不加证明地介绍两个关于有界闭区域上二元连续函数的性质.

性质 7.1(最大(小)值定理) 设 $z=f(x,y)$ 在有界闭区域 D 上连续, 则 $f(x,y)$ 在 D 上必有最大值 M 和最小值 m.

性质 7.2(介值定理) 设 $z=f(x,y)$ 在有界闭区域 D 上连续, M 和 m 分别是 $f(x,y)$ 在 D 上的最大值和最小值, 则对任何 $c\in[m,M]$, 必存在一点 $(x_0,y_0)\in D$, 使得 $f(x_0,y_0)=c$.

练习 7.2

1. 求下列函数的定义域并画出定义域的示意图:

   (1) $z=\dfrac{x^2+2y}{2x-y^2}$;
   (2) $z=\sqrt{\sin(x^2+y^2)}$;
   (3) $z=\sqrt{x-\sqrt{y}}$;
   (4) $z=\ln(y-x^2)+\sqrt{1-x^2-y^2}$;
   (5) $z=\arcsin(y-x^2)+\ln\ln(10-4x^2-y^2)$;
   (6) $z=\sqrt{\ln(xy)}$;
   (7) $z=\dfrac{1}{\sqrt{x+y}}+\dfrac{1}{\sqrt{x-y}}$;
   (8) $z=\dfrac{1}{\sqrt{x^2+y^2-4}}$.

2. 设 $f\left(x+y,\dfrac{y}{x}\right)=x^2-y^2$, 求 $f(x,y)$.

3. 设 $f\left(\dfrac{1}{x},\dfrac{1}{y}\right)=\dfrac{y^2-x^2}{2x+y}$, 求 $f(x,y)$.

4. 求下列二元函数的极限:

(1) $\lim\limits_{(x,y)\to\left(2,-\frac{1}{2}\right)}(2+xy)^{\frac{1}{y+xy^2}}$;

(2) $\lim\limits_{(x,y)\to(\infty,\infty)}(x^2+y^2)\sin\dfrac{3}{x^2+y^2}$;

(3) $\lim\limits_{(x,y)\to(0,1)}\dfrac{\sin xy}{x}$;

(4) $\lim\limits_{(x,y)\to(0,0)}\dfrac{xy}{\sqrt{xy+1}-1}$.

5. 证明:当 $(x,y)\to(0,0)$ 时, $f(x,y)=\dfrac{x^4y^4}{(x^2+y^4)^3}$ 的极限不存在.

6. 证明下列函数为齐次函数,并说明各是几次齐次函数(齐次函数定义:设函数 $z=f(x,y)$ 的定义域为 D, 且当 $(x,y)\in D$ 时, 对 $t\in\mathbf{R}$ 仍有 $(tx,ty)\in D$. 如果存在常数 k, 使对任意的 $(x,y)\in D$, 恒有:

$$f(tx,ty)=t^k f(x,y)$$

则称函数 $z=f(x,y)$ 为 k 次齐次函数)

(1) $f(x,y)=x^2+xy+y^2$;

(2) $f(x,y)=\dfrac{2xy}{x^2+y^2}$;

(3) $f(x,y)=x^5\mathrm{e}^{-\frac{y}{x}}$;

(4) $f(x,y)=\ln\dfrac{\sqrt{x^2+y^2}-x}{\sqrt{x^2+y^2}+y}$.

§7.3 方向导数、偏导数与全微分

本节讨论二元函数的可微性问题.

一、方向导数与偏导数

设二元函数 $f(x,y)$ 在 $P_0(x_0,y_0)$ 的某邻域内有定义. 在 $P_0(x_0,y_0)$ 处, 分别给 x_0,y_0 一个改变量 Δx 和 Δy, 得到 $f(x_0,y_0)$ 的相应改变量为

$$\Delta z=f(x_0+\Delta x,y_0+\Delta y)-f(x_0,y_0)$$

回忆一元函数变化率的概念,它是当自变量的改变量趋于零时,函数的改变量与自变量的改变量之比的极限. 由于二元函数的自变量有两个, 且自变量在平面上以任意方式变动. 因此我们不能笼统地讲二元函数的变化率, 而只能在某个给定的方向上考虑 $f(x,y)$ 的变化率, 这就是方向导数的概念.

设 L 是经过 P_0 的某一有向直线. $v=(v_1,v_2)$ 是此有向直线的正向上的单位向量, $P(x,y)$ 是有向直线 L 上的任意一点, 则 $x=x_0+tv_1, y=y_0+tv_2, t\in\mathbf{R}$. 沿直线 L, 二元函数 $f(x,y)$ 就变成了变量 t 的一元函数.

$$g(t)=f(x_0+tv_1,y_0+tv_2), \text{并且 } g(0)=f(x_0,y_0)$$

如果导数

$$\left.\dfrac{\mathrm{d}g}{\mathrm{d}t}\right|_{t=0}=\lim_{t\to 0}\dfrac{g(t)-g(0)}{t}$$

$$=\lim_{t\to 0}\dfrac{f(x_0+tv_1,y_0+tv_2)-f(x_0,y_0)}{t}$$

存在,则称此导数值为函数 $f(x,y)$ 在点 $P_0(x_0,y_0)$ 处沿方向 v 的方向导数,并记为 $\dfrac{\partial f}{\partial v}\bigg|_{P_0}$ 或 $\dfrac{\partial f}{\partial v}\bigg|_{(x_0,y_0)}$.

方向导数 $\dfrac{\partial f}{\partial v}\bigg|_{P_0}$ 反映了 $f(x,y)$ 在 P_0 点沿方向 v 的变化率.

例 1 设二元函数 $f(x,y)=x^2+y^2$,分别计算此函数在点 $(1,2)$ 沿方向 $w=\{3,-4\}$ 与方向 $u=\{1,0\}$ 的方向导数.

解 将向量 w 单位化,得单位向量 $v=\dfrac{w}{|w|}=\left\{\dfrac{3}{5},-\dfrac{4}{5}\right\}$,则

$$f(x_0+tv_1,y_0+tv_2)-f(x_0,y_0)=f\left(1+\dfrac{3}{5}t,2-\dfrac{4}{5}t\right)-f(1,2)=t^2-2t$$

从而

$$\dfrac{\partial f}{\partial v}\bigg|_{(1,2)}=\lim_{t\to 0}\dfrac{t^2-2t}{t}=-2$$

类似地,可求得在点 $(1,2)$ 沿方向 u 的方向导数为

$$\dfrac{\partial f}{\partial u}\bigg|_{(1,2)}=\lim_{t\to 0}\dfrac{f(1+t,2)-f(1,2)}{t}=\lim_{t\to 0}\dfrac{t^2+2t}{t}=2$$

下面我们考虑函数 $f(x,y)$ 沿着 x 轴方向 $i=\{1,0\}$ 与 y 轴方向 $j=\{0,1\}$ 的方向导数,即偏导数问题.

定义 7.5 设二元函数 $z=f(x,y)$ 在 $P_0(x_0,y_0)$ 的某邻域内有定义,若方向导数 $\dfrac{\partial f}{\partial i}\bigg|_{(x_0,y_0)}$ 和 $\dfrac{\partial f}{\partial j}\bigg|_{(x_0,y_0)}$ 存在,则它们分别称为 $f(x,y)$ 关于 x 的偏导数和关于 y 的偏导数,分别记为 $\dfrac{\partial f}{\partial x}\bigg|_{(x_0,y_0)}$ 及 $\dfrac{\partial f}{\partial y}\bigg|_{(x_0,y_0)}$,或 $\dfrac{\partial z}{\partial x}\bigg|_{(x_0,y_0)}$ 及 $\dfrac{\partial z}{\partial y}\bigg|_{(x_0,y_0)}$,或 $f_x'(x_0,y_0)$ 及 $f_y'(x_0,y_0)$ 或 $z_x'(x_0,y_0)$ 及 $z_y'(x_0,y_0)$.

易知

$$f_x'(x_0,y_0)=\dfrac{\partial f}{\partial i}\bigg|_{P_0}=\lim_{t\to 0}\dfrac{f(x_0+t,y_0)-f(x_0,y_0)}{t}$$

$$=\lim_{\Delta x\to 0}\dfrac{f(x_0+\Delta x,y_0)-f(x_0,y_0)}{\Delta x}$$

$$f_y'(x_0,y_0)=\dfrac{\partial f}{\partial j}\bigg|_{P_0}=\lim_{t\to 0}\dfrac{f(x_0,y_0+t)-f(x_0,y_0)}{t}$$

$$=\lim_{\Delta y\to 0}\dfrac{f(x_0,y_0+\Delta y)-f(x_0,y_0)}{\Delta y}$$

由此知道,对二元函数 $z=f(x,y)$ 在 (x_0,y_0) 处求偏导数 $f_x'(x_0,y_0)$,可固定 $y=y_0$ 不变,将 $z=f(x,y_0)$ 看作 x 的一元函数在 $x=x_0$ 处求导数. 类似地,可求偏导数 $f_y'(x_0,y_0)$. 因此,求二元函数的偏导数就变成了求一元函数的导数.

偏导数 $f_x'(x_0, y_0)$ 和 $f_y'(x_0, y_0)$ 分别反映了 $f(x, y)$ 在 $P_0(x_0, y_0)$ 处沿 x 轴和 y 轴方向的变化率.

对于一般 n 元函数的方向导数与偏导数，可以类似地定义. 同样，n 元函数求偏导数也是化为一元函数求导数.

如果二元函数 $z = f(x, y)$ 在区域 D 内每一点 (x, y) 处偏导数 $f_x'(x, y)$ 和 $f_y'(x, y)$ 都存在，则称 $f(x, y)$ 在 D 内存在偏导数，且称偏导数 $f_x'(x, y)$ 与 $f_y'(x, y)$ 为 $f(x, y)$ 在 D 内的偏导函数，简称为偏导数. 偏导数还有下列记号：

$$\frac{\partial f}{\partial x}, f_x', f_1' \text{ 或 } \frac{\partial z}{\partial x}, z_x', z_1'$$

$$\frac{\partial f}{\partial y}, f_y', f_2' \text{ 或 } \frac{\partial z}{\partial y}, z_y', z_2'$$

例 2 求 $z = \sin(x + y) e^{xy}$ 在点 $(1, -1)$ 处的偏导数 $\dfrac{\partial z}{\partial x}\bigg|_{(1,-1)}$ 及 $\dfrac{\partial z}{\partial y}\bigg|_{(1,-1)}$.

解 $\dfrac{\partial z}{\partial x}\bigg|_{(1,-1)} = \dfrac{\mathrm{d}}{\mathrm{d}x}[\sin(x-1) e^{-x}]\bigg|_{x=1}$

$\qquad\qquad = e^{-x}[\cos(x-1) - \sin(x-1)]\bigg|_{x=1} = e^{-1}.$

$\dfrac{\partial z}{\partial y}\bigg|_{(1,-1)} = \dfrac{\mathrm{d}}{\mathrm{d}y}[\sin(1+y) e^{y}]\bigg|_{y=-1}$

$\qquad\qquad = e^{y}[\sin(y+1) + \cos(y+1)]\bigg|_{y=-1} = e^{-1}.$

例 3 求函数 $z = x^y + \ln(xy)$ $(x > 0, y > 0)$ 的偏导数 z_x' 与 z_y' 以及 $z_x'\bigg|_{(1,2)}$ 与 $z_y'\bigg|_{(1,2)}$.

解 求 z_x' 时，将 y 看作常数，可得

$$z_x' = yx^{y-1} + \frac{y}{xy} = yx^{y-1} + \frac{1}{x}$$

从而 $z_x'\bigg|_{(1,2)} = 3.$

类似地，求 z_y' 时，将 x 看作常数，可得

$$z_y' = x^y \ln x + \frac{1}{y}$$

从而 $z_y'\bigg|_{(1,2)} = \dfrac{1}{2}.$

例 4 求三元函数 $u = \cos(x^2 - y^2 - e^z)$ 的偏导数.

解 把 y 和 z 看作常数，得

$$\frac{\partial u}{\partial x} = -\sin(x^2 - y^2 - e^z) \cdot 2x = -2x\sin(x^2 - y^2 - e^z)$$

把 x 和 z 看作常数,得

$$\frac{\partial u}{\partial y} = -\sin(x^2-y^2-e^z) \cdot (-2y) = 2y\sin(x^2-y^2-e^z).$$

把 x 和 y 看作常数,得

$$\frac{\partial u}{\partial z} = -\sin(x^2-y^2-e^z) \cdot (-e^z) = e^z\sin(x^2-y^2-e^z).$$

偏导数的几何意义是:$f_x'(x_0,y_0)$ 表示曲面 $z=f(x,y)$ 与平面 $y=y_0$ 的交线在空间中的点 $P(x_0,y_0,f(x_0,y_0))$ 处切线 T_x 的斜率;同样,$f_y'(x_0,y_0)$ 表示曲面 $z=f(x,y)$ 与平面 $x=x_0$ 的交线在点 $P(x_0,y_0,f(x_0,y_0))$ 处的切线 T_y 的斜率. 如图 7-17 所示.

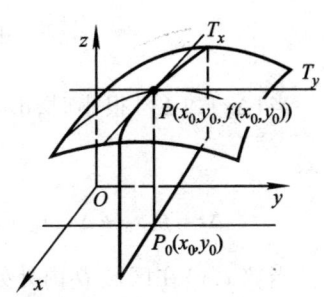

图 7-17

我们知道一元函数可导必连续,但是对于二元函数来说,在某点偏导数都存在也未必连续.

例5 讨论函数

$$f(x,y) = \begin{cases} \dfrac{xy}{x^2+y^2}, & x^2+y^2 \neq 0 \\ 0, & x^2+y^2 = 0 \end{cases}$$

在 $(0,0)$ 点的偏导数与连续性的关系.

解 由偏导数的定义我们知道

$$f_x'(0,0) = \lim_{\Delta x \to 0} \frac{f(\Delta x,0)-f(0,0)}{\Delta x} = 0$$

$$f_y'(0,0) = \lim_{\Delta y \to 0} \frac{f(0,\Delta y)-f(0,0)}{\Delta y} = 0$$

从而 $f(x,y)$ 在 $(0,0)$ 点的偏导数都存在,但是由 §7.2 例 7 我们知道,函数 $f(x,y)$ 在 $(0,0)$ 点不连续.

不过我们有与一元函数类似的

性质 7.3 设 $z=f(x,y)$ 在 (x_0,y_0) 处关于 x (或 y) 的偏导数存在,则 $f(x,y_0)$ (或 $f(x_0,y)$) 在 $x=x_0$ 点 (或 $y=y_0$ 点) 连续.

其证明很容易由偏导数的定义得到.

二、全微分

二元函数有类似于一元函数的可微概念.

定义 7.6 设 $z=f(x,y)$ 在 $P_0(x_0,y_0)$ 的某一邻域内有定义,给 x_0,y_0 一个改变量 Δx 和 Δy,如果 z 的改变量可以表示成

$$\Delta z = f(x_0 + \Delta x, y_0 + \Delta y) - f(x_0, y_0) = A\Delta x + B\Delta y + o(\rho) \qquad (*)$$

其中 A, B 是只与 $P_0(x_0, y_0)$, $f(x, y)$ 有关、与 $\Delta x, \Delta y$ 无关的常数，$\rho = \sqrt{\Delta x^2 + \Delta y^2}$，$o(\rho)$ 表示 $(\Delta x, \Delta y) \to (0, 0)$ 时 ρ 的高阶无穷小量，则称 $f(x, y)$ 在点 $P_0(x_0, y_0)$ 处可微，且称 $A\Delta x + B\Delta y$ 为 $f(x, y)$ 在 $P_0(x_0, y_0)$ 处的全微分，记为 $\mathrm{d}z\big|_{(x_0, y_0)}$ 或 $\mathrm{d}f\big|_{(x_0, y_0)}$，即

$$\mathrm{d}z\big|_{(x_0, y_0)} = A\Delta x + B\Delta y \qquad (7-11)$$

当 $|\Delta x|, |\Delta y|$ 很小时，$\mathrm{d}z\big|_{(x_0, y_0)} = A\Delta x + B\Delta y$ 是 Δz 的主部，从而得到近似公式

$$\Delta z = f(x_0 + \Delta x, y_0 + \Delta y) - f(x_0, y_0) \approx \mathrm{d}z\big|_{(x_0, y_0)} = A\Delta x + B\Delta y \qquad (7-12)$$

当 $f(x, y)$ 在区域 D 内处处可微时，我们称 $f(x, y)$ 是 D 内的可微函数。

二元函数可微性与偏导数的存在有如下关系：

定理 7.1 若 $z = f(x, y)$ 在 $P_0(x_0, y_0)$ 处可微，则

(1) $f(x, y)$ 在点 P_0 处的偏导数都存在，且 $(*)$ 式中的 A, B 分别为

$$A = f_x'(x_0, y_0), \quad B = f_y'(x_0, y_0)$$

(2) $f(x, y)$ 在点 P_0 处沿任意方向 $\boldsymbol{v} = \{v_1, v_2\}$ ($v_1^2 + v_2^2 = 1$) 的方向导数存在，且

$$\frac{\partial f}{\partial \boldsymbol{v}}\bigg|_{(x_0, y_0)} = f_x'(x_0, y_0) v_1 + f_y'(x_0, y_0) v_2 \qquad (7-13)$$

证明 (1) 当 $f(x, y)$ 在 (x_0, y_0) 点可微时，有 $(*)$ 式成立，在其中令 $\Delta y = 0$，得 $\rho = |\Delta x|$，

$$\Delta z = f(x_0 + \Delta x, y_0) - f(x_0, y_0) = A\Delta x + o(|\Delta x|)$$

由此即得

$$\lim_{\Delta x \to 0} \frac{\Delta z}{\Delta x} = A$$

因此 $A = f_x'(x_0, y_0)$.

同理可证 $B = f_y'(x_0, y_0)$.

(2) 由(1)可得

$$\Delta z = f(x_0 + \Delta x, y_0 + \Delta y) - f(x_0, y_0)$$
$$= f_x'(x_0, y_0) \Delta x + f_y'(x_0, y_0) \Delta y + o(\rho)$$

令 $\Delta x = tv_1, \Delta y = tv_2$，则 $\rho = |t|$，$z = f(x, y)$ 在方向 $\boldsymbol{v} = \{v_1, v_2\}$ 上的变化率为

$$\frac{\partial f}{\partial \boldsymbol{v}}\bigg|_{(x_0, y_0)} = \lim_{t \to 0} \frac{f(x_0 + tv_1, y_0 + tv_2) - f(x_0, y_0)}{t}$$

$$= \lim_{t \to 0} \frac{f_x'(x_0, y_0)tv_1 + f_y'(x_0, y_0)tv_2 + o(|t|)}{t}$$

$$= f_x'(x_0, y_0)v_1 + f_y'(x_0, y_0)v_2$$

定理 7.1 证毕.

类似于 §3.4 中的讨论,在 (7-11) 中的 Δx 和 Δy 分别是自变量 x 和 y 的微分 dx 和 dy,因此若 $z = f(x, y)$ 在 $P_0(x_0, y_0)$ 处可微,则它的全微分可写成

$$dz \bigg|_{(x_0, y_0)} = f_x'(x_0, y_0) dx + f_y'(x_0, y_0) dy$$

当 $z = f(x, y)$ 在区域 D 内处处可微时,则 $z = f(x, y)$ 在 D 内的全微分函数为

$$dz = f_x'(x, y) dx + f_y'(x, y) dy \tag{7-14}$$

由此可见 dz 是 4 个变量 x, y, dx, dy 的函数,但我们通常把它看作是 x, y 的函数,其中 dx, dy 相对于 x, y 是常数.

类似地,对 n 元函数 $u = f(x_1, x_2, \cdots, x_n)$,它的全微分公式为

$$du = f_{x_1}' dx_1 + f_{x_2}' dx_2 + \cdots + f_{x_n}' dx_n \tag{7-15}$$

下面我们给出 $z = f(x, y)$ 在点 $P_0(x_0, y_0)$ 处可微的一个充分条件,其证明我们就不介绍了.

定理 7.2 若 $z = f(x, y)$ 的偏导数 $f_x'(x, y), f_y'(x, y)$ 在 $P_0(x_0, y_0)$ 点连续,则 $z = f(x, y)$ 在点 $P_0(x_0, y_0)$ 处可微.

由 (*) 我们知道,若 $z = f(x, y)$ 在点 $P_0(x_0, y_0)$ 处可微,则一定连续. 结合定理 7.1 和定理 7.2,我们知道二元函数的可微性、偏导数存在及连续性之间的关系为

$$\text{偏导数存在且连续} \Rightarrow \text{可微} \Rightarrow \begin{cases} \text{连续} \\ \text{偏导数存在} \end{cases}$$

但上述关系一般情况下是不可逆的.

例 6 求下列函数的全微分:

(1) $z = xy^3 + x^3 y$;   (2) $u = (x - 2y)^z$.

解 (1) 先求 z_x', z_y'.

$$z_x' = y^3 + 3x^2 y, \quad z_y' = 3xy^2 + x^3$$

因此

$$dz = z_x' dx + z_y' dy = (y^3 + 3x^2 y) dx + (3xy^2 + x^3) dy$$

(2) 先求 u_x', u_y', u_z'.

$$u_x' = z(x-2y)^{z-1}, \quad u_y' = -2z(x-2y)^{z-1}, \quad u_z' = (x-2y)^z \ln(x-2y)$$

因此

$$du = u_x' dx + u_y' dy + u_z' dz$$
$$= (x-2y)^z \left[\frac{z}{x-2y} dx - \frac{2z}{x-2y} dy + \ln(x-2y) dz \right]$$

注意 多元函数全微分也有与一元函数微分完全相同的四则运算法则,以二元函数为例,若 $f(x,y)$ 与 $g(x,y)$ 均可微,a,b 为常数,则

(1) $d[af(x,y)+bg(x,y)] = adf(x,y) + bdg(x,y)$;

(2) $d[f(x,y) \cdot g(x,y)] = g(x,y)df(x,y) + f(x,y)dg(x,y)$;

(3) $d\left(\dfrac{f(x,y)}{g(x,y)}\right) = \dfrac{g(x,y)df(x,y) - f(x,y)dg(x,y)}{[g(x,y)]^2} \cdot (g(x,y) \neq 0)$

全微分的上述四则运算法则的证明可由全微分的定义及求偏导数的四则运算法则(即一元函数求导法则)得到,此处从略。

例 7 求函数 $z = \dfrac{xy}{x^2+y^2}$ 的全微分 dz。

解 由全微分的四则运算法则得

$$\begin{aligned}
dz &= \dfrac{(x^2+y^2)d(xy) - xyd(x^2+y^2)}{(x^2+y^2)^2} \\
&= \dfrac{(ydx+xdy)(x^2+y^2) - xy(2xdx+2ydy)}{(x^2+y^2)^2} \\
&= \dfrac{(y^2-x^2)ydx + x(x^2-y^2)dy}{(x^2+y^2)^2} \\
&= \dfrac{(y^2-x^2)y}{(x^2+y^2)^2}dx + \dfrac{x(x^2-y^2)}{(x^2+y^2)^2}dy.
\end{aligned}$$

三、梯度

定义 7.7 设 $z=f(x,y)$ 在点 $P_0(x_0,y_0)$ 处存在偏导数 $f_x'(x_0,y_0)$ 和 $f_y'(x_0,y_0)$,则称向量 $\{f_x'(x_0,y_0), f_y'(x_0,y_0)\}$ 为函数 $f(x,y)$ 在点 P_0 处的梯度,记为 $\nabla f\big|_{P_0}$ 或 $\mathbf{grad}\, f\big|_{P_0}$(或 $\nabla z\big|_{P_0}$, $\mathbf{grad}\, z\big|_{P_0}$),即

$$\nabla f\big|_{P_0} = \mathbf{grad}\, f\big|_{P_0} = \{f_x'(x_0,y_0), f_y'(x_0,y_0)\}$$

若 $f(x,y)$ 在区域 D 内处处存在偏导数,则称

$$\nabla f = \{f_x'(x,y), f_y'(x,y)\}$$

为 $f(x,y)$ 在 D 内的梯度(函数)。梯度 ∇f 是一个向量,其长度为

$$|\nabla f| = \sqrt{[f_x'(x,y)]^2 + [f_y'(x,y)]^2}$$

当 $|\nabla f| \neq 0$ 时,称 ∇f 的方向为梯度方向。

设 $z=f(x,y)$ 在 $P_0(x_0,y_0)$ 处可微,$\boldsymbol{v} = \{v_1, v_2\}$ ($|\boldsymbol{v}|=1$) 是任一给定的方向,由定理 7.1 我们可将方向导数 $\dfrac{\partial f}{\partial \boldsymbol{v}}\bigg|_{P_0}$ 写成梯度 $\nabla f\big|_{P_0}$ 与 $\boldsymbol{v}$ 的标量积形式

$$\dfrac{\partial f}{\partial \boldsymbol{v}}\bigg|_{P_0} = f_x'(x_0,y_0)v_1 + f_y'(x_0,y_0)v_2 = \nabla f\big|_{P_0} \cdot \boldsymbol{v}$$

$$= \left|\nabla f\right|_{P_0} \cos\theta \qquad (7-16)$$

其中 θ 表示梯度与 v 之间的夹角.

由(7-16)我们容易得到

性质 7.4 设 $z = f(x,y)$ 在点 $P_0(x_0, y_0)$ 处可微,则 $f(x,y)$ 在 $P_0(x_0, y_0)$ 点的所有方向导数中,沿梯度方向的方向导数最大,并且等于梯度的长 $\left|\nabla f\right|_{P_0}$.

因此梯度方向是函数变化率最大的方向,这就是梯度的几何意义.

类似地可以定义 n 元函数的梯度.

例8 (1) 设 $f(x,y) = xy^2$,求 $f(x,y)$ 在点 $(1,-1)$ 处沿任意方向 $v = \{v_1, v_2\}$ ($|v|=1$) 的方向导数,并指出方向导数的最大值和取得最大值方向的单位向量;

(2) 设 $u = \ln(x^2 + y^2 + z^2)$,求 ∇u 及 $|\nabla u|$.

解 (1) 由于 $f_x'(x,y) = y^2$, $f_y'(x,y) = 2xy$,因此

$$\left.\frac{\partial f}{\partial v}\right|_{(1,-1)} = f_x'(1,-1)v_1 + f_y'(1,-1)v_2 = v_1 - 2v_2$$

由于沿梯度方向的方向导数最大,且最大方向导数为梯度的长度,而

$$\left.\nabla f\right|_{(1,-1)} = \{f_x'(1,-1), f_y'(1,-1)\} = \{1, -2\}$$

$$\left|\nabla f\right|_{(1,-1)} = \sqrt{5}$$

因此 $f(x,y)$ 在 $(1,-1)$ 点方向导数的最大值为 $\sqrt{5}$,取得最大值方向的单位向量为

$$v = \frac{\left.\nabla f\right|_{(1,-1)}}{\left|\nabla f\right|_{(1,-1)}} = \left\{\frac{1}{\sqrt{5}}, -\frac{2}{\sqrt{5}}\right\}$$

(2) 由于

$$u_x' = \frac{2x}{x^2+y^2+z^2},\ u_y' = \frac{2y}{x^2+y^2+z^2},\ u_z' = \frac{2z}{x^2+y^2+z^2}$$

因此

$$\nabla u = \{u_x', u_y', u_z'\} = \frac{2}{x^2+y^2+z^2}\{x,y,z\}$$

$$|\nabla u| = \sqrt{(u_x')^2 + (u_y')^2 + (u_z')^2} = \frac{2}{\sqrt{x^2+y^2+z^2}}$$

练习 7.3

1. 计算下列函数在给定点处的偏导数:

(1) $z = \dfrac{x+y}{x-y}$,求 $z'_x(1,2), z'_y(1,2)$；

(2) $z = e^{x^2+y^2}$,求 $z'_x(0,1), z'_y(1,0)$；

(3) $z = \arctan \dfrac{y}{x}$,求 $z'_x(1,1), z'_y(-1,-1)$；

(4) $z = \ln(\sqrt{x}+\sqrt{y})$,求 $z'_x(1,1), z'_y(1,1)$.

2. 求下列函数的一阶偏导数：

(1) $z = \cos\dfrac{y}{x}\sin\dfrac{x}{y}$； (2) $z = \arctan\dfrac{x+y}{x-y}$；

(3) $z = \ln(x+\ln y)$； (4) $z = \dfrac{\ln y}{\ln x}$；

(5) $z = \sqrt{xy}$； (6) $z = \dfrac{1}{x^2+y^2}e^{xy}$.

3. 已知 $f(x,y) = x^2 - xy + y^2$,问当 $\boldsymbol{v} = ?$ 时, $\left.\dfrac{\partial f}{\partial \boldsymbol{v}}\right|_{(1,1)}$ 取得最大、最小值以及零值,并求出 $\min\left.\dfrac{\partial f}{\partial \boldsymbol{v}}\right|_{(1,1)}, \max\left.\dfrac{\partial f}{\partial \boldsymbol{v}}\right|_{(1,1)}$.

4. 求下列函数的全微分：

(1) $z = \arctan\dfrac{x+y}{x-y}$； (2) $z = \ln\sqrt{1+x^2+y^2}$；

(3) $z = x^{\ln y}$； (4) $u = \left(\dfrac{x}{y}\right)^z$；

(5) $z = x^2 + xy^2 + \sin(xy)$； (6) $u = xy + yz + zx$；

(7) $z = \sqrt{x}\cos y$； (8) $u = \sqrt{x^2+y^2+z^2}$.

5. 求下列函数在给定条件下的全微分之值：

(1) $z = \ln(x^2+y^2)$; $x=2, \Delta x = 0.1; y=1, \Delta y = -0.1$；

(2) $z = e^{xy}$; $x=1, \Delta x = 0.15; y=1, \Delta y = 0.1$.

6. 计算下列近似值：

(1) $1.02^{4.05}$； (2) $\sqrt{1.02^3 + 1.97^3}$；

(3) $\ln\dfrac{1+\tan(-0.01)}{1-\sin 0.02}$； (4) $\sqrt{1.04^{1.99} + \ln 1.02}$.

§7.4 多元复合函数与隐函数微分法

在第 3 章 §3.3 和 §3.4 中,我们学习了一元复合函数的求导法则及微分法则,本节我们将讨论多元复合函数微分法.

一、多元复合函数微分法

定理 7.3 设 $z = f(u,v)$ 在 (u,v) 处可微,函数 $u = u(x,y), v = v(x,y)$ 在 (x,y)

处的偏导数都存在,则复合函数 $z = f[u(x,y),v(x,y)]$ 在 (x,y) 处的偏导数都存在,且有如下的链式法则

$$\begin{cases} \dfrac{\partial z}{\partial x} = \dfrac{\partial z}{\partial u}\dfrac{\partial u}{\partial x} + \dfrac{\partial z}{\partial v}\dfrac{\partial v}{\partial x} \\ \dfrac{\partial z}{\partial y} = \dfrac{\partial z}{\partial u}\dfrac{\partial u}{\partial y} + \dfrac{\partial z}{\partial v}\dfrac{\partial v}{\partial y} \end{cases} \tag{7-17}$$

证明 我们只证(7-17)中的第一个等式,第二个等式可类似地证明.

对于任意固定的 y,给 x 一个改变量 Δx,则得到 u 和 v 的改变量 Δu 和 Δv,

$$\Delta u = u(x+\Delta x, y) - u(x,y), \Delta v = v(x+\Delta x,y) - v(x,y)$$

从而得到 $z = f(u,v)$ 的改变量

$$\Delta z = f(u+\Delta u, v+\Delta v) - f(u,v)$$

由于 $f(u,v)$ 可微,则

$$\Delta z = \frac{\partial z}{\partial u}\Delta u + \frac{\partial z}{\partial v}\Delta v + o(\rho) \tag{7-18}$$

其中 $\rho = \sqrt{(\Delta u)^2 + (\Delta v)^2}$.

注意到 $u = u(x,y), v = v(x,y)$ 关于 x 的偏导数存在,由性质7.3知道,$\Delta x \to 0$ 时,$\Delta u \to 0$,$\Delta v \to 0$,从而 $\rho \to 0$. 由(7-18)可得

$$\frac{\Delta z}{\Delta x} = \frac{\partial z}{\partial u}\frac{\Delta u}{\Delta x} + \frac{\partial z}{\partial v}\frac{\Delta v}{\Delta x} + \frac{o(\rho)}{\rho}\frac{\rho}{\Delta x} \tag{7-19}$$

在(7-19)中

$$\lim_{\Delta x \to 0}\frac{\Delta u}{\Delta x} = \frac{\partial u}{\partial x}, \quad \lim_{\Delta x \to 0}\frac{\Delta v}{\Delta x} = \frac{\partial v}{\partial x}$$

$$\lim_{\Delta x \to 0}\frac{\rho}{|\Delta x|} = \lim_{\Delta x \to 0}\sqrt{\left(\frac{\Delta u}{\Delta x}\right)^2 + \left(\frac{\Delta v}{\Delta x}\right)^2} = \sqrt{\left(\frac{\partial u}{\partial x}\right)^2 + \left(\frac{\partial v}{\partial x}\right)^2}$$

从而 $\Delta x \to 0$ 时,$\dfrac{\rho}{\Delta x}$ 是有界量,$\dfrac{o(\rho)}{\rho}$ 是无穷小量,由(7-19)两边关于 $\Delta x \to 0$ 求极限可得

$$\frac{\partial z}{\partial x} = \frac{\partial z}{\partial u}\frac{\partial u}{\partial x} + \frac{\partial z}{\partial v}\frac{\partial v}{\partial x}$$

链式法则(7-17)可以推广到变量多于两个的情形,在这里我们就不介绍了.
(7-17)还适合如下两种特殊情形:

情形1 $z = f(u), u = u(x,y)$,则对 $z = f[u(x,y)]$ 有链式法则

$$\frac{\partial z}{\partial x} = f'(u)\frac{\partial u}{\partial x}, \quad \frac{\partial z}{\partial y} = f'(u)\frac{\partial u}{\partial y} \tag{7-20}$$

情形2 $z = f(u,v), u = u(t), v = v(t)$,则对 $z = f[u(t),v(t)]$ 有链式法则

$$\frac{dz}{dt} = \frac{\partial f}{\partial u}\frac{du}{dt} + \frac{\partial f}{\partial v}\frac{dv}{dt} \tag{7-21}$$

其中的 $\dfrac{dz}{dt}$ 称为全导数.

例 1 设 $z = f(u,v)$ 可微，求 $z = f(x-y, xy)$ 的偏导数.

解 在 $z = f(x-y, xy)$ 中，令 $u = x-y, v = xy$，则由复合函数求偏导数链式法则可得

$$\frac{\partial z}{\partial x} = \frac{\partial f}{\partial u}\frac{\partial u}{\partial x} + \frac{\partial f}{\partial v}\frac{\partial v}{\partial x} = f'_1(x-y, xy) + yf'_2(x-y, xy)$$

$$\frac{\partial z}{\partial y} = \frac{\partial f}{\partial u}\frac{\partial u}{\partial y} + \frac{\partial f}{\partial v}\frac{\partial v}{\partial y} = -f'_1(x-y, xy) + xf'_2(x-y, xy)$$

注意 $f'_1(x-y, xy)$ 表示 $f(u,v)$ 中关于第一个变量 u 在 $(x-y, xy)$ 处的偏导数，$f'_2(x-y, xy)$ 也是类似的含义，这种表示方法我们以后常用.

例 2 设 $z = f(x + x^2 y^2)$，且 $f(u)$ 可微，求 $\frac{\partial z}{\partial x}$ 与 $\frac{\partial z}{\partial y}$.

解 在 $z = f(x + x^2 y^2)$ 中，令 $u = x + x^2 y^2$，则由复合函数求偏导数的链式法则可得

$$\frac{\partial z}{\partial x} = f'(u)\frac{\partial u}{\partial x} = (1 + 2xy^2)f'(x + x^2 y^2)$$

$$\frac{\partial z}{\partial y} = f'(u)\frac{\partial u}{\partial y} = 2x^2 y f'(x + x^2 y^2)$$

例 3 若 $f(x,y)$ 满足 $f(tx, ty) = t^k f(x,y)$（k 为正整数），则称 $f(x,y)$ 是 k 次齐次函数，证明：k 次齐次函数 $f(x,y)$ 满足

$$xf'_x(x,y) + yf'_y(x,y) = kf(x,y)$$

证明 在 $z = f(tx, ty)$ 中，令 $u = tx, v = ty$，其中 x, y 相对于 t 是常数，则由复合函数求偏导数的链式法则可得

$$\frac{\mathrm{d}z}{\mathrm{d}t} = \frac{\partial f}{\partial u}\frac{\mathrm{d}u}{\mathrm{d}t} + \frac{\partial f}{\partial v}\frac{\mathrm{d}v}{\mathrm{d}t} = f'_1(tx, ty)x + f'_2(tx, ty)y$$

另外 $z = t^k f(x,y)$，则

$$\frac{\mathrm{d}z}{\mathrm{d}t} = kt^{k-1}f(x,y)$$

因此，对任何 t 有

$$f'_1(tx, ty)x + f'_2(tx, ty)y = kt^{k-1}f(x,y)$$

令 $t = 1$ 即得

$$xf'_x(x,y) + yf'_y(x,y) = kf(x,y)$$

二、一阶全微分的形式不变性

与一元函数相同，多元函数一阶全微分也具有形式不变性，我们以二元函数来说明.

设 $z = f(u,v)$，当 u,v 是自变量时，我们有

§7.4 多元复合函数与隐函数微分法

$$dz = f_1'(u,v)du + f_2'(u,v)dv$$

当 u,v 是 x 和 y 的可微函数时,即 u,v 是中间变量时,上式也成立,因为这时

$$du = u_x'dx + u_y'dy, \quad dv = v_x'dx + v_y'dy$$

$$dz = (f_1'[u(x,y),v(x,y)]u_x' + f_2'[u(x,y), v(x,y)]v_x')dx +$$
$$(f_1'[u(x,y),v(x,y)]u_y' + f_2'[u(x,y),v(x,y)]v_y')dy$$

这与由复合函数求偏导数的链式法则求得 $\dfrac{\partial z}{\partial x},\dfrac{\partial z}{\partial y}$ 后,再用

$$dz = \frac{\partial z}{\partial x}dx + \frac{\partial z}{\partial y}dy$$

求全微分是一样的.

掌握这一规律对于求初等函数的偏导数和全微分会带来很大方便. 例如,求 $z = (x-y)e^{xy}$ 的全微分与偏导数,我们可以按以下方式来求:

$$\begin{aligned}dz &= d[(x-y)e^{xy}] = (x-y)de^{xy} + e^{xy}d(x-y)\\ &= (x-y)e^{xy}d(xy) + e^{xy}(dx-dy)\\ &= (x-y)e^{xy}(xdy+ydx) + e^{xy}(dx-dy)\\ &= e^{xy}(1+xy-y^2)dx + e^{xy}(x^2-xy-1)dy\end{aligned}$$

因此

$$\frac{\partial z}{\partial x} = e^{xy}(1+xy-y^2), \quad \frac{\partial z}{\partial y} = e^{xy}(x^2-xy-1)$$

这与把 $z = (x-y)e^{xy}$ 看作是复合函数 $z = ue^v, u = x-y, v = xy$,用链式法则求出 $\dfrac{\partial z}{\partial x},\dfrac{\partial z}{\partial y}$,再用 $dz = \dfrac{\partial z}{\partial x}dx + \dfrac{\partial z}{\partial y}dy$ 来求是一样的.

例 4 求下列函数的偏导数和全微分:

(1) $z = x\ln(x-2y)$; (2) $z = x\arctan\dfrac{y}{x}$.

解 (1) 由微分运算法则可得

$$\begin{aligned}dz &= \ln(x-2y)dx + xd\ln(x-2y)\\ &= \ln(x-2y)dx + x\cdot\frac{d(x-2y)}{x-2y}\\ &= \ln(x-2y)dx + x\cdot\frac{dx-2dy}{x-2y}\\ &= \left[\ln(x-2y) + \frac{x}{x-2y}\right]dx - \frac{2x}{x-2y}dy\end{aligned}$$

因此

$$\frac{\partial z}{\partial x} = \ln(x-2y) + \frac{x}{x-2y}, \frac{\partial z}{\partial y} = -\frac{2x}{x-2y}$$

(2) 由微分运算法则可得

$$dz = \arctan\frac{y}{x}dx + xd\arctan\frac{y}{x}$$

$$= \arctan\frac{y}{x}dx + x\frac{1}{1+\left(\frac{y}{x}\right)^2}d\left(\frac{y}{x}\right)$$

$$= \arctan\frac{y}{x}dx + x\frac{x^2}{x^2+y^2}\cdot\frac{xdy - ydx}{x^2}$$

$$= \left(\arctan\frac{y}{x} - \frac{xy}{x^2+y^2}\right)dx + \frac{x^2}{x^2+y^2}dy$$

因此

$$\frac{\partial z}{\partial x} = \arctan\frac{y}{x} - \frac{xy}{x^2+y^2}, \quad \frac{\partial z}{\partial y} = \frac{x^2}{x^2+y^2}$$

三、隐函数微分法

在第 3 章 §3.3 中,我们利用一元复合函数求导法则介绍了由二元方程 $F(x,y)=0$ 所确定的一元隐函数的求导方法,但没有给出导数的一般公式. 在本段,我们先给出二元方程 $F(x,y)=0$ 可确定隐函数的条件及隐函数可微的条件,然后利用多元复合函数的微分法导出一元隐函数的导数公式,并进一步将其推广到多元隐函数的情形.

定理 7.4 设二元函数 $F(x,y)$ 在点 $P_0(x_0,y_0)$ 的某一邻域内具有连续的偏导数,且

$$F(x_0,y_0) = 0, F'_y(x_0,y_0) \neq 0$$

则由方程 $F(x,y)=0$ 在点 (x_0,y_0) 的某一邻域内能惟一地确定一个有连续导数的函数 $y=f(x)$,它满足条件 $y_0=f(x_0)$,且有

$$\frac{dy}{dx} = -\frac{F'_x(x,y)}{F'_y(x,y)} = -\frac{F'_x}{F'_y} \tag{7-22}$$

(7-22) 即为隐函数的导数公式.

上述定理的证明从略. 仅说明公式(7-22)成立.

因为若将 $y=f(x)$ 代入方程 $F(x,y)=0$,便得到恒等式

$$F(x,f(x)) \equiv 0$$

由 $F(x,y)$ 的可微性,有

$$dF(x,f(x)) = \frac{\partial F}{\partial x}dx + \frac{\partial F}{\partial y}dy \equiv 0 \quad (y=f(x))$$

故当 $\frac{\partial F}{\partial y} = F'_y(x,y) \neq 0$ 时,总有 $\frac{dy}{dx} = -\frac{F'_x}{F'_y}$ 成立.

例 5 求由方程 $x+y-\mathrm{e}^{-x^2y}=0$ 所确定的隐函数 $y=f(x)$ 的导数.

解

法一 令 $F(x,y)=x+y-\mathrm{e}^{-x^2y}$,则
$$F'_x = 1+2xy\mathrm{e}^{-x^2y},\quad F'_y = 1+x^2\mathrm{e}^{-x^2y}$$

因此
$$\frac{\mathrm{d}y}{\mathrm{d}x} = -\frac{F'_x}{F'_y} = -\frac{1+2xy\mathrm{e}^{-x^2y}}{1+x^2\mathrm{e}^{-x^2y}}$$

法二 方程 $x+y-\mathrm{e}^{-x^2y}=0$ 两边求全微分,得
$$\mathrm{d}x + \mathrm{d}y - \mathrm{e}^{-x^2y}\mathrm{d}(-x^2y)=0$$

其中
$$\mathrm{d}(-x^2y) = -2xy\mathrm{d}x - x^2\mathrm{d}y$$

因此
$$(1+2xy\mathrm{e}^{-x^2y})\mathrm{d}x + (1+x^2\mathrm{e}^{-x^2y})\mathrm{d}y = 0$$

由此可求得
$$\frac{\mathrm{d}y}{\mathrm{d}x} = -\frac{1+2xy\mathrm{e}^{-x^2y}}{1+x^2\mathrm{e}^{-x^2y}}$$

下面我们不加证明地介绍由三元方程确定二元隐函数的定理.

定理 7.5 设 $F(x,y,z)$ 在 $P_0(x_0,y_0,z_0)$ 的某一邻域内具有连续的偏导数,且
$$F(x_0,y_0,z_0)=0,\quad F'_z(x_0,y_0,z_0)\neq 0$$
则由方程 $F(x,y,z)=0$ 在点 $P_0(x_0,y_0,z_0)$ 的某一邻域内能惟一地确定一个具有连续偏导数的函数 $z=f(x,y)$,满足 $z_0=f(x_0,y_0)$,且有
$$\frac{\partial z}{\partial x} = -\frac{F'_x}{F'_z},\quad \frac{\partial z}{\partial y} = -\frac{F'_y}{F'_z} \tag{7-23}$$

例 6 设 $z=f(x,y)$ 是由方程 $\sin z = xyz$ 所确定的隐函数,求 $\frac{\partial z}{\partial x}$ 及 $\frac{\partial z}{\partial y}$.

解

法一 令 $F(x,y,z)=\sin z - xyz$,则
$$F'_x = -yz,\quad F'_y = -xz,\quad F'_z = \cos z - xy$$

当 $F'_z = \cos z - xy \neq 0$ 时,有
$$\frac{\partial z}{\partial x} = -\frac{F'_x}{F'_z} = \frac{yz}{\cos z - xy},\quad \frac{\partial z}{\partial y} = -\frac{F'_y}{F'_z} = \frac{xz}{\cos z - xy}$$

法二 在 $\sin z = xyz$ 两边求全微分,得
$$\cos z\,\mathrm{d}z = yz\,\mathrm{d}x + xz\,\mathrm{d}y + xy\,\mathrm{d}z$$

因此

$$dz = \frac{yz}{\cos z - xy}dx + \frac{xz}{\cos z - xy}dy$$

$$\frac{\partial z}{\partial x} = \frac{yz}{\cos z - xy}, \quad \frac{\partial z}{\partial y} = \frac{xz}{\cos z - xy}$$

法三 在 $\sin z = xyz$ 中将 z 看成 x, y 的函数，两边分别关于 x 和 y 求偏导数，得

$$\begin{cases} \cos z \dfrac{\partial z}{\partial x} = yz + xy\dfrac{\partial z}{\partial x} \\ \cos z \dfrac{\partial z}{\partial y} = xz + xy\dfrac{\partial z}{\partial y} \end{cases}$$

解此方程组可得

$$\frac{\partial z}{\partial x} = \frac{yz}{\cos z - xy}, \quad \frac{\partial z}{\partial y} = \frac{xz}{\cos z - xy}$$

练习 7.4

1. 求下列复合函数的偏导数或导数：

(1) $z = u^2 \ln v, u = \dfrac{y}{x}, v = x^2 + y^2$，求 $\dfrac{\partial z}{\partial x}, \dfrac{\partial z}{\partial y}$；

(2) $z = e^{uv}, u = \ln \sqrt{x^2 + y^2}, v = \arctan \dfrac{y}{x}$，求 $\dfrac{\partial z}{\partial x}, \dfrac{\partial z}{\partial y}$；

(3) $u = \dfrac{y - z}{1 + a^2} e^{ax}, y = a\sin x, z = \cos x$，求 $\dfrac{du}{dx}$；

(4) $z = e^{x+y}, x = \tan t, y = \cot t$，求 $\dfrac{dz}{dt}$.

2. 证明下列各题：

(1) 若 $z = f(ax + by)$，则 $b\dfrac{\partial z}{\partial x} = a\dfrac{\partial z}{\partial y}$；

(2) 若 $z = \ln(\sqrt[n]{x} + \sqrt[n]{y})$，且 $n \geq 2$，则

$$x\frac{\partial z}{\partial x} + y\frac{\partial z}{\partial y} = \frac{1}{n}$$

(3) 若 $u = \ln(\tan x + \tan y + \tan z)$，则

$$\frac{\partial u}{\partial x}\sin 2x + \frac{\partial u}{\partial y}\sin 2y + \frac{\partial u}{\partial z}\sin 2z = 2$$

(4) 若 $u = (y-z)(z-x)(x-y)$，则 $\dfrac{\partial u}{\partial x} + \dfrac{\partial u}{\partial y} + \dfrac{\partial u}{\partial z} = 0$.

3. 求下列方程所确定的隐函数的导数 $\dfrac{dy}{dx}$：

(1) $xy + \sin(xy) = 0$；   (2) $x^2 + 2y^2 = 1$；

(3) $y^x = x^y$;   (4) $\sin(xy) = x^2 y^2 + x + y$.

4. 求下列方程所确定的隐函数 $z = z(x, y)$ 的全微分：

(1) $yz = \arctan(xz)$;   (2) $xyz = e^z$;

(3) $\cos^2 x + \cos^2 y + \cos^2 z = 1$;   (4) $x + y + z = e^{-(x+y+z)}$.

§7.5 高阶偏导数与高阶全微分

前面我们曾经介绍过，$z = f(x, y)$ 的偏导数 $f'_x(x, y), f'_y(x, y)$ 及全微分 $f'_x(x, y) dx + f'_y(x, y) dy$ 如果在区域 D 内处处存在，那么它们是 D 内的关于 x 和 y 的函数. 这时作为 x 和 y 的函数，如果继续考察它们的偏导数和全微分，就产生了高阶偏导数和高阶全微分.

一、高阶偏导数

我们称 $z = f(x, y)$ 的偏导数 $f'_x(x, y), f'_y(x, y)$ 的偏导数为 $f(x, y)$ 的二阶偏导数. $z = f(x, y)$ 的二阶偏导数共有 4 个，分别记为

$$\frac{\partial}{\partial x}\left(\frac{\partial z}{\partial x}\right) = \frac{\partial^2 z}{\partial x^2} = \frac{\partial^2 f}{\partial x^2} = f''_{xx}(x, y) = f''_{11}(x, y),$$

$$\frac{\partial}{\partial y}\left(\frac{\partial z}{\partial x}\right) = \frac{\partial^2 z}{\partial x \partial y} = \frac{\partial^2 f}{\partial x \partial y} = f''_{xy}(x, y) = f''_{12}(x, y),$$

$$\frac{\partial}{\partial x}\left(\frac{\partial z}{\partial y}\right) = \frac{\partial^2 z}{\partial y \partial x} = \frac{\partial^2 f}{\partial y \partial x} = f''_{yx}(x, y) = f''_{21}(x, y),$$

$$\frac{\partial}{\partial y}\left(\frac{\partial z}{\partial y}\right) = \frac{\partial^2 z}{\partial y^2} = \frac{\partial^2 f}{\partial y^2} = f''_{yy}(x, y) = f''_{22}(x, y).$$

其中 $f''_{xy}(x, y)$ 与 $f''_{yx}(x, y)$ 称为 $f(x, y)$ 的二阶混合偏导数. 关于混合偏导数的上述记法，请读者注意 $f''_{xy}(x, y) = \dfrac{\partial^2 f}{\partial x \partial y}$ 表示的是函数 $f(x, y)$ 先对 x 求偏导数，然后再对 y 求偏导数，而 $f''_{yx}(x, y)$ 则是 $f(x, y)$ 先对 y 求偏导数，再对 x 求偏导数. 二元函数 $f(x, y)$ 的两个二阶混合偏导数 $f''_{xy}(x, y)$ 与 $f''_{yx}(x, y)$ 一般情况下是不同的，但是可以证明当 $f''_{xy}(x, y)$ 与 $f''_{yx}(x, y)$ 连续时，它们就相等了. 以后我们总认为混合偏导数是相等的，从而避免了记号上的混乱.

类似地可以定义三阶、四阶等高阶偏导数.

例 1 求 $z = x^3 y^2 - 2xy^3 - xy - 3$ 的二阶偏导数.

解 先求一阶偏导数

$$\frac{\partial z}{\partial x} = 3x^2 y^2 - 2y^3 - y, \quad \frac{\partial z}{\partial y} = 2x^3 y - 6xy^2 - x$$

因此

$$\frac{\partial^2 z}{\partial x^2} = 6xy^2, \frac{\partial^2 z}{\partial x \partial y} = 6x^2 y - 6y^2 - 1$$

$$\frac{\partial^2 z}{\partial y \partial x} = 6x^2 y - 6y^2 - 1, \frac{\partial^2 z}{\partial y^2} = 2x^3 - 12xy$$

从中我们也发现 $\dfrac{\partial^2 z}{\partial x \partial y} = \dfrac{\partial^2 z}{\partial y \partial x}$, 以后同样的情形下我们只需求出其中的一个.

例 2 设 $z = f(xy, x^2 - y^2)$, 求 $\dfrac{\partial^2 z}{\partial x^2}, \dfrac{\partial^2 z}{\partial x \partial y}$, 其中 $f(u, v)$ 有二阶连续偏导数.

解 在 $z = f(xy, x^2 - y^2)$ 中令 $u = xy, v = x^2 - y^2$, 则

$$\frac{\partial z}{\partial x} = f_1'(xy, x^2 - y^2) \frac{\partial u}{\partial x} + f_2'(xy, x^2 - y^2) \frac{\partial v}{\partial x}$$

$$= y f_1'(xy, x^2 - y^2) + 2x f_2'(xy, x^2 - y^2)$$

$$\frac{\partial^2 z}{\partial x^2} = y \left[f_{11}''(xy, x^2 - y^2) \frac{\partial u}{\partial x} + f_{12}''(xy, x^2 - y^2) \frac{\partial v}{\partial x} \right] + 2 f_2'(xy, x^2 - y^2) +$$

$$2x \left[f_{21}''(xy, x^2 - y^2) \frac{\partial u}{\partial x} + f_{22}''(xy, x^2 - y^2) \frac{\partial v}{\partial x} \right]$$

$$= y \left[y f_{11}''(xy, x^2 - y^2) + 2x f_{12}''(xy, x^2 - y^2) \right] + 2 f_2'(xy, x^2 - y^2) +$$

$$2x \left[y f_{12}''(xy, x^2 - y^2) + 2x f_{22}''(xy, x^2 - y^2) \right]$$

$$= 2 f_2'(xy, x^2 - y^2) + y^2 f_{11}''(xy, x^2 - y^2) + 4xy f_{12}''(xy, x^2 - y^2) +$$

$$4x^2 f_{22}''(xy, x^2 - y^2)$$

$$\frac{\partial^2 z}{\partial x \partial y} = f_1'(xy, x^2 - y^2) +$$

$$y \left[f_{11}''(xy, x^2 - y^2) \frac{\partial u}{\partial y} + f_{12}''(xy, x^2 - y^2) \frac{\partial v}{\partial y} \right] +$$

$$2x \left[f_{21}''(xy, x^2 - y^2) \frac{\partial u}{\partial y} + f_{22}''(xy, x^2 - y^2) \frac{\partial v}{\partial y} \right]$$

$$= f_1'(xy, x^2 - y^2) + y \left[x f_{11}''(xy, x^2 - y^2) - 2y f_{12}''(xy, x^2 - y^2) \right] +$$

$$2x \left[x f_{12}''(xy, x^2 - y^2) - 2y f_{22}''(xy, x^2 - y^2) \right]$$

$$= f_1'(xy, x^2 - y^2) + xy f_{11}''(xy, x^2 - y^2) +$$

$$2(x^2 - y^2) f_{12}''(xy, x^2 - y^2) - 4xy f_{22}''(xy, x^2 - y^2)$$

例 3 设由方程 $x + 2y + z = e^{x-y-z}$ 确定的隐函数为 $z = z(x, y)$, 求 $\dfrac{\partial^2 z}{\partial x \partial y}$.

解 方程 $x + 2y + z = e^{x-y-z}$ 两边求全微分, 得

$$dx + 2dy + dz = e^{x-y-z}(dx - dy - dz) = (x + 2y + z)(dx - dy - dz)$$

因此

$$dz = \frac{x+2y+z-1}{1+x+2y+z}dx - \frac{x+2y+z+2}{1+x+2y+z}dy$$

由此可得

$$\frac{\partial z}{\partial x} = \frac{x+2y+z-1}{1+x+2y+z} = 1 - \frac{2}{1+x+2y+z}$$

$$\frac{\partial z}{\partial y} = -1 - \frac{1}{1+x+2y+z}$$

从而

$$\frac{\partial^2 z}{\partial x \partial y} = \frac{2\left(2+\frac{\partial z}{\partial y}\right)}{(1+x+2y+z)^2} = \frac{2(x+2y+z)}{(1+x+2y+z)^3}$$

二、高阶全微分

我们考虑 $z = f(x,y)$ 的全微分

$$dz = f'_x(x,y)dx + f'_y(x,y)dy$$

当它作为 x,y 的函数仍然可微时，我们称 dz 的全微分 $d(dz)$ 为 $z = f(x,y)$ 的二阶全微分，记为 $d^2 z$. 为了求出 $d^2 z$ 的表达式，我们先计算 $\frac{\partial(dz)}{\partial x}$ 和 $\frac{\partial(dz)}{\partial y}$，其中 dx, dy 是常数，$f''_{xy} = f''_{yx}$.

$$\frac{\partial(dz)}{\partial x} = \frac{\partial f'_x}{\partial x}dx + \frac{\partial f'_y}{\partial x}dy = f''_{xx}dx + f''_{yx}dy$$

$$\frac{\partial(dz)}{\partial y} = \frac{\partial f'_x}{\partial y}dx + \frac{\partial f'_y}{\partial y}dy = f''_{xy}dx + f''_{yy}dy$$

由 $d^2 z = \frac{\partial(dz)}{\partial x}dx + \frac{\partial(dz)}{\partial y}dy$ 可求得

$$d^2 z = f''_{xx}(dx)^2 + 2f''_{xy}dxdy + f''_{yy}(dy)^2$$

习惯上将 $(dx)^2$ 写成 dx^2，$(dy)^2$ 写成 dy^2，因此

$$d^2 z = f''_{xx}dx^2 + 2f''_{xy}dxdy + f''_{yy}dy^2 \qquad (7-24)$$

类似地，对 $u = f(x,y,z)$，我们有

$$d^2 u = f''_{xx}dx^2 + f''_{yy}dy^2 + f''_{zz}dz^2 + 2f''_{xy}dxdy + 2f''_{yz}dydz + 2f''_{zx}dzdx$$

$$(7-25)$$

我们也可以类似地定义三阶、四阶等高阶微分.

例 4 求 $z = \arctan(xy)$ 的二阶全微分.

解

$$dz = \frac{d(xy)}{1+(xy)^2} = \frac{ydx + xdy}{1+(xy)^2}$$

记

$$z'_x = \frac{y}{1+(xy)^2}, \quad z'_y = \frac{x}{1+(xy)^2}.$$

因此

$$z''_{xx} = -\frac{2xy^3}{[1+(xy)^2]^2}, \quad z''_{xy} = \frac{1-(xy)^2}{[1+(xy)^2]^2}, \quad z''_{yy} = -\frac{2x^3y}{[1+(xy)^2]^2}$$

$$d^2z = z''_{xx}dx^2 + 2z''_{xy}dxdy + z''_{yy}dy^2$$

$$= \frac{1}{[1+(xy)^2]^2}[-2xy^3dx^2 + 2(1-x^2y^2)dxdy - 2x^3ydy^2]$$

三、二元函数的泰勒公式

为了以后的需要,在这里我们简单介绍二元函数的二阶泰勒公式.

定理 7.6 设 $f(x,y)$ 在 $P_0(x_0,y_0)$ 的某一邻域内有二阶的连续偏导数, $(x_0+\Delta x, y_0+\Delta y)$ 是该邻域内的任意一点,则

$$f(x_0+\Delta x, y_0+\Delta y) = f(x_0,y_0) + df\Big|_{(x_0,y_0)} + \frac{1}{2!}d^2f\Big|_{(x_0,y_0)} + o(\Delta x^2 + \Delta y^2)$$

$$(7-26)$$

其中

$$df\Big|_{(x_0,y_0)} = f'_x(x_0,y_0)\Delta x + f'_y(x_0,y_0)\Delta y$$

$$d^2f\Big|_{(x_0,y_0)} = f''_{xx}(x_0,y_0)\Delta x^2 + 2f''_{xy}(x_0,y_0)\Delta x\Delta y + f''_{yy}(x_0,y_0)\Delta y^2$$

$(7-26)$ 式叫做 $f(x,y)$ 在 $P_0(x_0,y_0)$ 处带皮亚诺型余项的二阶泰勒公式.

练习 7.5

1. 求下列函数的二阶偏导数 $\frac{\partial^2 z}{\partial x^2}, \frac{\partial^2 z}{\partial y^2}, \frac{\partial^2 z}{\partial x \partial y}$:

   (1) $z = \frac{x}{x^2+y^2}$; (2) $z = (\cos x + y\sin x)e^{xy}$;

   (3) $z = x^2 \operatorname{arccot} \frac{y}{x} - y^2 \operatorname{arccot} \frac{x}{y}$; (4) $z = \frac{y^2-x^2}{y^2+x^2}$.

2. 求下列函数在点 $O(0,0)$ 处的带皮亚诺型余项的二阶泰勒公式.

   (1) $f(x,y) = \sqrt{1-x^2-y^2}$;

   (2) $f(x,y) = \ln(1+x+y)$;

   (3) $f(x,y) = \sin(x^2+y^2)$.

§7.6 多元函数的极值

在许多实际问题中,我们需要求多元函数的极值和最大(小)值问题.与一元函数类似,我们可以用多元函数微分法来处理这些问题.

一、多元函数的极值

多元函数的极值也是一种局部性质,下面我们以二元函数为例来讲述这方面的知识.

定义 7.8 设 $f(x,y)$ 在点 $P_0(x_0,y_0)$ 的某一邻域 $O_\delta(P_0)$ 内有定义,若
$$f(x,y) \geq f(x_0,y_0)(f(x,y) \leq f(x_0,y_0)), (x,y) \in O_\delta(P_0) \quad (7-27)$$
则称 $f(x_0,y_0)$ 是 $f(x,y)$ 的一个极小值(极大值),这时称 (x_0,y_0) 是 $f(x,y)$ 的一个极小值点(极大值点). 极小值和极大值统称为极值.

例 1 如图 7-18 所示,$z = x^2 + y^2$ 在 $(0,0)$ 点取得极小值 0. 又如图 7-10(g)我们知道,$z = y^2 - x^2$ 在 $(0,0)$ 点不取极值,这是因为在 $(0,0)$ 点的任意小邻域内,既有使得 $y^2 - x^2 > 0$ 的点,又有使得 $y^2 - x^2 < 0$ 的点.

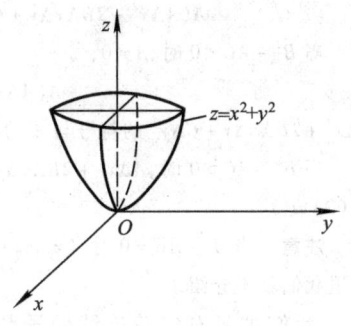

图 7-18

若二元函数 $z = f(x,y)$ 在 (x_0,y_0) 处取得极值,那么固定 $y = y_0$,一元函数 $z = f(x,y_0)$ 在 $x = x_0$ 点必取得相同的极值;同理,固定 $x = x_0$,$z = f(x_0,y)$ 在 $y = y_0$ 点也取得相同的极值. 因此,由一元函数极值的必要条件我们可以得到二元函数极值的必要条件.

定理 7.7 设 $z = f(x,y)$ 在点 (x_0,y_0) 处的偏导数 $f'_x(x_0,y_0), f'_y(x_0,y_0)$ 存在,若 (x_0,y_0) 是 $f(x,y)$ 的极值点,则必有
$$f'_x(x_0,y_0) = f'_y(x_0,y_0) = 0$$
其中称满足条件
$$\begin{cases} f'_x(x,y) = 0 \\ f'_y(x,y) = 0 \end{cases}$$
的点 (x,y) 为 $f(x,y)$ 的驻点.

由定理 7.7 我们知道,可微函数的极值点一定是驻点. 但驻点未必是极值点,如例 1 中的 $z = y^2 - x^2$,$(0,0)$ 点是其驻点但不是极值点. 因此我们必须给出判别驻点是极值点的条件.

定理 7.8 设 $f(x,y)$ 在点 $P_0(x_0,y_0)$ 的某一邻域 $O_\delta(P_0)$ 内有二阶连续偏导数,且 (x_0,y_0) 是 $f(x,y)$ 的驻点,记
$$A = f''_{xx}(x_0,y_0), \quad B = f''_{xy}(x_0,y_0), \quad C = f''_{yy}(x_0,y_0)$$
那么有下列结论成立:

(1) 当 $B^2 - AC < 0$ 时, (x_0,y_0) 是 $f(x,y)$ 的极值点,且 $A > 0$ 时, $f(x_0,y_0)$ 是极小值; $A < 0$ 时, $f(x_0,y_0)$ 是极大值;

(2) 当 $B^2 - AC > 0$ 时, (x_0,y_0) 不是 $f(x,y)$ 的极值点.

证明 设 $(x_0 + \Delta x, y_0 + \Delta y)$ 是邻域 $O_\delta(P_0)$ 内的任意点,由二元函数的二阶泰勒公式 (7-26) 可得
$$f(x_0 + \Delta x, y_0 + \Delta y) = f(x_0,y_0) + f'_x(x_0,y_0)\Delta x + f'_y(x_0,y_0)\Delta y + \frac{1}{2}[A\Delta x^2 + 2B\Delta x\Delta y + C\Delta y^2] + o(\Delta x^2 + \Delta y^2)$$

由于 $f'_x(x_0,y_0) = f'_y(x_0,y_0) = 0$,当 $(\Delta x, \Delta y) \to (0,0)$ 时, $f(x_0 + \Delta x, y_0 + \Delta y) - f(x_0, y_0)$ 的符号与 $A\Delta x^2 + 2B\Delta x\Delta y + C\Delta y^2$ 的符号相同,由配方法可得
$$A(A\Delta x^2 + 2B\Delta x\Delta y + C\Delta y^2) = (A\Delta x + B\Delta y)^2 - (B^2 - AC)\Delta y^2$$

当 $B^2 - AC < 0$ 时, $A \neq 0$,
$$A(A\Delta x^2 + 2B\Delta x\Delta y + C\Delta y^2) > 0$$
$A\Delta x^2 + 2B\Delta x\Delta y + C\Delta y^2$ 的符号与 A 的符号相同,从而结论(1)成立.

当 $B^2 - AC > 0$ 时, $A\Delta x^2 + 2B\Delta x\Delta y + C\Delta y^2$ 的符号可正可负,从而 (x_0,y_0) 不是极值点,结论(2)成立.

注意 当 $B^2 - AC = 0$ 时, (x_0,y_0) 可能是极值点也可能不是极值点,需要进一步判别,在这里我们就不介绍了.

我们把具有二阶连续偏导数的函数 $z = f(x,y)$ 的极值的求法总结如下:

第一步 解方程组
$$\begin{cases} f'_x(x,y) = 0 \\ f'_y(x,y) = 0 \end{cases}$$
求得一切驻点;

第二步 对于每一个驻点 (x_0,y_0),求出二阶偏导数的值 A,B 和 C;

第三步 定出 $B^2 - AC$ 的符号,由定理 7.8 的结论判定 $f(x_0,y_0)$ 是否为极值、是极大值还是极小值.

例 2 求函数 $f(x,y) = \frac{1}{2}x^2 - 4xy + 9y^2 + 3x - 14y + \frac{1}{2}$ 的极值.

解 解方程组
$$\begin{cases} f'_x(x,y) = x - 4y + 3 = 0 \\ f'_y(x,y) = -4x + 18y - 14 = 0 \end{cases}$$
得驻点 $(1,1)$.

再求二阶偏导数
$$f''_{xx}(x,y)=1, \quad f''_{xy}(x,y)=-4, \quad f''_{yy}(x,y)=18$$
因此
$$A=f''_{xx}(1,1)=1, \quad B=f''_{xy}(1,1)=-4, \quad C=f''_{yy}(1,1)=18$$
由于
$$B^2-AC=-2<0, A=1>0$$
因此 $f(x,y)$ 在 $(1,1)$ 点取得极小值 $f(1,1)=-5$.

例 3 求函数 $f(x,y)=-3xy-x^3+y^3$ 的极值.

解 解方程组
$$\begin{cases} f'_x(x,y)=-3y-3x^2=0 \\ f'_y(x,y)=-3x+3y^2=0 \end{cases}$$
得 $f(x,y)$ 的驻点 $(0,0),(1,-1)$. 又由于
$$f''_{xx}=-6x, f''_{xy}=-3, f''_{yy}=6y$$
则在 $(0,0)$ 处
$$A=f''_{xx}(0,0)=0, \quad B=f''_{xy}(0,0)=-3, \quad C=f''_{yy}(0,0)=0$$
$$B^2-AC=9>0$$
因此 $(0,0)$ 点不是 $f(x,y)$ 的极值点. 在 $(1,-1)$ 处
$$A=f''_{xx}(1,-1)=-6, \quad B=f''_{xy}(1,-1)=-3, \quad C=f''_{yy}(1,-1)=-6$$
$$B^2-AC=-27<0$$
因此 $(1,-1)$ 是 $f(x,y)$ 的极大值点,$f(x,y)$ 在 $(1,-1)$ 处取得极大值 1.

由性质 7.1 我们知道,当 $f(x,y)$ 在闭区域 D 上连续时,$f(x,y)$ 在 D 上有最大值和最小值. 关于闭区域 D 上连续函数 $f(x,y)$ 的最大(小)值的求法与闭区间上连续函数的最大(小)值求法类似. 在实际问题中,如果根据问题的性质知道 $f(x,y)$ 的最大(小)值一定在 D 的内部取得,并且 $f(x,y)$ 在 D 的内部只有一个驻点,那么可以断定该驻点处的函数值就是 $f(x,y)$ 在 D 上的最大(小)值.

例 4 求函数 $f(x,y)=\sin x+\sin y-\sin(x+y)$ 在有界闭区域 D 上的最大值和最小值,其中 D 是由直线 $x+y=2\pi$,x 轴和 y 轴所围成的有界闭区域.

解 先求 $f(x,y)$ 在 D 内部的极值. 解方程组
$$\begin{cases} f'_x(x,y)=\cos x-\cos(x+y)=0 \\ f'_y(x,y)=\cos y-\cos(x+y)=0 \end{cases}$$
求得它的解为 $(0,0),(0,2\pi),(2\pi,0),\left(\dfrac{2\pi}{3},\dfrac{2\pi}{3}\right)$,其中只有 $\left(\dfrac{2\pi}{3},\dfrac{2\pi}{3}\right)$ 在 D 的内部,且
$$A=f''_{xx}\left(\dfrac{2\pi}{3},\dfrac{2\pi}{3}\right)=-\sqrt{3}, \quad B=f''_{xy}\left(\dfrac{2\pi}{3},\dfrac{2\pi}{3}\right)=-\dfrac{\sqrt{3}}{2}, \quad C=f''_{yy}\left(\dfrac{2\pi}{3},\dfrac{2\pi}{3}\right)=-\sqrt{3}$$

$$B^2 - AC = -\frac{9}{4} < 0$$

$f(x,y)$ 在 D 内部惟一驻点 $\left(\frac{2\pi}{3}, \frac{2\pi}{3}\right)$ 处取得极大值 $f\left(\frac{2\pi}{3}, \frac{2\pi}{3}\right) = \frac{3\sqrt{3}}{2}$,因而它也是 $f(x,y)$ 在 D 上的最大值. 这时 $f(x,y)$ 在 D 上的最小值一定在 D 的边界上取得,在 D 的边界上 $f(x,y) = 0$. 因此 $f(x,y)$ 在 D 上的最小值为 0,最大值为 $\frac{3\sqrt{3}}{2}$.

例 5 某公司在生产中使用甲、乙两种原料,已知甲和乙两种原料分别使用 x 单位和 y 单位可生产 Q 单位的产品,且

$$Q = Q(x,y) = 10xy + 20.2x + 30.3y - 10x^2 - 5y^2$$

已知甲原料单价为 20 元/单位,乙原料单价为 30 元/单位,产品每单位售价为 100 元,产品固定成本为 1 000 元,求该公司的最大利润.

解 设 L 表示该公司的利润,则

$$\begin{aligned} L = L(x,y) &= 100Q(x,y) - (20x + 30y + 1\,000) \\ &= 1\,000xy + 2\,000x + 3\,000y - 1\,000x^2 - 500y^2 - 1\,000 \\ &\quad (x > 0, y > 0) \end{aligned}$$

解方程组

$$\begin{cases} L'_x = 1\,000y + 2\,000 - 2\,000x = 0 \\ L'_y = 1\,000x + 3\,000 - 1\,000y = 0 \end{cases}$$

求得惟一驻点 $(5,8)$. 由于

$$A = L''_{xx}(5,8) = -2\,000, \quad B = L''_{xy}(5,8) = 1\,000, \quad C = L''_{yy}(5,8) = -1\,000$$

$$B^2 - AC = -1\,000\,000 < 0, \quad A = -2\,000 < 0$$

因此 $L(x,y)$ 在 $(5,8)$ 处取得极大值 $L(5,8) = 16\,000$,从而是最大值,即该公司的最大利润为 16 000 元.

二、条件极值

在实际问题中我们常常遇到这样的极值问题:求 $f(x,y)$ 在条件 $\varphi(x,y) = 0$ 下的极值. 例如,求周长为 a(给定的常数)面积最大的矩形,就是求 $f(x,y) = xy$ 在条件 $2(x+y) = a$ 下的极大值;又如,求闭区域 D 上连续函数 $f(x,y)$ 的最大(小)值,先求出 $f(x,y)$ 在区域 D 的内部的极大(小)值,再求出 $f(x,y)$ 在 D 的边界上的极大(小)值,二者中的最大(小)值就是所求的最大(小)值,其中 $f(x,y)$ 在区域 D 的边界上(假设 D 的边界由方程 $\varphi(x,y) = 0$ 确定)的极值就是求 $f(x,y)$ 在条件 $\varphi(x,y) = 0$ 下的极值. 我们称这种极值问题为条件极值问题,而称以前的极值问题为无条件极值问题.

求解条件极值问题一般有两种方法,其一是:若由 $\varphi(x,y) = 0$ 能解出显函

数 $x=x(y)$ 或 $y=y(x)$，将之代入 $f(x,y)$ 中就变成了一元函数，从而化成了求解一元函数极值问题；其二就是我们要介绍的拉格朗日乘数法.

拉格朗日乘数法：

设 $f(x,y),\varphi(x,y)$ 在区域 D 内有二阶连续偏导数，求 $z=f(x,y)$ 在 D 内满足条件 $\varphi(x,y)=0$ 的极值，可以转化为求拉格朗日函数

$$L(x,y,\lambda)=f(x,y)+\lambda\varphi(x,y)$$

的无条件极值.

实际上，$L(x,y,\lambda)$ 的极值一定是 $z=f(x,y)$ 在 $\varphi(x,y)=0$ 下的极值.

因为若 $L(x,y,\lambda)$ 在点 (x_0,y_0,λ_0) 处取得极大值，则由极值的必要条件可知

$$\begin{cases} L'_x(x_0,y_0,\lambda_0)=f'_x(x_0,y_0)+\lambda_0\varphi'_x(x_0,y_0)=0 \\ L'_y(x_0,y_0,\lambda_0)=f'_y(x_0,y_0)+\lambda_0\varphi'_y(x_0,y_0)=0 \\ L'_\lambda(x_0,y_0,\lambda_0)=\varphi(x_0,y_0)=0 \end{cases}$$

且在 (x_0,y_0,λ_0) 的某一邻域内，有

$$L(x,y,\lambda)\leqslant L(x_0,y_0,\lambda_0)$$

即

$$f(x,y)+\lambda\varphi(x,y)\leqslant f(x_0,y_0)+\lambda_0\varphi(x_0,y_0)$$

因此在条件 $\varphi(x,y)=0$ 下，考虑到 $\varphi(x_0,y_0)=0$，有

$$f(x,y)\leqslant f(x_0,y_0)$$

即 $f(x,y)$ 在 (x_0,y_0) 处取得条件 $\varphi(x,y)=0$ 下的极大值.

同理，若 $L(x,y,\lambda)$ 在 (x_0,y_0,λ_0) 处取得极小值，则 $f(x,y)$ 在 (x_0,y_0) 处取得条件 $\varphi(x,y)=0$ 下的极小值.

另外，$z=f(x,y)$ 在条件 $\varphi(x,y)=0$ 下的可能的极值点[①]也一定包含在 $L(x,y,\lambda)$ 的可能极值点中，并且对于满足

$dL\big|_{(x_0,y_0,\lambda_0)}=0$

$d\varphi\big|_{(x_0,y_0)}=0$

$d^2L\big|_{(x_0,y_0,\lambda_0)}>0(\text{或}<0)$

的点 (x_0,y_0)，一定是 $z=f(x,y)$ 在条件 $\varphi(x,y)=0$ 下的极小（或极大）值点. 其中的道理在这里我们就不赘述了.

用拉格朗日乘数法求 $z=f(x,y)$ 在条件 $\varphi(x,y)=0$ 下的极值，其一般步骤是：

(1) 构造拉格朗日函数

$$L(x,y,\lambda)=f(x,y)+\lambda\varphi(x,y)$$

---

① 这里要求 $\varphi(x,y)$ 在可能极值点 (x_0,y_0) 处满足隐函数存在定理的条件.

(2) 求 $L(x,y,\lambda)$ 的驻点坐标 (x_0,y_0,λ_0)，这可由方程组

$$\begin{cases} L'_x(x,y,\lambda) = f'_x(x,y) + \lambda\varphi'_x(x,y) = 0 \\ L'_y(x,y,\lambda) = f'_y(x,y) + \lambda\varphi'_y(x,y) = 0 \\ L'_\lambda(x,y,\lambda) = \varphi(x,y) = 0 \end{cases}$$

来求；

(3) 判别 $z = f(x,y)$ 在 (x_0,y_0) 处取何种极值，由 $L(x,y,\lambda)$ 在 (x_0,y_0,λ_0) 处的二阶全微分 $\mathrm{d}^2 L\big|_{(x_0,y_0,\lambda_0)}$ 的符号来确定，其中

$$\mathrm{d}^2 L\big|_{(x_0,y_0,\lambda_0)}$$
$$= L''_{xx}(x_0,y_0,\lambda_0)(\mathrm{d}x)^2 + 2L''_{xy}(x_0,y_0,\lambda_0)\mathrm{d}x\mathrm{d}y + L''_{yy}(x_0,y_0,\lambda_0)(\mathrm{d}y)^2$$
$$= \mathrm{d}^2 f\big|_{(x_0,y_0)} + \lambda_0 \mathrm{d}^2\varphi\big|_{(x_0,y_0)}.$$

另外由 $\varphi(x,y) = 0$ 两边求全微分，在 (x_0,y_0) 处可得 $\mathrm{d}x$ 与 $\mathrm{d}y$ 的关系式，例如

$$\mathrm{d}y = -\frac{\varphi'_x(x_0,y_0)}{\varphi'_y(x_0,y_0)}\mathrm{d}x$$

代入 $\mathrm{d}^2 L\big|_{(x_0,y_0,\lambda_0)}$ 中，这时它是关于 $\mathrm{d}x$ 的二次齐次式，若对一切 $\mathrm{d}x$，有 $\mathrm{d}^2 L\big|_{(x_0,y_0,\lambda_0)} > 0$，则 $f(x,y)$ 在 (x_0,y_0) 处取得条件极小值；若对一切 $\mathrm{d}x$，有 $\mathrm{d}^2 L\big|_{(x_0,y_0,\lambda_0)} < 0$，则 $f(x,y)$ 在 (x_0,y_0) 处取得条件极大值。在实际问题中，可由实际意义来判别.

例 6 求 $z = xy^2$ 在 $x^2 + y^2 = 1$ 下的极值.

解 构造拉格朗日函数

$$L(x,y,\lambda) = xy^2 + \lambda(x^2 + y^2 - 1)$$

求偏导数可得

$$\begin{cases} L'_x = y^2 + 2x\lambda = 0 \\ L'_y = 2xy + 2y\lambda = 0 \\ L'_\lambda = x^2 + y^2 - 1 = 0 \end{cases}$$

从而求得驻点坐标为 $P_1\left(\frac{\sqrt{3}}{3}, \frac{\sqrt{6}}{3}, -\frac{\sqrt{3}}{3}\right)$, $P_2\left(\frac{\sqrt{3}}{3}, -\frac{\sqrt{6}}{3}, -\frac{\sqrt{3}}{3}\right)$, $P_3\left(-\frac{\sqrt{3}}{3}, \frac{\sqrt{6}}{3}, \frac{\sqrt{3}}{3}\right)$, $P_4\left(-\frac{\sqrt{3}}{3}, -\frac{\sqrt{6}}{3}, \frac{\sqrt{3}}{3}\right)$.

另外，

$$L''_{xx} = 2\lambda, L''_{yy} = 2x + 2\lambda, L''_{xy} = 2y, \mathrm{d}y = -\frac{x}{y}\mathrm{d}x$$

因此
$$d^2L = 2\lambda(dx)^2 + 4ydxdy + (2x+2\lambda)(dy)^2$$
$$= \left[2\lambda - 4x + \frac{(2x+2\lambda)x^2}{y^2}\right](dx)^2$$
$$= (2\lambda - 4x)(dx)^2$$
$$d^2L\Big|_{P_1} = d^2L\Big|_{P_2} = -2\sqrt{3}(dx)^2 < 0$$
$$d^2L\Big|_{P_3} = d^2L\Big|_{P_4} = 2\sqrt{3}(dx)^2 > 0$$

因此 $z = xy^2$ 在 $x = \frac{\sqrt{3}}{3}, y = \pm\frac{\sqrt{6}}{3}$ 处取得条件 $x^2 + y^2 = 1$ 下的极大值 $\frac{2\sqrt{3}}{9}$；在 $x = -\frac{\sqrt{3}}{3}, y = \pm\frac{\sqrt{6}}{3}$ 处取得条件 $x^2 + y^2 = 1$ 下的极小值 $-\frac{2\sqrt{3}}{9}$。

例 7 设某工厂生产甲、乙两种产品，产量分别为 x 和 y（单位：千件），利润函数为
$$L(x,y) = 6x - x^2 + 16y - 4y^2 - 2 \text{（单位：万元）}$$
已知生产这两种产品时，每千件产品均需消耗某种原料 2 000 kg，现有该原料 12 000 kg，并假设这些原料必须全部用完，问两种产品各生产多少千件时，总利润最大？最大利润为多少？

解 依题设有约束条件
$$2\,000(x+y) = 12\,000$$
即
$$x + y = 6$$

因此，问题就是在 $x + y = 6$ 的条件下求利润函数 $L(x,y)$ 的最大值，为此设拉格朗日函数为
$$F(x,y,\lambda) = 6x - x^2 + 16y - 4y^2 - 2 + \lambda(x+y-6)$$
由方程组
$$\begin{cases} F'_x = 6 - 2x + \lambda = 0 \\ F'_y = 16 - 8y + \lambda = 0 \\ F'_\lambda = x + y - 6 = 0 \end{cases}$$
求得惟一驻点 $(x_0, y_0, \lambda_0) = \left(\frac{19}{5}, \frac{11}{5}, \frac{8}{5}\right)$。另外
$$F''_{xx}(x_0,y_0,\lambda_0) = -2, \quad F''_{xy}(x_0,y_0,\lambda_0) = 0$$
$$F''_{yy}(x_0,y_0,\lambda_0) = -8, \quad dy = -dx$$
由此可得
$$d^2F\Big|_{(x_0,y_0,\lambda_0)} = -2dx^2 - 8dy^2 = -10dx^2 < 0$$

$F(x,y,\lambda)$ 在 (x_0,y_0,λ_0) 点取得极大值,从而是最大值.

因此甲、乙两产品分别生产 $\dfrac{19}{5}$ 和 $\dfrac{11}{5}$ 千件时总利润最大,最大利润为

$$L\left(\dfrac{19}{5},\dfrac{11}{5}\right)=\dfrac{111}{5}(万元)$$

练习 7.6

1. 求下列函数的极值,并判断是极大值还是极小值:

(1) $z = x^3 + y^3 - 3xy$;   (2) $z = x^4 + y^4$;

(3) $z = xy + \dfrac{1}{x} + \dfrac{1}{y}$;   (4) $z = 2xy - 3x^3 - 2y^2 + 1$;

(5) $z = x^2 + y^2 - 2\ln x - 2\ln y, x > 0, y > 0$;

(6) $z = \sin x + \sin y + \sin(x+y), 0 \leq x \leq \dfrac{\pi}{2}, 0 \leq y \leq \dfrac{\pi}{2}$;

(7) $z = (x+y^2)e^{\frac{1}{2}x}$;   (8) $z = (a-x-y)xy(a \neq 0)$.

2. 求下列函数在给定条件下的条件极值:

(1) $z = xy, x+y = 2$;

(2) $z = xy - 1, (x-1)(y-1) = 1, x > 0, y > 0$;

(3) $z = x+y, \dfrac{1}{x} + \dfrac{1}{y} = 1, x > 0, y > 0$;

3. 求下列函数的最值:

(1) $z = x^2 + y^2 - x - y, x^2 + y^2 \leq 1$;

(2) $z = x^2 + y^2 - x - y - xy, x \geq 0, y \geq 0, x+y \leq 3$.

4. 求椭圆 $\dfrac{x^2}{a^2} + \dfrac{y^2}{b^2} = 1$ 内接矩形的最大面积.

5. 求曲线 $y = \sqrt{x}$ 上的动点到定点 $(a,0)$ 的最小距离.

6. 设有一圆柱形容器,其容积 V 已定.设其深度为 x,内径为 y,外壳厚度为 d.求该容器外壳体积最小时的深度 x 与内径 y 之比.

7. 一帐幕,下部为圆柱形,上部覆以圆锥形的篷顶.设帐幕的容积 V 为一定数 k,今要使幕布最少,试证幕布尺度间应有关系式:$R = \sqrt{5}H, h = 2H$(R, H 分别为圆柱形的底半径及高,h 为圆锥形的高).

8. 在平面 $3x - 2z = 0$ 上求一点,使它与点 $A(1,1,1)$ 和点 $B(2,3,4)$ 的距离平方和为最小.

9. 把正数 a 分成 3 个正数之和,使它们的乘积为最大.

10. 在曲线 $y^2 = 4x$ 上求一点,使其到点 $(2,8)$ 的距离最小.

§7.7 二重积分

一、二重积分的概念和性质

我们从计算"曲顶柱体"的体积出发,引入二重积分的概念.

设 D 是 xOy 平面上的一个有界闭区域,二元函数 $z=f(x,y)$ 在 D 上非负连续,我们称以 D 为底,曲面 $z=f(x,y)$ 为顶,D 的边界曲线为准线,母线平行于 Oz 轴的柱面所围成的空间立体为曲顶柱体. 如图 7-19 所示.

那么如何计算上述曲顶柱体的体积呢?

对于平顶柱体,它的体积公式为

$$体积 V = 底面积 \times 高$$

对于曲顶柱体,由于柱体的高是变化的,这同我们在第 6 章中计算曲边梯形的面积时所遇到的问题是类似的,下面就仿照计算曲边梯形面积的思想方法来计算曲顶柱体的体积.

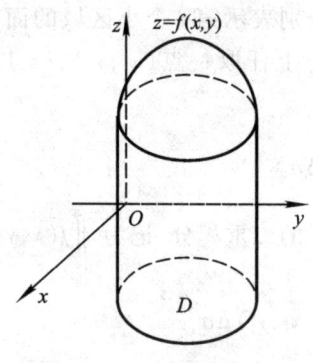

图 7-19

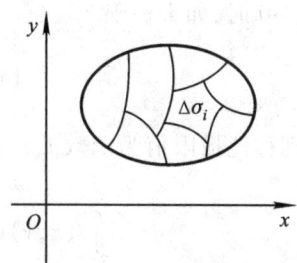

图 7-20

首先将区域 D 任意划分成 n 个小区域:$\Delta\sigma_1, \Delta\sigma_2, \cdots, \Delta\sigma_n$,它们两两没有公共内点,并用 $\Delta\sigma_i(i=1,2,\cdots,n)$ 表示第 i 个小区域的面积,见图 7-20. 以每个小区域 $\Delta\sigma_i$ 为底作母线平行于 Oz 轴的柱体,这样就将整个曲顶柱体分割成了 n 个小曲顶柱体. 用 d_i 表示第 i 个小区域内任意两点间的距离的最大值,称之为第 i 个小区域的直径 $(i=1,2,\cdots,n)$,并记

$$d = \max\{d_1, d_2, \cdots, d_n\}$$

当分割很细时,即 $d \to 0$ 时,可将小曲顶柱体近似地看作平顶柱体. 在第 i 个小区域内任取一点 (x_i, y_i),则函数值 $f(x_i, y_i)$ 可以认为是第 i 个小平顶柱体的

高,于是第 i 个小曲顶柱体的体积 ΔV_i 可以近似地表示为
$$\Delta V_i \approx f(x_i, y_i)\Delta\sigma_i, \quad i=1,2,\cdots,n$$

将所有这些体积的近似值相加,就得到整个曲顶柱体体积 V 的近似值(记为 V_n),即
$$V = \sum_{i=1}^{n}\Delta V_i \approx \sum_{i=1}^{n}f(x_i,y_i)\Delta\sigma_i = V_n$$

区域 D 划分得越细密,则 V_n 越接近于体积 V,取极限,即令 $d\to 0$,则极限值就精确地表示体积 V,即
$$V = \lim_{d\to 0}V_n = \lim_{d\to 0}\sum_{i=1}^{n}f(x_i,y_i)\Delta\sigma_i$$

上述求曲顶柱体体积的过程概括起来是:分割、近似求和及求极限得精确值. 问题最终化为求和式 $\sum_{i=1}^{n}f(x_i,y_i)\Delta\sigma_i$ 的极限 $\lim_{d\to 0}\sum_{i=1}^{n}f(x_i,y_i)\Delta\sigma_i$.

还有许多实际问题都可以化为上述形式的和式的极限,从中抽象概括就产生一个数学概念——二重积分.

定义 7.9 设二元函数 $f(x,y)$ 定义在有界闭区域 D 上,将 D 任意划分为 n 个小区域 $\Delta\sigma_1, \Delta\sigma_2, \cdots, \Delta\sigma_n$,并以 $\Delta\sigma_i$ 和 d_i 分别表示第 i 个小区域的面积和直径,$d = \max\{d_1, d_2, \cdots, d_n\}$. 在每个小区域 $\Delta\sigma_i$ 上任取一点 (x_i, y_i), $i=1,2,\cdots,n$. 当 $d\to 0$ 时,如果极限
$$\lim_{d\to 0}\sum_{i=1}^{n}f(x_i,y_i)\Delta\sigma_i$$

存在,则称此极限值为函数 $f(x,y)$ 在区域 D 上的二重积分,记为 $\iint_D f(x,y)\mathrm{d}\sigma$ 即
$$\iint_D f(x,y)\mathrm{d}\sigma = \lim_{d\to 0}\sum_{i=1}^{n}f(x_i,y_i)\Delta\sigma_i$$

其中 $f(x,y)$ 称为被积函数,x,y 称为积分变量,$f(x,y)\mathrm{d}\sigma$ 称为被积表达式,$\sum_{i=1}^{n}f(x_i,y_i)\Delta\sigma_i$ 称为积分和,$\mathrm{d}\sigma$ 称为面积元素,D 称为积分区域,并称 $f(x,y)$ 在区域 D 上可积.

对定义 7.9 的几点说明:

(1) 所谓积分和 $\sum_{i=1}^{n}f(x_i,y_i)\Delta\sigma_i$ 的极限存在,是指对积分区域 D 的任意划分和点 (x_i,y_i) 的任意取法,当 $d\to 0$ 时,积分和虽不同但其极限值惟一,即极限值与区域 D 的分割方式及点 (x_i,y_i) 的取法无关;

(2) 二重积分 $\iint_D f(x,y)\mathrm{d}\sigma$ 是一个数值,此数值只与积分区域 D 和被积函

数 $f(x,y)$ 有关,而与积分变量用什么字母表示无关,即

$$\iint\limits_{D} f(x,y)\mathrm{d}\sigma = \iint\limits_{D} f(u,v)\mathrm{d}\sigma$$

(3) 当 $f(x,y)$ 连续,且 $f(x,y) \geq 0$ 时,$\iint\limits_{D} f(x,y)\mathrm{d}\sigma$ 表示以积分区域 D 为底面,曲面 $z = f(x,y)$ 为顶面的曲顶柱体的体积,这就是二重积分的几何意义.

关于二元函数 $f(x,y)$ 的可积性,有以下结论成立:

(1) 若 $f(x,y)$ 在有界闭区域 D 上可积,则 $f(x,y)$ 在 D 上有界;

(2) 若函数 $z = f(x,y)$ 在有界闭区域 D 上连续,则它在 D 上可积.

设 $f(x,y)$ 在有界闭区域 D 上可积,由于积分值 $\iint\limits_{D} f(x,y)\mathrm{d}\sigma$ 与区域 D 的分割方式及点 (x_i, y_i) 的取法无关,因此,在计算二重积分 $\iint\limits_{D} f(x,y)\mathrm{d}\sigma$ 时常采用特殊的分割方式和选取特殊的点.

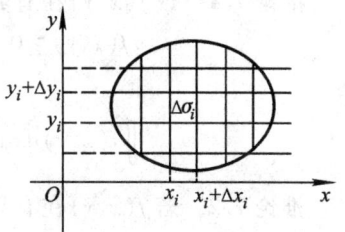

图 7 - 21

在直角坐标系下,常用分别平行于 x 轴与 y 轴的两组直线来分割积分区域 D,这时小区域 $\Delta\sigma_i (i = 1, 2, \cdots, n)$ 是一些小矩形,如图 7 - 21.

由图 7 - 21 知小区域 $\Delta\sigma_i$ 的面积 $\Delta\sigma_i = \Delta x_i \Delta y_i$,因此在 $\iint\limits_{D} f(x,y)\mathrm{d}\sigma$ 中面积元素 $\mathrm{d}\sigma = \mathrm{d}x\mathrm{d}y$,即二重积分 $\iint\limits_{D} f(x,y)\mathrm{d}\sigma$ 在平面直角坐标系下的记号为 $\iint\limits_{D} f(x,y)\mathrm{d}x\mathrm{d}y$.

类似于一元函数定积分,二重积分有如下一些基本性质:

性质 7.5 若区域 D 的面积为 σ,则

$$\iint\limits_{D} \mathrm{d}x\mathrm{d}y = \sigma$$

性质 7.6 设 $f(x,y), g(x,y)$ 在有界闭区域 D 上可积,则对任何常数 α, β,$\alpha f(x,y) + \beta g(x,y)$ 在 D 上可积且

$$\iint\limits_{D} [\alpha f(x,y) + \beta g(x,y)]\mathrm{d}x\mathrm{d}y = \alpha \iint\limits_{D} f(x,y)\mathrm{d}x\mathrm{d}y + \beta \iint\limits_{D} g(x,y)\mathrm{d}x\mathrm{d}y$$

性质 7.7 设 $f(x,y)$ 在有界闭区域 D 上可积,且 $D = D_1 \cup D_2$(D_1 和 D_2 除分界线外无公共点,如图 7 - 22),则 $f(x,y)$ 在 D_1 和 D_2 上都可积;反之,若 $f(x,y)$ 在 D_1 和 D_2 上都可积,则 $f(x,y)$ 在 D 上可积.当 $f(x,y)$ 在 D 上可积时,有

$$\iint_D f(x,y)\,\mathrm{d}x\mathrm{d}y = \iint_{D_1} f(x,y)\,\mathrm{d}x\mathrm{d}y + \iint_{D_2} f(x,y)\,\mathrm{d}x\mathrm{d}y$$

性质 7.8 设 $f(x,y), g(x,y)$ 在有界闭区域 D 上可积，且

$$f(x,y) \leq g(x,y), \quad (x,y) \in D$$

则

$$\iint_D f(x,y)\,\mathrm{d}x\mathrm{d}y \leq \iint_D g(x,y)\,\mathrm{d}x\mathrm{d}y$$

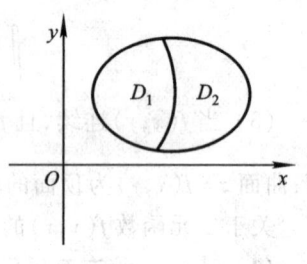

图 7 - 22

由此可得

推论 7.1 设 $f(x,y)$ 在有界闭区域 D 上可积，且

$$f(x,y) \geq 0 \quad (f(x,y) \leq 0), \quad (x,y) \in D$$

则

$$\iint_D f(x,y)\,\mathrm{d}x\mathrm{d}y \geq 0 \quad \left(\iint_D f(x,y)\,\mathrm{d}x\mathrm{d}y \leq 0\right)$$

推论 7.2 若 $f(x,y)$ 在有界闭区域 D 上可积，则 $|f(x,y)|$ 在 D 上可积且

$$\left| \iint_D f(x,y)\,\mathrm{d}x\mathrm{d}y \right| \leq \iint_D |f(x,y)|\,\mathrm{d}x\mathrm{d}y$$

性质 7.9（二重积分中值定理） 设 $f(x,y)$ 在有界闭区域 D 上连续，则存在一点 $(\xi,\eta) \in D$，使得

$$\iint_D f(x,y)\,\mathrm{d}x\mathrm{d}y = f(\xi,\eta)\sigma$$

其中 σ 为区域 D 的面积.

以上性质的证明与定积分性质的证明类似，但是比较复杂，在这里我们就不介绍了.

二、二重积分的计算

计算二重积分的主要方法是将它化成两次定积分的计算，称之为累次积分法.

1. 直角坐标系下二重积分的计算

设 $f(x,y)$ 在有界闭区域 D 上连续，若区域 D 可表示为（如图 7 - 23(a)）

$$D = \{(x,y) \mid a \leq x \leq b, \varphi_1(x) \leq y \leq \varphi_2(x)\}$$

则

$$\iint_D f(x,y)\,\mathrm{d}x\mathrm{d}y = \int_a^b \left[\int_{\varphi_1(x)}^{\varphi_2(x)} f(x,y)\,\mathrm{d}y \right] \mathrm{d}x$$

$$= \int_a^b \mathrm{d}x \int_{\varphi_1(x)}^{\varphi_2(x)} f(x,y)\,\mathrm{d}y \qquad (7-28)$$

若区域 D 可表示为(如图 7-23(b))
$$D = \{(x,y) \mid c \leq y \leq d, \psi_1(y) \leq x \leq \psi_2(y)\}$$
则
$$\iint_D f(x,y)\,dxdy = \int_c^d \left[\int_{\psi_1(y)}^{\psi_2(y)} f(x,y)\,dx\right]dy$$
$$= \int_c^d dy \int_{\psi_1(y)}^{\psi_2(y)} f(x,y)\,dx \qquad (7-29)$$

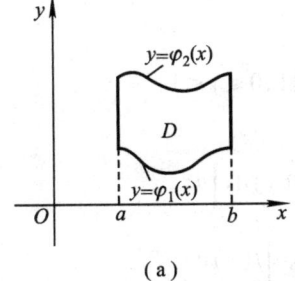
(a)

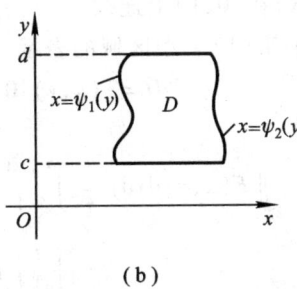
(b)

图 7-23

下面我们通过曲顶柱体的体积来说明(7-28)的正确性.

设 $f(x,y) \geq 0$,则 $\iint_D f(x,y)\,dxdy$ 表示以区域 D 为底、以曲面 $z = f(x,y)$ 为顶的曲顶柱体的体积. 我们利用第 6 章 §6.4 中已知平行截面面积求立体体积的公式(6-21)来求 $\iint_D f(x,y)\,dxdy$. 如图 7-24,在 $[a,b]$ 上任取一点 x,过点 $(x,0,0)$ 作垂直于 x 轴的平面,截得曲顶柱体的截面是一个曲边梯形,其面积

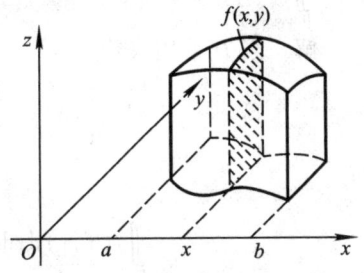

图 7-24

$$S(x) = \int_{\varphi_1(x)}^{\varphi_2(x)} f(x,y)\,dy, x \in [a,b]$$

因此该曲顶柱体的体积为
$$\iint_D f(x,y)\,dxdy = \int_a^b S(x)\,dx = \int_a^b \left[\int_{\varphi_1(x)}^{\varphi_2(x)} f(x,y)\,dy\right]dx$$

同理可以说明(7-29)的正确性,至于它们的证明我们就不介绍了.

我们称图 7-23(a)所示的区域为 x-型区域,图 7-23(b)所示的区域为 y-型区域. 当一个区域既是 x-型区域又是 y-型区域,则(7-28)与(7-29)

同时成立;当一个区域既不是 x-型区域又不是 y-型区域(如图 7-25),我们可以将它划分成几个 x-型区域与 y-型区域,再利用性质 7.7 来计算这种区域上的二重积分.

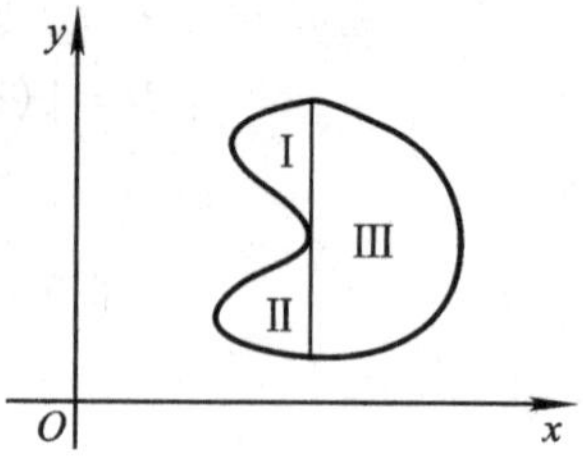

例1 计算二重积分 $\iint_D F(x,y)\,\mathrm{d}x\mathrm{d}y$,其中 D 是正方形区域:$0\leqslant x\leqslant 1, 0\leqslant y\leqslant 1$,$F(x,y)=f(x)f(y)$,$f(x)$ 在 $[0,1]$ 上连续.

图 7-25

解 我们采用 x-型区域的表示,
$$D=\{(x,y)\mid 0\leqslant x\leqslant 1, 0\leqslant y\leqslant 1\}$$
因此
$$\begin{aligned}\iint_D F(x,y)\,\mathrm{d}x\mathrm{d}y &= \int_0^1\Big[\int_0^1 f(x)f(y)\,\mathrm{d}y\Big]\mathrm{d}x \\ &= \int_0^1\Big[\int_0^1 f(y)\,\mathrm{d}y\Big]f(x)\,\mathrm{d}x \\ &= \int_0^1 f(y)\,\mathrm{d}y\int_0^1 f(x)\,\mathrm{d}x = \Big[\int_0^1 f(x)\,\mathrm{d}x\Big]^2\end{aligned}$$

例2 设 $f(x,y)$ 在区域 D 上连续,D 是如图 7-13(d)所示的区域,将二重积分 $\iint_D f(x,y)\,\mathrm{d}x\mathrm{d}y$ 按两种积分次序化为累次积分.

解 当 D 采用表示
$$D=\Big\{(x,y)\,\Big|\,0\leqslant x\leqslant\frac{\sqrt{2}}{2}, x\leqslant y\leqslant\sqrt{1-x^2}\Big\}$$
时
$$\iint_D f(x,y)\,\mathrm{d}x\mathrm{d}y = \int_0^{\frac{\sqrt{2}}{2}}\Big[\int_x^{\sqrt{1-x^2}} f(x,y)\,\mathrm{d}y\Big]\mathrm{d}x$$

当 D 采用表示
$$D=\Big\{(x,y)\,\Big|\,0\leqslant y\leqslant\frac{\sqrt{2}}{2}, 0\leqslant x\leqslant y\Big\}\cup\Big\{(x,y)\,\Big|\,\frac{\sqrt{2}}{2}\leqslant y\leqslant 1, 0\leqslant x\leqslant\sqrt{1-y^2}\Big\}$$
时
$$\iint_D f(x,y)\,\mathrm{d}x\mathrm{d}y = \int_0^{\frac{\sqrt{2}}{2}}\Big[\int_0^y f(x,y)\,\mathrm{d}x\Big]\mathrm{d}y + \int_{\frac{\sqrt{2}}{2}}^1\Big[\int_0^{\sqrt{1-y^2}} f(x,y)\,\mathrm{d}x\Big]\mathrm{d}y$$

例3 交换积分次序 $\int_0^1\Big[\int_y^{1+\sqrt{1-y^2}} f(x,y)\,\mathrm{d}x\Big]\mathrm{d}y$.

解 $\int_0^1\Big[\int_y^{1+\sqrt{1-y^2}} f(x,y)\,\mathrm{d}x\Big]\mathrm{d}y$ 是二重积分 $\iint_D f(x,y)\,\mathrm{d}x\mathrm{d}y$ 化成的一种累次积

分，其中 D 的表示为

$$D = \{(x,y) \mid 0 \leq y \leq 1, y \leq x \leq 1 + \sqrt{1-y^2}\}$$

该区域的边界曲线为 $y=0, y=1, y=x$ 和 $x = 1 + \sqrt{1-y^2}$，由 $x = 1 + \sqrt{1-y^2}$ 可得 $(x-1)^2 + y^2 = 1$. 因此 D 的图形如图 7-26 所示. 它的另一表示为

$$D = \{(x,y) \mid 0 \leq x \leq 1, 0 \leq y \leq x\} \cup \{(x,y) \mid 1 \leq x \leq 2, 0 \leq y \leq \sqrt{2x-x^2}\}$$

因此

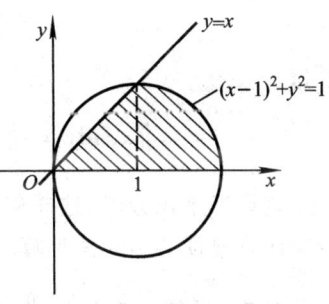

图 7-26

$$\int_0^1 \left[\int_y^{1+\sqrt{1-y^2}} f(x,y) \,dx \right] dy$$
$$= \int_0^1 \left[\int_0^x f(x,y) \,dy \right] dx + \int_1^2 \left[\int_0^{\sqrt{2x-x^2}} f(x,y) \,dy \right] dx$$

例 4 计算二重积分 $\iint_D x \,dx\,dy$，其中积分区域 D 是由直线 $y = 2x, y = \frac{1}{2}x$ 和 $y = 12 - x$ 所围成的区域.

解 积分区域 D 如图 7-27 所示. D 不是 x-型或 y-型区域. 为了将 D 分割为 x-型或 y-型区域，首先求得直线 $y=2x$ 与直线 $y=12-x$ 的交点 $M_1(4,8)$，以及直线 $y=\frac{1}{2}x$ 和直线 $y=12-x$ 的交点 $M_2(8,4)$. 其次用直线 $x=4$ 将 D 分成两个区域 D_1 和 D_2，其中

$$D_1: 0 \leq x \leq 4, \frac{1}{2}x \leq y \leq 2x$$

$$D_2: 4 \leq x \leq 8, \frac{1}{2}x \leq y \leq 12 - x$$

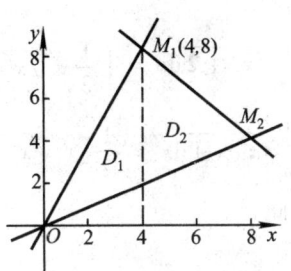

图 7-27

它们都是 x-型区域. 下面分别计算二重积分 $\iint_{D_1} x\,dx\,dy$ 和 $\iint_{D_2} x\,dx\,dy$.

$$\iint_{D_1} x\,dx\,dy = \int_0^4 dx \int_{\frac{1}{2}x}^{2x} x\,dy = \int_0^4 \frac{3}{2}x^2\,dx$$

$$= \frac{1}{2}x^3 \Big|_0^4 = 32$$

$$\iint_{D_2} x\,dx\,dy = \int_4^8 dx \int_{\frac{1}{2}x}^{12-x} x\,dy = \int_4^8 \left(12x - \frac{3}{2}x^2\right) dx$$

$$= \left(6x^2 - \frac{1}{2}x^3\right)\bigg|_4^8 = 64$$

于是
$$\iint_D x\mathrm{d}x\mathrm{d}y = \iint_{D_1} x\mathrm{d}x\mathrm{d}y + \iint_{D_2} x\mathrm{d}x\mathrm{d}y = 32 + 64 = 96$$

计算二重积分时,选择积分次序是比较重要的一步,积分次序选择不当可能会使计算繁琐甚至无法计算.

例 5 计算二重积分 $\iint_D \dfrac{y}{\sqrt{1+x^2+y^2}}\mathrm{d}x\mathrm{d}y$,其中 $D: 0 \leqslant x \leqslant 1, 0 \leqslant y \leqslant 1$.

解 根据被积函数的特点,我们采取先 y 后 x 的积分次序.

$$\iint_D \frac{y}{\sqrt{1+x^2+y^2}}\mathrm{d}x\mathrm{d}y = \int_0^1 \mathrm{d}x \int_0^1 \frac{y}{\sqrt{1+x^2+y^2}}\mathrm{d}y$$

$$= \frac{1}{2}\int_0^1 \mathrm{d}x \int_0^1 \frac{\mathrm{d}(1+x^2+y^2)}{\sqrt{1+x^2+y^2}}$$

$$= \int_0^1 \sqrt{2+x^2}\,\mathrm{d}x - \int_0^1 \sqrt{1+x^2}\,\mathrm{d}x$$

由于
$$\int_0^1 \sqrt{x^2+2}\,\mathrm{d}x = \left[\frac{1}{2}x\sqrt{x^2+2} + \ln(x+\sqrt{x^2+2})\right]\bigg|_0^1 = \frac{\sqrt{3}}{2} + \frac{1}{2}\ln(2+\sqrt{3})$$

$$\int_0^1 \sqrt{x^2+1}\,\mathrm{d}x = \frac{1}{2}[x\sqrt{x^2+1} + \ln(x+\sqrt{x^2+1})]\bigg|_0^1 = \frac{\sqrt{2}}{2} + \frac{1}{2}\ln(1+\sqrt{2})$$

因此
$$\iint_D \frac{y}{\sqrt{1+x^2+y^2}}\mathrm{d}x\mathrm{d}y = \frac{\sqrt{3}-\sqrt{2}}{2} + \frac{1}{2}\ln\frac{2+\sqrt{3}}{1+\sqrt{2}}$$

例 6 计算二重积分 $\iint_D e^{-y^2}\mathrm{d}x\mathrm{d}y$,其中 D 是由直线 $x = 0, y = 1, y = x$ 所围成的区域.

解 积分区域 D 如图 7-13(c) 所示,则 D 有两种表示:
$$D: 0 \leqslant x \leqslant 1, x \leqslant y \leqslant 1 \text{ 和 } D: 0 \leqslant y \leqslant 1, 0 \leqslant x \leqslant y$$

若按第一种表示来计算,则
$$\iint_D e^{-y^2}\mathrm{d}x\mathrm{d}y = \int_0^1 \mathrm{d}x \int_x^1 e^{-y^2}\mathrm{d}y$$

由于 e^{-y^2} 的原函数不能用初等函数表示,因此 $\int_x^1 e^{-y^2}\mathrm{d}y$ 无法计算.下面我们按照 D 的第二种表示来计算.

$$\iint_D e^{-y^2} dx dy = \int_0^1 dy \int_0^y e^{-y^2} dx$$
$$= \int_0^1 y e^{-y^2} dy$$
$$= -\frac{1}{2} e^{-y^2} \Big|_0^1 = \frac{1}{2} - \frac{1}{2e}$$

2. 极坐标系下二重积分的计算

在极坐标系中,用一组以极点为圆心的同心圆($r=$常数)和一组过极点的射线($\theta=$常数)将积分区域 D 分割为 n 个小区域:$\Delta\sigma_1, \Delta\sigma_2, \cdots, \Delta\sigma_n$. 如图 7-28 所示,其中任一小区域 $\Delta\sigma$ 都是曲边四边形:$\Delta\sigma$ 分别由半径 r 和 $r+\Delta r$ 的两圆弧与极角为 θ 和 $\theta+\Delta\theta$ 的两射线所围成,仍以 $\Delta\sigma$ 表示这个小区域的面积,则由扇形面积公式知

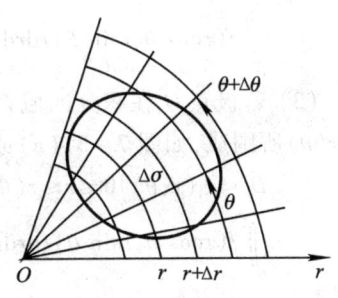

图 7-28

$$\Delta\sigma = \frac{1}{2}(r+\Delta r)^2 \Delta\theta - \frac{1}{2}r^2 \Delta\theta = r\Delta r\Delta\theta + \frac{1}{2}(\Delta r)^2 \Delta\theta$$

当 $(\Delta r, \Delta\theta) \to (0,0)$ 时,$(\Delta r)^2 \cdot \Delta\theta$ 是 $\Delta r\Delta\theta$ 更高阶的无穷小量,略去 $\frac{1}{2}(\Delta r)^2 \Delta\theta$,则得

$$\Delta\sigma \approx r\Delta r\Delta\theta$$

从而得极坐标系下的面积元素为

$$d\sigma = r dr d\theta$$

又由点的极坐标与直角坐标之间的关系,

$$x = r\cos\theta, \quad y = r\sin\theta$$

得到被积函数 $f(x,y)$ 用极坐标 (r,θ) 的表示式为

$$f(x,y) = f(r\cos\theta, r\sin\theta)$$

故在极坐标系下,二重积分 $\iint_D f(x,y) d\sigma$ 成为

$$\iint_D f(x,y) d\sigma = \iint_{D'} f(r\cos\theta, r\sin\theta) r dr d\theta \quad (7-30)$$

其中 D' 表示区域 D 的极坐标表示.

在极坐标系下计算二重积分(7-30)式,仍然需将它化为关于 r 和 θ 的累次积分,下面分 3 种情况讨论.

(1) 若极点 O 在积分区域 D' 内,且 D' 的边界曲线为连续封闭曲线 $r=r(\theta)$,如图 7-29 所示,则

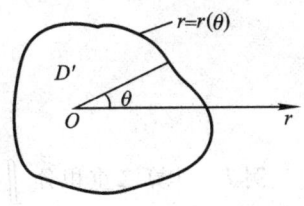

图 7-29

$$D' = \{(r,\theta) \mid 0 \leqslant \theta \leqslant 2\pi, 0 \leqslant r \leqslant r(\theta)\}$$

$$\iint_{D'} f(r\cos\theta, r\sin\theta) r \mathrm{d}r \mathrm{d}\theta = \int_0^{2\pi} \mathrm{d}\theta \int_0^{r(\theta)} f(r\cos\theta, r\sin\theta) r \mathrm{d}r \quad (7-31)$$

（2）若极点 O 在积分区域 D' 外，且 D' 由射线 $\theta = \alpha, \theta = \beta$ 和连续曲线 $r = r_1(\theta), r = r_2(\theta)$ 所围成，如图 7-30(a) 或 (b) 所示，则

$$D' = \{(r,\theta) \mid \alpha \leqslant \theta \leqslant \beta, r_1(\theta) \leqslant r \leqslant r_2(\theta)\}$$

$$\iint_{D'} f(r\cos\theta, r\sin\theta) r \mathrm{d}r \mathrm{d}\theta = \int_\alpha^\beta \mathrm{d}\theta \int_{r_1(\theta)}^{r_2(\theta)} f(r\cos\theta, r\sin\theta) r \mathrm{d}r \quad (7-32)$$

（3）若极点 O 在积分区域 D' 的边界上，且 D' 由射线 $\theta = \alpha, \theta = \beta$ 与连续曲线 $r = r(\theta)$ 所围成，如图 7-31(a) 或 (b) 所示，则

$$D' = \{(r,\theta) \mid 0 \leqslant r \leqslant r(\theta), \alpha \leqslant \theta \leqslant \beta\}$$

$$\iint_{D'} f(r\cos\theta, r\sin\theta) r \mathrm{d}r \mathrm{d}\theta = \int_\alpha^\beta \mathrm{d}\theta \int_0^{r(\theta)} f(r\cos\theta, r\sin\theta) r \mathrm{d}r \quad (7-33)$$

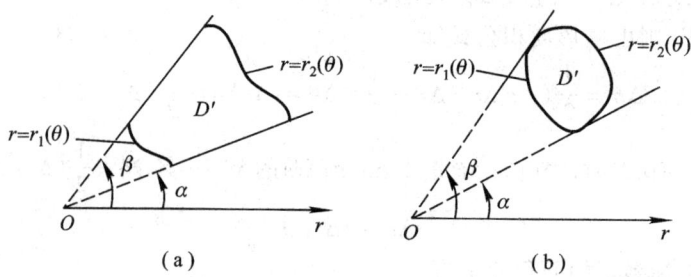

图 7-30

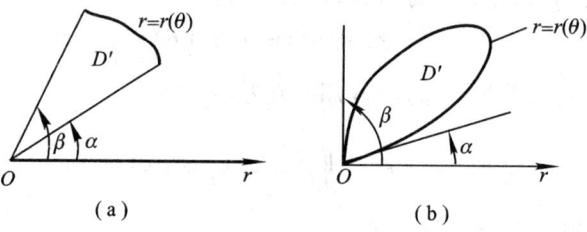

图 7-31

例7 计算二重积分 $\iint_D \sqrt{x^2 + y^2} \mathrm{d}\sigma$，其中 D 是由圆 $x^2 + y^2 - 2x = 0$ 所围成的区域（见图 7-26）.

解 积分区域 $D = D_1 \cup D_2$，其中 D_1, D_2 分别是位于 x 轴上方和下方的半圆，圆 $x^2 + y^2 - 2x = 0$ 的极坐标方程为 $r = 2\cos\theta$，则

$$D'_1 = \left\{(r,\theta) \,\bigg|\, 0 \leqslant \theta \leqslant \frac{\pi}{2}, 0 \leqslant r \leqslant 2\cos\theta\right\}$$

$$D'_2 = \left\{(r,\theta) \,\bigg|\, \frac{3\pi}{2} \leqslant \theta \leqslant 2\pi, 0 \leqslant r \leqslant 2\cos\theta\right\}$$

于是

$$\iint_D \sqrt{x^2+y^2}\,\mathrm{d}\sigma = \iint_{D'} r^2\,\mathrm{d}r\mathrm{d}\theta = \iint_{D'_1} r^2\,\mathrm{d}r\mathrm{d}\theta + \iint_{D'_2} r^2\,\mathrm{d}r\mathrm{d}\theta$$

$$= \int_0^{\frac{\pi}{2}} \mathrm{d}\theta \int_0^{2\cos\theta} r^2\,\mathrm{d}r + \int_{\frac{3\pi}{2}}^{2\pi} \mathrm{d}\theta \int_0^{2\cos\theta} r^2\,\mathrm{d}r$$

$$= \int_0^{\frac{\pi}{2}} \frac{8}{3}\cos^3\theta\,\mathrm{d}\theta + \int_{\frac{3\pi}{2}}^{2\pi} \frac{8}{3}\cos^3\theta\,\mathrm{d}\theta = \frac{16}{3}\int_0^{\frac{\pi}{2}} \cos^3\theta\,\mathrm{d}\theta = \frac{32}{9}$$

例 8 计算二重积分 $\iint_D \sin\sqrt{x^2+y^2}\,\mathrm{d}\sigma$，其中 $D = \{(x,y) \mid \pi^2 \leqslant x^2 + y^2 \leqslant 4\pi^2\}$.

解 积分区域 D 是如图 7-32 所示的圆环，则

$$D' = \{(r,\theta) \mid 0 \leqslant \theta \leqslant 2\pi, \pi \leqslant r \leqslant 2\pi\}$$

$$\iint_D \sin\sqrt{x^2+y^2}\,\mathrm{d}\sigma = \iint_{D'} \sin r \cdot r\,\mathrm{d}r\mathrm{d}\theta$$

$$= \int_0^{2\pi}\mathrm{d}\theta \int_\pi^{2\pi} \sin r \cdot r\,\mathrm{d}r$$

$$= 2\pi(\sin r - r\cos r)\bigg|_\pi^{2\pi}$$

$$= -6\pi^2$$

例 9 计算二重积分 $\iint_D \dfrac{y}{x}\,\mathrm{d}\sigma$，其中积分区域

$$D = \{(x,y) \mid 1 \leqslant x^2 + y^2 \leqslant -2x\}$$

解 积分区域 D 如图 7-33 所示.

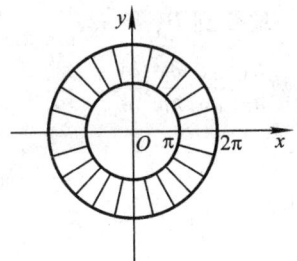

图 7-32

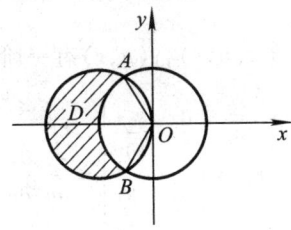

图 7-33

两圆 $x^2+y^2=-2x$ 与 $x^2+y^2=1$ 的交点为 $A\left(-\dfrac{1}{2},\dfrac{\sqrt{3}}{2}\right)$ 与 $B\left(-\dfrac{1}{2},-\dfrac{\sqrt{3}}{2}\right)$, OA 与正向 Ox 轴夹角为 $\dfrac{2\pi}{3}$, OB 与正向 Ox 轴夹角为 $\dfrac{4\pi}{3}$, 于是知区域 D 的极坐标表示 D' 为

$$D' = \left\{(r,\theta) \,\Big|\, \dfrac{2\pi}{3} \leqslant \theta \leqslant \dfrac{4\pi}{3}, 1 \leqslant r \leqslant -2\cos\theta \right\}$$

故

$$\begin{aligned}
\iint_D \dfrac{y}{x}\mathrm{d}\sigma &= \iint_{D'} \tan\theta\, r\mathrm{d}r\mathrm{d}\theta \\
&= \int_{\frac{2\pi}{3}}^{\frac{4\pi}{3}} \mathrm{d}\theta \int_1^{-2\cos\theta} \tan\theta\, r\mathrm{d}r = \int_{\frac{2\pi}{3}}^{\frac{4\pi}{3}} \tan\theta \left(\dfrac{1}{2}r^2 \Big|_1^{-2\cos\theta}\right)\mathrm{d}\theta \\
&= \int_{\frac{2\pi}{3}}^{\frac{4\pi}{3}} \tan\theta \left(2\cos^2\theta - \dfrac{1}{2}\right)\mathrm{d}\theta = -\dfrac{1}{2}\cos 2\theta \Big|_{\frac{2\pi}{3}}^{\frac{4\pi}{3}} + \dfrac{1}{2}\ln|\cos\theta| \Big|_{\frac{2\pi}{3}}^{\frac{4\pi}{3}} \\
&= -\dfrac{1}{2}\cos\dfrac{8\pi}{3} + \dfrac{1}{2}\cos\dfrac{4\pi}{3} + \dfrac{1}{2}\ln\left|\cos\dfrac{4\pi}{3}\right| - \dfrac{1}{2}\ln\left|\cos\dfrac{2\pi}{3}\right| = 0
\end{aligned}$$

以上例 7、例 8、例 9 中二重积分的特点是:积分区域 D 是圆或圆的一部分;被积函数是 $\varphi(x^2+y^2)$, $\varphi\left(\dfrac{y}{x}\right)$ 等类型的函数. 具有以上特点的二重积分利用极坐标系来计算较为简单.

3. 二重积分的一般变量替换法

在一元函数定积分中,常常将所给的定积分作适当的变量替换(即换元法),使计算变得更简单、更容易. 在二重积分中也有类似的情况. 下面我们不加证明地给出二重积分的变量替换公式.

设 $f(x,y)$ 在有界闭区域 D 上连续,在二重积分 $\iint_D f(x,y)\mathrm{d}x\mathrm{d}y$ 中作变量替换

$$x = x(u,v), \quad y = y(u,v) \qquad (7-34)$$

假设此变换满足下面三个条件:

① 它把 uv 平面上的有界闭区域 D' 一对一地变到 D;

② 函数 $x(u,v), y(u,v)$ 有一阶连续偏导数 $\dfrac{\partial x}{\partial u}, \dfrac{\partial x}{\partial v}, \dfrac{\partial y}{\partial u}, \dfrac{\partial y}{\partial v}$;

③ $J(u,v) = \begin{vmatrix} \dfrac{\partial x}{\partial u} & \dfrac{\partial x}{\partial v} \\ \dfrac{\partial y}{\partial u} & \dfrac{\partial y}{\partial v} \end{vmatrix} = \dfrac{\partial x}{\partial u}\dfrac{\partial y}{\partial v} - \dfrac{\partial x}{\partial v}\dfrac{\partial y}{\partial u} \neq 0$,

其中 $J(u,v)$ 称为变量替换 $(7-34)$ 的雅可比行列式,

那么有下面的二重积分变量替换公式成立

$$\iint_D f(x,y)\mathrm{d}x\mathrm{d}y = \iint_{D'} f[x(u,v),y(u,v)]\,|J(u,v)|\,\mathrm{d}u\mathrm{d}v \quad (7-35)$$

其中$|J(u,v)|$是$J(u,v)$的绝对值.

由公式(7-35)不难得到极坐标系下二重积分的计算公式(7-30). 因为极坐标变换 $x = r\cos\theta, y = r\sin\theta$ 的雅可比行列式

$$J(r,\theta) = \begin{vmatrix} \cos\theta & -r\sin\theta \\ \sin\theta & r\cos\theta \end{vmatrix} = \cos\theta r\cos\theta - (-r\sin\theta)\sin\theta = r$$

$$\iint_D f(x,y)\mathrm{d}x\mathrm{d}y = \iint_{D'} f(r\cos\theta, r\sin\theta)r\mathrm{d}r\mathrm{d}\theta$$

例 10 计算二重积分 $\iint_D xy\mathrm{d}x\mathrm{d}y$,其中积分区域 D 是由直线 $x+y=0$, $x+y=2, y-x=1, y-x=2$ 所围成的有界闭区域.

注意 直接用(7-28)和(7-29)求 $\iint_D xy\mathrm{d}x\mathrm{d}y$ 会很繁琐,考虑到积分区域边界的表达式,我们可以用适当的变量替换来求.

解 令 $u = x+y, v = y-x$,则 $x = \dfrac{u-v}{2}, y = \dfrac{u+v}{2}$,它的雅可比行列式为

$$J(u,v) = \begin{vmatrix} \dfrac{1}{2} & -\dfrac{1}{2} \\ \dfrac{1}{2} & \dfrac{1}{2} \end{vmatrix} = \dfrac{1}{2}$$

且 $u = x+y, v = y-x$ 将 xy 面上的区域 D 变为 uv 面上的区域 D':

$$D': 0 \leqslant u \leqslant 2, 1 \leqslant v \leqslant 2$$

因此

$$\iint_D xy\mathrm{d}x\mathrm{d}y = \iint_{D'} \dfrac{u-v}{2}\dfrac{u+v}{2}|J(u,v)|\mathrm{d}u\mathrm{d}v$$

$$= \dfrac{1}{8}\iint_{D'}(u^2 - v^2)\mathrm{d}u\mathrm{d}v = \dfrac{1}{8}\int_0^2 \mathrm{d}u \int_1^2 (u^2 - v^2)\mathrm{d}v$$

$$= \dfrac{1}{8}\int_0^2 \left(u^2 - \dfrac{7}{3}\right)\mathrm{d}u = -\dfrac{1}{4}$$

例 11 计算二重积分 $\iint_D \sqrt{1 - \dfrac{(x-x_0)^2}{a^2} - \dfrac{(y-y_0)^2}{b^2}}\,\mathrm{d}x\mathrm{d}y$,其中积分区域 D 是由椭圆 $\dfrac{(x-x_0)^2}{a^2} + \dfrac{(y-y_0)^2}{b^2} = 1 (a>0, b>0)$ 所围的区域.

解 令

$$\begin{cases} x = x_0 + ar\cos\theta \\ y = y_0 + br\sin\theta \end{cases}$$

则它的雅可比行列式为

$$J(r,\theta) = \begin{vmatrix} a\cos\theta & -ar\sin\theta \\ b\sin\theta & br\cos\theta \end{vmatrix} = abr$$

且它将 $r\theta$ 面上的区域 $D': 0 \leq r \leq 1, 0 \leq \theta \leq 2\pi$ 变为 xy 面上的 D（这时它的逆变换就将 D 变为 D'，这种处理方式与定积分中换元法是一样的）. 因此

$$\iint_D \sqrt{1 - \frac{(x-x_0)^2}{a^2} - \frac{(y-y_0)^2}{b^2}} \, dxdy = \iint_{D'} \sqrt{1-r^2} \mid J(r,\theta) \mid drd\theta$$

$$= \iint_{D'} \sqrt{1-r^2} \, abr drd\theta$$

$$= ab \int_0^{2\pi} d\theta \int_0^1 \sqrt{1-r^2} \, rdr$$

$$= 2ab\pi \int_0^1 \sqrt{1-r^2} \, rdr = \frac{2}{3} ab\pi$$

通过上面两个例子可以看出，作适当的变量替换可以将复杂的二重积分转化为较简单的二重积分，但是二重积分变量替换的方式比一元函数定积分换元方式要复杂，没有可遵循的不变的规则，一般总是既要考虑积分区域的形状，又要考虑被积函数的结构.

三、无界区域上的反常二重积分

与一元函数在无限区间上的反常定积分类似地，我们可以定义积分区域无界的反常二重积分.

定义 7.10 设函数 $f(x,y)$ 在无界区域 D 上有定义，用任意光滑或分段光滑曲线 C 在 D 中划出有界区域 D_C，如图 7-34 所示，若二重积分 $\iint_{D_C} f(x,y) d\sigma$ 存在，且当曲线 C 连续变动，使区域 D_C 无限扩展而趋于区域 D 时，不论 C 的形状如何，也不论 C 的扩展过程怎样，极限

$$\lim_{D_C \to D} \iint_{D_C} f(x,y) d\sigma$$

总取相同的值 I，则称反常二重积分 $\iint_D f(x,y) d\sigma$ 收敛于 I，即

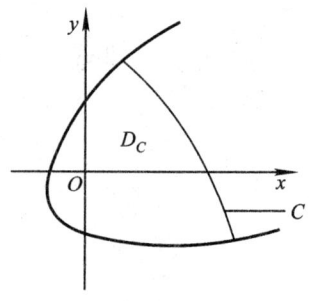

图 7-34

$$\iint_D f(x,y)\,\mathrm{d}\sigma = \lim_{D_C \to D} \iint_{D_C} f(x,y)\,\mathrm{d}\sigma = I$$

否则称 $\iint_D f(x,y)\,\mathrm{d}\sigma$ 发散.

对于一些特殊的无界区域 D,其上的反常二重积分如果存在,那么它们有特殊的计算途径和表示式,我们把它们列出来如下:

(1) $D: a \leqslant x \leqslant b, c \leqslant y < +\infty$.

$$\iint_D f(x,y)\,\mathrm{d}x\mathrm{d}y = \lim_{M \to +\infty} \int_a^b \Big[\int_c^M f(x,y)\,\mathrm{d}y\Big]\mathrm{d}x = \int_a^b \mathrm{d}x \int_c^{+\infty} f(x,y)\,\mathrm{d}y$$

$$= \lim_{M \to +\infty} \int_c^M \Big[\int_a^b f(x,y)\,\mathrm{d}x\Big]\mathrm{d}y = \int_c^{+\infty} \mathrm{d}y \int_a^b f(x,y)\,\mathrm{d}x$$

(2) $D: a \leqslant x < +\infty, c \leqslant y < +\infty$.

$$\iint_D f(x,y)\,\mathrm{d}x\mathrm{d}y = \lim_{M \to +\infty} \int_a^M \Big[\int_c^M f(x,y)\,\mathrm{d}y\Big]\mathrm{d}x = \int_a^{+\infty} \mathrm{d}x \int_c^{+\infty} f(x,y)\,\mathrm{d}y$$

$$= \lim_{M \to +\infty} \int_c^M \Big[\int_a^M f(x,y)\,\mathrm{d}x\Big]\mathrm{d}y = \int_c^{+\infty} \mathrm{d}y \int_a^{+\infty} f(x,y)\,\mathrm{d}x$$

(3) $D: -\infty < x < +\infty, -\infty < y < +\infty$.

$$\iint_D f(x,y)\,\mathrm{d}x\mathrm{d}y = \lim_{R \to +\infty} \int_0^R \Big[\int_0^{2\pi} f(r\cos\theta, r\sin\theta)r\,\mathrm{d}\theta\Big]\mathrm{d}r = \int_0^{+\infty} \mathrm{d}r \int_0^{2\pi} f(r\cos\theta, r\sin\theta)r\,\mathrm{d}\theta$$

$$= \lim_{R \to +\infty} \int_0^{2\pi} \Big[\int_0^R f(r\cos\theta, r\sin\theta)r\,\mathrm{d}r\Big]\mathrm{d}\theta = \int_0^{2\pi} \mathrm{d}\theta \int_0^{+\infty} f(r\cos\theta, r\sin\theta)r\,\mathrm{d}r$$

$$\iint_D f(x,y)\,\mathrm{d}x\mathrm{d}y = \lim_{M \to +\infty} \int_{-M}^M \Big[\int_{-M}^M f(x,y)\,\mathrm{d}x\Big]\mathrm{d}y = \int_{-\infty}^{+\infty} \mathrm{d}y \int_{-\infty}^{+\infty} f(x,y)\,\mathrm{d}x$$

$$= \lim_{M \to +\infty} \int_{-M}^M \Big[\int_{-M}^M f(x,y)\,\mathrm{d}y\Big]\mathrm{d}x = \int_{-\infty}^{+\infty} \mathrm{d}x \int_{-\infty}^{+\infty} f(x,y)\,\mathrm{d}y$$

例 12 设 D 是全平面,由 $\iint_D e^{-x^2-y^2}\mathrm{d}x\mathrm{d}y$ 求 $\int_{-\infty}^{+\infty} e^{-x^2}\mathrm{d}x$ 与 $\int_0^{+\infty} e^{-x^2}\mathrm{d}x$.

解 设 $D_R: x^2 + y^2 \leqslant R^2$,由极坐标可得

$$\iint_{D_R} e^{-x^2-y^2}\mathrm{d}x\mathrm{d}y = \int_0^{2\pi} \mathrm{d}\theta \int_0^R e^{-r^2} r\,\mathrm{d}r = \pi(1 - e^{-R^2})$$

因此

$$\iint_D e^{-x^2-y^2}\mathrm{d}x\mathrm{d}y = \lim_{R \to +\infty} \iint_{D_R} e^{-x^2-y^2}\mathrm{d}x\mathrm{d}y = \pi \qquad (7-36)$$

另外,设 $D_M: -M \leqslant x \leqslant M, -M \leqslant y \leqslant M$,则

$$\iint_{D_M} e^{-x^2-y^2}\mathrm{d}x\mathrm{d}y = \int_{-M}^M \mathrm{d}x \int_{-M}^M e^{-x^2-y^2}\mathrm{d}y$$

$$= \left(\int_{-M}^{M} e^{-x^2} dx \right)^2$$

由第 6 章 §6.5 例 3(1) 知道 $\int_0^{+\infty} e^{-x^2} dx$ 收敛,从而 $\int_{-\infty}^{+\infty} e^{-x^2} dx$ 收敛.因此

$$\iint_D e^{-x^2-y^2} dxdy = \lim_{M \to +\infty} \iint_{D_M} e^{-x^2-y^2} dxdy = \left(\int_{-\infty}^{+\infty} e^{-x^2} dx \right)^2 \quad (7-37)$$

由 $(7-36)$ 和 $(7-37)$ 可得

$$\int_{-\infty}^{+\infty} e^{-x^2} dx = \sqrt{\pi} \quad (7-38)$$

从而

$$\int_0^{+\infty} e^{-x^2} dx = \frac{\sqrt{\pi}}{2} \quad (7-39)$$

$(7-39)$ 我们曾在第 6 章 §6.5 例 9 中利用 Γ 函数与 B 函数的性质证明过,这里所用的方法比较直接.

练习 7.7

1. 将二重积分 $\iint_D f(x,y) dxdy$ 按两种次序化为累次积分,积分区域 D 分别给定如下:

(1) D 由曲线 $y = x^3$ 与直线 $y = 1, x = -1$ 所围成;

(2) D 由圆 $x^2 + y^2 \leq 4$ 所围成;

(3) D 由直线 $y = 2x, y = 0$ 及 $x = 3$ 所围成.

2. 交换下列积分的次序:

(1) $\int_0^1 dy \int_0^y f(x,y) dx$;

(2) $\int_{-1}^1 dx \int_{-\sqrt{1-x^2}}^{1-x^2} f(x,y) dy$;

(3) $\int_0^1 dy \int_y^{\sqrt{y}} f(x,y) dx$;

(4) $\int_0^2 dx \int_x^{2x} f(x,y) dy$;

(5) $\int_0^1 dx \int_{1-x^2}^1 f(x,y) dy + \int_1^e dx \int_{\ln x}^1 f(x,y) dy$;

(6) $\int_0^1 dy \int_0^{\sqrt[3]{y}} f(x,y) dx + \int_1^2 dy \int_0^{2-y} f(x,y) dx$.

3. 计算下列二重积分:

(1) $\int_0^1 \int_0^2 (x^2 + y^2) dxdy$;

(2) $\int_1^2 \int_x^{\sqrt{3}x} xy dxdy$;

(3) $\iint_D (3x^2 + 4x^3 y^3) dxdy, D$ 由 $x = 1, y = x^3, y = -\sqrt{x}$ 所围成;

(4) $\iint_D y e^{xy} dxdy, D$ 由 $y = \ln 2, y = \ln 3, x = 2, x = 4$ 所围成;

(5) $\iint_D 4y^2 \sin(xy) dxdy, D$ 由 $x = 0, y = \sqrt{\frac{\pi}{2}}, y = x$ 所围成;

(6) $\int_0^1 dx \int_x^{\sqrt[3]{x}} e^{\frac{y^2}{2}} dy$;

(7) $\int_0^1 dx \int_x^{\sqrt{x}} \frac{\sin y}{y} dy$;

§7.7 二重积分

(8) $\int_1^5 dy \int_y^5 \dfrac{dx}{y\ln x}$;

(9) $\int_1^3 dx \int_{x-1}^2 \sin y^2 dy$;

(10) $\int_0^1 x^5 dx \int_{x^2}^1 e^{-y^2} dy$;

(11) $\int_0^{\frac{\pi}{6}} dy \int_y^{\frac{\pi}{6}} \dfrac{\cos x}{x} dx$;

(12) $\iint\limits_D e^{x^2} dxdy$, D 是第 Ⅰ 象限中由 $y=x$ 和 $y=x^3$ 所围成的区域;

(13) $\iint\limits_D \sqrt{|y-x|}\, dxdy$, D 由 $x=\pm 1$ 及 $y=\pm 1$ 四条直线所围成.

4. 利用极坐标计算下列二重积分:

(1) $\iint\limits_D \left(\dfrac{y}{x}\right)^2 dxdy$, D 由 $y=\sqrt{1-x^2}$, $y=x$ 及 $y=0$ 所围成, 且 $x>0$;

(2) $\iint\limits_D \cos\sqrt{x^2+y^2}\, dxdy$, D 为 $\{(x,y) \mid \pi^2 \leqslant x^2+y^2 \leqslant 4\pi^2\}$;

(3) $\iint\limits_D \arctan \dfrac{y}{x} dxdy$, $D: 1 \leqslant x^2+y^2 \leqslant 4, x \geqslant 0, y \geqslant 0$.

5. 利用二重积分计算下列曲线所围成的区域的面积:

(1) $y=x^2, y=\sqrt{x}$;

(2) $x^2+y^2=1, y=\sqrt{2}x^2$;

(3) $\sqrt{x}+\sqrt{y}=\sqrt{3}, x+y=3$;

(4) $y=\sin x, y=\cos x, \dfrac{\pi}{4} \leqslant x \leqslant \dfrac{5\pi}{4}$.

6. 利用二重积分计算下列曲面所围成的立体体积:

(1) $x+2y+3z=1, x=0, y=0, z=0$;

(2) $x^2+y^2=1, x+y+z=3, z=0$;

(3) $y=x^2, x=y^2, z=0, z=12+y-x^2$;

(4) $z=x+y, z=6, x=0, y=0, z=0$;

(5) $\dfrac{x^2}{a^2}+\dfrac{y^2}{b^2}+\dfrac{z^2}{c^2}=1$.

7. 利用二重积分的变量替换公式计算下列二重积分:

(1) $\iint\limits_D dxdy$, D 是由 4 条直线 $x+y=1, x+y=2, y=2x, y=3x$ 所围成的区域;

(2) $\iint\limits_D \sqrt{4-\dfrac{x^2}{9}-\dfrac{y^2}{4}}\, dxdy$, D 是由椭圆 $\dfrac{x^2}{36}+\dfrac{y^2}{16}=1$ 所围成的区域;

(3) $\iint\limits_D (x+y) dxdy$, D 是由 $xy=1, xy=2, y-x=1, y-x=2$ 在第 Ⅰ 象限所围成的区域.

8. 求下列反常二重积分:

(1) $\iint\limits_D e^{-(x+y)} dxdy$, $D: 0 \leqslant x, x \leqslant y$;

(2) $\iint\limits_{D} \dfrac{\mathrm{d}x\mathrm{d}y}{(x^2+y^2)^2}, D: x^2 + y^2 \geqslant 1.$

习 题 七

1. 若 $f(u)$ 是关于 u 的可微函数,而二元函数 $z = z(x,y)$ 由方程 $x^2 + y^2 + z^2 = yf\left(\dfrac{z}{y}\right)$ 所给定,且 $f'\left(\dfrac{z}{y}\right) \neq 2z$. 证明: $(x^2 - y^2 - z^2)\dfrac{\partial z}{\partial x} + 2xy\dfrac{\partial z}{\partial y} = 2xz.$

提示:利用隐函数和复合函数微分法,以及给定的方程,先计算出 $\dfrac{\partial z}{\partial x}$ 与 $\dfrac{\partial z}{\partial y}$,再代入要证的等式验证.

2. 设 $A(x,y,z), B(x,y,z), C(x,y,z)$ 有连续的偏导数,若 $A(x,y,z)\mathrm{d}x + B(x,y,z)\mathrm{d}y + C(x,y,z)\mathrm{d}z$ 是一个三元函数 $u(x,y,z)$ 的全微分,证明:下面关系式一定成立

$$\dfrac{\partial A}{\partial y} = \dfrac{\partial B}{\partial x}, \dfrac{\partial A}{\partial z} = \dfrac{\partial C}{\partial x}, \dfrac{\partial B}{\partial z} = \dfrac{\partial C}{\partial y}$$

提示: $\dfrac{\partial u}{\partial x} = A(x,y,z), \dfrac{\partial u}{\partial y} = B(x,y,z), \dfrac{\partial u}{\partial z} = C(x,y,z)$,并利用二阶混合偏导数与次序无关.

3. 设 $k > 1, l > 1$,满足 $\dfrac{1}{k} + \dfrac{1}{l} = 1$,求函数 $f(x,y) = \dfrac{1}{k}x^k + \dfrac{1}{l}y^l$ 在条件 $xy = 1(x > 0, y > 0)$ 下的极值,并证明不等式 $xy \leqslant \dfrac{1}{k}x^k + \dfrac{1}{l}y^l.$

提示:先求出 $f(x,y)$ 在条件 $xy = 1$ 下的最小值为 1,这样就得到不等式

$$\dfrac{1}{k}u^k + \dfrac{1}{l}v^l \geqslant 1, uv = 1$$

在不等式中令 $u = \dfrac{s}{t}, v = \dfrac{t}{s}$,可以得到不等式

$$\dfrac{1}{k}s^{k+l} + \dfrac{1}{l}t^{k+l} \geqslant s^l t^k$$

再令 $x^k = s^{k+l}, y^l = t^{k+l}$,利用 $1 + \dfrac{k}{l} = k, 1 + \dfrac{l}{k} = l$

可得所证的不等式.

4. 求半径为 r 的圆的外切三角形中,面积最小的三角形面积.

提示:将面积表示成三个内角的函数.

5. 若 $n \geqslant 1, x \geqslant 0, y \geqslant 0$,证明不等式

$$\dfrac{x^n + y^n}{2} \geqslant \left(\dfrac{x+y}{2}\right)^n$$

提示:考虑 $f(x,y) = \dfrac{x^n + y^n}{2}$ 在条件 $x + y = c$ 下的极小值.

6. 计算二重积分:

(1) $\int_0^1 \int_0^1 f''(a + x + y)\mathrm{d}x\mathrm{d}y$,其中 $f(u)$ 二阶连续可微;

(2) $\int_0^1 \int_0^1 f''_{xy}(x,y) \, dxdy$, 其中 $f(x,y)$ 具有二阶连续偏导数.

提示:利用定积分的变量替换及牛顿 - 莱布尼茨公式.

7. 求证: $\iint\limits_D f(xy) \, dxdy = \dfrac{2}{3} \ln 3 \int_1^2 f(u) \, du$, 其中 D 为由曲线 $xy = 1, xy = 2$ 及 $y = x^2, y = 9x^2$ 所围成的区域.

提示:利用二重积分的一般变量替换公式.

8. 求证: $\iint\limits_D f(x+y) \, dxdy = \int_{-2a}^{2a} (2a - |t|) f(t) \, dt$, 其中 D 是区域 $\{(x,y) \mid |x| \leq a, |y| \leq a\}$.

提示:(1) 将给定二重积分化成累次积分;(2) 适当地作变量替换;(3) 交换积分次序.

9. 求反常二重积分 $\int_{-\infty}^{+\infty} \int_{-\infty}^{+\infty} |x - y| e^{-(x^2+y^2)} \, dxdy$.

提示: $f(x) = \int_{-\infty}^{+\infty} |x - y| e^{-(x^2+y^2)} \, dy$

$= \int_{-\infty}^{x} (x - y) e^{-(x^2+y^2)} \, dy + \int_{x}^{+\infty} (y - x) e^{-(x^2+y^2)} \, dy,$

计算 $\int_{-\infty}^{+\infty} f(x) \, dx$ 时,利用分部积分法及 $\int_{-\infty}^{+\infty} e^{-t^2} \, dt = \sqrt{\pi}$.

第 8 章

无穷级数

无穷级数是微积分学的一个重要组成部分,本质上它是一种特殊数列的极限. 由于它结构上的特殊形式,通常是表示函数、研究函数性质和进行数值计算的最有力的工具. 在实际问题中有广泛应用. 本章着重讨论常数项级数,介绍无穷级数的基本知识,最后讨论幂级数及其应用.

§8.1 常数项级数的概念和性质

一、常数项级数的概念

人们在研究事物数量方面的特性或某些数值计算时,往往要经历一个由近似到精确的逼近过程,其中会涉及从有限个到无限个数量相加的问题.

例如,为消除湖泊受到的有害物质的污染,通常可采用从上游引入清水不断将有害物质稀释,逐渐从下游排出的办法. 若设某湖泊现有有害污染物总量为 Q,在没有新的污染物产生的情况下,一周内可排除污染物残留量的 $\frac{1}{3}$. 于是,第 n 周的排污量为 $u_n = \frac{1}{3}\left(\frac{2}{3}\right)^{n-1}Q, n = 1, 2, \cdots$,前 n 周累计排污量为

$$Q_n = u_1 + u_2 + \cdots + u_n = \frac{1}{3}Q + \frac{1}{3}\left(\frac{2}{3}\right)Q + \cdots + \frac{1}{3}\left(\frac{2}{3}\right)^{n-1}Q$$

$$= \frac{1}{3} \cdot \frac{1 - \left(\frac{2}{3}\right)^n}{1 - \frac{2}{3}} Q$$

随着时间向后无限推移,即当 $n \to \infty$ 时, Q_n 将收敛到 Q,这样,总排污量 Q 可以表为无穷个数量之和,即

$$Q = \frac{1}{3}Q + \frac{1}{3}\left(\frac{2}{3}\right)Q + \cdots + \frac{1}{3}\left(\frac{2}{3}\right)^{n-1}Q + \cdots$$

又如,无理数 $\pi = 3.1415926\cdots$ 也可以表为无穷个数的和的形式,即

$$\pi = 3 + 1 \times \frac{1}{10} + 4 \times \frac{1}{10^2} + 1 \times \frac{1}{10^3} + 5 \times \frac{1}{10^4} + 9 \times \frac{1}{10^5} +$$

§8.1 常数项级数的概念和性质

$$2 \times \frac{1}{10^6} + 6 \times \frac{1}{10^7} + \cdots$$

一般地,对于给定的数列

$$u_1, u_2, \cdots, u_n, \cdots$$

称

$$u_1 + u_2 + \cdots + u_n + \cdots$$

为常数项无穷级数,简称级数,记作 $\sum_{n=1}^{\infty} u_n$,即

$$\sum_{n=1}^{\infty} u_n = u_1 + u_2 + \cdots + u_n + \cdots$$

其中第 n 项 u_n 称为级数的一般项(或通项),级数的前 n 项和 $u_1 + u_2 + \cdots + u_n$ 称为级数的部分和,记作 S_n,即

$$S_n = u_1 + u_2 + \cdots + u_n$$

上述无穷级数的概念只是形式的. 我们注意到,在研究排污问题的实例中,无穷个数量相加的"和",都是从有限项的部分和 S_n 出发,在讨论其变化趋势的基础上,由 $n \to \infty$ 的极限推出的. 那么,什么叫无穷项相加的和?是不是所有无穷级数都有一个"和"表示它?在讨论级数问题时不可避免地要谈到它的和的存在性,即级数的收敛性问题. 为此,我们引入级数收敛与发散的概念.

定义 8.1 对于给定的级数 $\sum_{n=1}^{\infty} u_n$,如果其部分和数列 $\{S_n\}$ 有极限 S,即

$$\lim_{n \to \infty} S_n = S$$

则称级数 $\sum_{n=1}^{\infty} u_n$ 收敛,并且有和数 S,记作

$$\sum_{n=1}^{\infty} u_n = u_1 + u_2 + \cdots + u_n + \cdots = S$$

如果部分和数列 $\{S_n\}$ 没有极限(发散),则称级数 $\sum_{n=1}^{\infty} u_n$ 发散.

从级数的收敛性定义可知,级数 $\sum_{n=1}^{\infty} u_n$ 的收敛性,实质上就是其部分和数列 $\{S_n\}$ 的收敛性问题,两者之间是可以互相转化的.

例 1 无穷级数

$$\sum_{n=1}^{\infty} aq^{n-1} = a + aq + \cdots + aq^{n-1} + \cdots \qquad (8-1)$$

称为几何级数(又称为等比级数),其中 $a \neq 0, q \neq 0$. 试讨论该级数的敛散性.

解 该级数的前 n 项部分和为

$$S_n = a + aq + \cdots + aq^{n-1} = \frac{a - aq^n}{1-q} (q \neq 1)$$

(1) 当 $|q| < 1$ 时,有 $\lim\limits_{n\to\infty} S_n = \dfrac{a}{1-q}$,所以级数 $(8-1)$ 收敛,且其和为 $\dfrac{a}{1-q}$.

(2) 当 $|q| > 1$ 时,有 $\lim\limits_{n\to\infty} S_n = \infty$,所以该级数发散.

(3) 当 $q = 1$ 时,$S_n = na \to \infty$ ($n \to \infty$ 时); $q = -1$ 时,$S_n = \dfrac{a}{2}[1 + (-1)^{n-1}]$,$n \to \infty$ 时,S_n 的极限不存在,故当 $|q| = 1$ 时,级数 $(8-1)$ 发散.

综上讨论,几何级数 $\sum\limits_{n=1}^{\infty} aq^{n-1}$ 当 $|q| < 1$ 时收敛于 $\dfrac{a}{1-q}$,当 $|q| \geqslant 1$ 时发散.

例 2 判别级数 $\sum\limits_{n=1}^{\infty} \dfrac{1}{n(n+1)}$ 的敛散性.

解 因为
$$u_n = \dfrac{1}{n(n+1)} = \dfrac{1}{n} - \dfrac{1}{n+1}$$

于是
$$S_n = \dfrac{1}{1 \cdot 2} + \dfrac{1}{2 \cdot 3} + \cdots + \dfrac{1}{n(n+1)}$$
$$= \left(1 - \dfrac{1}{2}\right) + \left(\dfrac{1}{2} - \dfrac{1}{3}\right) + \cdots + \left(\dfrac{1}{n} - \dfrac{1}{n+1}\right)$$
$$= 1 - \dfrac{1}{n+1}$$

从而
$$\lim_{n\to\infty} S_n = \lim_{n\to\infty}\left(1 - \dfrac{1}{n+1}\right) = 1$$

所以,该级数收敛,且有 $\sum\limits_{n=1}^{\infty} \dfrac{1}{n(n+1)} = 1$.

例 3 证明调和级数 $\sum\limits_{n=1}^{\infty} \dfrac{1}{n}$ 发散.

证明 在区间 $[n, n+1]$ 上对函数 $\ln x$ 使用拉格朗日微分中值定理,有
$$\ln(n+1) - \ln n = \dfrac{1}{\xi_n} < \dfrac{1}{n} \quad (n < \xi_n < n+1)$$

利用不等式可得
$$S_n = 1 + \dfrac{1}{2} + \cdots + \dfrac{1}{n}$$
$$> (\ln 2 - \ln 1) + (\ln 3 - \ln 2) + \cdots + [\ln(n+1) - \ln n]$$
$$= \ln(n+1)$$

从而可以推得

$$\lim_{n\to\infty} S_n = +\infty$$

因此调和级数 $\sum\limits_{n=1}^{\infty} \dfrac{1}{n}$ 发散.

例 4 对级数 $\sum\limits_{n=0}^{\infty} 2^n$ 作如下推导:设 $S = \sum\limits_{n=0}^{\infty} 2^n$,于是有

$$S = 1 + 2 + 4 + 8 + \cdots = 1 + 2(1 + 2 + 4 + \cdots) = 1 + 2S$$

解得 $S = -1$. 判断结论是否正确,说明理由.

解 由于级数 $\sum\limits_{n=0}^{\infty} 2^n$ 为正数之和,不可能为负,结论不正确. 问题在于该级数为几何级数,且 $q = 2$,发散,并不存在和数 S.

例 4 说明,对于级数来说,首先要判定它们是否收敛. 如果在不知道它们是否收敛的情况下,按有限个数的四则运算性质对它们进行运算,或者比较它们的大小,往往会得出荒谬的结论. 因此,本章将着重讨论级数收敛性的问题.

二、级数的基本性质

根据级数收敛、发散的定义,可以得出级数的几个基本性质.

性质 8.1 设 c 为非零常数,则级数 $\sum\limits_{n=1}^{\infty} cu_n$ 与级数 $\sum\limits_{n=1}^{\infty} u_n$ 同时收敛或同时发散,且同时收敛时,有

$$\sum_{n=1}^{\infty} cu_n = c \sum_{n=1}^{\infty} u_n$$

证明 设级数 $\sum\limits_{n=1}^{\infty} u_n$ 与级数 $\sum\limits_{n=1}^{\infty} cu_n$ 的部分和分别为 S_n 与 σ_n,则有

$$\sigma_n = cu_1 + cu_2 + \cdots + cu_n = cS_n$$

于是,由数列极限的性质,当 $n \to \infty$ 时,σ_n 与 S_n 同时收敛或同时发散,即级数 $\sum\limits_{n=1}^{\infty} cu_n$ 与 $\sum\limits_{n=1}^{\infty} u_n$ 同时收敛或同时发散,且在收敛时有 $\lim\limits_{n\to\infty} \sigma_n = c \lim\limits_{n\to\infty} S_n$,即有

$$\sum_{n=1}^{\infty} cu_n = c \sum_{n=1}^{\infty} u_n$$

性质 8.2 若级数 $\sum\limits_{n=1}^{\infty} u_n$ 与级数 $\sum\limits_{n=1}^{\infty} v_n$ 都收敛,则级数 $\sum\limits_{n=1}^{\infty} (u_n \pm v_n)$ 收敛,且有

$$\sum_{n=1}^{\infty} (u_n \pm v_n) = \sum_{n=1}^{\infty} u_n \pm \sum_{n=1}^{\infty} v_n$$

证明 设级数 $\sum\limits_{n=1}^{\infty} (u_n \pm v_n)$,$\sum\limits_{n=1}^{\infty} u_n$ 与 $\sum\limits_{n=1}^{\infty} v_n$ 的部分和分别为 σ_n,S_n 与 T_n,

则有
$$\sigma_n = (u_1 \pm v_1) + (u_2 \pm v_2) + \cdots + (u_n \pm v_n)$$
$$= (u_1 + u_2 + \cdots + u_n) \pm (v_1 + v_2 + \cdots + v_n)$$
$$= S_n \pm T_n$$

由于 $n \to \infty$ 时, S_n, T_n 极限存在, 知 $S_n \pm T_n$ 极限也存在, 且有
$$\lim_{n \to \infty} \sigma_n = \lim_{n \to \infty} S_n \pm \lim_{n \to \infty} T_n$$

即有
$$\sum_{n=1}^{\infty} (u_n \pm v_n) = \sum_{n=1}^{\infty} u_n \pm \sum_{n=1}^{\infty} v_n$$

由性质 8.1 和性质 8.2, 对于收敛级数 $\sum_{n=1}^{\infty} u_n$ 与 $\sum_{n=1}^{\infty} v_n$, 以及任意常数 a, b, 级数 $\sum_{n=1}^{\infty} (au_n \pm bv_n)$ 也收敛, 且有
$$\sum_{n=1}^{\infty} (au_n + bv_n) = a \sum_{n=1}^{\infty} u_n + b \sum_{n=1}^{\infty} v_n$$

例如, 由例 1 和例 2 可知, 级数 $\sum_{n=1}^{\infty} \left[\frac{(-1)^n}{2^{n+1}} + \frac{3}{n(n+1)} \right]$ 收敛, 且有
$$\sum_{n=1}^{\infty} \left[\frac{(-1)^n}{2^{n+1}} + \frac{3}{n(n+1)} \right] = \frac{1}{2} \sum_{n=1}^{\infty} \left(-\frac{1}{2} \right)^n + 3 \sum_{n=1}^{\infty} \frac{1}{n(n+1)}$$
$$= \frac{1}{2} \cdot \frac{-\frac{1}{2}}{1 - \left(-\frac{1}{2} \right)} + 3 = \frac{17}{6}$$

又如, 由级数 $\sum_{n=1}^{\infty} u_n$ 发散, $\sum_{n=1}^{\infty} v_n$ 收敛, 必有级数 $\sum_{n=1}^{\infty} (u_n \pm v_n)$ 发散. 否则, 若级数 $\sum_{n=1}^{\infty} (u_n \pm v_n)$ 收敛及 $\sum_{n=1}^{\infty} v_n$ 收敛, 由性质 8.2 可知 $\sum_{n=1}^{\infty} [(u_n \pm v_n) \mp v_n] = \sum_{n=1}^{\infty} u_n$ 收敛, 与已知矛盾.

性质 8.3 设 k 为任意正整数, 则级数 $\sum_{n=1}^{\infty} u_n$ 与 $\sum_{n=k+1}^{\infty} u_n$ 同时收敛或同时发散.

证明 对于任意给定的正整数 k, 记 $C_k = \sum_{n=1}^{k} u_n$, 设级数 $\sum_{n=1}^{\infty} u_n$ 的前 n 项部分和与 $\sum_{n=k+1}^{\infty} u_n$ 的前 $n-k$ 项部分和分别为 $S_n, \sigma_{n-k}(n > k)$, 于是有
$$S_n = \sigma_{n-k} + C_k$$

由数列极限的性质知,当 $n\to\infty$ 时,S_n 与 σ_{n-k} 同时收敛或同时发散,且收敛时有
$$\lim_{n\to\infty}S_n = \lim_{n\to\infty}\sigma_{n-k} + C_k$$
因此,级数 $\sum_{n=1}^{\infty}u_n$ 与 $\sum_{n=k+1}^{\infty}u_n$ 有相同的敛散性.

性质 8.3 表明,级数 $\sum_{n=1}^{\infty}u_n$ 去掉、添加或改变有限项,均不改变级数的敛散性,但有限项的变动,收敛级数的和数将有所改变.

性质 8.4 收敛级数加括号后所形成的级数仍然为收敛级数,且收敛于原级数的和.

这是因为,对级数 $\sum_{n=1}^{\infty}u_n$ 而言,如果不改变项的次序将级数的一些项加括号,例如,将相邻两项加括号,得级数
$$\sum_{n=1}^{\infty}(u_{2n-1} + u_{2n}) = (u_1 + u_2) + (u_3 + u_4) + \cdots + (u_{2n-1} + u_{2n}) + \cdots$$
其部分和数列实际上是原级数部分和数列 $\{S_n\}$ 的子列 $\{S_{2n}\}$:
$$S_2, S_4, \cdots, S_{2n}, \cdots$$

于是,当级数 $\sum_{n=1}^{\infty}u_n$ 收敛时,必有部分和数列 $\{S_n\}$ 收敛,其子列 $\{S_{2n}\}$ 也必然收敛,且有相同的极限 S. 由此可以理解性质 8.4 的正确性,其严格证明,我们在这里就不介绍了.

性质 8.4 表明,对于收敛级数,可以对它的项任意加括号,而不改变其收敛性及其和. 但要注意不能改变相关项的次序. 还必须注意的是,加括号后的级数收敛,不能推得原级数收敛,即性质 8.4 的逆命题不一定成立. 例如,将级数 $\sum_{n=1}^{\infty}(-1)^{n+1}$ 的相邻两项合并得到的级数
$$(1-1) + (1-1) + \cdots + (1-1) + \cdots$$
收敛,且和为零,但原级数发散.

性质 8.5(级数收敛的必要条件) 如果级数 $\sum_{n=1}^{\infty}u_n$ 收敛,则其一般项趋向于零,即有
$$\lim_{n\to\infty}u_n = 0$$

证明 由于级数 $\sum_{n=1}^{\infty}u_n$ 收敛,则有和数 S,且有
$$\lim_{n\to\infty}S_n = \lim_{n\to\infty}S_{n-1} = S$$
从而有

$$\lim_{n\to\infty} u_n = \lim_{n\to\infty}(S_n - S_{n-1}) = \lim_{n\to\infty} S_n - \lim_{n\to\infty} S_{n-1} = 0$$

性质 8.5 表明,若级数 $\sum\limits_{n=1}^{\infty} u_n$ 的一般项不满足条件 $\lim\limits_{n\to\infty} u_n = 0$,则该级数一定是发散的,因此,这是一个判别级数发散的快捷简便的方法. 例如,级数 $\sum\limits_{n=1}^{\infty} \dfrac{n}{n+1}$, $\sum\limits_{n=1}^{\infty} 2^{\frac{1}{n}}$, $\sum\limits_{n=1}^{\infty} aq^n (a\neq 0, |q|\geq 1)$ 均因一般项不趋于零,可判定它们发散.

应强调的是,一般项趋于零只是级数收敛的必要条件,而非充分条件. 例如,调和级数 $\sum\limits_{n=1}^{\infty} \dfrac{1}{n}$ 虽然有 $\lim\limits_{n\to\infty} u_n = \lim\limits_{n\to\infty} \dfrac{1}{n} = 0$,但在例 3 中已经证明它是发散的.

练习 8.1

1. 写出下列级数的一般项:

(1) $\dfrac{1}{1} + \dfrac{3}{3} + \dfrac{1}{5} + \dfrac{3}{7} + \cdots$;

(2) $\dfrac{1}{2} - \dfrac{1\cdot 3}{2\cdot 4} + \dfrac{1\cdot 3\cdot 5}{2\cdot 4\cdot 6} - \dfrac{1\cdot 3\cdot 5\cdot 7}{2\cdot 4\cdot 6\cdot 8} + \cdots$;

(3) $\sin\dfrac{1}{2} + 2\sin\dfrac{1}{4} + 3\sin\dfrac{1}{8} + 4\sin\dfrac{1}{16} + \cdots$;

(4) $\dfrac{1}{2} + \dfrac{2x}{5} + \dfrac{3x^2}{10} + \dfrac{4x^2}{17} + \cdots$.

2. 利用下列级数 $\sum\limits_{n=1}^{\infty} u_n$ 的部分和 S_n,求 u_1, u_2 和 u_n:

(1) $S_n = \dfrac{2n}{n+1}$; (2) $S_n = \dfrac{1}{2} - \dfrac{1}{2(2n+1)}$.

3. 判断下列级数是否收敛,若收敛,求其和:

(1) $\sum\limits_{n=1}^{\infty}(\sqrt{n+1} - \sqrt{n})$;   (2) $\sum\limits_{n=1}^{\infty} \dfrac{1}{(5n-1)(5n+4)}$;

(3) $\sum\limits_{n=1}^{\infty} \ln\dfrac{n+3}{n+4}$;   (4) $\sum\limits_{n=1}^{\infty} \dfrac{n}{(n+1)!}$.

4. 设级数 $\sum\limits_{n=1}^{\infty} u_n$ 满足条件:(1) $\lim\limits_{n\to\infty} u_n = 0$;(2) $\sum\limits_{n=1}^{\infty}(u_{2n-1} + u_{2n})$ 收敛,判断 $\sum\limits_{n=1}^{\infty} u_n$ 是否收敛,并证明你的结论.

提示:设 $\sum\limits_{n=1}^{\infty} u_n$ 的前 n 项部分和为 S_n, $\sum\limits_{n=1}^{\infty}(u_{2n-1} + u_{2n})$ 的前 n 项部分和为 T_n. 注意到
$$S_{2n} = T_n,$$
$$S_{2n-1} = S_{2n} - u_{2n}.$$

5. 已知级数 $\sum\limits_{n=1}^{\infty}(u_n + v_n)$ 收敛,判别下列结论是否正确:

(1) $\sum_{n=1}^{\infty} u_n$ 与 $\sum_{n=1}^{\infty} v_n$ 均收敛;

(2) $\sum_{n=1}^{\infty} u_n$ 与 $\sum_{n=1}^{\infty} v_n$ 中至少有一个收敛;

(3) $\sum_{n=1}^{\infty} u_n$ 与 $\sum_{n=1}^{\infty} v_n$ 或者同时收敛,或者同时发散;

(4) $\sum_{n=1}^{\infty} (u_n + v_n) = \sum_{n=1}^{\infty} u_n + \sum_{n=1}^{\infty} v_n$;

(5) 数列 $\{\sum_{k=1}^{n} (u_k + v_k)\}$ 有界;

(6) $n \to \infty$ 时,$u_n \to 0$ 且 $v_n \to 0$.

6. 已知级数 $\sum_{n=1}^{\infty} u_n$ 收敛,且和数为 S,证明:

(1) 级数 $\sum_{n=1}^{\infty} (u_n + u_{n+2})$ 收敛,且和数为 $2S - u_1 - u_2$;

(2) 级数 $\sum_{n=1}^{\infty} \left(u_n + \frac{1}{n}\right)$ 发散.

7. 利用无穷级数的性质,以及几何级数与调和级数的敛散性,判别下列级数的敛散性:

(1) $\sin 1 + \sin^2 1 + \sin^3 1 + \cdots$;

(2) $\cos \frac{\pi}{3} + \cos \frac{\pi}{9} + \cos \frac{\pi}{27} + \cdots$;

(3) $\frac{1}{1} + \frac{1}{\sqrt{2^2}} + \frac{1}{\sqrt[3]{3^2}} + \frac{1}{\sqrt[4]{4^2}} + \cdots$;

(4) $1 + 6 + \sum_{n=1}^{\infty} \left(\frac{\ln 2}{2}\right)^n$;

(5) $\sum_{n=1}^{\infty} \frac{2^n + (-3)^n}{6^n}$;

(6) $\sum_{n=1}^{\infty} \left(\frac{\sin a}{n(n+1)} + \frac{1}{n}\right)$.

§8.2 正项级数

上一节我们讨论的都是一般的常数项级数,其特点是,级数中各项可以是正数、负数或者零.本节将讨论一类特殊的级数,即各项都非负的级数,通常称为正项级数,或者是各项都非正的级数,通常称为负项级数.正项级数、负项级数统称为保号级数.由于级数 $\sum_{n=1}^{\infty} u_n$ 与 $\sum_{n=1}^{\infty} (-u_n)$ 同时敛散,因此,我们只讨论正项级数.正项级数是级数中最简单而且最重要的一类级数,包括负项级数在内的许多级数的收敛性问题都可以归结为正项级数收敛性的问题.

设级数
$$u_1 + u_2 + \cdots + u_n + \cdots$$
是一个正项级数,由 $u_n \geq 0 (n = 1, 2, \cdots)$,故有
$$S_{n+1} = S_n + u_{n+1} \geq S_n (n = 1, 2, \cdots)$$

即正项级数的部分和数列单调递增,从而可以得到下面的重要结论:

定理 8.1(正项级数收敛原理) 正项级数收敛的充分必要条件是它的部分和数列有上界.

证明 设级数 $\sum_{n=1}^{\infty} u_n$ 为正项级数,因此部分和数列 $\{S_n\}$ 单调递增. 于是,若 $\{S_n\}$ 有上界,则由定理 2.2,单调有界数列必有极限,可知极限 $\lim_{n\to\infty} S_n$ 存在,从而有 $\sum_{n=1}^{\infty} u_n$ 收敛. 若 $\{S_n\}$ 无上界,则 $\lim_{n\to\infty} S_n = +\infty$,从而有 $\sum_{n=1}^{\infty} u_n$ 发散. 定理得证.

将正项级数收敛原理用于两个正项级数的比较,可以得到以下关于正项级数的收敛判别法.

定理 8.2(比较判别法) 设 $\sum_{n=1}^{\infty} u_n$ 和 $\sum_{n=1}^{\infty} v_n$ 是两个正项级数,且存在常数 $c(c>0)$,使得自某一项 N 后,即 $n>N$ 时,总有

$$u_n \leq cv_n$$

于是

(1) 若 $\sum_{n=1}^{\infty} v_n$ 收敛,则 $\sum_{n=1}^{\infty} u_n$ 收敛;

(2) 若 $\sum_{n=1}^{\infty} u_n$ 发散,则 $\sum_{n=1}^{\infty} v_n$ 发散.

证明 由性质 8.1 和性质 8.3 知,$\sum_{n=1}^{\infty} v_n$ 与 $\sum_{n=1}^{\infty} cv_n$ 有相同的敛散性,又由于非零常数及级数的有限项不改变其敛散性,不妨设

$$u_n \leq v_n, n = 1, 2, \cdots$$

级数 $\sum_{n=1}^{\infty} u_n$ 与 $\sum_{n=1}^{\infty} v_n$ 的部分和分别为 S_n 与 σ_n,即有

$$S_n = u_1 + u_2 + \cdots + u_n \leq v_1 + v_2 + \cdots + v_n = \sigma_n$$

于是,根据定理 8.1,若 $\sum_{n=1}^{\infty} v_n$ 收敛,则 $\{\sigma_n\}$ 有上界,从而 $\{S_n\}$ 有上界,推得 $\sum_{n=1}^{\infty} u_n$ 收敛. 若 $\sum_{n=1}^{\infty} u_n$ 发散,则 $\{S_n\}$ 无上界,从而 $\{\sigma_n\}$ 无上界,推得 $\sum_{n=1}^{\infty} v_n$ 发散.

例 1 讨论 p-级数 $\sum_{n=1}^{\infty} \frac{1}{n^p}$ 的敛散性,其中 p 为正的常数.

解 当 $p \leq 1$ 时,有 $\frac{1}{n} \leq \frac{1}{n^p} (n=1,2,\cdots)$. 因为调和级数 $\sum_{n=1}^{\infty} \frac{1}{n}$ 发散,则由比较判别法可知,$p \leq 1$ 时,p-级数 $\sum_{n=1}^{\infty} \frac{1}{n^p}$ 发散.

当 $p>1$ 时,如图 8-1 所示, p-级数从第 2 项到第 n 项的和为阴影部分台阶形的面积,且该面积小于函数 $f(x)=\dfrac{1}{x^p}$ 在 $[1,n]$ 上的曲边梯形面积,于是有

$$\begin{aligned}S_n &= 1+\sum_{k=2}^{n}\frac{1}{k^p}<1+\sum_{k=2}^{n}\int_{k-1}^{k}\frac{1}{x^p}\mathrm{d}x\\ &= 1+\int_{1}^{n}\frac{1}{x^p}\mathrm{d}x = 1+\frac{1}{p-1}-\frac{n^{1-p}}{p-1}\\ &< 1+\frac{1}{p-1}=\frac{p}{p-1}\end{aligned}$$

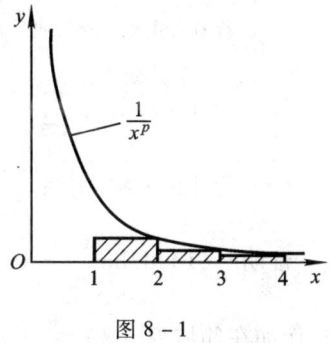

图 8-1

由定理 8.1 可知,当 $p>1$ 时, p-级数 $\sum_{n=1}^{\infty}\dfrac{1}{n^p}$ 收敛.

p-级数和几何级数,常常作为收敛性已知的级数用于比较判别法,并由此可以建立更为有效的判别法,因此我们应该熟记它们的敛散性.

例 2 判别级数 $\sum_{n=1}^{\infty}\dfrac{1}{\sqrt{n(n+1)}}$ 的敛散性.

解 因为

$$\frac{1}{\sqrt{n(n+1)}}>\frac{1}{n+1}, n=1,2,\cdots$$

且 $\sum_{n=1}^{\infty}\dfrac{1}{n+1}=\sum_{n=2}^{\infty}\dfrac{1}{n}$ 发散.由比较判别法知,原级数发散.

例 3 判别级数 $\sum_{n=1}^{\infty}2^n\ln\left(1+\dfrac{1}{3^n}\right)$.

解 因为当 $x>0$ 时, $0<\ln(1+x)<x$,所以有

$$0<2^n\ln\left(1+\frac{1}{3^n}\right)<\left(\frac{2}{3}\right)^n$$

由 $\sum_{n=1}^{\infty}\left(\dfrac{2}{3}\right)^n$ 收敛及比较判别法可知,原级数收敛.

用比较判别法判别级数 $\sum_{n=1}^{\infty}u_n$ 的敛散性,一般需要利用恰当的不等式关系,对 u_n 进行放大或缩小.在 u_n 复杂的情况下,使用起来并不方便.如改用该判别法的极限形式就简单多了.

定理 8.3(比较判别法的极限形式) 设 $\sum_{n=1}^{\infty}u_n$ 和 $\sum_{n=1}^{\infty}v_n$ 为两个正项级数,且有

$$\lim_{n\to\infty}\frac{u_n}{v_n}=A$$

于是

(1) 若 $0 < A < +\infty$,则 $\sum\limits_{n=1}^{\infty} u_n$ 与 $\sum\limits_{n=1}^{\infty} v_n$ 同时收敛或同时发散;

(2) 若 $A = 0$,则当 $\sum\limits_{n=1}^{\infty} v_n$ 收敛时,可得 $\sum\limits_{n=1}^{\infty} u_n$ 收敛;

(3) 若 $A = +\infty$,则当 $\sum\limits_{n=1}^{\infty} v_n$ 发散时,可得 $\sum\limits_{n=1}^{\infty} u_n$ 发散.

证明 (1) 由 $\lim\limits_{n \to \infty} \dfrac{u_n}{v_n} = A$,知数列 $\dfrac{u_n}{v_n}$ 在某项 N 后,完全位于 A 的某个小邻域内,例如在邻域 $O_{\frac{A}{2}}(A) = \left(\dfrac{A}{2}, \dfrac{3A}{2}\right)$ 内,即存在 N,当 $n > N$ 时,有

$$\frac{A}{2} < \frac{u_n}{v_n} < \frac{3A}{2}$$

即有

$$\frac{A}{2} v_n < u_n < \frac{3A}{2} v_n$$

于是由定理 8.2 可知,级数 $\sum\limits_{n=1}^{\infty} u_n$ 与 $\sum\limits_{n=1}^{\infty} v_n$ 同时收敛或同时发散.

类似地可证(2),(3),定理得证.

定理 8.3 表明,无穷级数收敛与否最终取决于级数一般项趋于零的速度,即无穷小量阶的大小. 例 2 中,一般项 $\dfrac{1}{\sqrt{n(n+1)}}$ 与 $\dfrac{1}{n}$ 为等价无穷小量,因此,由 $\sum\limits_{n=1}^{\infty} \dfrac{1}{n}$ 发散,可推得 $\sum\limits_{n=1}^{\infty} \dfrac{1}{\sqrt{n(n+1)}}$ 发散. 例 3 中一般项 $2^n \ln\left(1 + \dfrac{1}{3^n}\right)$ 与 $\left(\dfrac{2}{3}\right)^n$ 为等价无穷小量,由 $\sum\limits_{n=1}^{\infty} \left(\dfrac{2}{3}\right)^n$ 收敛,可推得 $\sum\limits_{n=1}^{\infty} 2^n \ln\left(1 + \dfrac{1}{3^n}\right)$ 收敛. 因此,我们可以总结出一种方法,即通过无穷小量(或无穷大量)的等价关系,简化 $\sum\limits_{n=1}^{\infty} u_n$ 的通项 u_n,进而利用已知级数的敛散性来判别 $\sum\limits_{n=1}^{\infty} u_n$ 的敛散性.

例 4 判别级数 $\sum\limits_{n=1}^{\infty} \left(1 - \cos \dfrac{1}{n}\right)$ 的敛散性.

解 因为 $n \to \infty$ 时

$$1 - \cos \frac{1}{n} \sim \frac{1}{2n^2}$$

且级数 $\sum\limits_{n=1}^{\infty} \dfrac{1}{n^2}$ 收敛,所以原级数收敛.

例 5 判别级数 $\sum\limits_{n=1}^{\infty}(\sqrt[n]{2}-1)$ 的敛散性.

解 因为 $n\to\infty$ 时
$$\sqrt[n]{2}-1 = 2^{\frac{1}{n}}-1 \sim \frac{1}{n}\ln 2$$
且级数 $\sum\limits_{n=1}^{\infty}\frac{1}{n}$ 发散,知原级数发散.

将正项级数与几何级数比较,还可具体得到两个有效的判别法.

定理 8.4(比值判别法) 设 $\sum\limits_{n=1}^{\infty}u_n$ 为正项级数,且 $u_n>0, n=1,2,\cdots$. 若
$$\lim_{n\to\infty}\frac{u_{n+1}}{u_n}=r$$
则当 $r<1$ 时,级数收敛;当 $r>1$ 时,级数发散;当 $r=1$ 时,级数敛散性需进一步判定.

证明 (1) 当 $0<r<1$ 时,由 $\lim\limits_{n\to\infty}\frac{u_{n+1}}{u_n}=r$,知存在 N,当 $n>N$ 时,数列 $\left\{\frac{u_{n+1}}{u_n}\right\}$ 所有项均在邻域 $O_\delta(r)$ 内,若取 $\delta=\min\left\{\frac{r}{2},\frac{1-r}{2}\right\}$,可使得 $(r-\delta,r+\delta)\subset(0,1)$,且当 $n>N$ 时,有
$$0<\frac{u_{n+1}}{u_n}<r+\delta\leqslant\frac{1+r}{2}<1$$
记 $q=\frac{1+r}{2}$,从而有
$$u_{n+1}<qu_n<q^2 u_{n-1}<\cdots<q^{n-N}u_{N+1}$$
$$n=N+1,N+2,\cdots$$
由于级数 $\sum\limits_{n=N+1}^{\infty}q^n$ 收敛,则由比较判别法知 $\sum\limits_{n=1}^{\infty}u_n$ 收敛.

当 $r=0$ 时,由 $\lim\limits_{n\to\infty}\frac{u_{n+1}}{u_n}=0$ 知道,存在 N,当 $n>N$ 时
$$0<\frac{u_{n+1}}{u_n}<\frac{1}{2}$$
因此,同样可得 $\sum\limits_{n=1}^{\infty}u_n$ 收敛.

(2) 当 $r>1$ 时,由 $\lim\limits_{n\to\infty}\frac{u_{n+1}}{u_n}=r>1$,知存在 N,当 $n>N$ 时,有 $\frac{u_{n+1}}{u_n}>1$,即当 $n>N$ 时,有
$$u_{n+1}>u_n\geqslant u_{N+1}>0$$

可推得 $\lim\limits_{n\to\infty} u_n \neq 0$,所以 $\sum\limits_{n=1}^{\infty} u_n$ 发散.

(3) 当 $r=1$ 时,则级数可能收敛也可能发散. 如 p – 级数 $\sum\limits_{n=1}^{\infty} \dfrac{1}{n^p}$,对于 p 的任意给定值,都有

$$\lim_{n\to\infty} \frac{u_{n+1}}{u_n} = \lim_{n\to\infty} \frac{\dfrac{1}{(n+1)^p}}{\dfrac{1}{n^p}} = 1$$

而当 $p>1$ 时,$\sum\limits_{n=1}^{\infty} \dfrac{1}{n^p}$ 收敛,当 $p \leq 1$ 时,$\sum\limits_{n=1}^{\infty} \dfrac{1}{n^p}$ 发散. 故当 $r=1$ 时,不能判定级数的敛散性.

例 6 判别级数 $\sum\limits_{n=1}^{\infty} \dfrac{10^n}{n!}$ 的敛散性.

解 由于

$$\lim_{n\to\infty} \frac{u_{n+1}}{u_n} = \lim_{n\to\infty} \frac{\dfrac{10^{n+1}}{(n+1)!}}{\dfrac{10^n}{n!}} = \lim_{n\to\infty} \frac{10}{n+1} = 0 < 1$$

所以,级数 $\sum\limits_{n=1}^{\infty} \dfrac{10^n}{n!}$ 收敛.

例 7 讨论级数 $\sum\limits_{n=1}^{\infty} n^2 \left(\dfrac{a+1}{2}\right)^n$ ($a>-1$ 为常数)的敛散性.

解 由于

$$\lim_{n\to\infty} \frac{u_{n+1}}{u_n} = \lim_{n\to\infty} \frac{(n+1)^2 \left(\dfrac{a+1}{2}\right)^{n+1}}{n^2 \left(\dfrac{a+1}{2}\right)^n} = \frac{a+1}{2}$$

则当 $\dfrac{a+1}{2} < 1$,即 $-1 < a < 1$ 时,级数收敛;当 $a>1$ 时,级数发散;当 $a=1$ 时,$u_n = n^2 \nrightarrow 0$,级数发散.

定理 8.5(根值判别法) 对于正项级数 $\sum\limits_{n=1}^{\infty} u_n$,若有

$$\lim_{n\to\infty} \sqrt[n]{u_n} = r$$

则当 $r<1$ 时,级数收敛;当 $r>1$ 时,级数发散;当 $r=1$ 时,级数敛散性需进一步判定.

证明 当 $0<r<1$ 时,由 $\lim\limits_{n\to\infty} \sqrt[n]{u_n} = r$,知存在 N,当 $n>N$ 时,数列 $\{\sqrt[n]{u_n}\}$ 所

有项均在邻域 $O_\delta(r)$ 内, 如果取 $\delta = \min\left\{\dfrac{r}{2}, \dfrac{1-r}{2}\right\}$, 则对于相对应的 N, 当 $n > N$ 时, 有
$$0 < \sqrt[n]{u_n} < r + \delta \leq \frac{1+r}{2} < 1$$
若记 $\dfrac{1+r}{2} = q$, 从而有
$$u_n \leq q^n$$
由于级数 $\sum\limits_{n=1}^{\infty} q^n$ 收敛, 所以必有 $\sum\limits_{n=1}^{\infty} u_n$ 收敛.

当 $r = 0$ 时, 由 $\lim\limits_{n\to\infty} \sqrt[n]{u_n} = 0$ 知道, 存在 N, 当 $n > N$ 时
$$0 < \sqrt[n]{u_n} < \frac{1}{2}$$
由此可知 $\sum\limits_{n=1}^{\infty} u_n$ 收敛.

类似可证, 当 $r > 1$ 时, 级数发散.

当 $r = 1$ 时, 则级数可能收敛也可能不收敛. 例如, 对于收敛级数 $\sum\limits_{n=1}^{\infty} \dfrac{1}{n^2}$ 和发散级数 $\sum\limits_{n=1}^{\infty} \dfrac{1}{n}$, 均有
$$\lim_{n\to\infty} \sqrt[n]{\frac{1}{n^2}} = 1, \quad \lim_{n\to\infty} \sqrt[n]{\frac{1}{n}} = 1$$
故 $r = 1$ 时, 不能判定级数的敛散性.

例 8 判别级数 $\sum\limits_{n=1}^{\infty} \left(\dfrac{an}{2n+1}\right)^n (a > 0)$ 的敛散性.

解 因为
$$\lim_{n\to\infty} \sqrt[n]{u_n} = \lim_{n\to\infty} \sqrt[n]{\left(\frac{an}{2n+1}\right)^n} = \frac{a}{2}$$
则当 $0 < \dfrac{a}{2} < 1$, 即 $0 < a < 2$ 时, 级数收敛; 当 $\dfrac{a}{2} > 1$, 即 $a > 2$ 时, 级数发散; 当 $a = 2$ 时, $u_n \to e^{-\frac{1}{2}} \neq 0$, 级数发散.

从本节讨论可以看到, 正项级数的基本性质、比较判别法, 与非负函数在 $[a, +\infty)$ 上的反常积分的基本性质、比较判别法十分相似. 实际上它们之间确有密切的联系. 下面给出的积分判别法, 就是利用反常积分来判别级数的敛散性的一种方法.

定理 8.6（积分判别法） 设 $f(x)$ 是 $[1,+\infty)$ 上非负单调连续函数，则 $\sum_{n=1}^{\infty} f(n)$ 与 $\int_{1}^{+\infty} f(x)\,\mathrm{d}x$ 同时收敛或同时发散.

证明 不妨设 $f(x)$ 是单减函数，于是当 $k \leqslant x \leqslant k+1$ 时，有
$$f(k+1) \leqslant f(x) \leqslant f(k)$$
从而有
$$u_{k+1} = f(k+1) \leqslant \int_{k}^{k+1} f(x)\,\mathrm{d}x \leqslant f(k) = u_k$$
以及
$$\sum_{k=1}^{n} u_{k+1} \leqslant \sum_{k=1}^{n} \int_{k}^{k+1} f(x)\,\mathrm{d}x \leqslant \sum_{k=1}^{n} u_k$$
即有
$$S_{n+1} - u_1 \leqslant \int_{1}^{n+1} f(x)\,\mathrm{d}x \leqslant S_n$$
于是，若 $\int_{1}^{+\infty} f(x)\,\mathrm{d}x$ 收敛，表示 $\int_{1}^{+\infty} f(x)\,\mathrm{d}x$ 为常数，有
$$S_{n+1} \leqslant u_1 + \int_{1}^{n+1} f(x)\,\mathrm{d}x \leqslant u_1 + \int_{1}^{+\infty} f(x)\,\mathrm{d}x$$
可知 S_n 有界，根据定理 8.1，级数收敛；若 $\int_{1}^{+\infty} f(x)\,\mathrm{d}x$ 发散，因为 $f(x)$ 非负，只能有 $\int_{1}^{+\infty} f(x)\,\mathrm{d}x = +\infty$，故当 $n \to \infty$ 时，也必有 $\int_{1}^{n+1} f(x)\,\mathrm{d}x \to +\infty$，可推得 S_n 无界，级数发散.

例 9 判别级数 $\sum_{n=2}^{\infty} \dfrac{1}{n(\ln n)^p}$ 的敛散性.

解 因为
$$\int_{2}^{+\infty} \frac{1}{x(\ln x)^p}\,\mathrm{d}x = \int_{2}^{+\infty} \frac{1}{(\ln x)^p}\,\mathrm{d}\ln x = \begin{cases} \ln\ln x \Big|_{2}^{+\infty}, & p = 1 \text{ 时} \\ \dfrac{1}{1-p}(\ln x)^{1-p} \Big|_{2}^{+\infty}, & p \neq 1 \text{ 时} \end{cases}$$

所以，当 $p \leqslant 1$ 时，反常积分发散，原级数发散；当 $p > 1$ 时，反常积分收敛，原级数收敛.

以上介绍了几种正项级数敛散性的判别法. 在实际判别时，可以先检查一般项是否趋于零. 若趋于零，再针对一般项的特点，选择适当的判别法.

练习 8.2

1. 利用无穷级数的性质，以及几何级数与 p - 级数的敛散性，判别下列级数的敛散性：

(1) $\sum_{n=1}^{\infty} \dfrac{(n+1)^2}{n^3}$;

(2) $\sum_{n=1}^{\infty} \dfrac{n^2+2^{n-1}}{n^2 2^n}$;

(3) $\sum_{n=0}^{\infty} \dfrac{n}{(n+1)^{3/2}}$;

(4) $\sum_{n=1}^{\infty} \left[\dfrac{1}{n+1} - \dfrac{n-3}{(n+1)^2}\right]$.

2. 利用比较判别法或其极限形式，判别下列级数的敛散性：

(1) $\sum_{n=2}^{\infty} \dfrac{1}{\sqrt{n^2-n}}$;

(2) $\sum_{n=1}^{\infty} \dfrac{n-4}{n^2+3n+5}$;

(3) $\sum_{n=1}^{\infty} \dfrac{1}{n^{1+\frac{1}{n}}}$;

(4) $\sum_{n=1}^{\infty} \dfrac{1}{\sqrt{n+1}} \sin \dfrac{1}{n}$;

(5) $\sum_{n=1}^{\infty} \left(\tan \dfrac{\pi}{n}\right)^2$;

(6) $\sum_{n=1}^{\infty} \arctan q^n \, (q>0)$;

(7) $\sum_{n=2}^{\infty} \dfrac{1}{\sqrt{n}} \ln \dfrac{n+1}{n-1}$;

(8) $\sum_{n=1}^{\infty} \left(\sqrt[3]{1+\dfrac{1}{n^2}} - 1\right)$;

(9) $\sum_{n=1}^{\infty} \dfrac{\ln n}{n^2}$;

(10) $\sum_{n=1}^{\infty} \left(\sqrt{n^3+\sqrt{n}} - \sqrt{n^3-\sqrt{n}}\right)$;

(11) $\sum_{n=1}^{\infty} \dfrac{1}{1+a^n} \, (a>0)$;

(12) $\sum_{n=1}^{\infty} \dfrac{n^2}{(n+a)^b (n+b)^a}$ (a,b 为正常数).

3. 设数列 $\{a_n\}$，其中 $a_n \neq 0 \, (n=1,2,\cdots)$，且 $\lim_{n\to\infty} a_n = a \, (a \neq 0)$. 试证明：级数 $\sum_{n=1}^{\infty} |a_{n+1} - a_n|$ 与 $\sum_{n=1}^{\infty} \left|\dfrac{1}{a_{n+1}} - \dfrac{1}{a_n}\right|$ 有相同的敛散性.

提示：利用比较判别法的极限形式.

4. 利用比值判别法或根值判别法判别下列级数的敛散性：

(1) $\sum_{n=1}^{\infty} \dfrac{n+1}{2^n}$;

(2) $\sum_{n=1}^{\infty} n \tan \dfrac{1}{2^n}$;

(3) $\sum_{n=1}^{\infty} 0.5^n \cdot n^2 \ln n$;

(4) $\sum_{n=1}^{\infty} \dfrac{3^n}{n!}$;

(5) $\sum_{n=1}^{\infty} \dfrac{n^2 2^n}{(n+1)!}$;

(6) $\sum_{n=1}^{\infty} \dfrac{(n!)^2}{(2n)!}$;

(7) $\sum_{n=1}^{\infty} \dfrac{n! 2^n}{n^n}$;

(8) $\sum_{n=1}^{\infty} \dfrac{1}{3^n} \left(\dfrac{n+1}{n}\right)^{n^2}$;

(9) $\sum_{n=1}^{\infty} \dfrac{1 \cdot 3 \cdot 5 \cdot \cdots \cdot (2n-1)}{3^n n!}$;

(10) $\sum_{n=1}^{\infty} \left(\dfrac{n}{2n+1}\right)^n$;

(11) $\sum_{n=1}^{\infty} \dfrac{1}{n^2} x^n \, (x \geq 0)$;

(12) $\sum_{n=1}^{\infty} \dfrac{2^n}{n+3} x^{2n}$.

5. 利用积分判别法判别下列级数的敛散性：

(1) $\sum_{n=1}^{\infty} \dfrac{1}{n(\ln n)^k}$ (k 为正数);

(2) $\sum_{n=3}^{\infty} \dfrac{1}{n \ln n (\ln \ln n)^{\frac{1}{2}}}$.

§8.3　任意项级数

所有项符号不完全相同的常数项级数 $\sum\limits_{n=1}^{\infty} u_n$，通常称为任意项级数. 本节将讨论这类级数的敛散性的判别. 首先看一类符号正负交错的特殊形式的级数.

定义 8.2　设 $u_n > 0, n = 1, 2, \cdots$，形如

$$\sum_{n=1}^{\infty} (-1)^{n-1} u_n = u_1 - u_2 + u_3 - u_4 + \cdots$$

或

$$\sum_{n=1}^{\infty} (-1)^n u_n = -u_1 + u_2 - u_3 + u_4 - \cdots$$

的数项级数，称为交错级数.

定理 8.7（莱布尼茨判别法）　设交错级数 $\sum\limits_{n=1}^{\infty} (-1)^{n-1} u_n$ 满足条件

(1) $u_n \geq u_{n+1} \ (n = 1, 2, \cdots)$；

(2) $\lim\limits_{n \to \infty} u_n = 0$，

则交错级数 $\sum\limits_{n=1}^{\infty} (-1)^{n-1} u_n$ 收敛.

证明　先考虑前 $2n$ 项和. 由条件(1)，有

$$S_{2n} = u_1 - (u_2 - u_3) - \cdots - (u_{2n-2} - u_{2n-1}) - u_{2n} \leq u_1$$

$$S_{2n} = (u_1 - u_2) + (u_3 - u_4) + \cdots + (u_{2n-1} - u_{2n}) \geq S_{2n-2} \geq 0$$

可知 $\{S_{2n}\}$ 为非负数列，且单调递增有上界，故极限 $\lim\limits_{n \to \infty} S_{2n}$ 存在.

再考虑前 $2n+1$ 项的和. 由条件(2)可知 $\lim\limits_{n \to \infty} u_{2n+1} = 0$，从而有

$$\lim_{n \to \infty} S_{2n+1} = \lim_{n \to \infty} (S_{2n} + u_{2n+1}) = \lim_{n \to \infty} S_{2n}$$

于是，极限 $\lim\limits_{n \to \infty} S_n$ 存在，即 $\sum\limits_{n=1}^{\infty} (-1)^{n-1} u_n$ 收敛，且由 $S_{2n} \leq u_1$ 可知

$$\sum_{n=1}^{\infty} (-1)^{n-1} u_n = S \leq u_1.$$

定理证毕.

例 1　判别级数 $\sum\limits_{n=1}^{\infty} \dfrac{(-1)^{n-1}}{n^p} (0 < p \leq 1)$ 的敛散性.

解　由于

$$u_n = \frac{1}{n^p} > \frac{1}{(n+1)^p} = u_{n+1} \quad (n = 1, 2, \cdots)$$

$$\lim_{n\to\infty}\frac{1}{n^p}=0 \quad (0<p\leqslant 1)$$

则由莱布尼茨判别法知 $\sum\limits_{n=1}^{\infty}\frac{(-1)^{n-1}}{n^p}$ 收敛.

例2 判别级数 $\sum\limits_{n=1}^{\infty}(-1)^n(\sqrt[n]{2}-1)$ 的敛散性.

解 设 $f(x)=2^{\frac{1}{x}}-1(x>0)$,由

$$f'(x)=-\frac{1}{x^2}2^{\frac{1}{x}}\ln 2<0$$

知 $f(x)$ 在 $x>0$ 时单减,从而有

$$u_n=f(n)>f(n+1)=u_{n+1} \quad (n=1,2,\cdots)$$

又因

$$\lim_{n\to\infty}u_n=\lim_{n\to\infty}(\sqrt[n]{2}-1)=0$$

所以,交错级数 $\sum\limits_{n=1}^{\infty}(-1)^n(\sqrt[n]{2}-1)$ 收敛.

对于任意项级数 $\sum\limits_{n=1}^{\infty}u_n$ 的敛散性判别,主要是转化为正项级数 $\sum\limits_{n=1}^{\infty}|u_n|$ 后进行的. 级数 $\sum\limits_{n=1}^{\infty}u_n$ 与 $\sum\limits_{n=1}^{\infty}|u_n|$ 之间的敛散性关系可表述如下.

定理 8.8 如果级数 $\sum\limits_{n=1}^{\infty}|u_n|$ 收敛,则原级数 $\sum\limits_{n=1}^{\infty}u_n$ 收敛.

证明 令 $v_n=\frac{1}{2}(u_n+|u_n|)$,显然有

$$0\leqslant v_n\leqslant|u_n|$$

于是,由级数 $\sum\limits_{n=1}^{\infty}|u_n|$ 收敛,可知 $\sum\limits_{n=1}^{\infty}v_n$ 收敛,则由性质8.1和性质8.2, $\sum\limits_{n=1}^{\infty}u_n=\sum\limits_{n=1}^{\infty}(2v_n-|u_n|)$ 也收敛. 证毕.

定义 8.3 如果级数 $\sum\limits_{n=1}^{\infty}|u_n|$ 收敛,则称级数 $\sum\limits_{n=1}^{\infty}u_n$ 绝对收敛;如果级数 $\sum\limits_{n=1}^{\infty}u_n$ 收敛,而级数 $\sum\limits_{n=1}^{\infty}|u_n|$ 发散,则称级数 $\sum\limits_{n=1}^{\infty}u_n$ 为条件收敛.

例3 判别级数 $\sum\limits_{n=1}^{\infty}\frac{\sin n}{n^2+1}$ 的敛散性.

解 由 $|u_n|=\left|\frac{\sin n}{n^2+1}\right|\leqslant\frac{1}{n^2}$, $\sum\limits_{n=1}^{\infty}\frac{1}{n^2}$ 收敛,所以, $\sum\limits_{n=1}^{\infty}\frac{\sin n}{n^2+1}$ 收敛,且为绝对

收敛.

注意 定理 8.8 的逆命题不成立,即如果 $\sum_{n=1}^{\infty} u_n$ 收敛,$\sum_{n=1}^{\infty} |u_n|$ 未必收敛,例如,交错级数 $\sum_{n=1}^{\infty} (-1)^{n-1} \frac{1}{n}$ 收敛,但 $\sum_{n=1}^{\infty} \left| (-1)^{n-1} \frac{1}{n} \right| = \sum_{n=1}^{\infty} \frac{1}{n}$ 发散.

综合以上讨论,对于任意项级数 $\sum_{n=1}^{\infty} u_n$,通常可按照以下步骤判别其敛散性.首先判别 $\sum_{n=1}^{\infty} |u_n|$ 的敛散性.整个判别过程可采用正项级数判别法进行.当 $\sum_{n=1}^{\infty} |u_n|$ 发散时,再判别 $\sum_{n=1}^{\infty} u_n$ 是否收敛,这其中若用比值判别法或根值判别法判别出 $\sum_{n=1}^{\infty} |u_n|$ 发散,则必有 $|u_n| \not\to 0$,从而有 $u_n \not\to 0$,可直接判定 $\sum_{n=1}^{\infty} u_n$ 发散.

例 4 证明级数 $\sum_{n=1}^{\infty} (-1)^{n-1} \frac{n!}{n^n}$ 绝对收敛.

证明 因为

$$\lim_{n \to \infty} \frac{|u_{n+1}|}{|u_n|} = \lim_{n \to \infty} \left| \frac{(-1)^n (n+1)!}{(n+1)^{n+1}} \right| \bigg/ \left| \frac{(-1)^{n-1} n!}{n^n} \right|$$

$$= \lim_{n \to \infty} \left(\frac{n}{n+1} \right)^n = \frac{1}{e} < 1$$

由定理 8.4,$\sum_{n=1}^{\infty} |u_n|$ 收敛,所以 $\sum_{n=1}^{\infty} (-1)^{n-1} \frac{n!}{n^n}$ 绝对收敛.

例 5 讨论级数 $\sum_{n=1}^{\infty} \frac{1}{n2^n} (a+1)^n$ 的敛散性(a 为常数)

解 因为

$$\lim_{n \to \infty} \left| \frac{u_{n+1}}{u_n} \right| = \lim_{n \to \infty} \left| \frac{1}{(n+1)2^{n+1}} (a+1)^{n+1} \right| \bigg/ \left| \frac{1}{n2^n} (a+1)^n \right|$$

$$= \lim_{n \to \infty} \frac{n|a+1|}{2(n+1)} = \frac{|a+1|}{2}$$

所以,当 $\left| \frac{a+1}{2} \right| < 1$,即 $-3 < a < 1$ 时,$\sum_{n=1}^{\infty} \frac{|a+1|^n}{n2^n}$ 收敛,从而原级数绝对收敛;当 $\left| \frac{a+1}{2} \right| > 1$,即 $a < -3$ 或 $a > 1$ 时,$\sum_{n=1}^{\infty} \frac{|a+1|^n}{n2^n}$ 发散,且可推得 $\lim_{n \to \infty} \frac{(a+1)^n}{n2^n} = \infty$,由级数收敛必要条件知,原级数发散;当 $a = -3$ 时,由例 1 知 $\sum_{n=1}^{\infty} \frac{(-1)^n}{n}$ 收敛,且为条件收敛;当 $a = 1$ 时,级数 $\sum_{n=1}^{\infty} \frac{1}{n}$ 发散.

总之,当 $-3 < a < 1$ 时,级数 $\sum_{n=1}^{\infty} \dfrac{(a+1)^n}{n2^n}$ 绝对收敛,当 $a = -3$ 时,级数条件收敛,当 $a < -3$ 或 $a \geq 1$ 时,级数发散.

前面两节我们系统地讨论了常数项级数收敛性的判别法. 在运用时应注意以下几个问题:首先要注意:一般项是否趋于零,若不趋于零,则可以判定级数发散;若趋于零,则其收敛性需作进一步判定. 其次要注意:级数的符号特征. 对于保号级数,可采用正项级数收敛性判别法判别;对于任意项级数,则可采用上面介绍的步骤,先对 $\sum_{n=1}^{\infty} |u_n|$ 的敛散性作出判别,在 $\sum_{n=1}^{\infty} |u_n|$ 发散时,再利用级数收敛的定义、性质或交错级数收敛性判别法,对 $\sum_{n=1}^{\infty} u_n$ 的敛散性作出判定,最终要指明级数是绝对收敛,还是条件收敛或发散. 最后,要注意各种判别法使用的范围和特点. 如比较判别法及其极限形式只适用于保号级数,在级数符号未确定的情况下,不应轻易使用. 用根值判别法和比值判别法不仅可以判定 $\sum_{n=1}^{\infty} u_n$ 绝对收敛,而且还可以由 $\sum_{n=1}^{\infty} |u_n|$ 发散推出 $\sum_{n=1}^{\infty} u_n$ 发散. 另外,正项级数收敛的实质是取决于一般项 u_n 趋于零的速度,理解这一点往往是有益的.

练习 8.3

1. 判别下列结论是否正确:

(1) 正项级数 $\sum_{n=1}^{\infty} u_n$ 收敛,是级数 $\sum_{n=1}^{\infty} u_n^2$ 收敛的充分必要条件;

(2) 若 $\sum_{n=1}^{\infty} u_n$ 和 $\sum_{n=1}^{\infty} v_n$ 都收敛,不等式 $u_n \leq v_n (n = 1,2,\cdots)$ 成立,是不等式 $\sum_{n=1}^{\infty} u_n \leq \sum_{n=1}^{\infty} v_n$ 成立的既非充分也非必要条件;

(3) 若 $n = 1,2,\cdots$,不等式 $u_n \leq v_n$ 成立,则由 $\sum_{n=1}^{\infty} u_n$ 发散,可推得 $\sum_{n=1}^{\infty} v_n$ 发散;

(4) 若 $\lim\limits_{n \to \infty} \dfrac{u_n}{v_n} = 1$,则 $\sum_{n=1}^{\infty} u_n$ 与 $\sum_{n=1}^{\infty} v_n$ 同时收敛或同时发散;

(5) 若 $\dfrac{u_{n+1}}{u_n} < 1$,则正项级数 $\sum_{n=1}^{\infty} u_n$ 收敛;

(6) 若 $\dfrac{u_{n+1}}{u_n} > 1$,则正项级数 $\sum_{n=1}^{\infty} u_n$ 必发散.

2. 判别下列级数是绝对收敛,条件收敛,还是发散?

(1) $\sum_{n=1}^{\infty} \dfrac{(-1)^{n-1}}{\ln(2+n)}$; (2) $\sum_{n=1}^{\infty} (-1)^n \dfrac{n}{n+1}$;

(3) $\sum_{n=1}^{\infty} (-1)^{n-1} \ln\left(1 + \dfrac{1}{n}\right)$; (4) $\sum_{n=1}^{\infty} (-1)^n (1 - \sqrt[n]{e})$;

(5) $\sum_{n=1}^{\infty} \frac{(-1)^{n-1} 2^{n^2}}{n^n}$;

(6) $\sum_{n=1}^{\infty} (-1)^{\frac{n(n-1)}{2}} \frac{n^2}{2^n}$;

(7) $\sum_{n=2}^{\infty} \frac{\cos \frac{n\pi}{4}}{n(\ln n)^3}$;

(8) $\sum_{n=1}^{\infty} (-2)^n \sin \frac{\pi}{3^n}$;

(9) $\sum_{n=1}^{\infty} \frac{\sin a + (-1)^n n}{n^2}$;

(10) $\sum_{n=1}^{\infty} \left(\frac{na}{n+1} \right)^n$.

3. 判别下列结论是否正确:

(1) 若 $\sum_{n=1}^{\infty} u_n$ 收敛,则 $\sum_{n=1}^{\infty} (-1)^n u_n$ 条件收敛;

(2) 若交错级数 $\sum_{n=1}^{\infty} (-1)^n a_n$ 收敛,则必为条件收敛;

(3) 若 $\sum_{n=1}^{\infty} u_n^2$ 发散,则 $\sum_{n=1}^{\infty} u_n$ 也发散;

(4) 若 $\lim_{n \to \infty} \left| \frac{u_{n+1}}{u_n} \right| > 1$,则 $\sum_{n=1}^{\infty} u_n$ 必然发散;

(5) 若 $\sum_{n=1}^{\infty} u_n$ 收敛,$\sum_{n=1}^{\infty} v_n$ 绝对收敛,则 $\sum_{n=1}^{\infty} u_n v_n$ 绝对收敛.

§8.4 幂级数

一、函数项级数的概念

设 $u_n(x)(n = 0, 1, 2, \cdots)$ 为定义在某实数集合 D 上的函数序列,则称

$$\sum_{n=0}^{\infty} u_n(x) = u_0(x) + u_1(x) + \cdots + u_n(x) + \cdots$$

为定义在 D 上的函数项无穷级数,简称函数项级数.

对于函数项级数,每给定一个 $x_0 \in D$,则相应有一个常数项级数 $\sum_{n=0}^{\infty} u_n(x_0)$,如果 $\sum_{n=0}^{\infty} u_n(x_0)$ 收敛,则称函数项级数 $\sum_{n=0}^{\infty} u_n(x)$ 在 x_0 点收敛,并称 x_0 为该级数的收敛点,如果 $\sum_{n=0}^{\infty} u_n(x_0)$ 发散,则称函数项级数 $\sum_{n=0}^{\infty} u_n(x)$ 在 x_0 点发散,并称 x_0 为该级数的发散点. $\sum_{n=0}^{\infty} u_n(x)$ 的全体收敛点的集合称为 $\sum_{n=0}^{\infty} u_n(x)$ 的收敛域.

对于收敛域中每个 x,函数项级数 $\sum_{n=0}^{\infty} u_n(x)$ 都对应一个惟一确定的和,记为 $S(x)$,即有

$$\sum_{n=0}^{\infty} u_n(x) = S(x)$$

根据函数概念，$S(x)$ 通常称为定义在收敛域上的函数项级数 $\sum_{n=0}^{\infty} u_n(x)$ 的和函数. 若记函数项级数 $\sum_{n=1}^{\infty} u_n(x)$ 的前 n 项部分和为 $S_n(x)$，则在收敛域上有

$$S(x) = \lim_{n \to \infty} S_n(x)$$

例如，公比是 x 的几何级数

$$\sum_{n=0}^{\infty} 3x^n = 3 + 3x + 3x^2 + \cdots + 3x^n + \cdots$$

当 $|x| < 1$ 时收敛，$|x| \geq 1$ 时发散，因此全体收敛点的集合是 $(-1, 1)$，即收敛域是 $(-1, 1)$，于是，对于 x 在区间 $(-1, 1)$ 内任意取值，有

$$\sum_{n=0}^{\infty} 3x^n = \frac{3}{1-x}$$

即级数 $\sum_{n=0}^{\infty} 3x^n$ 在 $(-1, 1)$ 内有和函数 $\frac{3}{1-x}$.

注意 函数 $\frac{3}{1-x}$ 的定义域是 $(-\infty, 1) \cup (1, +\infty)$，但仅在 $(-1, 1)$ 内，它才是级数 $\sum_{n=0}^{\infty} 3x^n$ 的和函数，两者是不同的函数.

二、幂级数及其收敛性

形如

$$\sum_{n=0}^{\infty} a_n(x - x_0)^n = a_0 + a_1(x - x_0) + a_2(x - x_0)^2 + \cdots + a_n(x - x_0)^n + \cdots$$

的函数项级数，称为在 x_0 点的幂级数，其中 $a_n (n = 0, 1, 2, \cdots)$ 为常数，称为幂级数的系数. 如果取 $x_0 = 0$，得

$$\sum_{n=0}^{\infty} a_n x^n = a_0 + a_1 x + a_2 x^2 + \cdots + a_n x^n + \cdots$$

称为在 $x_0 = 0$ 的幂级数.

幂级数是最常见、最简单的一类函数项级数，以下我们将着重研究 $x_0 = 0$ 的幂级数的性质. 因为，在任何点 x_0 处的幂级数 $\sum_{n=0}^{\infty} a_n(x - x_0)^n$，只要作变换 $t = x - x_0$，均可化为 $t_0 = 0$ 的幂级数 $\sum_{n=0}^{\infty} a_n t^n$.

首先讨论幂级数收敛域的问题.

幂级数 $\sum_{n=0}^{\infty} a_n x^n$ 在 $x = 0$ 点总是收敛的. 类似地, $\sum_{n=0}^{\infty} a_n (x - x_0)^n$ 在 $x = x_0$ 点也总是收敛的. 因此需要讨论的是在 $x \neq 0$ (或 $x \neq x_0$) 内的敛散性问题.

例 1 求幂级数 $\sum_{n=0}^{\infty} n! x^n$ 的收敛域(其中 $0! = 1$).

解 首先,幂级数在 $x = 0$ 收敛. 对 $x \neq 0$,有

$$\lim_{n \to \infty} \frac{|u_{n+1}(x)|}{|u_n(x)|} = \lim_{n \to \infty} \left| \frac{(n+1)! x^{n+1}}{n! x^n} \right| = \lim_{n \to \infty} (n+1) |x| = +\infty$$

知, $\sum_{n=0}^{\infty} n! x^n$ 在 $x \neq 0$ 时发散,故级数 $\sum_{n=0}^{\infty} n! x^n$ 的收敛域为 $x = 0$.

例 2 求幂级数 $\sum_{n=0}^{\infty} \frac{\sin n}{n!} x^n$ 的收敛域.

解 对于任意 $x \neq 0$,有 $\left| \frac{\sin n}{n!} x^n \right| \leqslant \left| \frac{1}{n!} x^n \right|$,且有

$$\lim_{n \to \infty} \left[\frac{1}{(n+1)!} |x|^{n+1} \bigg/ \frac{1}{n!} |x|^n \right] = \lim_{n \to \infty} \frac{|x|}{n+1} = 0$$

知, $\sum_{n=0}^{\infty} \frac{1}{n!} x^n$ 收敛,从而知 $\sum_{n=0}^{\infty} \frac{\sin n}{n!} x^n$ 收敛,故幂级数 $\sum_{n=0}^{\infty} \frac{\sin n}{n!} x^n$ 的收敛域是 $(-\infty, +\infty)$.

例 3 求幂级数 $\sum_{n=0}^{\infty} \frac{(-1)^n}{n^2 + 1} x^n$ 的收敛域.

解 在 $x \neq 0$ 时,有

$$\lim_{n \to \infty} \frac{|u_{n+1}(x)|}{|u_n(x)|} = \lim_{n \to \infty} \left| \frac{(-1)^{n+1}}{(n+1)^2 + 1} x^{n+1} \bigg/ \frac{(-1)^n}{n^2 + 1} x^n \right|$$

$$= \lim_{n \to \infty} \frac{n^2 + 1}{(n+1)^2 + 1} |x| = |x|$$

因此,当 $|x| > 1$ 时, $\sum_{n=0}^{\infty} \frac{(-1)^n}{n^2 + 1} x^n$ 发散;当 $|x| < 1$ 时, $\sum_{n=0}^{\infty} \frac{(-1)^n}{n^2 + 1} x^n$ 收敛;又当 $|x| = 1$ 时, $\left| \frac{(-1)^n x^n}{n^2 + 1} \right| \leqslant \frac{1}{n^2}$,由 $\sum_{n=1}^{\infty} \frac{1}{n^2}$ 收敛,知 $\sum_{n=0}^{\infty} \frac{(-1)^n}{n^2 + 1} x^n$ 收敛,故幂级数收敛域是 $[-1, 1]$.

例 3 说明,幂级数 $\sum_{n=0}^{\infty} a_n x^n$ 的收敛域是一个以原点为中心的对称区间,对于一般的情况,结论也是正确的,并有如下定理.

定理 8.9(阿贝尔定理) 如果幂级数 $\sum_{n=0}^{\infty} a_n x^n$ 在某点 $x_0 \neq 0$ 收敛,则在满足

不等式 $|x|<|x_0|$ 的一切点 x 处绝对收敛;如果幂级数 $\sum\limits_{n=0}^{\infty} a_n x^n$ 在某点 $x_0 \neq 0$ 处发散,则在满足不等式 $|x|>|x_0|$ 的一切点 x 处发散.

证明 设幂级数 $\sum\limits_{n=0}^{\infty} a_n x^n$ 在 $x_0 \neq 0$ 处收敛,根据级数收敛的必要条件,有
$$\lim_{n \to \infty} a_n x_0^n = 0$$
从而知数列 $\{a_n x_0^n\}$ 有界,即存在一个正数 M,使得
$$|a_n x_0^n| \leq M \quad (n = 0, 1, \cdots)$$
于是,对于满足不等式 $|x|<|x_0|$ 的 x,都有
$$|a_n x^n| = |a_n x_0^n| \cdot \left|\frac{x}{x_0}\right|^n < M q^n$$
其中 $q = \left|\dfrac{x}{x_0}\right| < 1$,由于几何级数 $\sum\limits_{n=0}^{\infty} M q^n$ 收敛,故级数 $\sum\limits_{n=0}^{\infty} a_n x^n$ 绝对收敛.

如果幂级数 $\sum\limits_{n=0}^{\infty} a_n x^n$ 在 $x_0 \neq 0$ 处发散,则对于满足不等式 $|x|>|x_0|$ 的一切 x 皆发散.若不然,至少有一个 x_1,满足 $|x_1|>|x_0|$,但 $\sum\limits_{n=0}^{\infty} a_n x_1^n$ 收敛,则由上面的讨论知,$\sum\limits_{n=0}^{\infty} a_n x_0^n$ 必绝对收敛,与假设矛盾.

由定理 8.9 我们知道,$\sum\limits_{n=0}^{\infty} a_n x^n$ 的收敛域,除了只在 $x=0$ 处收敛的情况外,总是含有一个关于原点对称的对称区间(开区间),我们称含在收敛域内的这种最大开区间 $(-R, R)$ 为 $\sum\limits_{n=0}^{\infty} a_n x^n$ 的收敛区间,其中 R 称为收敛半径.对于形如 $\sum\limits_{n=0}^{\infty} a_n (x-x_0)^n$ 的幂级数,若它的收敛半径为 R,则收敛区间是关于点 x_0 的对称区间 $(x_0 - R, x_0 + R)$.

显然,R 是幂级数 $\sum\limits_{n=0}^{\infty} a_n x^n$ 的收敛半径的充分必要条件为,当 $|x|<R$ 时,$\sum\limits_{n=0}^{\infty} a_n x^n$ 绝对收敛,且当 $|x|>R$ 时,$\sum\limits_{n=0}^{\infty} a_n x^n$ 发散.利用正项级数的比值判别法,可以得到计算幂级数 $\sum\limits_{n=0}^{\infty} a_n x^n$ 的收敛半径的简便方法.

定理 8.10 设幂级数 $\sum\limits_{n=0}^{\infty} a_n x^n$ 满足
$$\lim_{n \to \infty} \left|\frac{a_{n+1}}{a_n}\right| = \rho$$

则

(1) 若 $0 < \rho < +\infty$,有 $R = \dfrac{1}{\rho}$;

(2) 若 $\rho = 0$,有 $R = +\infty$;

(3) 若 $\rho = +\infty$,有 $R = 0$.

证明 (1) 由于

$$\lim_{n\to\infty}\left|\frac{u_{n+1}}{u_n}\right| = \lim_{n\to\infty}\left|\frac{a_{n+1}x^{n+1}}{a_n x^n}\right| = \lim_{n\to\infty}\left|\frac{a_{n+1}}{a_n}\right||x| = \rho|x|$$

于是,由 $0 < \rho < +\infty$ 和比值判别法,当 $\rho|x| < 1$,即 $|x| < \dfrac{1}{\rho}$ 时,$\sum\limits_{n=0}^{\infty}a_n x^n$ 绝对收敛;当 $\rho|x| > 1$,即 $|x| > \dfrac{1}{\rho}$ 时,$\sum\limits_{n=0}^{\infty}a_n x^n$ 发散.因此 $R = \dfrac{1}{\rho}$.

(2) 由 $\rho = 0$,则对任意 $x \neq 0$,总有

$$\lim_{n\to\infty}\left|\frac{a_{n+1}x^{n+1}}{a_n x^n}\right| = 0 < 1$$

所以,级数 $\sum\limits_{n=0}^{\infty}a_n x^n$ 绝对收敛,因此 $R = +\infty$.

(3) 由 $\rho = +\infty$,则除 $x = 0$ 外的一切 x 值.

$$\lim_{n\to\infty}\left|\frac{a_{n+1}x^{n+1}}{a_n x^n}\right| = +\infty$$

级数 $\sum\limits_{n=0}^{\infty}a_n x^n$ 发散,故 $R = 0$.

在求出幂级数 $\sum\limits_{n=0}^{\infty}a_n x^n$ 的收敛区间 $(-R, R)$ 的基础上,再验证级数 $\sum\limits_{n=0}^{\infty}a_n R^n$ 和 $\sum\limits_{n=0}^{\infty}a_n(-R)^n$ 的敛散性,即可求出收敛域.

例 4 求幂级数 $\sum\limits_{n=0}^{\infty}\dfrac{(-1)^n}{(n+1)3^n}x^n$ 的收敛半径、收敛区间和收敛域.

解 由

$$\lim_{n\to\infty}\left|\frac{a_{n+1}}{a_n}\right| = \lim_{n\to\infty}\left|\frac{(-1)^{n+1}}{(n+2)3^{n+1}}\bigg/\frac{(-1)^n}{(n+1)3^n}\right| = \frac{1}{3}$$

知,收敛半径 $R = 3$,收敛区间为 $(-3, 3)$.

当 $x = 3$ 时,$\sum\limits_{n=0}^{\infty}\dfrac{(-1)^n}{(n+1)3^n}x^n = \sum\limits_{n=0}^{\infty}\dfrac{(-1)^n}{n+1}$ 是收敛的交错级数;$x = -3$ 时,$\sum\limits_{n=0}^{\infty}\dfrac{(-1)^n}{(n+1)3^n}x^n = \sum\limits_{n=0}^{\infty}\dfrac{1}{n+1}$ 发散,因此 $\sum\limits_{n=0}^{\infty}\dfrac{(-1)^n}{(n+1)3^n}x^n$ 的收敛域为 $(-3, 3]$.

例 5 求幂级数 $\sum_{n=0}^{\infty} \frac{(-1)^n}{2n-1}(2x-3)^n$ 的收敛半径、收敛区间及收敛域.

解 令 $t = 2x - 3$,原级数变为 $\sum_{n=0}^{\infty} \frac{(-1)^n}{2n-1} t^n$.

由于
$$\lim_{n \to \infty} \left| \frac{a_{n+1}}{a_n} \right| = 1$$

因此,当 $|t| < 1$,即 $\left| x - \frac{3}{2} \right| < \frac{1}{2}$ 时,原幂级数收敛,且当 $|t| > 1$,即 $\left| x - \frac{3}{2} \right| > \frac{1}{2}$ 时,原级数发散,所以收敛半径为 $\frac{1}{2}$,收敛区间为 $(1,2)$.

又当 $x = 2$ 时,原级数化为收敛的交错级数 $\sum_{n=0}^{\infty} \frac{(-1)^n}{2n-1}$;当 $x = 1$ 时,原级数化为 $\sum_{n=0}^{\infty} \frac{1}{2n-1}$,发散. 故原幂级数收敛域为 $(1,2]$.

三、幂级数的基本性质

我们知道,幂级数 $\sum_{n=0}^{\infty} a_n x^n$ 在其收敛区间内表示一个和函数. 下面,我们来讨论在收敛区间 $(-R,R)$ 内作为函数的 $\sum_{n=0}^{\infty} a_n x^n$ 的一些性质,主要是连续性、可导性和可积性. 由此将涉及如何计算

$$\lim_{x \to x_0} \sum_{n=0}^{\infty} a_n x^n, \quad \left(\sum_{n=0}^{\infty} a_n x^n \right)' \bigg|_{x=x_0}, \quad \int_0^{x_0} \left(\sum_{n=0}^{\infty} a_n x^n \right) dx$$

的问题. 这一过程中将出现 $\sum_{n=0}^{\infty} a_n x^n$, $\sum_{n=1}^{\infty} n a_n x^{n-1}$ 和 $\sum_{n=0}^{\infty} \frac{a_n}{n+1} x^{n+1}$ 三个级数,我们先给出以下定理:

定理 8.11 幂级数 $\sum_{n=0}^{\infty} a_n x^n$ 与 $\sum_{n=1}^{\infty} n a_n x^{n-1}$, $\sum_{n=0}^{\infty} \frac{a_n}{n+1} x^{n+1}$ 有相同的收敛半径和收敛区间.

进一步,有

定理 8.12 设幂级数 $\sum_{n=0}^{\infty} a_n x^n$ 的收敛半径为 R,和函数为 $S(x)$,则有

(1) 和函数 $S(x)$ 在收敛区间 $(-R,R)$ 内连续;如果幂级数 $\sum_{n=0}^{\infty} a_n x^n$ 在其收敛区间的右(左)端点收敛,那么 $S(x)$ 也在其右(左)端点左(右)连续;

(2) 和函数 $S(x)$ 在收敛区间 $(-R,R)$ 内可导,并且有逐项求导公式:
$$S'(x) = \left(\sum_{n=0}^{\infty} a_n x^n\right)' = \sum_{n=0}^{\infty} (a_n x^n)' = \sum_{n=1}^{\infty} n a_n x^{n-1}, \ |x| < R$$

(3) 和函数 $S(x)$ 在收敛区间 $(-R,R)$ 内可积分,并且有逐项积分公式
$$\int_0^x S(t)\,dt = \int_0^x \left(\sum_{n=0}^{\infty} a_n t^n\right)dt = \sum_{n=0}^{\infty} \int_0^x (a_n t^n)\,dt = \sum_{n=0}^{\infty} \frac{a_n}{n+1} x^{n+1}, \ |x| < R$$

定理 8.11 和定理 8.12 的证明从略.

幂级数在收敛区间的基本性质在研究函数性质时非常重要,例如,利用这些性质可以方便地求某个幂级数的和函数.

例 6 求幂级数 $\sum_{n=0}^{\infty} \frac{(-1)^n}{n+1} x^n$ 的和函数.

解 首先,该级数的收敛半径为 1.

考虑到 $-\sum_{n=0}^{\infty} \frac{(-x)^{n+1}}{n+1}$ 是几何级数 $\sum_{n=0}^{\infty} (-x)^n = \frac{1}{1+x}$ 逐项积分得到的幂级数,于是,设
$$S(x) = -\sum_{n=0}^{\infty} \frac{(-x)^{n+1}}{n+1}, \quad x \in (-1,1)$$

那么,$x \neq 0$ 时,有
$$\sum_{n=0}^{\infty} \frac{(-1)^n}{n+1} x^n = \frac{S(x)}{x}$$

且有
$$S'(x) = \left[-\sum_{n=0}^{\infty} \frac{(-x)^{n+1}}{n+1}\right]' = \sum_{n=0}^{\infty} (-x)^n = \frac{1}{1+x}$$

因此
$$S(x) = \int_0^x f'(t)\,dt + f(0) = \int_0^x \frac{1}{1+t}\,dt = \ln(1+x)$$

所以得到
$$\sum_{n=0}^{\infty} \frac{(-1)^n}{n+1} x^n = \begin{cases} \frac{1}{x}\ln(1+x), & 0 < |x| < 1 \\ 1, & x = 0 \end{cases}$$

例 7 求数项级数 $\sum_{n=1}^{\infty} \frac{n}{2^n}$ 的和.

解 级数 $\sum_{n=1}^{\infty} \frac{n}{2^n}$ 可看作幂级数 $\sum_{n=1}^{\infty} n x^n$ 在 $x = \frac{1}{2}$ 时的值. 于是设
$$S(x) = \sum_{n=1}^{\infty} n x^n, x \in (-1,1)$$

那么 $S\left(\dfrac{1}{2}\right) = \sum\limits_{n=1}^{\infty} \dfrac{n}{2^n}$，又由

$$\sum_{n=1}^{\infty} nx^n = x \sum_{n=1}^{\infty} nx^{n-1} = x\left(\sum_{n=0}^{\infty} x^n\right)'$$
$$= x\left(\dfrac{1}{1-x}\right)' = \dfrac{x}{(1-x)^2}, x \in (-1,1)$$

从而有

$$\sum_{n=1}^{\infty} \dfrac{n}{2^n} = S\left(\dfrac{1}{2}\right) = 2$$

四、泰勒级数及其应用

前面讨论了幂级数的收敛域及在收敛区间内和函数的基本性质，以及利用这些性质求幂级数和函数的方法．实际应用中也常常提出相反的问题．对给定的函数能否在某个区间内用幂级数表示？如果能表示，又如何表示？一般地说，将函数表示成幂级数，称为函数的幂级数展开，且称等式

$$f(x) = \sum_{n=0}^{\infty} a_n(x-x_0)^n, \quad x \in D$$

为函数在 $x = x_0$ 处的幂级数展开式，其中 D 是上面等式的成立范围．

在第 4 章 §4.2 节，我们已经看到，若函数 $f(x)$ 在点 x_0 的某一邻域内具有 $n+1$ 阶连续导数，则在该邻域内有 $f(x)$ 的 n 阶泰勒公式：

$$f(x) = f(x_0) + f'(x_0)(x-x_0) + \dfrac{f''(x_0)}{2!}(x-x_0)^2 + \cdots + \dfrac{f^{(n)}(x_0)}{n!}(x-x_0)^n + R_n(x)$$

其中 $R_n(x)$ 为拉格朗日型余项，

$$R_n(x) = \dfrac{f^{(n+1)}[x_0 + \theta(x-x_0)]}{(n+1)!}(x-x_0)^{n+1}, 0 < \theta < 1$$

这时，在该邻域内 $f(x)$ 可用多项式

$$P_n(x) = f(x_0) + f'(x_0)(x-x_0) + \dfrac{f''(x_0)}{2!}(x-x_0)^2 + \cdots + \dfrac{f^{(n)}(x_0)}{n!}(x-x_0)^n$$

近似表示，其误差为余项 $R_n(x)$．可以设想，如果 $f(x)$ 在 x_0 的某邻域内具有任意阶连续导数，由泰勒公式，当 $n \to \infty$ 时，若 $R_n(x) \to 0$，则函数 $f(x)$ 将展成幂级数形式：

$$f(x_0) + f'(x_0)(x-x_0) + \frac{f''(x_0)}{2!}(x-x_0)^2 + \cdots + \frac{f^{(n)}(x_0)}{n!}(x-x_0)^n + \cdots \qquad (8-2)$$

形如(8-2)的幂级数,称为函数 $f(x)$ 在 x_0 处的泰勒级数,其系数称为 $f(x)$ 在 x_0 点的泰勒系数. 当 $x_0 = 0$ 时,

$$f(0) + f'(0)x + \frac{f''(0)}{2!}x^2 + \cdots + \frac{f^{(n)}(0)}{n!}x^n + \cdots \qquad (8-3)$$

又称为函数 $f(x)$ 的麦克劳林级数.

综上讨论,我们有

定理 8.13 设函数 $f(x)$ 在点 x_0 的某邻域内具有任意阶导数,则 $f(x)$ 在该邻域内能展开成泰勒级数的充分必要条件是 $f(x)$ 的泰勒公式中的余项 $R_n(x)$ 当 $n \to \infty$ 时极限为零.

定理的证明我们就不介绍了.

下面我们证明,如果函数 $f(x)$ 能展开成幂级数,那么这个展开式是惟一的,而且一定是 $f(x)$ 的泰勒级数.

事实上,若设函数 $f(x)$ 在包含 x_0 的某区间上能展开成幂级数,即

$$f(x) = a_0 + a_1(x-x_0) + a_2(x-x_0)^2 + \cdots + a_n(x-x_0)^n + \cdots \qquad (8-4)$$

由定理 8.12(2) 可知 $f(x)$ 存在任意阶导数,且可以逐项求导,于是有

$$f'(x) = a_1 + 2a_2(x-x_0) + 3a_3(x-x_0)^2 + \cdots + na_n(x-x_0)^{n-1} + \cdots$$

$$f''(x) = 2a_2 + 3 \cdot 2a_3(x-x_0) + 4 \cdot 3a_4(x-x_0)^2 + \cdots + n(n-1)a_n(x-x_0)^{n-2} + \cdots$$

$$\cdots\cdots\cdots\cdots$$

$$f^{(n)}(x) = n!a_n + (n+1)!\, a_{n+1}(x-x_0) + \cdots$$

$$\cdots\cdots\cdots$$

将 $x = x_0$ 代入以上各式,即可得到

$$a_0 = f(x_0),\, a_1 = f'(x_0),\, a_2 = \frac{f''(x_0)}{2!},\, \cdots,\, a_n = \frac{f^{(n)}(x_0)}{n!},\, \cdots \qquad (8-5)$$

例 8 将函数 $f(x) = e^x$ 展开成 x 的幂级数.

解 由于 $f^{(n)}(x) = e^x (n = 1, 2, \cdots)$,因此 $f^{(n)}(0) = 1 (n = 1, 2, \cdots)$,于是得到级数

$$1 + x + \frac{x^2}{2!} + \cdots + \frac{x^n}{n!} + \cdots$$

其收敛半径 $R = +\infty$.

对于 x 的任意取值,余项的绝对值为

$$|R_n(x)| = \left| \frac{e^{\theta x}}{(n+1)!} x^{n+1} \right| < e^{|x|} \frac{|x|^{n+1}}{(n+1)!} \quad (0 < \theta < 1)$$

因 $e^{|x|}$ 为有限值,$\dfrac{|x|^{n+1}}{(n+1)!}$ 是收敛级数 $\sum\limits_{n=0}^{\infty}\dfrac{|x|^{n+1}}{(n+1)!}$ 的一般项,所以当 $n\to\infty$ 时有 $|R_n(x)|\to 0$,从而得到

$$e^x = 1 + x + \frac{x^2}{2!} + \cdots + \frac{x^n}{n!} + \cdots, x\in(-\infty, +\infty) \qquad (8-6)$$

类似地,我们可以得到

$$\sin x = x - \frac{x^3}{3!} + \frac{x^5}{5!} + \cdots + (-1)^{n-1}\frac{x^{2n-1}}{(2n-1)!} + \cdots, x\in(-\infty, +\infty) \qquad (8-7)$$

以上将函数展开成幂级数的方法,通常称为直接展开法,一般步骤是:先求出函数 $f(x)$ 的各阶导数 $f^{(n)}(x)(n=1,2,\cdots)$;再计算出在 $x=x_0$ 的各阶导数值 $f^{(n)}(x_0)(n=1,2,\cdots)$;进而写出相应的泰勒级数 $\sum\limits_{n=0}^{\infty}\dfrac{f^{(n)}(x_0)}{n!}(x-x_0)^n$ 并求出收敛区间 (x_0-R, x_0+R);最后考虑在收敛区间 (x_0-R, x_0+R) 内余项 $R_n(x)$ 的极限,若极限 $\lim\limits_{n\to\infty}|R_n(x)|=0$,即有幂级数展开式

$$f(x) = \sum_{n=0}^{\infty}\frac{f^{(n)}(x_0)}{n!}(x-x_0)^n, x\in(x_0-R, x_0+R) \qquad (8-8)$$

由于直接展开法运算量很大,余项也不易研究,实际计算时常常利用已知函数的幂级数展开式和幂级数的运算公式来推导,后者又称为间接展开法.

例 9 将函数 $\cos x$ 展开成 x 的幂级数.

解 由 $(8-7)$,$\sin x = \sum\limits_{n=1}^{\infty}\dfrac{(-1)^{n-1}}{(2n-1)!}x^{2n-1}, x\in(-\infty, +\infty)$

所以由 $\cos x = (\sin x)'$ 及幂级数的逐项求导公式可得

$$\cos x = 1 - \frac{x^2}{2!} + \frac{x^4}{4!} - \cdots + \frac{(-1)^{n-1}}{(2n-2)!}x^{2n-2} + \cdots, x\in(-\infty, +\infty) \qquad (8-9)$$

例 10 将函数 $\ln(1+x)$ 展开成 x 的幂级数.

解 因为 $\dfrac{1}{1+x} = 1 - x + x^2 - \cdots + (-1)^n x^n + \cdots, x\in(-1,1)$

所以有

$$\ln(1+x) = \int_0^x \frac{dt}{1+t} = x - \frac{x^2}{2} + \frac{x^3}{3} - \cdots + \frac{(-1)^n x^{n+1}}{n+1} + \cdots, x\in(-1,1] \qquad (8-10)$$

注意 上式在 $x=1$ 点也成立. 其理论依据已超出我们所学范围,不过以后在求函数幂级数展开式时,以下结论可以使用:

若

$$f(x) = \sum_{n=0}^{\infty} a_n x^n, x\in(-R, R)$$

且
$$\sum_{n=0}^{\infty} \frac{a_n}{n+1}R^{n+1} \left(\text{或} \sum_{n=0}^{\infty} \frac{a_n}{n+1}(-R)^{n+1}\right)$$

收敛,则有逐项求积公式

$$\int_0^R f(t)\,\mathrm{d}t = \int_0^R \sum_{n=0}^{\infty} a_n t^n \,\mathrm{d}t = \sum_{n=0}^{\infty} \frac{a_n}{n+1}R^{n+1}$$

$$\left(\text{或}\int_{-R}^0 f(t)\,\mathrm{d}t = \int_{-R}^0 \sum_{n=0}^{\infty} a_n t^n \,\mathrm{d}t = -\sum_{n=0}^{\infty} \frac{a_n}{n+1}(-R)^{n+1}\right)$$

成立,从而

$$\int_0^x f(t)\,\mathrm{d}t = \sum_{n=0}^{\infty} \frac{a_n}{n+1}x^{n+1},\ x \in (-R,R]$$

$$\left(\text{或}\int_0^x f(t)\,\mathrm{d}t = \sum_{n=0}^{\infty} \frac{a_n}{n+1}x^{n+1},\ x \in [-R,R)\right)$$

例 11 将函数 $\arctan x$ 展成 x 的幂级数.

解 因为

$$\frac{1}{1+x^2} = 1 - x^2 + x^4 - \cdots + (-1)^n x^{2n} + \cdots,\ x \in (-1,1)$$

所以有

$$\arctan x = \int_0^x \frac{\mathrm{d}t}{1+t^2} = x - \frac{1}{3}x^3 + \frac{1}{5}x^5 - \cdots + \frac{(-1)^n}{2n+1}x^{2n+1} + \cdots,\ x \in (-1,1)$$

由于 $\arctan x$ 在 $x = \pm 1$ 点连续,且 $\sum_{n=0}^{\infty} \frac{(-1)^n}{2n+1}x^{2n+1}$ 在 $x = \pm 1$ 处收敛,则有

$$\arctan x = \sum_{n=0}^{\infty} \frac{(-1)^n}{2n+1}x^{2n+1},\ x \in [-1,1] \tag{8-11}$$

例 12 将函数 $\ln(2+7x+6x^2)$ 展开成 x 的幂级数.

解 因为 $x > -\frac{1}{2}$ 时,

$$f(x) = \ln(2+7x+6x^2) = \ln 2 + \ln\left(1+\frac{3}{2}x\right) + \ln(1+2x)$$

且有

$$\ln\left(1+\frac{3}{2}x\right) = \sum_{n=0}^{\infty} \frac{(-1)^n \left(\frac{3}{2}x\right)^{n+1}}{n+1} = \sum_{n=0}^{\infty} \frac{(-1)^n}{n+1}\left(\frac{3}{2}\right)^{n+1}x^{n+1},\ x \in \left(-\frac{2}{3},\frac{2}{3}\right]$$

$$\ln(1+2x) = \sum_{n=0}^{\infty} \frac{(-1)^n (2x)^{n+1}}{n+1} = \sum_{n=0}^{\infty} \frac{(-1)^n 2^{n+1}}{n+1}x^{n+1},\ x \in \left(-\frac{1}{2},\frac{1}{2}\right]$$

于是得到

$$f(x) = \ln 2 + \sum_{n=0}^{\infty} \frac{(-1)^n}{n+1}\left[2^{n+1} + \left(\frac{3}{2}\right)^{n+1}\right]x^{n+1},\ x \in \left(-\frac{1}{2},\frac{1}{2}\right]$$

在第 5 章和第 6 章中我们知道,有些初等函数,其原函数不能用初等函数表示,其实它们可以用幂级数表示.

例 13 求 $f(x) = e^{-x^2}$ 的一个原函数.

解 我们知道 $F(x) = \int_0^x f(t)dt$ 是 $f(x)$ 的一个原函数,而

$$f(t) = e^{-t^2} = \sum_{n=0}^{\infty} \frac{(-t^2)^n}{n!} = \sum_{n=0}^{\infty} \frac{(-1)^n}{n!} t^{2n}, t \in (-\infty, +\infty)$$

则

$$F(x) = \int_0^x f(t)dt = \sum_{n=0}^{\infty} \frac{(-1)^n}{n!} \int_0^x t^{2n} dt = \sum_{n=0}^{\infty} \frac{(-1)^n}{n!} \frac{x^{2n+1}}{2n+1},$$
$$x \in (-\infty, +\infty) \tag{8-12}$$

将直接展开法与间接展开法结合起来使用,可得到函数 $f(x) = (1+x)^\alpha$ 的麦克劳林展开式:

$$(1+x)^\alpha = 1 + \sum_{n=1}^{\infty} \frac{\alpha(\alpha-1)\cdots(\alpha-n+1)}{n!} x^n$$
$$= 1 + \alpha x + \frac{\alpha(\alpha-1)}{2!} x^2 + \cdots + \frac{\alpha(\alpha-1)\cdots(\alpha-n+1)}{n!} x^n + \cdots$$
$$\tag{8-13}$$

其中 α 为任意实常数,$-1 < x < 1$ 时,公式恒成立.展开式(8-13)又称牛顿二项展开式.

牛顿二项展开式在端点 $x = \pm 1$ 是否成立,与 α 的取值有关:

(1) 当 $\alpha \leq -1$ 时,成立范围是 $(-1, 1)$;

(2) 当 $-1 < \alpha < 0$ 时,成立范围是 $(-1, 1]$;

(3) 当 $\alpha > 0$ 时,成立范围为 $[-1, 1]$.

如

$$\sqrt{1+x} = 1 + \frac{1}{2}x - \frac{1}{2\cdot 4}x^2 + \frac{1\cdot 3}{2\cdot 4\cdot 6}x^3 - \cdots$$
$$= 1 + \frac{1}{2}x + \sum_{n=2}^{\infty} (-1)^{n-1} \frac{(2n-3)!!}{(2n)!!} x^n, x \in [-1, 1] \tag{8-14}$$

$$\frac{1}{\sqrt{1+x}} = 1 - \frac{1}{2}x + \frac{1\cdot 3}{2\cdot 4}x^2 - \frac{1\cdot 3\cdot 5}{2\cdot 4\cdot 6}x^3 + \frac{1\cdot 3\cdot 5\cdot 7}{2\cdot 4\cdot 6\cdot 8}x^4 - \cdots$$
$$= 1 - \frac{1}{2}x + \sum_{n=2}^{\infty} \frac{(-1)^n (2n-1)!!}{(2n)!!} x^n, x \in (-1, 1] \tag{8-15}$$

现将几个重要函数的幂级数展开式列在下面,因为经常会用到,应牢牢记住.

$$e^x = \sum_{n=0}^{\infty} \frac{x^n}{n!} = 1 + x + \frac{x^2}{2!} + \cdots + \frac{x^n}{n!} + \cdots, x \in (-\infty, +\infty);$$

$$\sin x = \sum_{n=0}^{\infty} \frac{(-1)^n x^{2n+1}}{(2n+1)!}$$
$$= x - \frac{x^3}{3!} + \frac{x^5}{5!} - \cdots + \frac{(-1)^n x^{2n+1}}{(2n+1)!} + \cdots,$$
$$x \in (-\infty, +\infty);$$

$$\cos x = \sum_{n=0}^{\infty} \frac{(-1)^n x^{2n}}{(2n)!}$$
$$= 1 - \frac{x^2}{2!} + \frac{x^4}{4!} - \cdots + \frac{(-1)^n x^{2n}}{(2n)!} + \cdots,$$
$$x \in (-\infty, +\infty);$$

$$\ln(1+x) = \sum_{n=0}^{\infty} \frac{(-1)^n x^{n+1}}{n+1}$$
$$= x - \frac{x^2}{2} + \frac{x^3}{3} - \cdots + \frac{(-1)^n x^{n+1}}{n+1} + \cdots,$$
$$x \in (-1, 1];$$

$$\arctan x = \sum_{n=0}^{\infty} \frac{(-1)^n x^{2n+1}}{2n+1}$$
$$= x - \frac{x^3}{3} + \frac{x^5}{5} - \cdots + \frac{(-1)^n x^{2n+1}}{2n+1} + \cdots,$$
$$x \in [-1, 1];$$

$$(1+x)^{\alpha} = 1 + \sum_{n=1}^{\infty} \frac{\alpha(\alpha-1)\cdots(\alpha-n+1)}{n!} x^n$$
$$= 1 + \alpha x + \frac{\alpha(\alpha-1)}{2!} x^2 + \cdots + \frac{\alpha(\alpha-1)\cdots(\alpha-n+1)}{n!} x^n + \cdots, 等$$

式成立范围视 α 取值而定.

练习 8.4

1. 求下列级数的收敛半径,收敛区间和收敛域:

(1) $\sum_{n=0}^{\infty} (-1)^n \frac{5^n}{\sqrt{n+1}} x^n$;

(2) $\sum_{n=0}^{\infty} \frac{(-1)^n}{n!} x^n$;

(3) $\sum_{n=0}^{\infty} \frac{(-1)^n}{2n+1} x^n$;

(4) $\sum_{n=0}^{\infty} (2n)! x^n$;

(5) $\sum_{n=0}^{\infty} \frac{1}{3^n} x^{2n+1}$;

(6) $\sum_{n=0}^{\infty} q^{n^2} x^n \ (0 < q < 1)$;

(7) $\sum_{n=1}^{\infty} \frac{1}{n(n+1)} (2x-1)^n$;

(8) $\sum_{n=1}^{\infty} \frac{(-1)^{n-1}}{\sqrt{n}} \frac{1}{x^n}$.

2. 利用命题"若 $\sum_{n=0}^{\infty} a_n x^n$ 的收敛半径为 R_1, $\sum_{n=0}^{\infty} b_n x^n$ 的收敛半径为 R_2,并且 $R_1 \neq R_2$,则

$\sum_{n=0}^{\infty} (a_n \pm b_n) x^n$ 的收敛半径为 $R = \min\{R_1, R_2\}$，并且当 $|x| < R$ 时，
$$\sum_{n=0}^{\infty} a_n x^n \pm \sum_{n=0}^{\infty} b_n x^n = \sum_{n=0}^{\infty} (a_n \pm b_n) x^n."$$
求下列级数的收敛半径、收敛区间和收敛域.

(1) $\sum_{n=0}^{\infty} \left[\frac{(-1)^n}{2^n} + 3^n \right] x^n$; (2) $\sum_{n=1}^{\infty} \frac{3^n + (-2)^n}{n} (x+1)^n$.

3. 已知级数 $\sum a_n x^n$ 的收敛半径为 R. 利用命题"级数 $\sum a_n x^n$ 的收敛半径为 R 的充要条件是：$|x| < R$ 时，$\sum a_n x^n$ 绝对收敛；$|x| > R$ 时，$\sum a_n x^n$ 发散."求下列幂级数的收敛半径：

(1) $\sum_{n=0}^{\infty} a_n x^{2n}$;

提示：令 $t = x^2$，考虑 $\sum_{n=0}^{\infty} a_n t^n$ 的收敛半径.

(2) $\sum_{n=0}^{\infty} (-1)^n a_n x^{2n+1}$;

提示：令 $t = x^2$，考虑 $\sum_{n=0}^{\infty} (-1)^n a_n t^n$ 的收敛半径.

(3) $\sum_{n=1}^{\infty} \frac{a_n}{n} x^{2n+1}$;

提示：$\sum_{n=1}^{\infty} \frac{a_n}{n} t^n$ 与 $\sum_{n=0}^{\infty} a_n t^n$ 有相同的收敛半径.

(4) $\sum_{n=0}^{\infty} (a_n)^2 x^n$.

提示：$|x| < R^2$ 时，$t = \sqrt{|x|} < R$，$|(a_n)^2 x^n| = |a_n t^n|^2$，由 $\sum_{n=0}^{\infty} |a_n t^n|$ 收敛可得 $\sum_{n=0}^{\infty} |a_n t^n|^2$ 收敛；若 $\sum_{n=0}^{\infty} (a_n)^2 x^n$ 在 x_0，$|x_0| > R^2$ 处收敛，则自某项 N 后有 $|(a_n)^2 x_0^n| < 1$，由此可得 $|a_n| < \left(\frac{1}{\sqrt{|x_0|}}\right)^n$. 这时任取 t, $R < |t| < \sqrt{|x_0|}$，可得 $|a_n t^n| < \left(\frac{|t|}{\sqrt{|x_0|}}\right)^n$. 由 $\sum_{n=0}^{\infty} \left(\frac{|t|}{\sqrt{|x_0|}}\right)^n$ 的收敛性可得 $\sum_{n=0}^{\infty} |a_n t^n|$ 收敛，这与 $\sum_{n=0}^{\infty} a_n t^n$ 在 $|t| > R$ 时发散矛盾.

4. 求下列级数的收敛域，以及它们在收敛域内的和函数：

(1) $\sum_{n=1}^{\infty} \frac{1}{n} x^n$; (2) $\sum_{n=1}^{\infty} n^2 x^{n-1}$;

(3) $\sum_{n=0}^{\infty} (n+1) x^{n+1}$; (4) $\sum_{n=0}^{\infty} \frac{1}{2^{n-1}} x^n$;

(5) $\sum_{n=1}^{\infty} \frac{1}{n(n+1)} x^{n+1}$; (6) $\sum_{n=1}^{\infty} \frac{5^n + (-3)^n}{n} x^n$.

5. 已知级数 $\sum\limits_{n=0}^{\infty} a_n(2x-1)^n$ 在 $x=2$ 时收敛,讨论 $\sum\limits_{n=0}^{\infty} a_n(2x-1)^n$ 在以下各点处的敛散性:

(1) $x=-1$; (2) $x=1$;

(3) $x=-\dfrac{1}{2}$; (4) $x=3$.

6. 求幂级数 $\sum\limits_{n=1}^{\infty} n(n+1)x^n$ 在其收敛区间 $(-1,1)$ 内的和函数;并求数项级数 $\sum\limits_{n=1}^{\infty} \dfrac{n(n+1)}{2^n}$ 的和.

7. 求幂级数 $\sum\limits_{n=0}^{\infty} \dfrac{x^n}{2^n(n+1)!}$ 的收敛域、和函数,并求数项级数 $\sum\limits_{n=0}^{\infty} \dfrac{2^n}{(n+1)!}$ 的和.

8. 利用幂级数求数项级数 $\sum\limits_{n=1}^{\infty} (0.1)^n n$ 的和.

9. 将下列函数展开成 x 的幂级数,并求收敛域:

(1) $f(x) = \cos^2 x$;;   (2) $f(x) = x^3 e^{-x}$;

(3) $f(x) = \dfrac{1}{2}(e^x - e^{-x})$;   (4) $f(x) = \dfrac{1}{(x-1)(x-2)}$;

(5) $f(x) = \dfrac{1}{x}\ln(1+x)$;   (6) $f(x) = \ln(1+x-2x^2)$;

(7) $f(x) = \dfrac{x^2}{\sqrt{1-x^2}}$;   (8) $f(x) = \arcsin x$.

10. 将函数 $\int_0^x \dfrac{\sin t}{t} dt$ 展开成 x 的幂级数,给出收敛域,并求级数 $\sum\limits_{n=0}^{\infty} \dfrac{(-1)^n}{(2n+1)!}$ 的和.

11. 将函数 $\dfrac{d}{dx}\left(\dfrac{e^x-1}{x}\right)$ 展开成 x 的幂级数,给出收敛域,并求级数 $\sum\limits_{n=1}^{\infty} \dfrac{n}{(n+1)!}$ 的和.

12. 设 $f(x) = x\ln(1-x^2)$,(1)将 $f(x)$ 展开成 x 的幂级数,并求收敛域;(2)利用展开式计算 $f^{(101)}(0)$;(3) 利用逐项积分计算 $\int_0^1 f(x) dx$.

13. 求下列函数在指定点的幂级数展开式,并求其收敛域:

(1) $f(x) = \dfrac{1}{x}, x_0 = 2$;   (2) $f(x) = e^x, x_0 = 1$;

(3) $f(x) = \ln x, x_0 = 3$;   (4) $f(x) = \cos x, x_0 = -\dfrac{\pi}{3}$.

习 题 八

1. 求下列数项级数的和:

(1) $\sum\limits_{n=1}^{\infty} \arctan \dfrac{1}{n^2+n+1}$;

提示: $\dfrac{1}{n^2+n+1} = \dfrac{(n+1)-n}{1+(n+1)n} = \dfrac{\tan[\arctan(n+1)] - \tan(\arctan n)}{1+\tan[\arctan(n+1)]\tan(\arctan n)}$

$$= \tan[\arctan(n+1) - \arctan n].$$

(2) $\sum\limits_{n=1}^{\infty} \dfrac{1}{\sqrt{n(n+1)}(\sqrt{n+1}+\sqrt{n})}$.

提示：$\dfrac{1}{\sqrt{n+1}+\sqrt{n}} = \sqrt{n+1} - \sqrt{n}$.

2. (1) 若 $\sum\limits_{n=1}^{\infty} a_{2n-1}$, $\sum\limits_{n=1}^{\infty} a_{2n}$ 收敛，证明 $\sum\limits_{n=1}^{\infty} a_n$ 收敛，并且有

$$\sum\limits_{n=1}^{\infty} a_n = \sum\limits_{n=1}^{\infty} a_{2n-1} + \sum\limits_{n=1}^{\infty} a_{2n};$$

提示：记 $\sum\limits_{n=1}^{\infty} a_{2n-1}$, $\sum\limits_{n=1}^{\infty} a_{2n}$, $\sum\limits_{n=1}^{\infty} a_n$ 的前 n 项部分和分别为 U_n, V_n, S_n, 则

$$S_{2n} = U_n + V_n, S_{2n-1} = S_{2n} - a_{2n}.$$

(2) 若 $\sum\limits_{n=1}^{\infty} a_n$ 收敛，问 $\sum\limits_{n=1}^{\infty} a_{2n-1}$ 与 $\sum\limits_{n=1}^{\infty} a_{2n}$ 是否收敛？

提示：考虑级数 $\sum\limits_{n=1}^{\infty} \dfrac{(-1)^{n-1}}{n}$.

(3) 已知级数 $\sum\limits_{n=1}^{\infty} (-1)^{n-1} a_n = 2$, $\sum\limits_{n=1}^{\infty} a_{2n-1} = 5$, 证明级数 $\sum\limits_{n=1}^{\infty} a_n$ 收敛，并求该级数的和.

3. 若数列 $\{a_n\}$ 有 $\lim\limits_{n\to\infty} a_n = \infty$, 证明：

(1) $\sum\limits_{n=1}^{\infty} (a_{n+1} - a_n)$ 发散；

(2) $\sum\limits_{n=1}^{\infty} \left(\dfrac{1}{a_n} - \dfrac{1}{a_{n+1}}\right)$ 收敛，且和为 $\dfrac{1}{a_1}$.

4. 证明正项级数 $\sum\limits_{n=1}^{\infty} a_n$ 收敛的充要条件是 $\sum\limits_{n=1}^{\infty} a_{2n}$ 与 $\sum\limits_{n=1}^{\infty} a_{2n-1}$ 都收敛.

提示：$\sum\limits_{n=1}^{\infty} a_n$ 收敛，$\sum\limits_{n=1}^{\infty} a_{2n-1}$ 与 $\sum\limits_{n=1}^{\infty} a_{2n}$ 的部分和数列都是单增有上界的.

5. 设 $\dfrac{a_{n+1}}{a_n} \leq \dfrac{b_{n+1}}{b_n}$, $a_n, b_n > 0$, $n = 1, 2, \cdots$, 证明：

(1) 如果 $\sum\limits_{n=1}^{\infty} b_n$ 收敛，则 $\sum\limits_{n=1}^{\infty} a_n$ 收敛；

(2) 如果 $\sum\limits_{n=1}^{\infty} a_n$ 发散，则 $\sum\limits_{n=1}^{\infty} b_n$ 发散.

提示：$\left\{\dfrac{a_n}{b_n}\right\}$ 是单调有界数列必收敛，分别考虑它的极限 $l = 0$ 和 $l > 0$ 的情形.

6. 设 $a_n \leq b_n \leq c_n$, $n = 1, 2, \cdots$, 证明：若 $\sum\limits_{n=1}^{\infty} a_n$, $\sum\limits_{n=1}^{\infty} c_n$ 收敛，则 $\sum\limits_{n=1}^{\infty} b_n$ 收敛.

提示：设 $\sum\limits_{n=1}^{\infty} a_n$, $\sum\limits_{n=1}^{\infty} b_n$ 的前 n 项部分和分别为 A_n, B_n, 那么

$$B_n = A_n + \sum\limits_{k=1}^{n} (b_k - a_k).$$

注意到正项级数 $\sum_{n=1}^{\infty}(b_n - a_n)$ 的第 n 项满足
$$b_n - a_n \leq c_n - a_n,$$
再用比较判别法.

7. 已知正项数列 $\{a_n\}$ 单调递减,且级数 $\sum_{n=0}^{\infty}(-1)^n a_n$ 收敛,试判断级数 $\sum_{n=1}^{\infty}\dfrac{1}{(a_n+1)^n}$ 是否收敛,并说明理由.

提示:考虑 $a_n = \dfrac{1}{n}$ 和 $a_n = \sqrt[n]{(n+2)^2} - 1$ 两种情形.

8. 已知级数 $\sum_{n=1}^{\infty}(-1)^{n-1}\dfrac{(x-a)^n}{n}$ 在 $x>0$ 时发散,在 $x=0$ 时收敛,试确定 a 的取值范围.

提示:确定出 $\sum_{n=1}^{\infty}(-1)^{n-1}\dfrac{(x-a)^n}{n}$ 的收敛区间为 $(a-1, a+1)$,再根据条件确定 a 的取值范围.

9. 已知级数 $\sum_{n=1}^{\infty} u_n^2$ 收敛,证明 $\sum_{n=1}^{\infty}\dfrac{u_n}{n}$ 绝对收敛.

提示:利用不等式 $\left|\dfrac{1}{n}u_n\right| \leq \dfrac{1}{2}\left(\dfrac{1}{n^2} + u_n^2\right)$.

10. 讨论下列级数的敛散性:

(1) $\sum_{n=1}^{\infty}\dfrac{1}{(n^2+2n+3)^q}$; (2) $\sum_{n=2}^{\infty}\dfrac{\sqrt{n+2}-\sqrt{n-2}}{n^p}$;

(3) $\sum_{n=1}^{\infty}\dfrac{a^n n}{n^p + n + 5}$; (4) $\sum_{n=1}^{\infty}\left[\int_0^n (1+x^4)^{\frac{1}{4}} dx\right]^{-1}$.

11. 证明当 $a \neq -1$ 时,级数 $\sum_{n=1}^{\infty}\dfrac{a^n}{(1+a)(1+a^2)\cdots(1+a^n)}$ 绝对收敛.

提示:记 $A_n = \dfrac{a^n}{(1+a)(1+a^2)\cdots(1+a^n)}$,分 $|a|>1, a=1, |a|<1$ 三种情况讨论 $\lim_{n\to\infty}\left|\dfrac{A_{n+1}}{A_n}\right|$.

12. 求下列级数的收敛域:

(1) $\sum_{n=1}^{\infty}\dfrac{(-1)^n}{2n-1}\left(\dfrac{1-x}{1+x}\right)^n$; (2) $\sum_{n=1}^{\infty}\left(\dfrac{1}{3}\ln x\right)^n$;

(3) $\sum_{n=1}^{\infty}(-1)^n\dfrac{1}{4+x^n}$; (4) $\sum_{n=2}^{\infty}\dfrac{1}{n(n-1)}(x^2+x+1)$.

13. 求 $\dfrac{\pi}{4} - 2\sum_{n=0}^{\infty}\dfrac{(-1)^n 4^n}{2n+1}x^{2n+1}$ 的收敛域及和函数,并计算 $\sum_{n=0}^{\infty}\dfrac{(-1)^n}{2n+1}$ 的和.

14. 设 $f(x) = \begin{cases} \dfrac{\ln(1+x^2)}{x}, & x \neq 0 \\ 0, & x = 0 \end{cases}$,(1) 将 $f(x)$ 展开成 x 的幂级数,给出收敛域;(2)

求 $f^{(45)}(0)$；(3) 利用 $f(x)$ 的展开式计算 $\sum_{n=1}^{\infty}\dfrac{(-1)^{n-1}}{n(n+1)}$ 的和.

15. 利用幂级数展开式计算 $\sum_{n=2}^{\infty}\dfrac{1}{(n^2-1)2^n}$ 的和.

16. 设有两条抛物线 $y=nx^2+\dfrac{1}{n}$ 和 $y=(n+1)x^2+\dfrac{1}{n+1}$，记它们交点的横坐标的绝对值为 a_n，(1) 求这两条抛物线所围面积 S_n；(2) 求级数 $\sum_{n=1}^{\infty}\dfrac{S_n}{a_n}$ 的和.

17. 从点 $P_1(1,0)$ 作 x 轴的垂线，交抛物线 $y=x^2$ 于点 $Q_1(1,1)$，再从 Q_1 作这条抛物线的切线，与 x 轴交于 P_2，然后又从 P_2 作 x 轴的垂线，交抛物线于点 Q_2，依此重复上述过程，得到一系列点 $P_1,Q_1;P_2,Q_2;\cdots;P_n,Q_n;\cdots$.

(1) 求 $|\overline{OP_n}|$；

(2) 求级数 $|\overline{Q_1P_1}|+|\overline{Q_2P_2}|+\cdots+|\overline{Q_nP_n}|+\cdots$ 的和.

第 9 章

微分方程初步

微积分研究的对象是函数关系,但在实际问题中,往往很难直接得到所研究的变量之间的函数关系,却很容易建立这些变量与它们的导数或微分之间的联系,从而得到一个关于未知函数的导数或微分的方程,即微分方程.通过求解方程,同样可以找到未知的函数关系.因此,微分方程是数学联系实际,并应用于实际的重要途径和桥梁,是各个学科进行科学研究的强有力的工具.

本章主要介绍微分方程的一些基本概念,常见方程类型及其解法,微分方程在经济学中简单的应用.

§9.1 微分方程的基本概念

一、微分方程的定义

定义 9.1 含有自变量、未知函数以及未知函数的导数(或微分)的函数方程,称为微分方程,微分方程中出现的未知函数的最高阶导数或微分的阶数,称为微分方程的阶.

在物理学、经济学和管理科学等领域,可以看到许多表述自然定律和运行机理的微分方程的例子.

例 1 著名的科学家伽利略在当年研究落体运动时发现,如果自由落体在 t 时刻下落的距离为 x,则加速度 $\dfrac{d^2 x}{dt^2}$ 是一个常数,即有方程

$$\frac{d^2 x}{dt^2} = g \qquad (9-1)$$

从而解得落体运动的规律: $x(t) = \dfrac{1}{2}gt^2$,这是微分方程应用的最早的一个例子.

例 2 设某地区在 t 时刻人口数量为 $P(t)$,在没有人员迁入或迁出的情况下,人口增长率与 t 时刻人口数 $P(t)$ 成正比,于是有微分方程

$$\frac{dP(t)}{dt} = rP(t) \qquad (9-2)$$

其中 r 为常数,方程表述的定律称为群体增长的马尔萨斯律.

例3 在推广某项新技术时,若设该项技术需要推广的总人数为 N,t 时刻已掌握技术的人数为 $P(t)$,则新技术推广的速度与已推广人数和尚待推广人数成正比,即有微分方程

$$\frac{\mathrm{d}P}{\mathrm{d}t} = aP(N-P) \quad (a>0) \tag{9-3}$$

形如(9-3)的方程通常称为逻辑斯谛方程,在很多领域有广泛应用.

例4 若设某商品在时刻 t 的售价为 P,社会对该商品的需求量和供给量分别是 P 的函数 $D(P)$,$S(P)$,则在 t 时刻价格 $P(t)$ 对于时间 t 的变化率可认为与该商品在同时刻的超额需求量 $D(P)-S(P)$ 成正比,即有微分方程

$$\frac{\mathrm{d}P}{\mathrm{d}t} = k[D(P) - S(P)] \quad (k>0) \tag{9-4}$$

在 $D(P)$ 和 $S(P)$ 确定的情况下,可解出价格与 t 的函数关系.

在一个微分方程中,自变量和未知函数未必都要出现,如例1中只出现未知函数 $x(t)$ 的二阶导数.

上面例子中,微分方程中的未知函数都是一元函数.我们把未知函数为一元函数的微分方程定义为常微分方程,于是,方程(9-1)称为二阶常微分方程,而方程(9-2),(9-3),(9-4)称为一阶常微分方程.类似地,另一类未知函数为多元函数的微分方程称为偏微分方程,例如方程

$$x\frac{\partial z}{\partial x} + y\frac{\partial z}{\partial y} = z, \quad x\mathrm{d}x + y\mathrm{d}y + z\mathrm{d}z = 0$$

$$\frac{\partial^2 u}{\partial x^2} + \frac{\partial^2 u}{\partial y^2} + \frac{\partial^2 u}{\partial z^2} = 0$$

分别是一阶和二阶偏微分方程.

由于经济学、管理科学中遇到的微分方程大部分是常微分方程,因此,本章只限于介绍常微分方程的一些基本知识.后面在提到微分方程或者方程时,均指常微分方程.

n 阶(常)微分方程的一般形式是

$$F(x,y,y',\cdots,y^{(n)}) = 0 \tag{9-5}$$

其中 x 为自变量,y 为未知函数,$F(x,y,y',\cdots,y^{(n)})$ 是 $x,y,y',\cdots,y^{(n)}$ 的已知函数,且 $y^{(n)}$ 在方程中一定出现.

如果方程(9-5)可表示为如下形式:

$$y^{(n)} + a_1(x)y^{(n-1)} + \cdots + a_{n-1}(x)y' + a_n(x)y = f(x) \tag{9-6}$$

则称之为 n 阶线性常微分方程,其中 $a_1(x),a_2(x),\cdots,a_n(x)$ 和 $f(x)$ 均为自变量 x 的已知函数.

不能表示成形如(9-6)形式的微分方程,统称为非线性方程.

例如,方程(9-1),(9-2)为线性微分方程,而方程(9-3),(9-4)是非线

性方程.

二、微分方程的解

求解微分方程,目的就是要找到满足方程的未知函数,于是有以下定义:

定义 9.2 设函数 $y = \varphi(x)$ 在区间 I 上存在 n 阶导数. 如果将 $y = \varphi(x)$ 代入方程(9 – 5)后,使方程(9 – 5)在 I 上为恒等式,则称函数 $y = \varphi(x)$ 是方程(9 – 5)在 I 上的解. 如果关系式 $\Phi(x, y) = 0$ 确定的隐函数 $y = \varphi(x)$ 是方程(9 – 5)的解,则称 $\Phi(x, y) = 0$ 是方程(9 – 5)在区间 I 上的隐式解.

例如,可以验证,函数 $x = \frac{1}{2}gt^2$,$x = \frac{1}{2}gt^2 + C_1 t + C_2$($C_1, C_2$ 是任意常数)都是方程(9 – 1)的解. 函数 $P(t) = Ce^{rt}$(C 为任意常数)是方程(9 – 2)的解. $\frac{P}{N-P} = Ce^{aNt}$(C 为任意常数)是方程(9 – 3)的隐式解. 为了简便起见,今后微分方程的解与隐式解都统称为微分方程的解,不必加以区分.

在对解验证时,可以看到,方程的解中可以含一个或多个任意常数,也可能不含任意常数,而且任意常数的数目不会超过方程的阶数,如在例 1 中,考虑自由落体运动时,由积分法和二阶方程(9 – 1)可得

$$x = \frac{1}{2}gt^2 + C_1 t + C_2 \qquad (9-7)$$

其中包含两个任意常数,而且容易得到 $C_1 = x'(0)$,$C_2 = x(0)$,即 C_1, C_2 可看作落体运动时落体的初始速度和初始高度,因此,解的表达式(9 – 7)表达了在任意初始速度和任意初始高度下作自由落体运动的运动规律,于是可看作是方程(9 – 1)所有解的一般表达式. 而例 1 中给出的解 $x = \frac{1}{2}gt^2$ 只是在 $x'(0) = 0$,$x(0) = 0$ 的特定条件下(9 – 7)的特定解. 为了反映解的不同特点,可以进一步给出以下定义:

定义 9.3 如果方程(9 – 5)的解中含有 n 个独立的任意常数,则称这样的解为方程(9 – 5)的通解. 而通解中给任意常数以确定值的解,称为方程(9 – 5)的特解.

通常,为了确定方程(9 – 5)的某个特解,首先要求出方程(9 – 5)的通解,然后再根据实际情况给出确定通解中 n 个常数的条件,称为定解条件,最后根据定解条件求出满足条件的特解. 由定解条件求特解的问题,称为微分方程的定解问题. 常见的定解条件是

$$y(x_0) = y_0, y'(x_0) = y_1, \cdots, y^{(n-1)}(x_0) = y_{n-1} \qquad (9-8)$$

(9 – 8)又称为初始条件,其中 $y_0, y_1, \cdots, y_{n-1}$ 为给定常数. 相应的定解问题又称

为微分方程的初值问题.

例 5 验证函数 $y = \sin x - \cos x$ 是微分方程
$$y'' + y = 0$$
满足初始条件 $y(0) = -1, y'(0) = 1$ 的解.

解 $y = \sin x - \cos x$ 的一阶导数和二阶导数分别为
$$y' = \cos x + \sin x, y'' = -\sin x + \cos x$$
由此可知 $y = \sin x - \cos x$ 满足 $y(0) = -1, y'(0) = 1$,并且对一切 x 满足
$$y'' + y = 0$$
说明 $y = \sin x - \cos x$ 是所给初值问题的解.

练习 9.1

1. 验证下列各函数是否为所给微分方程的通解：
(1) $xy' = 3y, y = Cx^3$；
(2) $y' + y = e^{-x}, y = (x + C)e^{-x}$；
(3) $y'' + 9x = 10\cos 2t, x = 2\cos 2t + C_1 \cos 3t + C_2 \sin 3t$；
(4) $(x - 2y)y' = 2x - y, x^2 - xy + y^2 = C$；
(5) $x^2 yy'' + (xy' - y)^2 = 0, y^2 = x + Cx^2$.

2. 求满足下列条件的微分方程：
(1) 未知方程有通解 $x^2 + y^2 = 2Cx$；
(2) 未知方程有通解 $y = (C + x)e^{2x}$；
(3) 未知方程有通解 $y = C_1 e^{C_2 x}$；
(4) 未知方程有通解 $y(x + C_3) = C_1 x + C_2$.

3. 验证下列各函数是否为所给初值问题的解：
(1) 函数 $y = e^x + 1$；初值问题：
$dy = (y - 1)dx, y(0) = 2$；
(2) 函数 $y = 0$；初值问题：
$y'' - 2y' - 3y = 0, y(0) = 0, y'(0) = 4$；
(3) 函数 $y = \dfrac{1}{x+1}$；初值问题：
$(x + 1)y' + y = 0, y(0) = 1$；
(4) 函数 $y = \cos x + 2x\sin x$；初值问题：
$y'' + y = 4\cos x, y(0) = 1, y'(0) = 0$.

§9.2 一阶微分方程

一阶微分方程是微分方程中最基本的一类方程,在经济学、管理科学中也最为常见.它的一般形式可表为

$$F(x,y,y') = 0 \qquad (9-9)$$

其中 $F(x,y,y')$ 是 x,y,y' 的已知函数. 现将一阶微分方程的解法分类介绍如下.

一、可分离变量方程

形如

$$f(x)\mathrm{d}x = g(y)\mathrm{d}y \qquad (9-10)$$

的一阶微分方程,称为分离变量方程.

对方程(9-10)两边积分,就得到了方程(9-10)的通解

$$\int f(x)\mathrm{d}x = \int g(y)\mathrm{d}y + C \qquad (9-11)$$

其中 $\int f(x)\mathrm{d}x, \int g(y)\mathrm{d}y$ 分别表示函数 $f(x), g(y)$ 的一个具体原函数,C 为任意常数.

凡是能够通过运算化为(9-10)的一阶微分方程,均称为可分离变量方程,如方程

$$\frac{\mathrm{d}y}{\mathrm{d}x} = \varphi(x)h(y)$$

$$M_1(x)M_2(y)\mathrm{d}y + N_1(x)N_2(y)\mathrm{d}x = 0$$

均为可分离变量方程. 将微分方程化为分离变量形式求解方程的方法,称为分离变量法.

例1 求方程 $\dfrac{\mathrm{d}y}{\mathrm{d}x} = 2(x-1)^2(1+y^2)$ 的通解.

解 分离变量,得

$$\frac{1}{1+y^2}\mathrm{d}y = 2(x-1)^2\mathrm{d}x$$

两边积分,得

$$\int \frac{1}{1+y^2}\mathrm{d}y = 2\int (x-1)^2\mathrm{d}x$$

即得通解

$$\arctan y = \frac{2}{3}(x-1)^3 + C \quad (C \text{ 为任意常数})$$

例2 某公司 t 年净资产有 $W(t)$(单位:百万元),并且资产本身以每年 5% 的速度连续增长,同时该公司每年要以 30 百万元的数额连续支付职工工资.(1)给出描述净资产 $W(t)$ 的微分方程;(2)求解方程,这时假设初始净资产为 W_0;(3)讨论在 $W_0 = 500, 600, 700$(百万元)三种情况下,$W(t)$ 的变化特点.

解 (1)利用平衡法,即由

净资产增长速度 = 资产本身增长速度 - 职工工资支付速度

得到方程

$$\frac{dW}{dt} = 0.05W - 30$$

（2）分离变量,得

$$\frac{dW}{W - 600} = 0.05 dt$$

积分,得

$$\ln|W - 600| = 0.05t + \ln C \quad (C \text{ 为正常数})$$

于是

$$|W - 600| = Ce^{0.05t}$$

或

$$W - 600 = Ae^{0.05t} \quad (A = \pm C)$$

将 $W(0) = W_0$ 代入,得方程通解：

$$W = 600 + (W_0 - 600)e^{0.05t}$$

上式推导过程中 $W \neq 600$,当 $W = 600$ 时,$\frac{dW}{dt} = 0$,可知 $W = 600 = W_0$,通常称为平衡解,仍包含在通解表达式中.

（3）由通解表达式可知,当 $W_0 = 500$ 百万元时,净资产额单调递减,公司将在第 36 年破产；当 $W_0 = 600$ 百万元时,公司将收支平衡,净资产保持在 600 百万元不变；当 $W_0 = 700$ 百万元时,公司净资产将按指数不断增长.

二、齐次微分方程

形如

$$\frac{dy}{dx} = f\left(\frac{y}{x}\right) \tag{9-12}$$

的一阶微分方程,称为齐次微分方程,简称为齐次方程.

齐次方程(9-12)通过变量替换,可化为可分离变量方程求解,即令

$$u = \frac{y}{x} \text{ 或 } y = xu \tag{9-13}$$

其中 u 是新的未知函数 $u = u(x)$,于是有

$$y' = xu' + u$$

代入方程(9-12),得

$$x\frac{du}{dx} = f(u) - u$$

分离变量再积分,得

$$\int \frac{\mathrm{d}u}{f(u) - u} = \int \frac{\mathrm{d}x}{x} = \ln|x| + C \qquad (9-14)$$

将 $u = \dfrac{y}{x}$ 回代,即可求得通解.

注意 如果常数 a 是方程 $f(u) - u = 0$ 的根,则 $y = ax$ 也是方程的一个特解.

例 3 求方程 $y' = \dfrac{y}{x} + \tan \dfrac{y}{x}$ 的通解.

解 所给方程为齐次方程,令 $u = \dfrac{y}{x}$,代入原方程,得

$$xu' + u = u + \tan u$$

即

$$\frac{x\mathrm{d}u}{\mathrm{d}x} = \tan u$$

分离变量,得

$$\cot u \mathrm{d}u = \frac{1}{x}\mathrm{d}x$$

积分,得

$$\ln|\sin u| = \ln|x| + \ln C = \ln|xC|$$

即

$$\sin u = Cx$$

将 $u = \dfrac{y}{x}$ 代入上式,即得方程通解

$$\sin \frac{y}{x} = Cx$$

$$y = x\arcsin Cx$$

其中 C 为任意常数.

例 4 设商品 A 和商品 B 的售价分别为 P_1, P_2,已知价格 P_1 与 P_2 相关,且价格 P_1 相对 P_2 的弹性为 $\dfrac{P_2 \mathrm{d} P_1}{P_1 \mathrm{d} P_2} = \dfrac{P_2 - P_1}{P_2 + P_1}$,求 P_1 与 P_2 的函数关系式.

解 所给方程为齐次方程,整理得

$$\frac{\mathrm{d}P_1}{\mathrm{d}P_2} = \frac{1 - \dfrac{P_1}{P_2}}{1 + \dfrac{P_2}{P_1}}$$

令 $u = \dfrac{P_1}{P_2}$,即 $uP_2 = P_1$. 两边关于 P_2 求导则有

$$P_2 u' + u = \dfrac{1-u}{1+u} u$$

分离变量,得

$$\left(-\dfrac{1}{u} - \dfrac{1}{u^2}\right) du = 2 \dfrac{dP_2}{P_2}$$

积分,得

$$\dfrac{1}{u} - \ln u = \ln P_2^2 + \ln C$$

将 $u = \dfrac{P_1}{P_2}$ 回代,于是有通解

$$e^{\tfrac{P_2}{P_1}} = C P_1 P_2$$

其中 C 为任意正的常数.

三、一阶线性微分方程

形如

$$y' + P(x) y = Q(x) \qquad (9-15)$$

的一阶微分方程,称为一阶线性微分方程,其中,若 $Q(x) \equiv 0$,方程变为

$$y' + P(x) y = 0 \qquad (9-16)$$

则称方程(9-16)为一阶齐次线性方程,若 $Q(x)$ 不恒等于零,则称方程(9-15)为一阶非齐次线性方程.

1. 一阶齐次线性方程的解法

将方程(9-16)分离变量,得

$$\dfrac{1}{y} dy = -P(x) dx$$

积分,得

$$\ln y = -\int P(x) dx + \ln C$$

由此得(9-16)的通解

$$y = C e^{-\int P(x) dx} \qquad (9-17)$$

其中 C 为任意常数,$\int P(x) dx$ 表示 $P(x)$ 的一个具体原函数. 方程(9-16)的通解写成这种形式是为了更好地理解下面的内容.

2. 一阶非齐次线性方程的解法

如果将一阶非齐次线性方程(9-15)中的 $Q(x)$ 取作零,得到的齐次线性方程(9-16)称为方程(9-15)的对应齐次方程. 现在利用一阶齐次线性方程(9-16)的解的结果求解方程(9-15),并引出求解线性微分方程的常用方法——常数变易法.

将方程(9-16)的通解变形为

$$y\mathrm{e}^{\int P(x)\mathrm{d}x} = C$$

两边求导,得

$$\frac{\mathrm{d}}{\mathrm{d}x}\mathrm{e}^{\int P(x)\mathrm{d}x} y = \mathrm{e}^{\int P(x)\mathrm{d}x}(y' + P(x)y) = 0$$

于是将方程(9-15)两端同乘 $\mathrm{e}^{\int P(x)\mathrm{d}x}$,利用上面的等式,得

$$\mathrm{e}^{\int P(x)\mathrm{d}x}(y' + P(x)y) = \frac{\mathrm{d}}{\mathrm{d}x}\mathrm{e}^{\int P(x)\mathrm{d}x} y = Q(x)\mathrm{e}^{\int P(x)\mathrm{d}x}$$

两边积分,得

$$\mathrm{e}^{\int P(x)\mathrm{d}x} y = \int Q(x)\mathrm{e}^{\int P(x)\mathrm{d}x}\mathrm{d}x + C$$

即得方程(9-15)的通解

$$y = \mathrm{e}^{-\int P(x)\mathrm{d}x}\left[\int Q(x)\mathrm{e}^{\int P(x)\mathrm{d}x}\mathrm{d}x + C\right] \tag{9-18}$$

其中的不定积分都表示被积函数的一个具体原函数. 这种利用因子 $\mathrm{e}^{\int P(x)\mathrm{d}x}$ 求解方程的方法叫积分因子法,$\mathrm{e}^{\int P(x)\mathrm{d}x}$ 称为积分因子.

比较方程(9-15)与(9-16)通解形式,前者的通解(9-17)中的常数 C,在后者通解(9-18)中被函数 $\int Q(x)\mathrm{e}^{\int P(x)\mathrm{d}x}\mathrm{d}x + C$ 代替,于是可以设想以下求解方程(9-15)的步骤.

首先求出方程(9-15)对应的齐次方程(9-16)的通解

$$y = C\mathrm{e}^{-\int P(x)\mathrm{d}x}$$

再将通解表达式中的 C 变换成待定函数 $C(x)$,即令方程(9-15)的通解为

$$y = C(x)\mathrm{e}^{-\int P(x)\mathrm{d}x} \tag{9-19}$$

代入原方程,得

$$C'(x)\mathrm{e}^{-\int P(x)\mathrm{d}x} - C(x)P(x)\mathrm{e}^{-\int P(x)\mathrm{d}x} + P(x)C(x)\mathrm{e}^{-\int P(x)\mathrm{d}x} = Q(x)$$

即得

$$C'(x) = Q(x)\mathrm{e}^{\int P(x)\mathrm{d}x}$$

积分,得
$$C(x) = \int Q(x) e^{\int P(x) dx} dx + C \qquad (9-20)$$
代入(9-19),即得方程(9-15)的通解表达式(9-18).

这种通过将齐次方程通解中任意常数变易为函数求解非齐次方程的方法,称为常数变易法.常数变易法是求解线性微分方程(包括高阶线性微分方程)的一种常用的有效方法.这里要强调的是,在具体解题时,有些人常常依靠繁琐而难以记忆的通解公式(9-18),这是不必要的,重复上述演算求解更容易,故希望读者能熟悉这一方法.

例 5 求方程 $x^2 y' + xy = 1$ 的通解.

解 由方程对应的齐次方程
$$x^2 y' + xy = 0$$
分离变量,得
$$\frac{1}{y} dy = -\frac{1}{x} dx$$
积分,得
$$\ln|y| = -\ln|x| + \ln C \text{ 或 } y = \frac{C}{x}$$
将 C 变易为 $C(x)$,设 $y = \frac{C(x)}{x}$ 为原方程的解,代入原方程,得
$$x^2 \left(C'(x) \frac{1}{x} - \frac{1}{x^2} C(x) \right) + x \frac{C(x)}{x} = 1$$
即有
$$C'(x) = \frac{1}{x}$$
积分,得
$$C(x) = \ln|x| + C$$
于是原方程的通解为
$$y = \frac{1}{x} (\ln|x| + C)$$
其中 C 为任意常数.

例 6 求方程 $y^3 dx + (2xy^2 - 1) dy = 0$ 的通解.

解 当将 y 看作 x 的函数时,方程变为
$$\frac{dy}{dx} = \frac{y^3}{1 - 2xy^2}$$
不是一阶线性微分方程,不便求解.

若将 x 看作 y 的函数,方程改写为
$$y^3 \frac{dx}{dy} + 2y^2 x = 1$$

则为一阶线性微分方程,于是对应齐次方程为

$$y^3 \frac{\mathrm{d}x}{\mathrm{d}y} + 2y^2 x = 0$$

分离变量,积分,得

$$\int \frac{\mathrm{d}x}{x} = -\int \frac{2\mathrm{d}y}{y}, \text{ 即 } x = C\frac{1}{y^2}$$

变易常数 C,即令

$$x = C(y)\frac{1}{y^2}$$

为原方程的解,代入原方程,有

$$C'(y) = \frac{1}{y}$$

积分,得

$$C(y) = \ln|y| + C$$

于是原方程的通解为

$$x = \frac{1}{y^2}(\ln|y| + C)$$

其中 C 为任意常数.

例 6 说明,有些微分方程当将 y 看作 x 的函数时,不是一阶线性方程,但是如果反过来,将 x 看作 y 的函数,却是一阶线性方程,解题时应灵活运用.

*3. 伯努利(Bernoulli)方程

形如

$$\frac{\mathrm{d}y}{\mathrm{d}x} + P(x)y = Q(x)y^n \tag{9-21}$$

的方程称为伯努利方程,其中 n 为常数,且 $n \neq 0, 1$.

伯努利方程并非线性方程,但经变量替换

$$z = y^{1-n}$$

即可化为一阶线性微分方程. 事实上,将(9-21)两边同除 y^n,得

$$y^{-n}\frac{\mathrm{d}y}{\mathrm{d}x} + P(x)y^{1-n} = Q(x)$$

由于

$$\frac{\mathrm{d}z}{\mathrm{d}x} = (1-n)y^{-n}\frac{\mathrm{d}y}{\mathrm{d}x}$$

所以方程(9-21)进一步化为一阶线性方程

$$\frac{\mathrm{d}z}{\mathrm{d}x} + (1-n)P(x)z = (1-n)Q(x) \tag{9-22}$$

其中 z 为引入的新函数.

对于方程(9-22)，可利用一阶非齐次线性方程解法求得通解 $z = z(x)$，再代入 $z = y^{1-n}$ 中，即可求得方程(9-21)的通解

$$y^{n-1} e^{(n-1)\int P(x)dx} \left[\int (1-n) Q(x) e^{(1-n)\int P(x)dx} dx + C \right] = 1$$

其中 C 为任意常数．

例7 求方程 $\dfrac{dy}{dx} + \dfrac{2y}{x} = (\ln x) y^2$ 的通解．

解 将方程两端除 y^2，得

$$y^{-2} \dfrac{dy}{dx} + \dfrac{2}{x} y^{-1} = \ln x$$

令 $z = y^{-1}$，则方程化为

$$-\dfrac{dz}{dx} + \dfrac{2}{x} z = \ln x$$

其通解为

$$z = x^2 \left(C + \dfrac{\ln x + 1}{x} \right)$$

将 $z = y^{-1}$ 代入，所求方程的通解为

$$y x^2 \left(C + \dfrac{\ln x + 1}{x} \right) = 1$$

其中 C 为任意常数．

除伯努利方程，还有一些方程虽然本身不是线性方程，但通过适当变量替换，可化为一阶线性方程，如方程

$$e^y y' - \dfrac{1}{x} e^y = x, \quad y' - \dfrac{y}{x} \ln y = x^2 y$$

若分别作变量替换 $z = e^y, z = \ln y$，均可化为一阶线性方程，并进一步求解．

本节主要介绍了一阶微分方程中常见的几种类型．其中一类为可分离变量方程，基本解法是分离变量法．另一类方程为一阶线性微分方程．除对应齐次方程用分离变量法外，基本解法是常数变易法．可化为一阶线性方程的有伯努利方程等，有时将 x 看作自变量 y 的函数，也可能将方程化为线性方程．

练习9.2

1. 求下列微分方程的通解或在给定条件下的特解：

(1) $y' = \sqrt{\dfrac{1+y^2}{1-x^2}}$；

(2) $y' = \dfrac{xy+y}{x+xy}$；

(3) $y' = 10^{x+y}$；

(4) $\sin x \cos^2 y \, dx + \cos^2 x \, dy = 0$；

(5) $y' \sin x = y \ln y, y\left(\dfrac{\pi}{2}\right) = e$；

(6) $\cos y \, dx + (1 + e^{-x}) \sin y \, dy = 0, y(0) = \dfrac{\pi}{4}$．

(7) $yy' + xe^y = 0, y(1) = 0$；

(8) $y' - xy' = a(y^2 - y'), y(a) = 1 (a \neq 0)$．

2. 求下列微分方程的通解或在给定初始条件下的特解:

(1) $x\dfrac{dy}{dx} = y\ln\dfrac{y}{x}$;

(2) $xy' - y - \sqrt{y^2 - x^2} = 0$;

(3) $3xy^2 dy = (2y^3 - x^3)dx$;

(4) $y' = \dfrac{y}{x} + \sin\dfrac{y}{x}$;

(5) $(xe^{\frac{y}{x}} + y)dx = xdy, y(1) = 0$;

(6) $y' = \left(\dfrac{y}{x}\right)^2 + \dfrac{y}{x} + 4, y(1) = 2$;

(7) $(x^2 + y^2)dx = xydy, y(1) = 0$;

(8) $xy' = y(1 + \ln y - \ln x), y(1) = e(x > 0)$.

3. 已知方程 $y' = \dfrac{y}{x} + \varphi\left(\dfrac{x}{y}\right)$ 有通解 $y = \dfrac{x}{(\ln Cx)^{\frac{1}{2}}}$, 求函数 $\varphi(x)$.

4. 一条曲线通过点 $(2,3)$, 它在两坐标轴间任意切线均被切点平分, 求此曲线的方程.

5. 求下列微分方程的通解或给定初始条件下的特解:

(1) $y' - 2y = e^x$;

(2) $y' - \dfrac{n}{x}y = x^n e^x$;

(3) $y' + y\cos x = e^{-\sin x}$;

(4) $(x^2 + 1)y' - 2xy = (1 + x^2)^2$;

(5) $y' - y\cot x = 2x\sin x$;

(6) $y' - \dfrac{y}{x+1} = (x+1)e^y, y(0) = 1$;

(7) $y' - \dfrac{1}{x}y = -\dfrac{2}{x}\ln x; y(1) = 1$;

(8) $y' + \dfrac{x}{2(1-x^2)}y = \dfrac{1}{2}x, y(0) = \dfrac{2}{3}$;

(9) $y' + y\cos x = \sin x\cos x, y(0) = 1$;

(10) $(x^2 - 1)y' + 2xy - \cos x = 0, y(0) = 1$.

6. 求一曲线, 使该曲线通过原点, 并且在点 (x,y) 处的切线斜率为 $2x - y$.

7. 求下列微分方程的通解或在给定初始条件下的特解:

(1) $xy' + y = x^3 y^6$;

(2) $ydx = -(x + x^2 y^2)dy, y(1) = 1$.

提示: 它们是伯努利方程.

8. 已知微分方程 $\dfrac{dy}{dx} + P(x)y = f(x)$ 有两个特解 $y_1 = -\dfrac{1}{4}x^2$, $y_2 = -\dfrac{1}{4}x^2 - \dfrac{4}{x^2}$, 求满足条件的 $P(x), f(x)$, 并给出方程的通解.

提示: $y_1 - y_2$ 是 $y' + p(x)y = 0$ 的解.

§9.3 二阶常系数线性微分方程

n 阶微分方程 $(9-5)$, 即方程
$$F(x, y, y', \cdots, y^{(n)}) = 0$$

中,当 $n \geq 2$ 时,称该方程为高阶微分方程. 一般情况下,求解方程(9-5)是十分困难的. 本节只重点讨论方程(9-5)的一个特殊类型——二阶常系数线性微分方程的求解方法.

一、二阶常系数齐次线性方程

形如

$$y'' + py' + qy = 0 \tag{9-23}$$

的方程,称为二阶常系数齐次线性微分方程,其中 p,q 为已知常数.

先讨论方程(9-23)的解的结构.

定义 9.4 设 $y_1(x), y_2(x)$ 为定义在 (a,b) 内的两个函数. 如果存在非零常数 k,使得 $y_1(x) \equiv k y_2(x)$,则称 $y_1(x), y_2(x)$ 在 (a,b) 内线性相关,如果对任意常数 k,$y_1(x) \not\equiv k y_2(x)$,则称 $y_1(x), y_2(x)$ 在 (a,b) 内线性无关.

例如,函数 e^x 与 xe^x,$\sin x$ 与 $\cos x$,1 与 x 在 $(-\infty, +\infty)$ 上线性无关,而函数 $\sin^2 x$ 与 $1 - \cos^2 x$,x^2 与 $2x^2$ 在 $(-\infty, +\infty)$ 上线性相关.

关于方程(9-23)的通解结构,我们不加证明地给出

定理 9.1 设 $y_1(x), y_2(x)$ 是方程(9-23)的两个线性无关的解,则

$$y(x) = C_1 y_1(x) + C_2 y_2(x) \tag{9-24}$$

是方程(9-23)的通解,其中 C_1, C_2 为任意常数.

定理 9.1 表明,求解方程(9-23)的关键是设法找到方程(9-23)的两个线性无关解,注意到方程(9-23)的系数是常数,可以设想方程的解 $y(x)$ 的导数 y' 和 y'' 应是 $y(x)$ 的常数倍,而函数 $y = e^{\lambda x}$ 恰好具备这一性质,于是不妨设方程(9-23)的解为 $y = e^{\lambda x}$,其中 λ 为待定常数,将 $y = e^{\lambda x}$ 代入方程(9-23),有

$$(\lambda^2 + p\lambda + q) e^{\lambda x} = 0$$

即有

$$\lambda^2 + p\lambda + q = 0 \tag{9-25}$$

称(9-25)为方程(9-23)的特征方程,特征方程的根

$$\lambda_1 = \frac{-p + \sqrt{p^2 - 4q}}{2} \text{ 和 } \lambda_2 = \frac{-p - \sqrt{p^2 - 4q}}{2}$$

称为方程(9-23)的特征根或特征值.

显然,函数 $y = e^{\lambda x}$ 是方程(9-23)的解的充分必要条件是 λ 为特征方程(9-25)的根.

由于特征方程(9-25)为二次代数方程,令判别式为 $\Delta = p^2 - 4q$,下面根据特征根的取值情况,给出方程(9-23)的通解.

1. 当 $\Delta > 0$ 时,方程(9-25)有两个相异实根 λ_1 和 λ_2.

这时方程(9-23)有两个特解
$$y_1 = e^{\lambda_1 x}, y_2 = e^{\lambda_2 x}$$

由于
$$\frac{y_1}{y_2} = e^{(\lambda_1 - \lambda_2)x} \not\equiv 常数$$

所以 y_1 与 y_2 线性无关,故方程(9-23)的通解为
$$y(x) = C_1 e^{\lambda_1 x} + C_2 e^{\lambda_2 x}$$

其中 C_1, C_2 为任意常数.

2. 当 $\Delta = 0$ 时,方程(9-25)有重根 λ.

这时方程(9-23)有一个特解
$$y_1 = e^{\lambda x}$$

可以验证方程(9-23)有另一个特解
$$y_2 = x e^{\lambda x}$$

由于
$$\frac{y_1}{y_2} = \frac{1}{x} \not\equiv 常数$$

所以,y_1 与 y_2 线性无关,故方程(9-23)的通解可表为
$$y(x) = (C_1 + C_2 x) e^{\lambda x} \tag{9-26}$$

其中 C_1, C_2 为任意常数.

3. 当 $\Delta < 0$ 时,方程(9-25)有两个共轭复根
$$\lambda_1 = \alpha + \beta i, \lambda_2 = \alpha - \beta i$$

其中 $\alpha = -\dfrac{p}{2}, \beta = \dfrac{\sqrt{-\Delta}}{2}$.

这时,通过直接验证可知,函数
$$y_1 = e^{\alpha x} \cos \beta x, y_2 = e^{\alpha x} \sin \beta x$$

是方程(9-23)的两个特解,且 y_1 与 y_2 线性无关,故方程(9-23)的通解可表为
$$y(x) = (C_1 \cos \beta x + C_2 \sin \beta x) e^{\alpha x} \tag{9-27}$$

其中 C_1, C_2 为任意常数.

例1 求方程 $y'' + y' - 2y = 0$ 的通解.

解 特征方程为
$$\lambda^2 + \lambda - 2 = 0$$

其特征根 $\lambda_1 = 1, \lambda_2 = -2$ 为两个相异实根,所以所给方程的通解为
$$y(x) = C_1 e^x + C_2 e^{-2x}$$

其中 C_1, C_2 为任意常数.

例2 求方程 $y'' + 2y' + y = 0$ 的通解.

解 特征方程为
$$\lambda^2 + 2\lambda + 1 = 0$$
其特征根 $\lambda = -1$ 为二重实根,所以所给方程的通解为
$$y(x) = (C_1 + C_2 x)e^{-x}$$
其中 C_1, C_2 为任意常数.

例3 试确定常数 a,使方程 $y'' + ay = 0$ 的解都是以 2π 为周期的函数.

解 方程的特征方程为
$$\lambda^2 + a = 0$$
于是容易得到:当 $a < 0$ 时,方程的通解为
$$y(x) = C_1 e^{-\sqrt{-a}x} + C_2 e^{\sqrt{-a}x}$$
当 $a = 0$ 时,方程的通解为
$$y(x) = C_1 x + C_2$$
以上通解均不是周期函数,故 $a > 0$,并有 $\lambda = \pm\sqrt{a}\,\mathrm{i}$ 时,方程的通解为
$$y(x) = C_1 \cos\sqrt{a}\,x + C_2 \sin\sqrt{a}\,x$$
要使方程的解均以 2π 为周期,只要 $\dfrac{2\pi}{\sqrt{a}} = 2\pi$,即得 $a = 1$.

二、二阶常系数非齐次线性方程

形如
$$y'' + py' + qy = f(x) \tag{9-28}$$
的方程,称为二阶常系数非齐次线性方程,其中 p, q 为已知常数,$f(x) \not\equiv 0$,通常称方程(9-23)为方程(9-28)的对应齐次方程.

关于方程(9-28)的通解结构,可以表述如下:

定理 9.2 如果 $y^*(x)$ 是方程(9-28)的一个特解,Y 是方程(9-28)对应齐次方程(9-23)的通解,则方程(9-28)的通解为
$$y(x) = Y + y^*(x) \tag{9-29}$$

定理 9.3 如果 $y_1^*(x)$ 与 $y_2^*(x)$ 分别为方程
$$y'' + py' + qy = f_1(x) \text{ 和 } y'' + py' + qy = f_2(x)$$
的特解,Y 是方程
$$y'' + py' + qy = 0$$
的通解,则
$$y(x) = Y + y_1^*(x) + y_2^*(x) \tag{9-30}$$

是方程

$$y'' + py' + qy = f_1(x) + f_2(x) \qquad (9-31)$$

的通解.

定理 9.2 和定理 9.3 容易由方程的解的定义验证.

定理 9.2 和定理 9.3 都表明,只要求出方程(9-28)的一个特解 y^* 和方程(9-23)的通解 Y,就可以求得非齐次线性方程(9-28)的通解. 由于前面已解决了求齐次方程(9-23)通解的办法,现在着重解决求方程(9-28)的一个特解问题.

一般来说,方程(9-28)的特解与(9-28)中函数 $f(x)$ 的形式类似,因此,求(9-28)的特解的一个有效的方法是,先用一个与(9-28)中函数 $f(x)$ 形式类似但系数待定的函数,作为非齐次方程(9-28)的特解(称为试解函数),代入方程,再利用方程两边对任意 x 取值均恒等的条件,确定待定系数,从而求出方程(9-28)的特解. 这种方法称为待定系数法.

对于几种常见类型的 $f(x)$,相应的试解函数的设定方法可以列成表 9-1,其中 $P_n(x)$ 和 $Q_n(x)$ 表示 n 次多项式:

表 9-1

$f(x)$	特解 y^* 的形式	k 取值
$P_n(x)\mathrm{e}^{\lambda x}$	$x^k Q_n(x)\mathrm{e}^{\lambda x}$	特征根 λ 的重数
$(A\cos\beta x + B\sin\beta x)\mathrm{e}^{\alpha x}$	$x^k(a_1\cos\beta x + a_2\sin\beta x)\mathrm{e}^{\alpha x}$	特征根 $\alpha\pm\beta\mathrm{i}$ 的重数

其中的道理我们就不多说明了. 下面通过一些例题来熟悉求解这方面问题的具体过程.

例 4 求方程 $y'' + y = 2x^2 - 3$ 的通解.

解 例 3 已经给出对应齐次方程的通解为

$$Y = C_1\cos x + C_2\sin x$$

由于所给方程中 $f(x) = 2x^2 - 3$ 是形如 $P_2(x)\mathrm{e}^{\lambda x}$ 形式的函数,并且 $\lambda = 0$ 不是特征根. 因此所给方程具有形如

$$y^* = a_0 x^2 + a_1 x + a_2$$

的特解.

代入所给方程,得

$$2a_0 + a_0 x^2 + a_1 x + a_2 = 2x^2 - 3$$

比较同幂次项系数,得

$$a_0 = 2, a_1 = 0, a_2 = -7$$

于是 $y^* = 2x^2 - 7$,方程通解为

$$y = C_1\cos x + C_2\sin x + 2x^2 - 7$$

其中 C_1, C_2 为任意常数.

例 5 求方程 $y'' + 2y' + y = 3x^2 e^{-x}$ 的通解.

解 例 2 已给出所给方程对应齐次方程的通解为
$$Y = (C_1 + C_2 x)e^{-x}$$

由于所给方程中 $f(x) = 3x^2 e^{-x}$ 是形如 $P_2(x)e^{\lambda x}$ 形式的函数,并且 $\lambda = -1$ 是二重特征根.因此所给方程具有形如
$$y^* = x^2(a_0 x^2 + a_1 x + a_2)e^{-x}$$

的特解.

代入所给方程,有
$$12a_0 x^2 + 6a_1 x + 2a_2 = 3x^2$$

比较同幂次系数,得 $a_0 = \dfrac{1}{4}, a_1 = a_2 = 0$

于是得 $y^* = \dfrac{1}{4}x^4 e^{-x}$,方程的通解为
$$y = (C_1 + C_2 x)e^{-x} + \dfrac{1}{4}x^4 e^{-x}$$

其中 C_1, C_2 为任意常数.

例 6 求方程 $y'' + y' - 2y = e^{-2x}\sin x$ 的通解.

解 由例 1,对应齐次方程的通解为
$$Y = C_1 e^x + C_2 e^{-2x}$$

由于所给方程中 $f(x) = e^{-2x}\sin x$ 是形如 $(A\cos\beta x + B\sin\beta x)e^{\alpha x}$ 形式的函数,并且 $\alpha = -2, \beta = 1$,而 $-2 \pm i$ 不是特征根.因此,设所给方程的特解为 $y^* = (a_1\cos x + a_2\sin x)e^{-2x}$,其中 a_1, a_2 为待定系数,代入所给方程,有
$$(-a_1 - 3a_2)\cos x + (3a_1 - a_2)\sin x = \sin x$$

分别比较 $\sin x, \cos x$ 的系数,得 $a_1 = \dfrac{3}{10}, a_2 = -\dfrac{1}{10}$. 于是得
$$y^* = \left(\dfrac{3}{10}\cos x - \dfrac{1}{10}\sin x\right)e^{-2x}$$

所给方程的通解是
$$y = C_1 e^x + C_2 e^{-2x} + \left(\dfrac{3}{10}\cos x - \dfrac{1}{10}\sin x\right)e^{-2x}$$

其中 C_1, C_2 为任意常数.

例 6 中,若将 $f(x)$ 改为 $e^{-2x}(\sin x + 1)$,则方程的特解应该分别对 $f_1(x) = e^{-2x}\sin x$ 和 $f_2(x) = e^{-2x}$ 计算.

对于方程 $y'' + y' - 2y = \mathrm{e}^{-2x}\sin x$,已解得特解
$$y_1^* = \left(\frac{3}{10}\cos x - \frac{1}{10}\sin x\right)\mathrm{e}^{-2x}$$
对于方程 $y'' + y' - 2y = \mathrm{e}^{-2x}$,特解为 $y_2^* = Ax\mathrm{e}^{-2x}$,$A$ 为待定常数,代入方程有
$$-3A\mathrm{e}^{-2x} = \mathrm{e}^{-2x}$$
得 $A = -\dfrac{1}{3}$,于是 $y_2^* = -\dfrac{1}{3}x\mathrm{e}^{-2x}$

所给方程的通解是
$$y = C_1\mathrm{e}^x + C_2\mathrm{e}^{-2x} + \left(\frac{3}{10}\cos x - \frac{1}{10}\sin x\right)\mathrm{e}^{-2x} - \frac{1}{3}x\mathrm{e}^{-2x}$$

其中 C_1, C_2 为任意常数.

例7 求方程 $y'' + 4y = 2\cos 2x$ 的通解.

解 对应齐次方程的特征方程为
$$\lambda^2 + 4 = 0$$
解得 $\lambda_1 = 2\mathrm{i}, \lambda_2 = -2\mathrm{i}$,于是对应齐次方程的通解为
$$Y = C_1\cos 2x + C_2\sin 2x$$

由于所给方程中 $f(x) = 2\cos 2x$ 是形如 $(A\cos\beta x + B\sin\beta x)\mathrm{e}^{\alpha x}$ 形式的函数,并且 $\alpha = 0, \beta = 2$,而 $\pm 2\mathrm{i}$ 是一重特征根. 因此,设所给方程的特解为 $y^* = x(a_1\cos 2x + a_2\sin 2x)$,其中 a_1, a_2 为待定系数,代入所给方程,有
$$4a_2\cos 2x - 4a_1\sin 2x = 2\cos 2x$$
比较 $\sin 2x, \cos 2x$ 的系数,得 $a_2 = \dfrac{1}{2}, a_1 = 0$. 于是,得
$$y^* = \frac{1}{2}x\sin 2x$$

所给方程的通解是
$$y = C_1\cos 2x + C_2\sin 2x + \frac{1}{2}x\sin 2x.$$

例7也可以用常数变易法求解. 做法是,由对应齐次方程通解,令 $Y = C_1(x)\cos 2x + C_2(x)\sin 2x$,由于式中含有两个未知函数,为了定解,可补充条件
$$C_1'(x)\cos 2x + C_2'(x)\sin 2x = 0$$
于是将 $Y = C_1(x)\cos 2x + C_2(x)\sin 2x$ 代入原方程,整理后与补充条件联立方程
$$\begin{cases} -C_1'(x)\sin 2x + C_2'(x)\cos 2x = \cos 2x \\ C_1'(x)\cos 2x + C_2'(x)\sin 2x = 0 \end{cases}$$
解得
$$C_1'(x) = -\sin 2x\cos 2x, \quad C_2'(x) = \cos^2 2x$$
积分,得
$$C_1(x) = \frac{1}{4}\cos^2 2x + C_1', \quad C_2(x) = \frac{1}{4}\sin 2x\cos 2x + \frac{x}{2} + C_2$$
从而得原方程的通解

$$y = C_1 \cos 2x + C_2 \sin 2x + \frac{1}{2} x \sin 2x$$

其中 $C_1 = \frac{1}{4} + C_1'$，C_2 为任意常数.

练习 9.3

1. 求下列二阶齐次线性微分方程的通解或在给定初始条件下的特解：

(1) $y'' - 7y' + 6y = 0$；　　　　　(2) $y'' - 4y' + 8y = 0$；

(3) $y'' + 25y = 0$；　　　　　　　(4) $y'' - 2y' = 0$；

(5) $4y'' + 4y' + y = 0, y(0) = 2, y'(0) = 0$；

(6) $y'' + 4y' + 29y = 0, y(0) = 0, y'(0) = 15$；

(7) $y'' - 2y' + 10y = 0, y\left(\frac{\pi}{6}\right) = 0, y'\left(\frac{\pi}{6}\right) = e^{\frac{\pi}{6}}$；

(8) $y'' + \pi^2 y = 0, y(0) = 1, y'(0) = 1$.

2. 证明方程 $y'' + ay' + by = 0$ 所有解在 $x \to +\infty$ 时，趋向零的充分必要条件是 $a > 0, b > 0$.

3. 求下列二阶非齐次线性微分方程的通解或在给定初始条件下的特解：

(1) $y'' - 2y' + 2y = x^2$；　　　　　(2) $y'' - 3y' = -6x + 2$；

(3) $y'' + a^2 y = 8\cos bx, a, b \neq 0, \text{且 } a^2 \neq b^2$；　(4) $2y'' + y' - y = 3e^x$；

(5) $y'' - 4y' + 4y = 8(x + e^{2x})$；

(6) $y'' + y = e^x \cos x, y\left(\frac{\pi}{2}\right) = 0, y'\left(\frac{\pi}{2}\right) = 0$；

(7) $y'' - (\alpha + \beta) y' + \alpha \beta y = a e^{\alpha x}$，其中 α, β, a 为常数；

(8) $y'' - 6y' + 25y = 2\sin x + 3\cos x, y(0) = \frac{1}{2}, y'(0) = 1$.

§9.4 微分方程在经济学中的应用

在经济学和管理科学中，经常要涉及有关经济量的变化、增长、速率、边际等内容，通常根据动态平衡法，即在每一瞬时，遵循

净变化率 = 输入率 - 输出率

模式，可将描述经济量变化形式的 y', y 和 t 之间建立关系式；或者，根据某个经济法则或某种经济假说，如一项新技术推广的速度与已掌握该项技术的人数以及尚未掌握、有待推广该项技术的人数成正比，t 时刻的产品价格 $P(t)$ 的变化率与 t 时刻该产品的超额需求量 $D - S$ 成正比，等等，也可建立 y' 与 y 和 t 的关系式，在统一量纲的基础上，可以得到一系列的微分方程. 这就是经济学和管理科学的微分方程模型. 通过求解方程，我们就可以描述出经济量的变化规律并作出决策和预测分析.

一、新产品的推广模型

设有某种新产品要推向市场，t 时刻的销量为 $x(t)$，由于产品性能良好，每个产品都是一个宣传品，因此，t 时刻产品销售的增长率 $\dfrac{dx}{dt}$ 与 $x(t)$ 成正比，同时，考虑到产品销售存在一定的市场容量 N，统计表明，$\dfrac{dx}{dt}$ 与尚未购买该产品的顾客潜在的销售数量 $N-x(t)$ 也成正比，于是有

$$\frac{dx}{dt} = kx(N-x) \tag{9-32}$$

其中常数 $k>0$ 为比例系数. 分离变量，积分，可以解得

$$x(t) = \frac{N}{1+Ce^{-kNt}} \tag{9-33}$$

方程(9-32)也称为逻辑斯谛模型，通解表达式(9-33)也称为逻辑斯谛曲线.

由

$$\frac{dx}{dt} = \frac{CN^2 k e^{-kNt}}{(1+Ce^{-kNt})^2}$$

以及

$$\frac{d^2 x}{dt^2} = \frac{Ck^2 N^3 e^{-kNt}(Ce^{-kNt}-1)}{(1+Ce^{-kNt})^3}$$

当 $0<x(t^*)<N$ 时，则有 $\dfrac{dx}{dt}>0$，即销量 $x(t)$ 单调增加. 当 $Ce^{-kNt^*}-1=0$，即 $x(t^*)=\dfrac{N}{2}$ 时，$\dfrac{d^2x}{dt^2}=0$；当 $x(t^*)>\dfrac{N}{2}$ 时，$\dfrac{d^2x}{dt^2}<0$；当 $x(t^*)<\dfrac{N}{2}$ 时，$\dfrac{d^2x}{dt^2}>0$，即当销量达到最大需求量 N 的一半时，产品最为畅销，当销量不足 N 一半时，销售速度不断增大，当销量超过一半时，销售速度逐渐减少.

国内外许多经济学家调查表明，许多产品的销售曲线与公式(9-33)的曲线十分接近. 根据对曲线性状的分析，许多分析家认为，在新产品推出的初期，应采用小批量生产并加强广告宣传，而在产品用户达到 20% 到 80% 期间，产品应大批量生产；在产品用户超过 80% 时，应适时转产，可以达到最大的经济效益.

二、价格调整模型

在 §9.1 例 4 已经假设，某种商品的价格变化主要服从市场供求关系. 一般情况下，商品供给量 S 是价格 P 的单调递增函数，商品需求量是价格 P 的单调递减函数，为简单起见，设该商品的供给函数与需求函数分别为

$$S(P) = a + bP, D(P) = \alpha - \beta P \tag{9-34}$$

其中 a, b, α, β 均为常数,且 $b > 0, \beta > 0$.

当供给量与需求量相等时,由(9-34)可得供求平衡时的价格

$$P_e = \frac{\alpha - a}{\beta + b}$$

并称 P_e 为均衡价格.

一般地说,当某种商品供不应求,即 $S < D$ 时,该商品价格要涨,当供大于求,即 $S > D$ 时,该商品价格要落.因此,假设 t 时刻的价格 $P(t)$ 的变化率与超额需求量 $D - S$ 成正比,于是有方程(9-4),即

$$\frac{dP}{dt} = k[D(P) - S(P)]$$

其中 $k > 0$,用来反映价格的调整系数.

将(9-34)代入方程,可得

$$\frac{dP}{dt} = \lambda(P_e - P) \tag{9-35}$$

其中常数 $\lambda = (b + \beta)k > 0$,方程(9-35)的通解为

$$P(t) = P_e + Ce^{-\lambda t}$$

假设初始价格 $P(0) = P_0$,代入上式,得 $C = P_0 - P_e$,于是上述价格调整模型的解为

$$P(t) = P_e + (P_0 - P_e)e^{-\lambda t}$$

由 $\lambda > 0$ 知,$t \to +\infty$ 时,$P(t) \to P_e$.说明随着时间不断推延,实际价格 $P(t)$ 将逐渐趋近均衡价格 P_e.

三、人才分配问题模型

每年大学毕业生中都要有一定比例的人员留在学校充实教师队伍,其余人员将分配到国民经济其他部门从事经济和管理工作.设 t 年教师人数为 $x_1(t)$,科学技术和管理人员数目为 $x_2(t)$,又设 1 个教员每年平均培养 α 个毕业生,每年从教育、科技和经济管理岗位退休、死亡或调出人员的比率为 $\delta(0 < \delta < 1)$,$\beta(0 < \beta < 1)$ 表示每年大学毕业生中从事教师职业所占比率,于是有方程

$$\frac{dx_1}{dt} = \alpha\beta x_1 - \delta x_1 \tag{9-36}$$

$$\frac{dx_2}{dt} = \alpha(1 - \beta)x_1 - \delta x_2 \tag{9-37}$$

方程(9-36)有通解

$$x_1 = C_1 e^{(\alpha\beta - \delta)t} \tag{9-38}$$

若设 $x_1(0) = x_{10}$，则 $C_1 = x_{10}$，于是得特解

$$x_1 = x_{10} e^{(\alpha\beta - \delta)t} \qquad (9-39)$$

将(9-39)代入(9-37)，方程变为

$$\frac{dx_2}{dt} + \delta x_2 = \alpha(1-\beta) x_{10} e^{(\alpha\beta-\delta)t} \qquad (9-40)$$

求解方程(9-40)，得通解

$$x_2 = C_2 e^{-\delta t} + \frac{(1-\beta) x_{10}}{\beta} e^{(\alpha\beta-\delta)t} \qquad (9-41)$$

若设 $x_2(0) = x_{20}$，则 $C_2 = x_{20} - \left(\frac{1-\beta}{\beta}\right) x_{10}$，于是得特解

$$x_2 = \left[x_{20} - \left(\frac{1-\beta}{\beta}\right) x_{10} \right] e^{-\delta t} + \left(\frac{1-\beta}{\beta}\right) x_{10} e^{(\alpha\beta-\delta)t} \qquad (9-42)$$

(9-39)和(9-42)分别表示在初始人数分别为 $x_1(0)$，$x_2(0)$ 情况下，对应于 β 的取值，在 t 年教师队伍的人数与科技和经济管理人员人数. 从结果看出，如果取 $\beta = 1$，即毕业生全部留在教育界，则当 $t \to +\infty$ 时，由于 $\alpha > \delta$，必有 $x_1(t) \to +\infty$，而 $x_2(t) \to 0$，说明教师队伍将迅速增加，而科技和经济管理队伍不断萎缩，势必要影响经济发展，反过来也会影响教育的发展. 如果 β 接近于零，则 $x_1(t) \to 0$，同时也导致 $x_2(t) \to 0$，说明如果不保证适当比例的毕业生充实教师队伍，将影响人才的培养，最终会导致两支队伍全面地萎缩. 因此，选择好比率 β，将关系到两支队伍的建设，以及整个国民经济建设的大局.

练习 9.4

1. 某银行账户以当年余额的 5% 的年利率连续每年盈取利息，假设最初存入的数额为 10 000 元，并且这之后没有其他数额存入和取出. 给出账户中余额所满足的微分方程，以及存款到第 10 年的余额.

2. 某湖泊湖水容量为 V，每年净水流入量为 $6V$，湖水流出量为 $\frac{V}{3}$，在 1990 年底，湖中含污物 A 的浓度为 $\frac{m_0}{2V}$，低于国家规定的 $\frac{m_0}{V}$ 的浓度标准. 但从 1991 年初开始，每年流入含污物浓度为 $\frac{12 m_0}{V}$ 的污水 $\frac{V}{6}$，问：(1) 至 1996 年年底，湖水含污物 A 的浓度超过国家标准多少倍；(2) 如果从 1997 年初，为治理湖水污染，国家限定流入湖中污水含污物 A 浓度不得超过 $\frac{m_0}{V}$，要经过多少年的治理，可使湖中污物 A 的含量浓度达到国家标准.

3. 某项新技术要在总数为 N 个的企业群体中推广，$p(t)$ 为 t 时刻已掌握该项技术的企业数，设新技术推广方式一方面采用已掌握该项技术的企业逐渐向尚未推广该项技术的企

业扩展,另一方面直接通过宣传媒体向企业推广,若设前者的推广速度与已掌握该项技术的企业数 $p(t)$ 以及尚未推广该项技术的企业数 $N-p(t)$ 成正比,而后者推广速度则直接与 $N-p(t)$ 成正比,求 $p(t)$ 所满足的微分方程,并求解方程.

4. 某养鱼池最多养 1 000 条鱼,鱼数 y 是时间 t 的函数,且鱼的数目的变化速度与 y 及 $1\ 000-y$ 的乘积成正比.现知养鱼 100 条,3 个月后变为 250 条,求函数 $y(t)$,以及 6 个月后养鱼池里的鱼的数目.

5. 已知某商品的生产成本 $C=C(x)$ 随生产量 x 的增加而增加,其增长率为 $C'(x)=\dfrac{1+x+C}{1+x}$,且生产量为零时,固定成本 $C(0)=C_0 \geqslant 0$,求该商品的生产成本函数 $C(x)$.

6. 已知某产品的净利润 P 与广告支出 x 有如下关系:
$$P'=b-a(x+P)$$
其中 a,b 为正的已知常数,且 $P(0)=P_0 \geqslant 0$,求 $P=P(x)$.

7. 某公司办公用品的月平均成本 C 与公司雇员人数 x 有如下关系:
$$C'=C^2 e^{-x}-2C$$
且 $C(0)=1$,求 $C(x)$.

习　题　九

1. 求下列微分方程满足给定条件的特解:

(1) $y'-y=\cos x-\sin x$,当 $x\to +\infty$ 时,y 有界;

(2) $y'-2y=\varphi(x)$,其中 $\varphi(x)=\begin{cases}2,x<1\\0,x>1\end{cases}$,$y=y(x)$,在 $(-\infty,+\infty)$ 内连续,且在 $(-\infty,1),(1,+\infty)$ 内满足方程 $y(0)=0$;

(3) $y''-3y'+2y=2e^x$,$y(x)$ 在 $(0,1)$ 处切线与曲线 $y=x^2-x+1$ 在该点切线重合;

(4) $yy''+(y')^2=1$,$y(x)$ 过点 $(0,1)$,又在该点与 $x+y=1$ 相切(提示:利用 $yy''+(y')^2=(yy')'$).

2. 用所给变换,将下列微分方程化为可分离变量方程或线性方程,并求解方程:

(1) $e^y y'-\dfrac{1}{x}e^y=x^2$,令 $z=e^y$;

(2) $\dfrac{1}{y}y'-\dfrac{1}{x}\ln y=x^2$,令 $z=\ln y$;

(3) $\dfrac{dy}{dx}=(x+y)^2$,令 $z=x+y$;

(4) $(1-x^2)\dfrac{d^2 y}{dx^2}-x\dfrac{dy}{dx}+a^2 y=0$,令 $x=\sin t$.

提示:(4)中变成 y 是未知函数 t 为自变量的方程,要用到链式法则,$\dfrac{dy}{dx}=\dfrac{dy}{dt}\cdot\dfrac{dt}{dx}=\dfrac{dy}{dt}\Big/\dfrac{dx}{dt}$.

3. 求满足下列条件的微分方程,并给出通解:

(1) 未知方程为二阶非齐次线性方程,且有 3 个特解 $y_1=xe^x+e^{2x}$,$y_2=xe^x+$

$e^{-x}, y_3 = xe^x + e^{2x} - e^{-x}$；

（2）未知方程为二阶常系数非齐次线性方程，有两个特解 $y_1 = \cos 2x - \frac{1}{4}x\cos 2x, y_2 = \sin 2x - \frac{1}{4}x\cos 2x$；

（3）未知方程 $y'' + \alpha y' + \beta y = \gamma e^x$ 有特解 $y = 2e^{2x} + (1+x)e^x$.

提示：（1）$y_1 - y_3, y_2 - y_3$ 是相应齐次方程的两个线性无关的特解．由此看出特征方程；由特征方程可以写出相应的齐次方程；再写出非齐次线性方程的通解．对通解求导，按齐次方程对所求导数的运算就可求出非齐次方程．

（2）$y_1 - y_2$ 是相应齐次方程的解．对该解进行导数之间的运算可得到相应的齐次方程．再用任一个非齐次方程的特解按齐次方程对所求导数的运算就可求出非齐次方程．

（3）将特解代入方程中比较 e^x 和 e^{2x} 前的系数．

4. 已知 e^x 是方程 $xy' - P(x)y = x$ 的一个解，求方程满足初值条件 $y(\ln 2) = 0$ 的一个特解．

5. 设 y_1, y_2, y_3 是一阶线性方程 $y' + P(x)y = Q(x)$ 的三个互不相同的解，证明 $(y_2 - y_1)/(y_3 - y_1)$ 是常数．

6. 求满足下列条件的函数 $y(x)$：

（1）连续函数 $y(x)$ 满足方程 $y(x) = \int_0^{3x} y\left(\frac{t}{3}\right) dt + e^{2x}$

（2）连续函数 $y(x)$ 满足方程 $x\int_0^x y(t) dt = (x+1)\int_0^x ty(t) dt (x > 0)$；

（3）连续函数 $y(x)$ 满足方程 $y(x) = \sin x - \int_0^x (x-t)f(t) dt$.

提示：求出 $y(x)$ 所满足的微分方程及相应的初始条件．

7. 设有连接点 $O(0,0)$ 和 $A(1,1)$ 的一段向上凸的曲线弧 $\overparen{OA}$，对于 $\overparen{OA}$ 上任一点 $P(x,y)$，曲线弧 $\overparen{OP}$ 与直线段 $\overline{OP}$ 所围图形的面积为 x^2，求曲线弧 $\overparen{OA}$ 的方程．

提示：曲线弧 $\overparen{OP}$ 的方程为 $y = y(t), t \in [0,x]$，则直线段 $\overline{OP}$ 的方程为 $y = \frac{y(x)}{x}t, t \in [0,x]$.

8. 设曲线 L 上位于 xOy 平面第 I 卦限内任意一点 M 处的切线总与 y 轴相交，交点为 A，已知 $|MA| = |OA|$，且曲线 L 过点 $\left(\frac{3}{2}, \frac{3}{2}\right)$，求曲线 L 的方程．

提示：$M(x, y(x))$ 点的切线方程为 $y = y'(x)(t - x) + y(x)$，x 固定，t 是变量．求得 A 点坐标 $A(0, -xy'(x) + y(x))$．由条件 $|MA| = |OA|$ 建立 $y(x)$ 所满足的微分方程．

9. 设函数 $y = f(x)$ 在 $(1, +\infty)$ 内连续，若曲线 $y = f(x)$、直线 $x = 1, x = t(t > 1)$ 与 x 轴所围平面图形绕 x 轴旋转一周而成的旋转体体积为

$$V(t) = \frac{\pi}{3}[t^2 f(t) - f(1)]$$

又知 $f(2) = \frac{2}{9}$，求 $f(x)$.

习 题 九

10. 设函数 $z = f(\sqrt{x^2 + y^2})$ 满足方程 $\dfrac{\partial^2 z}{\partial x^2} + \dfrac{\partial^2 z}{\partial y^2} = 0$,求 $f(x)$.

11. 设 $y = 1 + \sum\limits_{n=1}^{\infty} \dfrac{1 \cdot 3 \cdot \cdots \cdot (2n-1)}{2 \cdot 4 \cdot \cdots \cdot (2n)} x^n$,证明 $y(x)$ 满足方程 $(1-x)y' = \dfrac{1}{2}y$,并求和函数 $y(x)$.

提示:证明时用幂级数逐项求导公式及幂级数的运算性质. 求 $y(x)$ 就是求解一个初值问题的解.

12. 设 $y = \sum\limits_{n=0}^{\infty} \dfrac{(2x)^{2n}}{(2n)!}$,证明 $y(x)$ 满足方程 $y'' - 4y = 0$,并求和函数 $y(x)$.

第 10 章

差 分 方 程

迄今为止,我们研究的变量基本上是属于连续变化的类型. 但在经济与管理或其他实际问题中,大多数变量是以定义在整数集上的数列形式变化的,例如,银行中的定期存款按所设定的时间等间隔计息,国家的财政预算按年制定,等等. 通常称这类变量为离散型变量. 根据客观事物的运行机理和规律,我们可以得到在不同取值点上的各离散变量之间的关系,如递推关系、时滞关系. 描述各离散变量之间关系的数学模型称为离散型模型,求解这类模型可以得知各个离散型变量的运行规律.

本章将简单介绍在经济学和管理科学中最常见的一种以整数列为自变量的函数以及相关的离散型数学模型——差分方程.

§10.1 差分方程的基本概念

一、差分概念

离散型数学模型研究的对象是定义在整数集上的函数,一般记为 $y_n = f(n), n = \cdots, -2, -1, 0, 1, 2, \cdots$.

函数 $y_n = f(n)$ 在 n 时刻的一阶差分定义为
$$\Delta y_n = y_{n+1} - y_n = f(n+1) - f(n)$$
函数 $y_n = f(n)$ 在 n 时刻的二阶差分定义为一阶差分的差分,即
$$\Delta^2 y_n = \Delta y_{n+1} - \Delta y_n = y_{n+2} - 2y_{n+1} + y_n$$

例 1 设 $y_n = n^2 - 3n$,求 $\Delta y_n, \Delta^2 y_n$.

解 $\Delta y_n = (n+1)^2 - 3(n+1) - (n^2 - 3n) = 2n - 2$.
$\Delta^2 y_n = \Delta(\Delta y_n) = 2(n+1) - 2 - (2n - 2) = 2$.

例 2 设 $y_n = f(n)$ 表示某辆汽车外出在第 n 小时汽车里程表显示的公里数,且前 6 个读出数为 $\{f(n)\} = \{1\,425, 1\,455, 1\,510, 1\,554, 1\,595, 1\,630\}$,其中 $f(1)$ 表示开车时里程表的读数,$f(2)$ 表示行驶 1 小时后里程表的读数,以此类推,可将 $y_n, \Delta y_n, \Delta^2 y_n$ 各值列表显示,并称为函数 y_n 的差分表.

表 10-1 中,Δy_n 表示汽车在第 n 小时走过的路程,也可看作汽车在第 n 小

时行驶的平均速度,而 $\Delta^2 y_n$ 表示第 $n+1$ 小时与第 n 小时平均速度之差,可看作在第 n 小时的平均加速度.

表 10 - 1

n	y_n	Δy_n	$\Delta^2 y_n$
1	1 425	30	25
2	1 455	55	-11
3	1 510	44	-3
4	1 554	41	-6
5	1 595	35	
6	1 630		

从例 2 可以看到,函数 y_n 的一阶和二阶差分反映了 y_n 的变化特征. 一般来说,当 $\Delta y_n > 0$ 时,说明 y_n 在逐渐增加;当 $\Delta y_n < 0$ 时,说明 y_n 在逐渐减少. 又当 $\Delta^2 y_n > 0$ 时,说明 y_n 的变化速度在增大;当 $\Delta^2 y_n < 0$ 时,说明 y_n 的变化速度在减小. 还可以证明,若 $\Delta y_n \equiv C$,则 y_n 为 n 的一次多项式;$\Delta^2 y_n \equiv C$,则 y_n 为二次多项式.

类似二阶差分的概念,将二阶差分的差分定义为三阶差分,即
$$\Delta^3 y_n = \Delta^2 y_{n+1} - \Delta^2 y_n = \Delta y_{n+2} - 2\Delta y_{n+1} + \Delta y_n$$
$$= y_{n+3} - 3y_{n+2} + 3y_{n+1} - y_n$$

一般地,k 阶差分定义为
$$\Delta^k y_n = \Delta(\Delta^{k-1} y_n) = \Delta^{k-1} y_{n+1} - \Delta^{k-1} y_n$$
$$= \sum_{i=0}^{k} (-1)^i C_k^i y_{n+k-i}, k = 1, 2, \cdots$$

其中 $C_k^i = \dfrac{k!}{i!(k-i)!}$.

一般地,若 $\Delta^k y_n \equiv C$,则 y_n 为 n 的 k 次多项式高阶差分在决定函数 y_n 是否为 n 的多项式,以及多项式的次数时是有用的.

二、差分方程

在第 2 章 §2.1 中,我们曾提到数列 $\{a_n\}$ 是定义在自然数集 N 上的函数,而最常见的数列是等差数列和等比数列.

例如:公差为 $\dfrac{1}{2}$ 的等差数列满足

$$a_{n+1} - a_n = \dfrac{1}{2}, n = 1, 2, \cdots \tag{10-1}$$

公比为 -3 的等比数列满足

$$a_{n+1} = -3a_n, n = 1, 2, \cdots \tag{10-2}$$

且由(10-1)我们知道

$$a_n = a_1 + \frac{1}{2}(n-1), n = 1, 2, \cdots \tag{10-3}$$

由(10-2)我们知道

$$a_n = a_1(-3)^{n-1}, n = 1, 2, \cdots \tag{10-4}$$

方程(10-1),(10-2)就是差分方程,(10-3),(10-4)就分别是它们的解. 差分方程可具体定义如下:

定义 10.1 含有自变量 n,未知函数 y_n,以及 y_n 的差分 $\Delta y_n, \Delta^2 y_n, \cdots$ 的函数方程,称为常差分方程,简称为差分方程. 出现在差分方程中的差分的最高阶数,称为差分方程的阶.

k 阶差分方程的一般形式为

$$F(n, y_n, \Delta y_n, \cdots, \Delta^k y_n) = 0 \tag{10-5}$$

其中 $F(n, y_n, \Delta y_n, \cdots, \Delta^k y_n)$ 为 $n, y_n, \Delta y_n, \cdots, \Delta^k y_n$ 的已知函数,且至少 $\Delta^k y_n$ 要在式中出现.

利用差分定义式,差分方程(10-5)可转化为函数 y_n 在不同时刻的取值的关系式,于是差分方程可以定义为

定义 10.2 含有自变量 n 和未知函数的两个或两个以上函数值 $y_n, y_{n+1}, \cdots$ 的函数方程,称为(常)差分方程. 出现在差分方程中的未知函数下标的最大差,称为差分方程的阶.

由定义 10.2,k 阶差分方程的一般形式为

$$F(n, y_n, y_{n+1}, \cdots, y_{n+k}) = 0 \tag{10-6}$$

其中 $F(n, y_n, y_{n+1}, \cdots, y_{n+k})$ 是 $n, y_n, y_{n+1}, \cdots, y_{n+k}$ 的已知函数,且 y_n 和 y_{n+k} 一定要出现.

例如,根据定义 10.1,方程

$$\Delta^2 y_n + n^2 y_n = 5, \Delta^2 y_n + \Delta y_n = 0$$
$$\Delta^2 y_n + 2\Delta y_n + y_n = 0, \Delta^2 y_n = n$$

均为二阶差分方程,而由定义 10.2,方程

$$y_{n+2} + y_{n+1} + y_n = 2, y_{n+3} + 3y_{n+1} = n^2 + 1$$
$$y_{n+2} + 2y_{n+1} + y_n = 0, y_{n+4} + 2^n y_{n+2} = 4n$$

也同为二阶差分方程,而关系式

$$\Delta^2 y_n = y_{n+2} - 2y_{n+1} + y_n, y_n = 2^{n+1}$$

按定义都不是差分方程.

需要说明的是,差分方程的两个定义不是完全等价的,例如方程

$$\Delta^2 y_n - y_n = 0$$

按照定义 10.1,为二阶差分方程,若改写为
$$\Delta^2 y_n - y_n = y_{n+2} - 2y_{n+1} + y_n - y_n$$
$$= y_{n+2} - 2y_{n+1} = 0$$
按照定义 10.2,则应为一阶差分方程.

在经济学和管理科学中遇到的通常是形如(10-6)的方程,例如,在考虑某商品供给量 S_n 与价格 P_n 的函数关系时,由于商品供应方从掌握价格信息到提供商品之间需要一个生产周期,因此,有函数关系

$$S_n = a + bP_{n-1} \qquad (10-7)$$

其中 a,b 为正的常数,S_n 也可看作上期价格的后滞效应(两个时点的差,称为时滞).而商品需求量 D_n 是消费者对同期价格 P_n 的反应,因此需求函数可表为

$$D_n = a_1 - b_1 P_n \qquad (10-8)$$

其中 a_1, b_1 为正的常数,在供求平衡条件下,可得到动态均衡模型的差分方程

$$P_n + \frac{b}{b_1} P_{n-1} = \frac{a_1 - a}{b_1} \qquad (10-9)$$

又如,在讨论宏观经济模型中的消费函数 C_{n+k} 时,通常将其看作前 k 个时期国民收入 $y_n, y_{n+1}, \cdots, y_{n+k-1}$ 的滞后效应,于是有差分方程

$$C_{n+k} = b_1 y_n + b_2 y_{n+1} + \cdots + b_k y_{n+k-1} \qquad (10-10)$$

本章将只按照定义 10.2 来讨论对应形式的差分方程.

形如

$$y_{n+k} + a_1(n) y_{n+k-1} + \cdots + a_{k-1}(n) y_{n+1} + a_k(n) y_n = f(n) \qquad (10-11)$$

的差分方程,称为 k 阶线性差分方程,其中 $a_1(n), \cdots, a_k(n)$ 和 $f(n)$ 均为已知函数,且 $a_k(n) \neq 0$. 如果 $f(n) \not\equiv 0$,则(10-11)又称为 k 阶非齐次线性差分方程,如果 $f(n) \equiv 0$,则(10-11)变为

$$y_{n+k} + a_1(n) y_{n+k-1} + \cdots + a_{k-1}(n) y_{n+1} + a_k(n) y_n = 0 \qquad (10-12)$$

称之为 k 阶齐次线性差分方程.有时也称(10-12)为(10-11)的对应齐次方程.

例如,方程 $ny_{n+3} - 3y_{n+1} = n^2 + 1$ 是二阶非齐次线性差分方程,$ny_{n+3} - 3y_{n+1} = 0$ 是对应的齐次方程.

三、差分方程的解

定义 10.3 如果将已知函数 $y_n = \varphi(n)$ 代入方程(10-6),使其对 $n = 0, 1, 2, \cdots$ 成为恒等式,则称 $y_n = \varphi(n)$ 为方程(10-6)的解.如果方程(10-6)的解中含有 k 个独立的任意常数,则称这样的解为方程(10-6)的通解,而通解中给任意常数以确定值的解,称为方程(10-6)的特解.

例 3 设差分方程 $y_{n+1} - 3y_n = 3^n$,验证 $y_n = C3^n + \dfrac{n}{3} \cdot 3^n$ 是否为差分方程的通解,并求满足条件 $y_0 = 5$ 的特解.

解 将 $y_n = C3^n + \dfrac{n}{3} \cdot 3^n$ 代入方程

$$\text{左边} = C3^{n+1} + \frac{1}{3}(n+1)3^{n+1} - 3\left(C3^n + \frac{n}{3} \cdot 3^n\right) = 3^n = \text{右边}$$

所以,$y_n = C3^n + \dfrac{n}{3} \cdot 3^n$ 是方程的解,且含任意常数 C,故为方程的通解.

将 $y_0 = 5$ 代入得 $C = 5$,于是所求特解为 $y = 5 \cdot 3^n + \dfrac{1}{3} n 3^n$.

从例 3 看到,已知通解求特解时,需要给出确定通解中常数取值的条件,称为定解条件. 对 k 阶差分方程,要确定 k 个任意常数的值,应有 k 个条件,常见的定解条件是初始条件:

$$y_0 = a_0, y_1 = a_1, \cdots, y_{k-1} = a_{k-1}$$

如果将例 3 中的方程改为 $y_{n+3} - 3y_{n+2} = 3^{n+2}$,可以验证 $y_n = C3^n + \dfrac{1}{3} n 3^n$ 仍为变形后的方程的解. 这是因为方程在变形过程中各项之间的时间差没有改变,也即差分方程的时滞结构没有变化. 一般情况下,在不改变差分方程时滞结构的条件下,将 n 的计算时间向前或向后移动一个相同时间间隔,所得到的方程与原方程等价. 利用这个结论,求解差分方程时,可以将方程作适当整理,且讨论解的表达式时,只考虑 $n = 0, 1, 2, \cdots$ 的情况.

在前面的讨论中可以看到,差分方程和差分方程解的概念与微分方程十分相似. 事实上,微分与差分都是描述变量变化的状态,只是前者描述的是连续变化过程,后者描述的是离散变化过程. 在取单位时间为 1,且单位时间间隔很小的情况下,$\Delta y = f(x+1) - f(x) \approx \mathrm{d}y = \dfrac{\mathrm{d}y}{\mathrm{d}x} \Delta x = \dfrac{\mathrm{d}y}{\mathrm{d}x}$,即差分可看作连续变化的一种近似. 因此,差分方程和微分方程无论在方程结构、解的结构,还是在求解方法上有很多相似的地方. 下面,我们就仿照 n 阶线性微分方程,给出 k 阶线性差分方程 (10 – 11) 解的结构定理.

定理 10.1 如果函数 $y_1(n), y_2(n), \cdots, y_m(n)$ 均为 k 阶齐次线性差分方程 (10 – 12) 的解,则

$$y(n) = C_1 y_1(n) + C_2 y_2(n) + \cdots + C_m y_m(n)$$

也是方程 (10 – 12) 的解,其中 $C_1, C_2, \cdots, C_m$ 是任意常数.

定理 10.2 如果函数 $y_1(n), y_2(n), \cdots, y_k(n)$ 是 k 阶齐次线性差分方程的 k 个线性无关的特解,则

$$y(n) = C_1 y_1(n) + C_2 y_2(n) + \cdots + C_k y_k(n)$$
是方程(10-12)的通解,其中 $C_1, C_2, \cdots, C_k$ 是任意常数.

定理 10.3 如果 $y^*(n)$ 是 k 阶非齐次差分方程(10-11)的一个特解,y 是对应齐次方程(10-12)的通解,则
$$y(n) = y + y^*(n)$$
是方程(10-11)的通解.

定理 10.4 如果 $y_1^*(n), y_2^*(n)$ 分别是 k 阶非齐次差分方程
$$y_{n+k} + a_1(n) y_{n+k-1} + \cdots + a_{k-1}(n) y_{n+1} + a_k(n) y_n = f_1(n)$$
$$y_{n+k} + a_1(n) y_{n+k-1} + \cdots + a_{k-1}(n) y_{n+1} + a_k(n) y_n = f_2(n)$$
的两个特解,y 是对应齐次方程(10-12)的通解,则
$$y(n) = y + y_1^*(n) + y_2^*(n)$$
是方程
$$y_{n+k} + a_1(n) y_{n+k-1} + \cdots + a_{k-1}(n) y_{n+1} + a_k(n) y_n = f_1(n) + f_2(n)$$
的通解.

上述定理证明从略.

根据线性差分方程解的结构定理,要求解 k 阶齐次线性差分方程的通解,只要找出 k 个线性无关的特解,再用 k 个任意常数线性组合即可. 要求 k 阶非齐次线性差分方程的通解,在求出对应齐次方程的通解基础上,只要再找到所给非齐次方程的一个特解,然后将已求对应齐次方程的通解与特解相加即可得到.

例 4 (1) 验证 $y_1(n) = 2^n$ 和 $y_2(n) = 1$ 是方程
$$y_{n+2} - 3y_{n+1} + 2y_n = 0$$
的两个解;

(2) 验证 $y^*(n) = n^2$ 是方程
$$y_{n+2} - 3y_{n+1} + 2y_n = 1 - 2n$$
的解;

(3) 求方程 $y_{n+2} - 3y_{n+1} + 2y_n = 1 - 2n$ 的通解.

解 (1)(2) 容易验证.

(3) 由于 $y_1(n) = 2^n$ 和 $y_2(n)$ 是线性无关的,因此相应的齐次方程的通解为
$$y = C_1 + C_2 2^n$$
于是所给非齐次方程的通解为
$$y(n) = y + y^*(n) = C_1 + C_2 2^n + n^2$$
其中 C_1, C_2 是任意常数.

练习 10.1

1. 计算下列各题的差分:

(1) $y_n = n^2 - 2n$,求 $\Delta^2 y_n$;

(2) $y_n = 3^n$,求 $\Delta^2 y_n$;

(3) $y_n = (n+3)^3 + 3$,求 $\Delta^3 y_n$;

(4) $y_n = \ln(n+1)$,求 $\Delta^2 y_n$.

2. 按定义 10.2 改写下列差分方程,并指出方程的阶数:

(1) $\Delta^2 y_n - 3\Delta y_n = 5$; (2) $\Delta^3 y_{n-1} - n\Delta y_n = 2^n$;

(3) $\Delta^3 y_n - 3\Delta y_n - 2y_n = 3$; (4) $\Delta^2 y_n + 2\Delta y_n + 3y_n = n^2$;

(5) $\Delta^3 y_n - 2\Delta^2 y_n - 3y_n = -2(n+1)$.

3. 验证下列函数是否为所给方程的解(题中 C, C_1, C_2, C_3 为任意常数):

(1) $y_n = \frac{1}{2}3^n - 2n + C, y_{n+1} - y_n = 3^n - 2$;

(2) $y_n = C_1 + C_2 n + C_3 n^2 + n^4, y_{n+4} - 4y_{n+3} + 6y_{n+2} - 4y_{n+1} + y_n = 0$;

(3) $y_n = C3^n - 0.3\sin\frac{\pi}{2}n - 0.1\cos\frac{\pi}{2}n, y_{n+1} - 3y_n = \sin\frac{\pi}{2}n$;

(4) $y_n = \frac{1}{1+Cn}, (1+y_n)y_{n+1} = y_n$.

4. 已知 $y_n = C_1 + C_2 a^n$ 是方程 $y_{n+2} - 3y_{n+1} + 2y_n = 0$ 的通解,求满足条件的常数 a.

5. 已知 $y_1(n) = 2^n, y_2(n) = 2^n - 4n + 1$ 是差分方程 $y_{n+1} + P(n)y_n = f(n)$ 的两个特解. 求满足条件的 $P(n), f(n)$ 以及方程的通解.

6. 试证函数 $y_1(n) = (-2)^n$ 和 $y_2(n) = n(-2)^n$ 是方程 $y_{n+2} + 4y_{n+1} + 4y_n = 0$ 的两个线性无关解,并求该方程的通解.

§10.2 简单的一阶和二阶常系数线性差分方程的解法

由上一节定理 10.1 至定理 10.4 我们知道,线性差分方程与线性微分方程解的结构非常类似,因此,它们的解法也非常类似,本节我们主要介绍几种简单的一阶常系数线性差分方程和二阶常系数齐次线性差分方程的解法.

一、一阶常系数齐次线性差分方程的解法

一阶常系数齐次线性差分方程的一般形式为

$$y_{n+1} + ay_n = 0, n = 0, 1, 2, \cdots \quad (10-13)$$

方程(10-13)变形后改写为

$$y_{n+1} = -ay_n, n = 0, 1, 2, \cdots$$

这是等比数列所满足的关系式,由等比数列通项公式可以得到

$$y_n = (-a)^n y_0, n = 0, 1, 2, \cdots$$

从而得到方程(10-13)的通解

$$y_n = C(-a)^n, n = 0, 1, 2, \cdots \quad (10-14)$$

其中 C 为任意常数.

二、几种简单的一阶常系数非齐次线性差分方程的解法

一阶常系数非齐次线性差分方程的一般形式为
$$y_{n+1} + ay_n = f(n), n = 0,1,2,\cdots \qquad (10-15)$$
其中 $f(n) \not\equiv 0$.

由定理 10.3 知道,求方程(10-15)的通解,只要求出它的一个特解 $y^*(n)$. 这时由(10-14)可得方程(10-15)的通解为
$$y_n = C(-a)^n + y^*(n), n = 0,1,2,\cdots. \qquad (10-16)$$

同非齐次线性微分方程解法类似,可以用待定系数法求出方程(10-15)对于一些特殊类型函数 $f(n)$ 的特解.

下面我们介绍,对于两种简单类型的函数 $f(n)$,方程(10-15)的特解 $y^*(n)$ 的求法.

1. $f(n) = p_m(n)$,$p_m(n)$ 为 n 的 m 次多项式.

对于方程
$$y_{n+1} + ay_n = p_m(n) \qquad (10-17)$$
当 $a \neq -1$ 时,可以设它的特解为
$$y^*(n) = a_0 n^m + a_1 n^{m-1} + \cdots + a_{m-1} n + a_m$$
其中 $a_0, a_1, \cdots, a_m$ 为待定系数,代入方程后,比较 n 的同次幂系数可以确定出这些待定系数;

当 $a = -1$ 时,可以设它的特解为
$$y^*(n) = n(a_0 n^m + a_1 n^{m-1} + \cdots + a_{m-1} n + a_m)$$
代入方程后,可以确定出待定系数 $a_0, a_1, \cdots, a_m$.

例 1 求差分方程 $y_{n+1} - y_n = n + 3$ 的通解.

解 因 $a = -1$,对应齐次方程的通解为
$$y_n = C \cdot 1^n = C$$
设 $y^*(n) = a_0 n^2 + a_1 n$,代入原方程,有
$$a_0(n+1)^2 + a_1(n+1) - a_0 n^2 - a_1 n = n + 3$$
比较系数得 $a_0 = \frac{1}{2}, a_1 = \frac{5}{2}$,所以 $y^*(n) = \frac{1}{2}n^2 + \frac{5}{2}n$,所给方程通解为
$$y(n) = C + \frac{1}{2}n^2 + \frac{5}{2}n$$

其中 C 为任意常数.

例 2 求差分方程 $y_{n+1} - 2y_n = 2n^2 - 1$ 的通解.

解 因 $a = -2$,对应齐次方程的通解为

$$y_n = C(2)^n = C2^n$$

设 $y^* = a_0 n^2 + a_1 n + a_2$,代入原方程,有
$$-a_0 n^2 + (2a_0 - a_1)n + (a_0 + a_1 - a_2) = 2n^2 - 1$$

比较系数得 $a_0 = -2, a_1 = -4, a_2 = -5$,所以得 $y^*(n) = -2n^2 - 4n - 5$,从而所给方程的通解为
$$y(n) = C2^n - 2n^2 - 4n - 5$$

其中 C 为任意常数.

2. $f(n) = bd^n; d > 0, d \neq 1$.

对于方程
$$y_{n+1} + ay_n = bd^n, \tag{10-18}$$

当 $a \neq -d$ 时,可以设它的特解为
$$y^*(n) = Ad^n,$$

代入方程后,可求得 $A = \dfrac{b}{a+d}$,于是方程(10-18)的特解为
$$y^*(n) = \frac{b}{a+d}d^n;$$

当 $a = -d$ 时,可以设它的特解为
$$y^*(n) = And^n,$$

代入方程后,可求得 $A = \dfrac{b}{d}$,于是方程(10-18)的特解为
$$y^*(n) = \frac{b}{d}nd^n.$$

也就是说方程(10-18)的特解可以用下面的公式求得
$$y_n = \begin{cases} C(-a)^n + \dfrac{b}{a+d}d^n, & a \neq -d \\ \left(C + \dfrac{b}{d}n\right)d^n, & a = -d \end{cases} \tag{10-19}$$

其中 C 为任意常数.

例 3 求方程 $y_{n+1} + 2y_n = 3 \cdot 2^n$ 满足初始条件 $y_0 = 4$ 的特解.

解 对应齐次方程的通解为
$$y_n = C(-2)^n$$

又设 $y_n^* = A2^n$,代入方程,有
$$A2^{n+1} + 2A2^n = 3 \cdot 2^n$$

从而解得 $A = \dfrac{3}{4}, y_n^* = \dfrac{3}{4} \cdot 2^n$. 所给方程的通解为
$$y_n = C(-2)^n + \frac{3}{4} \cdot 2^n$$

由 $y_0 = 4$，得 $C = \dfrac{13}{4}$，于是所给方程满足条件的特解为

$$y_n = \frac{13}{4}(-2)^n + \frac{3}{4} \cdot 2^n = \frac{1}{4}[3 + (-1)^n \cdot 13]2^n$$

求解非齐次线性方程(10-15)的通解，除了利用线性方程解的结构定理，通过分别求出对应齐次方程通解和非齐次方程一个特解的方法实现外，还可以直接用迭代法计算，这时将方程(10-15)改写成迭代方程形式

$$y_{n+1} = -ay_n + f(n), n = 0, 1, 2, \cdots \quad (10-20)$$

则有

$$y_1 = -ay_0 + f(0)$$
$$y_2 = -ay_1 + f(1) = (-a)^2 y_0 + (-a)f(0) + f(1)$$
$$y_3 = -ay_2 + f(2) = (-a)^3 y_0 + (-a)^2 f(0) + (-a)f(1) + f(2)$$
$$\cdots\cdots\cdots$$

一般地，由数学归纳法可证

$$y_n = (-a)^n y_0 + (-a)^{n-1} f(0) + (-a)^{n-2} f(1) + \cdots + (-a)f(n-2) + f(n-1)$$
$$= (-a)^n y_0 + y^*(n), n = 0, 1, 2, \cdots$$

其中 $y^*(n) = (-a)^{n-1} f(0) + (-a)^{n-2} f(1) + \cdots + (-a)f(n-2) + f(n-1)$

$$= \sum_{i=0}^{n-1} (-a)^i f(n-i-1) \quad (10-21)$$

为方程(10-15)的特解，$(-a)^n y_0$ 为对应齐次方程的通解，y_0 为任意常数，可记作 $C = y_0$。

例4 求方程 $y_{n+1} - \dfrac{1}{3} y_n = 2^n$ 的通解。

解 将 $a = -\dfrac{1}{3}, f(n) = 2^n$ 代入公式(10-21)，有

$$y^*(n) = \sum_{i=0}^{n-1} \left(\frac{1}{3}\right)^i 2^{n-i-1} = 2^{n-1} \sum_{i=0}^{n-1} \left(\frac{1}{6}\right)^i$$

$$= 2^{n-1} \frac{1 - \left(\dfrac{1}{6}\right)^n}{1 - \dfrac{1}{6}} = \frac{1}{5}\left[6 \cdot 2^{n-1} - \left(\frac{1}{3}\right)^{n-1}\right]$$

所以，所给方程的通解为

$$y_n = C\left(\frac{1}{3}\right)^n + \frac{1}{5}\left[6 \cdot 2^{n-1} - \left(\frac{1}{3}\right)^{n-1}\right]$$

$$= \tilde{C}\left(\frac{1}{3}\right)^n + \frac{6}{5} 2^{n-1}$$

其中 $\tilde{C} = C - \dfrac{3}{5}$ 为任意常数.

三、二阶常系数齐次线性差分方程的解法

二阶常系数齐次线性差分方程的一般形式为
$$y_{n+2} + py_{n+1} + qy_n = 0, n = 0,1,2,\cdots \quad (10-22)$$
其中 p,q 是常数. 同二阶常系数齐次线性微分方程类似我们称
$$\lambda^2 + p\lambda + q = 0 \quad (10-23)$$
为差分方程(10-22)的特征方程. 方程(10-23)的两个根 λ_1, λ_2 称为差分方程(10-22)的特征根. 并且同二阶常系数齐次线性微分方程类似,方程(10-22)的通解根据它的特征根 λ_1 和 λ_2 的可能情形有以下三种形式:

(1) λ_1, λ_2 是两个不同的实根时,方程(10-22)的通解为
$$y = C_1\lambda_1^n + C_2\lambda_2^n \quad (10-24)$$
C_1, C_2 是任意常数;

(2) $\lambda_1 = \lambda_2$ 是重根时,方程(10-22)的通解为
$$y = (C_1 + C_2 n)\lambda^n \quad (10-25)$$
其中 $\lambda = \lambda_1 = \lambda_2, C_1, C_2$ 是任意常数;

(3) $\lambda_1 = \alpha + i\beta, \lambda_2 = \alpha - i\beta$ 是一对共轭复根时,λ_1, λ_2 可以写成复指数形式:
$$\lambda_1 = re^{i\theta}, \lambda_2 = re^{-i\theta}$$
其中 $r = \sqrt{\alpha^2 + \beta^2}$ 是 λ_1, λ_2 的模长,$\theta \in \left(-\dfrac{\pi}{2}, \dfrac{\pi}{2}\right)$ 满足
$$\tan\theta = \dfrac{\beta}{\alpha}$$
$\alpha = 0, \beta > 0$ 时,$\theta = \dfrac{\pi}{2}$,$\alpha = 0, \beta < 0$ 时,$\theta = -\dfrac{\pi}{2}$

方程(10-22)的通解为
$$y = r^n(C_1\cos\theta n + C_2\sin\theta n) \quad (10-26)$$
C_1, C_2 是任意常数.

例5 求差分方程 $y_{n+2} + 4y_{n+1} - 5y_n = 0$ 的通解.

解 特征方程为
$$\lambda^2 + 4\lambda - 5 = 0$$
解得两个相异实根 $\lambda_1 = 1, \lambda_2 = -5$,于是,所给方程的通解为
$$y(n) = C_1 + C_2(-5)^n$$
其中 C_1, C_2 为任意常数.

例 6 求方程 $y_{n+2} - 10y_{n+1} + 25y_n = 0$ 的通解.

解 特征方程为
$$\lambda^2 - 10\lambda + 25 = 0$$
解得特征根 $\lambda = 5$（二重），于是，所给方程的通解为
$$y_n = (C_1 + C_2 n)5^n$$
其中 C_1, C_2 为任意常数.

例 7 求方程 $y_{n+2} - 2y_{n+1} + 5y_n = 0$ 的通解.

解 特征方程为
$$\lambda^2 - 2\lambda + 5 = 0$$
解得特征根 $\lambda_1 = 1 + 2\mathrm{i}, \lambda_2 = 1 - 2\mathrm{i}$，因此，所给方程的通解为
$$y(n) = r^n(C_1 \cos\theta n + C_2 \sin\theta n)$$
其中 $r = \sqrt{5}, \theta = \arctan 2, C_1, C_2$ 为任意常数.

练习 10.2

1. 求下列差分方程的通解：

(1) $2y_{n+1} + y_n = 3 + n$；　　(2) $y_{n+1} - 2y_n = 2^n$；

(3) $y_{n+1} - \alpha y_n = e^{\beta n}, \alpha, \beta$ 为常数，$\alpha \neq 0$；

2. 求下列差分方程满足给定条件的特解：

(1) $8y_{n+1} + 4y_n = 3, y_0 = \dfrac{1}{2}$；

(2) $y_{n+1} + 2y_n = 2^n, y_0 = \dfrac{4}{3}$；

(3) $2y_{n+1} - y_n = 2 + n^2, y_0 = 4$；

3. 求下列二阶齐次线性差分方程的通解或满足条件的特解：

(1) $y_{n+2} - 7y_{n+1} + 12y_n = 0$；　　(2) $y_{n+2} = y_{n+1} + y_n$；

(3) $y_{n+2} - 6y_{n+1} + 9y_n = 0$；　　(4) $y_{n+2} + 4y_n = 0$；

(5) $y_{n+2} - 4(a+1)y_{n+1} + 4a^2 y_n = 0, a$ 为常数，$1 + 2a > 0$；

(6) $y_{n+2} + 2y_{n+1} - 3y_n = 0, y_0 = -1, y_1 = 1$.

§10.3 差分方程在经济学中的简单应用

采用与微分方程完全类似的方法，可以建立经济学的差分方程的模型，下面举例说明它的应用.

一、"筹措教育经费"模型

某家庭从现在着手，从每月工资中拿出一部分资金存入银行，用于投资子女的教育，并计划 20 年后开始从投资账户中每月支取 1 000 元，直到 10 年后子女

大学毕业并用完全部资金.要实现这个投资目标,20年内共要筹措多少资金? 每月要在银行存入多少钱? 假设投资的月利率为 0.5%. 为此,设第 n 个月投资账户资金为 a_n,每月存入资金为 b 元,于是 20 年后,关于 a_n 的差分方程模型为

$$a_{n+1} = 1.005 a_n - 1\,000 \qquad (10-27)$$

且 $a_{120} = 0, a_0 = x$.

解方程(10-27),得通解

$$a_n = (1.005)^n C - \frac{1\,000}{1-1.005} = (1.005)^n C + 200\,000$$

以及

$$a_{120} = (1.005)^{120} C + 200\,000 = 0$$

$$a_0 = C + 200\,000 = x$$

从而有

$$x = 200\,000 - \frac{200\,000}{(1.005)^{120}} = 90\,073.45$$

从现在到 20 年内,a_n 满足方程

$$a_{n+1} = 1.005 a_n + b \qquad (10-28)$$

且 $a_0 = 0, a_{240} = 90\,073.45$.

解方程(10-28),得通解

$$a_n = (1.005)^n C + \frac{b}{1-1.005} = (1.005)^n C - 200b$$

以及

$$a_{240} = (1.005)^{240} C - 200b = 90\,073.45$$

$$a_0 = C - 200b = 0$$

从而有

$$b = 194.95$$

即要达到投资目标,20 年内要筹措资金 90 073.45 元,平均每月要存入 194.95 元.

二、价格与库存模型

本模型考虑库存与价格之间的关系.

设 $P(n)$ 为第 n 个时段某类产品的价格,$L_n = L(n)$ 为第 n 个时段的库存量,$\overline{L}$ 为该产品的合理库存量. 一般情况下,如果库存量超过合理库存,则该产品的售价要下跌,如果库存量低于合理库存,则该产品售价要上涨,于是有方程

$$P_{n+1} - P_n = c(\overline{L} - L_n) \qquad (10-29)$$

其中 $c(c>0)$ 为比例常数. 由(10-29)变形可得

$$P_{n+2} - 2P_{n+1} + P_n = -c(L_{n+1} - L_n) \qquad (10-30)$$

又设库存量 $L(n)$ 的改变与产品的生产销售状态有关,且在第 $n+1$ 时段库存增加量等于该时段的供求之差,即

$$L_{n+1} - L_n = S_{n+1} - D_{n+1} \qquad (10-31)$$

若设供给函数和需求函数分别为

$$S = a(P - \alpha) + \beta, \quad D = -b(P - \alpha) + \beta$$

其中 a, b, α, β 都是正的常数,代入(10-30)后,有

$$L_{n+1} - L_n = (a+b)P_{n+1} - a\alpha - b\alpha$$

再由(10-30),可得 P_n 满足的差分方程

$$P_{n+2} + [c(a+b) - 2]P_{n+1} + P_n = (a+b)\alpha \qquad (10-32)$$

为了求解方程(10-32),令 $y_n = P_n - \dfrac{\alpha}{c}$,则方程(10-32)变为

$$y_{n+2} + [c(a+b) - 2]y_{n+1} + y_n = 0 \qquad (10-33)$$

它的特征方程为

$$\lambda^2 + [c(a+b) - 2]\lambda + 1 = 0$$

解得 $\lambda_{1,2} = -r \pm \sqrt{r^2 - 1}$,$r = \dfrac{1}{2}[c(a+b) - 2]$,于是

若 $|r| < 1$,并设 $r = \cos\theta$,则方程(10-33)的通解为

$$P_n = B_1 \cos n\theta + B_2 \sin n\theta + \dfrac{\alpha}{c}$$

即第 n 个时段价格将围绕稳定值 $\dfrac{\alpha}{c}$ 循环变化.

若 $|r| > 1$,则 λ_1, λ_2 为两个实根,方程(10-33)的通解为

$$P_n = A_1 \lambda_1^n + A_2 \lambda_2^n + \dfrac{\alpha}{c}$$

这时由于 $\lambda_2 = -r - \sqrt{r^2 - 1} < -r < -1$,则当 $n \to +\infty$ 时,λ_2^n 将迅速变化,方程无稳定解.

因此,当 $-1 < r < 1$,即 $0 < r+1 < 2$,也即 $0 < c < \dfrac{4}{a+b}$ 时,价格相对稳定.

三、国民收入的稳定分析模型

本模型主要讨论国民收入与消费和积累之间的关系问题.

设第 n 期内的国民收入 y_n 主要用于该期内的消费 C_n,再生产投资 I_n 和政府用于公共设施的开支 G(定为常数),即有

$$y_n = C_n + I_n + G \qquad (10-34)$$

又设第 n 期的消费水平与前一期的国民收入水平有关,即

$$C_n = A y_{n-1} \qquad (0 < A < 1) \qquad (10-35)$$

第 n 期的生产投资应取决于消费水平的变化,即有

$$I_n = B(C_n - C_{n-1}) \qquad (10-36)$$

由方程(10-34),(10-35),(10-36)合并整理得

$$y_n - A(1+B)y_{n-1} + BAy_{n-2} = G \quad (10-37)$$

于是,对应 A, B, G 以及 y_0, y,可求解方程,并讨论国民收入的变化趋势和稳定性.

例如,若 $A = \dfrac{1}{2}, B = 1, G = 1, y_0 = 2, y_1 = 3$,则方程(10-37)满足条件的特解为

$$y_n = \sqrt{2}\sin\dfrac{\pi}{4}n + 2$$

结果表明,在上述条件下,国民收入将在 2 个单位上下波动,且上下幅度为 $\sqrt{2}$.

练习 10.3

1. 已知某人欠有债务 25 000 元,月利率为 1%,计划在 12 个月内用分期付款的方法还清债务,每月要付出多少钱?设 a_n 为付款 n 次后还剩欠款数,求每月付款 P 元使 $a_{12} = 0$ 的差分方程.

2. 某公司每年工资总额在比前一年增加 20% 的基础上再追加 200 万元,若以 W_t 表示第 t 年的工资总额(单位:百万元),求 W_t 满足的方程;若 2000 年该公司的工资总额为 1 000 万元,则 5 年后工资总额将是 2000 年的多少倍?

3. 在讨论供求关系时,某商品的需求量、供给量和价格均看作时间 n 的函数,n 取整数型离散值.传统的基本动态供需均衡模型为

$$\begin{cases} D_n = a + bP_n \\ S_n = a_1 + b_1 P_{n-1} \\ D_n = S_n \end{cases}$$

模型表明,现期需求依赖于同期价格,现期供给依赖于前期价格,试求 P_n 满足的动态供求均衡模型的差分方程,求解差分方程,讨论价格相对时间 n 的稳定性.

习 题 十

1. 设 $f(x)$ 在 $\mathbf{R}$ 上有定义,$h > 0$ 为常数,称

$$\Delta_h f(x) = f(x+h) - f(x)$$

为 $f(x)$ 的步长为 h 的一阶差分.

(1) 证明:$\Delta_h [cf(x)] = c\Delta_h f(x)$ (c 为常数)

$$\Delta_h [f_1(x) + f_2(x)] = \Delta_h f_1(x) + \Delta_h f_2(x)$$

(2) 若定义

$$\Delta_h^n f(x) = \Delta_h [\Delta_h^{n-1} f(x)], n = 2, 3, \cdots$$

为 $f(x)$ 的步长为 h 的 n 阶差分,用数学归纳法证明:

习 题 十

$$\Delta_h^n f(x) = \sum_{k=0}^{n} C_n^k (-1)^{n-k} f(x+kh)$$

2. 设 $f(x)$ 是 **R** 上的二阶连续可导函数,证明:

$$\Delta_h^2 f(x) = \int_0^h \left[\int_0^h f''(x+t_1+t_2) \, dt_1 \right] dt_2.$$

提示:利用牛顿-莱布尼茨公式 $\int_0^h f'(x+t) \, dt = f(x+h) - f(x)$.

3. 设 a,b 为非零常数,且 $1+a \neq 0$,试证:通过变换 $u_n = y_n - \dfrac{b}{1+a}$,可将非齐次方程

$$y_{n+1} + a y_n = b$$

变换为 u_n 的齐次方程,并由此求出 y_n 的通解.

4. 已知差分方程 $\dfrac{a+b y_n}{c+d y_{n+1}} = \dfrac{y_n}{y_{n+1}}$,其中 a,b,c,d 均为正常数,试证:经代换 $z_n = \dfrac{1}{y_n}$,可将方程化为关于 z_n 的线性差分方程,并由此找出原方程的通解.

5. 已知 $y_1 = 4n^3, y_2 = 3n^2, y_3 = n$,是方程 $y_{n+2} + a_1(n) y_{n+1} + a_2(n) \cdot y_n = f(n)$ 的三个特解,问它们能否组合构造出所给方程的通解,如可以,给出方程的通解.

习题参考答案

练习1.1答案

1. (1) $(-4,2)$;(2) $(-\infty,-3] \cup [7,+\infty)$;
   (3) $(-\infty,-2) \cup (0,+\infty)$;(4) $\left(-\infty,-\dfrac{1}{2}\right)$;
   (5) $\left(-\dfrac{1}{a}(\delta+b),-\dfrac{b}{a}\right) \cup \left(-\dfrac{b}{a},\dfrac{1}{a}(\delta-b)\right)$;(6) $[-2,2]$.
2. 略.
3. 略.

练习1.2答案

1. (1) 不相同;(2) 不相同;(3) 不相同;(4) 相同;(5) 不相同;
   (6) 不相同;(7) 相同;(8) 相同;(9) 不相同.
2. (1) $[2,3) \cup (3,5)$;   (2) $[-2,0)$;
   (3) $[1-e^2,0) \cup (0,1-e^{-2}]$; (4) $(-\infty,-1] \cup [1,+\infty)$;
   (5) $(-1,1]$;   (6) $(2k\pi,(2k+1)\pi), k=0,\pm 1,\pm 2,\cdots$;
   (7) $(0,e) \cup (e,+\infty)$.
3. (1) $(-4,4)$,图略;(2) $(-\infty,+\infty)$,图略.
4. (1) $f(0)=1, f(1)=-1, f(-1)=3, f(1.5)=3.25,$
   $f(-1.5)=3.25, f(1+k)=\begin{cases} -2k-1, & -2\leqslant k\leqslant 0 \\ k^2+2k+2, & k>0 \text{ 或 } k<-2 \end{cases};$
   (2) $f(0)=-\dfrac{1}{2}, f(1)=0, f(-1)=0, f(1.5)=0.625,$
   $f(-1.5)=0.625, f(1+k)=\begin{cases} \dfrac{k^2+2k}{2}, & k\neq 0 \\ 0, & k=0 \end{cases}.$
5. (1) $f(x)=\begin{cases} 4x-5, & x\geqslant 5 \\ 2x+5, & x<5 \end{cases};$ (2) $f(x)=\begin{cases} x^2-9, & |x|\geqslant 3 \\ 9-x^2, & |x|<3 \end{cases};$
   (3) $f(x)=\begin{cases} 4-x, & 4\leqslant x<5 \\ 5-x, & 5\leqslant x<6 \end{cases};$ (4) $f(x)=\begin{cases} \dfrac{1}{x}, & x>0 \\ -\dfrac{1}{x}, & x<0 \end{cases}.$

练习1.3答案

1. (1) $a>0$ 时,单增区间是$(-\infty,+\infty)$,

$a<0$ 时,单减区间是 $(-\infty,+\infty)$;

(2) 单增区间 $[0,2]$,单减区间 $[2,4]$;

(3) 单增区间 $(-\infty,+\infty)$;

(4) 严格单减区间 $(-\infty,0)$,单减区间 $(-\infty,+\infty)$.

2. (1) 偶函数;(2) 奇函数;(3) 奇函数;(4) 奇函数;(5) 奇函数;

(6) 非奇非偶函数;(7) 偶函数;(8) 非奇非偶函数.

3. (1) 周期函数,$T_0=\pi$; (2) 非周期函数;

(3) 周期函数,$T_0=\pi$; (4) 周期函数,$T_0=\dfrac{\pi}{2}$.

4. $f(x)=\begin{cases} x^2, & 0\leq x<2 \\ (x-2)^2, & 2\leq x<4 \\ (x-4)^2, & 4\leq x<6 \\ 0, & x=6 \end{cases}.$

5. 略.

练习 1.4 答案

1. (1) $y=\dfrac{1}{2}(1-e^x),D_{f^{-1}}=(0,+\infty)$;

(2) $y=\sqrt{9-x^2},D_{f^{-1}}=[0,3]$;

(3) $y=3\arccos\dfrac{x}{2},D_{f^{-1}}=[1,2]$;

(4) $y=\ln(x+\sqrt{x^2-1}),D_{f^{-1}}=[1,+\infty)$;

(5) $y=\begin{cases} x+1, & x<-1 \\ \sqrt{x}, & x\geq 0 \end{cases},D_{f^{-1}}=(-\infty,-1)\cup[0,+\infty)$;

(6) $y=\begin{cases} \dfrac{1}{2}(x+1), & -1<x\leq 1 \\ 2-\sqrt{2-x}, & 1<x\leq 2 \end{cases},D_{f^{-1}}=(-1,2]$.

练习 1.5 答案

1. $f(x+1)=\begin{cases} (x+1)^2+2(x+1), & x\leq -1 \\ 2, & x>-1 \end{cases},$

$f(x)+f(-x)=\begin{cases} x^2-2x+2, & x>0 \\ 0, & x=0, \\ x^2+2x+2, & x<0 \end{cases}$

2. 略.

3. (1) $f(x)=\dfrac{1}{x^2+2}$;(2) $\varphi(x)=\dfrac{x+1}{x-1}$.

4. $g(x)=\sqrt{\ln(1-x)},D(g)=(-\infty,0]$.

5. (1) $y = \ln^2 \frac{x}{3}$;(2) $y = \sqrt{e^x - 1}$;(3) $y = \ln(\tan^2 x + 1)$;(4) $y = \sin\sqrt{2x - 1}$.

6. (1) $y = \arccos u, u = \sqrt{x}$;(2) $y = \ln u, u = v^2, v = \sin x$;

(3) $y = e^u, u = x\ln x$(注:此处 u 是两个初等函数的乘积);

(4) $y = \arctan u, u = e^v, v = \sqrt{x}$.

7. (1) 不可以;(2) 可以;(3) 可以;(4) 可以.

练习 1.6 答案

1. $x = \pi - \arcsin a$.

2. $x_1 = \frac{5\pi}{6}, x_2 = -\frac{5\pi}{6}$.

3. 否.

4. $y = \begin{cases} \frac{-1 + \sqrt{1 + 4x}}{2x}, & x \geq -\frac{1}{4} \\ 1, & x = 0 \end{cases}$ 或 $y = \begin{cases} \frac{-1 - \sqrt{1 + 4x}}{2x}, & x \geq -\frac{1}{4} \\ 1, & x = 0 \end{cases}$

练习 1.7 答案

1. 至少生产 400 套.

2. $R(x) = \begin{cases} ax, & 0 < x \leq 50 \\ 50a + 0.8a(x - 50), & x > 50 \end{cases}$.

3. $R(P) = P \cdot \frac{24 - P}{2} = 12P - \frac{1}{2}P^2$.

4. $y = 4\,000\,000 + \frac{2\,000\,000}{x} + 80x$.

5. (1) $P_0 = \frac{130}{17}$;(2) $P_0 = 7$.

习题一答案

1. 略.

2. 提示:考虑 $F(x) = \frac{f(x) + f(-x)}{2}, G(x) = \frac{f(x) - f(-x)}{2}$ 的奇偶性.

3. 提示:

$y = \begin{cases} -3, & x < 0 \\ 2x - 3, & 0 \leq x < 1 \\ 4x - 5, & 1 \leq x < 2 \\ 3, & 2 \leq x \end{cases}$,由图形可知最小值为 -3,最大值为 3.

4. (1) 提示:$f(\lambda x) \geq f(x), f(\mu x) \geq f(x)$;

(2) 提示:利用(1)的结论.再考虑 $x = a + b, \lambda = \frac{a}{a+b}, \mu = \frac{b}{a+b}$.

5. (1) 略;(2) 2 是 $f(x)$ 的一个正周期.

6. 提示:利用不等式 $1+a^4 \geq 2a^2$.

练习 2.1 答案

1. $\dfrac{1}{2}, \dfrac{1}{\sqrt{2}-1}, \dfrac{1}{\sqrt{3}+1}, 1, \cdots, \dfrac{1}{\sqrt{2n-1}+1}, \dfrac{1}{\sqrt{2n}-1}, \cdots$.

2. (1) $\lim\limits_{n\to\infty}\dfrac{n}{2n-1}=\dfrac{1}{2}$;

   (2) $a_n=\begin{cases} n, & n=2k-1 \\ \dfrac{1}{n}, & n=2k \end{cases}, k=1,2,\cdots, \lim\limits_{n\to\infty}a_n$ 不存在;

   (3) $a_n=\cos n\pi=(-1)^n, \lim\limits_{n\to\infty}a_n$ 不存在;

   (4) $a_n=\sin(n\pi+x)=(-1)^n\sin x, \sin x\neq 0$ 时, $\lim\limits_{n\to\infty}a_n$ 不存在;$\sin x=0$ 时,$\lim\limits_{n\to\infty}a_n=0$;

   (5) $a_n=\left(-\dfrac{1}{2}\right)^n, \lim\limits_{n\to\infty}a_n=0$.

   (6) $a_n=\dfrac{1}{n^\alpha}, \lim\limits_{n\to\infty}a_n=0$.

3. (1) 2;(2) -3;(3) $\ln 2$.

4. (1) $\lim\limits_{n\to\infty}x_n=1$; (2) $\lim\limits_{n\to\infty}x_n=\dfrac{q}{1-q}$;

   (3) $\lim\limits_{n\to\infty}x_n=2$; (4) $x_n=\sum\limits_{k=3}^{n}\left(\dfrac{1}{k}-\dfrac{1}{k+1}\right)=\dfrac{1}{3}-\dfrac{1}{n+1}, \lim\limits_{n\to\infty}x_n=\dfrac{1}{3}$;

   (5) $x_n=n\left(1+\sqrt[3]{\dfrac{1}{n}-1}\right), \lim\limits_{n\to\infty}x_n=\dfrac{1}{3}$.

5. 略.

6. $\dfrac{3}{2}$.

7. $\max\{a_1,a_2,\cdots,a_k\}$.

8. (1) $\lim\limits_{n\to\infty}x_n=\dfrac{1}{2}$;(2) $\lim\limits_{n\to\infty}y_n=1$.

练习 2.2 答案

1. $\lim\limits_{x\to+\infty}2^{-x}=0, \lim\limits_{x\to-\infty}2^{-x}=+\infty, \lim\limits_{x\to\infty}2^{-x}$ 不存在.

2. $0<a<1$ 时,$\lim\limits_{x\to+\infty}\log_a(1+x)=-\infty, \lim\limits_{x\to 0}\log_a(1+x)=0, \lim\limits_{x\to -1^+}\log_a(1+x)=+\infty$;

   $a>1$ 时,$\lim\limits_{x\to+\infty}\log_a(1+x)=+\infty, \lim\limits_{x\to 0}\log_a(1+x)=0, \lim\limits_{x\to -1^+}\log_a(1+x)=-\infty$.

3. $\lim\limits_{x\to+\infty}\operatorname{arccot} x=0, \lim\limits_{x\to-\infty}\operatorname{arccot} x=\pi, \lim\limits_{x\to\infty}\operatorname{arccot} x$ 不存在.

4. $\lim\limits_{x\to 0}\cos x=1, \lim\limits_{x\to\frac{\pi}{2}}\cos x=0, \lim\limits_{x\to\infty}\cos x$ 不存在.

5. $\lim\limits_{x\to+\infty}(\sqrt{x^2+x}-x)=\dfrac{1}{2}, \lim\limits_{x\to-\infty}(\sqrt{x^2+x}-x)=+\infty$,

   $\lim\limits_{x\to\infty}(\sqrt{x^2+x}-x)$ 不存在,$\lim\limits_{x\to 1}(\sqrt{x^2+x}-x)=\sqrt{2}-1$.

6. (1) -1;(2) -1;(3) 4;(4) $-\dfrac{1}{2}$;(5) 1;(6) -1;(7) 1;(8) $\dfrac{1}{2}$;

(9) 16;(10) $\dfrac{10}{11}$;(11) $\dfrac{2^8}{3^{15}}$;(12) $\dfrac{n(n+1)}{2}$.

7. 不存在.

8. $\sqrt{3}$.

练习 2.3 答案

1. 1.
2. 略.
3. 不存在.
4. 0.
5. $-\dfrac{2}{\pi}$.
6. (1) $\lim\limits_{x\to 0}g(x)=1,\lim\limits_{x\to 1}f(x)=1$;

(2) $f[g(x)]=\begin{cases}0, & x\neq 0\\ 1, & x=0\end{cases}$, $\lim\limits_{x\to 0}f[g(x)]=0$;(3) 不能.

7~8. 略.

练习 2.4 答案

1~7. 略.

8. (1) $\dfrac{3}{5}$;(2) 1;(3) 0;(4) -1;(5) $\sqrt{2}$;(6) $\dfrac{1}{3}$;(7) $-\dfrac{\pi}{2}$;(8) 0.

9. $a=1, b=2$.

10. $a=2(1+\ln 2), b$ 为任意实数.

练习 2.5 答案

1. $x_1=-1$ 为第二类间断点, $x_2=0$ 为可去间断点, $x_3=1$ 为跳跃间断点.

2. (1) 未必成立;(2) 一定成立.

3. 略.

4. (1) e^{-2};(2) $e^{-\frac{1}{2}}$;(3) e;(4) e^2.

5. $a=2, b=\ln 2$.

6. $f(x)=\begin{cases}1, & x>0\\ 0, & x=0\\ -1, & x<0\end{cases}$, 间断点为 $x=0$.

7. (1) $\ln a$;(2) e^{-2};(3) x.

8. $A(t)=R_0 e^{(a-r)t}$.

练习 2.6 答案

1. 最小值 $\dfrac{1}{M}$;最大值 $\dfrac{1}{m}$.

2~4. 略

习题二答案

1~6. 略

7. 2.   8. a.   9. $\dfrac{\ln 2}{\ln 3}$.   10. $(\ln a)^2$.   11. $\sqrt{6}$.

12. 3

13. $y = \begin{cases} \dfrac{\pi}{2}(x-1), & |x|>1 \\ \dfrac{\pi}{4}(x-1), & |x|=1 \\ 0, & |x|<1 \end{cases}$, $x=-1$ 是跳跃间断点.

14~16. 略.

练习 3.1 答案

1. (1) $v_0 - gt$; (2) $\dfrac{v_0}{g}$; (3) $-v_0$.

2. (1) $2\pi r$; (2) 2π; (3) $\dfrac{1}{\sqrt{\pi}}$.

3. -1.

4. (1) $\dfrac{1}{2\sqrt{x}}$; (2) $\dfrac{1}{x}$; (3) $\sec x \tan x$; (4) $\sec^2 x$.

5. (1) 可导, $y'(0) = 0$; (2) $\alpha > 1$.

6. $a = 0, b = 1$.

7. (1) $f(0) = 1$; (2) 可导, $f'(0) = -1$.

8. $f'(0) = 2g(0)$.

9. (1) 1; (2) $\ln 2 - 1$; (3) -1.

10. 1.

11. (1) $f(x) - 1 = -x + o(x)(x \to 0)$; (2) $\dfrac{1}{2}$.

12. 略.

练习 3.2 答案

1. (1) $-\dfrac{f'(x)}{[f(x)]^2}$; (2) $-\dfrac{1}{n}x^{-\frac{1}{n}-1}$; (3) $e^x(3\sin x - \cos x)$;

(4) $\sec x \tan^2 x + \sec^3 x - 2\left(\arcsin x + \dfrac{x}{\sqrt{1-x^2}}\right)$.

2. $x = 1$.

3. (1) $1 - \dfrac{1}{2\sqrt{x}}$;   (2) $2 - \dfrac{11}{(x+2)^2}$;   (3) $2x\log_3 x + \dfrac{x}{\ln 3}$;

(4) $\arctan x + \dfrac{x}{1+x^2}$; (5) $-\sin x - \cos x$; (6) $2^x \ln 2 \arcsin x + \dfrac{2^x}{\sqrt{1-x^2}} - \dfrac{2}{\sqrt[3]{x}}$;

(7) 0;   (8) $\sum\limits_{k=0}^{n} \prod\limits_{\substack{j=0 \\ j \neq k}}^{n} (x-j)$.

4. (1) $2x\operatorname{arccot} x - 1$; (2) $(1-x)e^{-x}$; (3) $2\cos 2x$; (4) $\dfrac{2}{1-\sin 2x}$.

5. 略

练习 3.3 答案

1. (1) $2f(x)f'(x)$; (2) $e^{f(x)}f'(x)$; (3) $\dfrac{-2f(x)f'(x)}{[1+f^2(x)]^2}$;

   (4) $\dfrac{f'(x)}{1+[f(x)]^2}$; (5) $\dfrac{2f(x)f'(x)}{1+[f(x)]^2}$; (6) $\dfrac{1}{2\sqrt{x}}f'(\sqrt{x}+1)$.

2. (1) $4(x-2\sqrt{x})^3 \cdot \left(1-\dfrac{1}{\sqrt{x}}\right)$; (2) $(1-2x)e^{-2x}$;

   (3) $-\dfrac{1}{x^2+1}$; (4) $-\dfrac{2^{-x}\ln 2 + 3^{-x}\ln 3 + 4^{-x}\ln 4}{2^{-x}+3^{-x}+4^{-x}}$;

   (5) $-\dfrac{1}{\sqrt{1-2x}}\sin(2\sqrt{1-2x})$; (6) $\dfrac{1}{2\sqrt{x+1}}2^{\sqrt{x+1}}\ln 2 - \cot x$;

   (7) $2\sqrt{x^2-a^2}$; (8) $\dfrac{1}{\sqrt{x^2+a^2}}$;

   (9) $\dfrac{\sqrt{x^2+2x}}{\sqrt[3]{x^3-2}}\left[\dfrac{x+1}{x(x+2)} - \dfrac{x^2}{x^3-2}\right]$; (10) $\left(1-\dfrac{1}{2x}\right)^x\left[\ln\left(1-\dfrac{1}{2x}\right) + \dfrac{1}{2x-1}\right]$.

3. (1) $\alpha > 1$; (2) $\alpha > 2$.

4. $a = 3\ln 3 - 1, b = 3$.

5. 略. 6. 略.

7. $y' = -\dfrac{ye^{-xy}+\cos(x+y)}{xe^{-xy}+\cos(x+y)}, y'\bigg|_{(0,0)} = -1, y = x$.

8. (1) $(-1,1)$; (2) $3x+2y+1 = 0$.

练习 3.4 答案

1. 1.987 5.   2. 略

3. $dy = (1-2x)e^{-2x}dx; dy\bigg|_{x=\frac{1}{2}} = 0; dy\bigg|_{x=0} = dx$.

4. (1) $dy = \dfrac{dx}{\sqrt{x^2 \pm a^2}}$; (2) $dy = \arcsin x dx$; (3) $dy = 2xf'(1-x^2)dx$;

   (4) $dy = -2x\sin x^2 f'(\cos x^2)dx$.

5. $dy = \dfrac{2x-x^2-y^2}{x^2+y^2-2y}dx, dy\bigg|_{(0,1)} = dx$.

6. $\dfrac{dy}{dx} = \dfrac{1+\sin t + \cos t}{1+\sin t - \cos t}, \dfrac{dx}{dy} = \dfrac{1+\sin t - \cos t}{1+\sin t + \cos t}$.

7. 略. 8. 略.

9. (1) $f(x) = \dfrac{x^2}{2} + C$; (2) $f(x) = \ln|x| + C$; (3) $f(x) = -\dfrac{1}{2}e^{-2x} + C$;

(4) $f(x) = \dfrac{1}{2}e^{x^2} + C$;　　(5) $f(x) = x + C$;　　(6) $f(x) = \arctan x + C$;

(7) $f(x) = \dfrac{1}{2}\ln(1+x^2) + C$;　　　　(8) $f(x) = \dfrac{2}{3}(x+1)^{\frac{3}{2}} + C$;

(9) $f(x) = \arcsin x + C = -\arccos x + \tilde{C}$;

(10) $f(x) = \ln|\sec x| + C$.

练习 3.5 答案

1. $x = 1$.

2. $x \in \left(\dfrac{1}{\sqrt{2}}, +\infty\right)$.　3. 略.

4. $y''\big|_{(1,-1)} = 1, \mathrm{d}^2 y = \dfrac{e^{x+y}}{(2-e^{x+y})^3}\mathrm{d}x^2$.

5. $\dfrac{\mathrm{d}y}{\mathrm{d}x} = -t - \dfrac{2f'(t)}{f''(t)}$.

6. $(-\ln 3)^n 3^{-x}$.

7. (1) $\mathrm{d}y = e^x \mathrm{d}x, \mathrm{d}^2 y = e^x \mathrm{d}x^2$;

(2) $\mathrm{d}y = e^x \mathrm{d}x = e^{x(t)} x'(t) \mathrm{d}t$,

$\mathrm{d}^2 y = e^x (\mathrm{d}x)^2 + e^x \mathrm{d}^2 x = e^{x(t)}[(x'(t))^2 + x''(t)]\mathrm{d}t^2$.

8. 略.

练习 3.6 答案

1. 略.　2. 略.

3. (1) $|E_p| \approx 1.5$;(2) $R(75) = 7\,500$ 元,$R(80) = 7\,200$ 元;

(3) 不应该提价.

4. 提价 $\Delta p > 0, \Delta q < 0, \Delta R > 0$;降价 $\Delta p < 0, \Delta q > 0, \Delta R < 0$.

习题三答案

1. 提示:$\dfrac{f[\beta(x)] - f[\alpha(x)]}{\beta(x) - \alpha(x)} = \dfrac{f[\beta(x)] - f(x_0)}{\beta(x) - x_0} +$

$\left\{\dfrac{f[\beta(x)] - f(x_0)}{\beta(x) - x_0} - \dfrac{f[\alpha(x)] - f(x_0)}{\alpha(x) - x_0}\right\}\dfrac{\alpha(x) - x_0}{\beta(x) - \alpha(x)}$,极限为 $3f'(x_0)$.

2. 略.　3. 略.

4. $f^{(n)}(x) = (n+1)!\left(x + \dfrac{n}{2}\right)$.

5. (1) $F^{(n)}(x) = (-1)^n f^{(n)}(-x)$;

(2) $f^{(n)}(x) = (-1)^n (x-n)e^{-x}$.

6. (1) $\dfrac{x}{a\cos t} + \dfrac{y}{a\sin t} = 1$;

(2) 略.

7. $df\big|_{x=0} = \frac{1}{n}dx$; $\sqrt[5]{33} \approx 2.125$.

练习 4.1 答案

1. $x = 0$,不是极值点.

2 ~ 11. 略.

练习 4.2 答案

1. $\ln(1-2x) = -2x - 2x^2 - \frac{8}{3}x^3 - 4x^4 - \frac{32}{5}x^5 - \frac{32}{3}x^6 + o(x^6), x \to 0$.

2. $\frac{1}{1-x} = 1 + x + x^2 + \cdots + x^n + x^{n+1} + o(x^{n+1}), x \to 0$.

3. $x^5 - 5x + 1 = -3 + 10(x-1)^2 + 10(x-1)^3 + 5(x-1)^4 + (x-1)^5$.

4. (1) 2;(2) $\frac{1}{2}$;(3) $-\frac{3}{4}$.

练习 4.3 答案

1. (1) $-\frac{1}{3}$;(2) $2e$;(3) 0;(4) $\frac{\ln 6}{2}$;(5) $\frac{\ln 2}{6}$;(6) $\frac{a^2}{b^2}$;(7) $a^a(\ln a - 1)$;(8) 1.

2. (1) 1;(2) $-\frac{2}{3}$;(3) 0.

3. (1) $\frac{1}{2}$;(2) 0;(3) $-\frac{e}{2}$;(4) $\frac{1}{e}$;(5) $2\sqrt[3]{3}$;(6) $\frac{1}{a}$;(7) 1;(8) $\frac{1}{e}$.

4. $f'(x) = \begin{cases} \frac{x\cos x - \sin x}{x^2} - 1, & x \neq 0 \\ -1, & x = 0 \end{cases}$.

练习 4.4 答案

1. 略.

2. (1) 单增区间为$(-\infty, -1) \cup (1, +\infty)$,单减区间为$(-1,1)$;

   (2) 单增区间为$(1, +\infty)$,单减区间为$(0,1)$;

   (3) 单增区间为$(-1,1)$,单减区间为$(-\infty, -1) \cup (1, +\infty)$;

   (4) 单增区间为$(-\infty, +\infty)$.

3. 略. 4. 略.

5. (1) 上凸区间为$(-\infty, 0) \cup \left(\frac{1}{2}, +\infty\right)$,下凸区间为$\left(0, \frac{1}{2}\right)$,拐点为$x_1 = 0, x_2 = \frac{1}{2}$;

   (2) 上凸区间为$\left(0, \frac{1}{\sqrt{2}}\right)$,下凸区间为$\left(\frac{1}{\sqrt{2}}, +\infty\right)$,拐点为$x = \frac{1}{\sqrt{2}}$;

   (3) 上凸区间为$(-\infty, -1) \cup (1, +\infty)$,下凸区间为$(-1,1)$,拐点为$x_1 = -1, x_2 = 1$;

   (4) 上凸区间为$(-1, 0)$,下凸区间为$(-\infty, -1) \cup (0, +\infty)$,拐点为$x_1 = -1, x_2 = 0$.

(5) 下凸区间为$(-\infty, +\infty)$;

(6) 上凸区间为$(-\infty, 0)$,下凸区间为$(0, +\infty)$,拐点为$x=0$.

练习 4.5 答案

1. (1) 极大值$y(-1)=5$,极小值$y(1)=-3$;

   (2) 极小值$y\left(\dfrac{1}{e}\right)=-\dfrac{1}{e}$;

   (3) 极大值$y\left(\dfrac{1}{4}\right)=\dfrac{1}{8}$,极小值$y\left(\dfrac{1}{2}\right)=0$.

2. (1) 最小值$y(1)=5$,最大值$y(-1)=13$;

   (2) 最小值$y(-\ln 2)=4$,最大值$y(1)=4e+\dfrac{1}{e}$;

   (3) 最小值$y\left(-\dfrac{1}{\sqrt{2}}\right)=-\dfrac{1}{\sqrt{2e}}$,最大值$y\left(\dfrac{1}{\sqrt{2}}\right)=\dfrac{1}{\sqrt{2e}}$;

   (4) 最小值$y(1)=2$,最大值$y\left(\dfrac{1}{2}\right)=y(2)=\dfrac{5}{2}$.

3. 略. 4. 略.

5. 一条边长为$\dfrac{a}{2}$,另一条边长为$\dfrac{a}{4}$.

6. $a=\dfrac{2\sqrt{6}}{3}\pi, V=\dfrac{2\sqrt{3}}{27}\pi R^3$.

7. $r=\sqrt[3]{\dfrac{V}{4\pi}}$.

8. $p=\dfrac{1}{e}$.

练习 4.6 答案

1. (1) $y=0, x=1, x=2$;

   (2) $y=\dfrac{x}{2}+\dfrac{\pi}{2}, y=\dfrac{x}{2}-\dfrac{\pi}{2}$;

   (3) $y=0, x=-1$;

   (4) $y=x-1, y=-x+1$.

2. 略.

3. (1) $p<-2$ 或 $p>2$;(2) $p=\pm 2$;(3) $-2<p<2$.

习题四答案

1~4. 略.

5. (1) 1;(2) $e^{-\frac{1}{2}}$;(3) e^2.

6. $m>n, m^n<n^m$;$m<n, m^n>n^m$.

7~10. 略.

练习 5.1 答案

1. $f(x) = -x^3 + 5x^2 - 8x + 5$.

2. $y = \dfrac{3}{2}x^2 - 5$.

3. $f(x) = \dfrac{1}{2}x^2 + e^x + 1$.

4. (1) $v = t^3 + \cos t + 2$;　　(2) $s = \dfrac{1}{4}t^4 + \sin t + 2t + 2$.

5. $-2xe^{-x^2} + C$.

6. $\sin x - \cos x + C$.

练习 5.2 答案

1. (1) $\dfrac{3}{10}x^{\frac{10}{3}} + C$;　　(2) $\dfrac{n}{m+n}x^{\frac{m}{n}+1} + C$;

   (3) $\sqrt{\dfrac{2}{g}}t^{\frac{1}{2}} + C$;　　(4) $\dfrac{2}{5}x^{\frac{5}{2}} + \dfrac{4}{3}x^{\frac{3}{2}} + 2x^{\frac{1}{2}} + C$;

   (5) $\dfrac{8}{15}x^{\frac{15}{8}} + C$;　　(6) $\dfrac{1}{3}x^3 + \dfrac{3}{2}x^2 + 9x + C$;

   (7) $x - 2\arctan x + C$;　　(8) $-\dfrac{1}{x} + \arctan x + C$;

   (9) $\sin x - \cos x + C$;　　(10) $\dfrac{1}{2}\tan x + \dfrac{1}{2}x + C$;

   (11) $-\cot x - \tan x + C$;　　(12) $\sin x - \cos x + C$;

   (13) $e^x - \ln|x| + C$;　　(14) $-\dfrac{2}{\ln 5}5^{-x} + \dfrac{1}{5\ln 2}2^{-x} + C$;

   (15) $e^x + \dfrac{1}{1+\ln 2}(2e)^x + \dfrac{3^x}{\ln 3} + \dfrac{6^x}{\ln 6} + C$;　　(16) $2\arcsin x + C$.

2. (1) $\arcsin x - \ln(x + \sqrt{1+x^2}) + C$;　(2) $\dfrac{1}{3}\ln|3x + \sqrt{9x^2-4}| - 2\ln|x| + C$.

3. $\dfrac{1}{a}\ln|ax + \sqrt{a^2x^2 \pm b^2}| + C$.

练习 5.3 答案

1. (1) $\dfrac{1}{3}(2x+1)^{\frac{3}{2}} + C$;　　(2) $\dfrac{(1-x)^{22}}{22} - \dfrac{(1-x)^{21}}{21} + C$;

   (3) $\arcsin \dfrac{x}{|a|} + C$;　　(4) $-\sqrt{1-x^2} + C$;

   (5) $-\dfrac{1}{4}e^{-2x^2} + C$;　　(6) $\dfrac{1}{2-\ln 3}\dfrac{e^{2x}}{3^x} + C$;

   (7) $\dfrac{1}{2}(\ln x)^2 + C$;　　(8) $\ln|\ln x| + C$;

2. (1) $\dfrac{1}{2}\sin^2 x + C$; (2) $\dfrac{x}{8} - \dfrac{\sin 4x}{32} + C$;

   (3) $\dfrac{1}{3}\sin^3 x - \dfrac{1}{5}\sin^5 x + C$;

   (4) $a = b$ 时，$-\dfrac{1}{2(a+b)}\cos(a+b)x + C$；

   $a + b = 0$ 时，$-\dfrac{1}{2(a-b)}\cos(a-b)x + C$；

   $a^2 \neq b^2$ 时，$-\dfrac{1}{2}[\dfrac{1}{a+b}\cos(a+b)x + \dfrac{1}{a-b}\cos(a-b)x] + C$.

3. (1) $-\dfrac{1}{2}\ln|1 - x^2| + C$; (2) $\ln\left|\dfrac{x}{x+1}\right| + C$;

   (3) $\dfrac{1}{7}\ln|1 + x^7| + C$; (4) $\dfrac{1}{7}\ln\left|\dfrac{x^7}{1+x^7}\right| + C$;

   (5) $\dfrac{2\sqrt{3}}{3}\arctan\left[\dfrac{2\sqrt{3}}{3}(x + \dfrac{1}{2})\right] + C$;

   (6) $\dfrac{1}{2}\ln(1 + x + x^2) - \dfrac{\sqrt{3}}{3}\arctan\left[\dfrac{2\sqrt{3}}{3}(x + \dfrac{1}{2})\right] + C$;

   (7) $-\dfrac{1}{3}\ln|1 - x^3| + C$;

   (8) $\dfrac{1}{2}\ln(1 + x + x^2) + \dfrac{\sqrt{3}}{3}\arctan\left[\dfrac{2\sqrt{3}}{3}(x + \dfrac{1}{2})\right] - \dfrac{1}{3}\ln|1 - x^3| + C$;

   (9) $x^2 - 3x + 3\ln|x + 1| + C$; (10) $\dfrac{1}{4}\ln\left|\dfrac{1+x}{1-x}\right| + \dfrac{1}{2}\arctan x + C$.

4. (1) $\dfrac{1}{4}[\ln(1 + x^2)]^2 + C$; (2) $\arctan e^x + C$;

   (3) $\ln|\sec x| + C$; (4) $\ln|\sin x| + C$;

   (5) $-\ln|\csc x + \cot x| + C$; (6) $-\ln|1 + e^{-x}| + C$.

5. (1) $-\dfrac{1}{2}xe^{-2x} - \dfrac{1}{4}e^{-2x} + C$; (2) $\dfrac{1}{2}x^2\ln x - \dfrac{1}{4}x^2 + C$;

   (3) $\dfrac{1}{2}(x^2 - 1)e^{x^2} + C$; (4) $x[(\ln x)^2 - 2\ln x - 1] + C$;

   (5) $x\sin x - \cos x + C$; (6) $x\arcsin x + \sqrt{1 - x^2} + C$;

   (7) $\dfrac{1}{2}(x^2 + 1)\arctan x - \dfrac{x}{2} + C$; (8) $\dfrac{1}{2}(x\sqrt{x^2 - a^2} - a^2\ln|x + \sqrt{x^2 - a^2}|) + C$;

   (9) $\dfrac{1}{2}e^{-x}(\sin x - \cos x) + C$; (10) $\dfrac{1}{2}(2x + 1)\ln(2x + 1) - x + C$.

6. $-\dfrac{1}{2}(\csc x\cot x + \ln|\csc x + \cot x|) + C$.

7. (1) $\dfrac{x(1+x)^{1+\mu}}{1+\mu} - \dfrac{(1+x)^{2+\mu}}{(1+\mu)(2+\mu)} + C$;

   (2) $I_1 = -\cos x + C; I_2 = \dfrac{x}{2} - \dfrac{\sin 2x}{4} + C$;

$$I_n = -\frac{1}{n}\sin^{n-1}x\cos x + \frac{n-1}{n}I_{n-2}, n=3,4,\cdots.$$

练习 5.4 答案

1. (1) $2\sqrt{x} - 2\ln(1+\sqrt{x}) + C$;　　(2) $\frac{6}{7}(1+\sqrt{x})^{\frac{7}{3}} - \frac{3}{2}(1+\sqrt{x})^{\frac{4}{3}} + C$;

   (3) $6\sqrt{1+\sqrt[3]{x}} + 3\ln\left|\frac{\sqrt{1+\sqrt[3]{x}}-1}{\sqrt{1+\sqrt[3]{x}}+1}\right| + C$;

   (4) $-\ln\left|\frac{\sqrt{x+1}-\sqrt{x-1}}{\sqrt{x+1}+\sqrt{x-1}}\right| - 2\arctan\sqrt{\frac{x+1}{x-1}} + C$.

2. (1) $-\frac{1}{8}[(1-2x)\sqrt{x-x^2} + \arcsin(1-2x)] + C$;

   (2) $-\frac{x^2}{2} + \frac{1}{2}[x\sqrt{x^2+1} + \ln(x+\sqrt{x^2+1})] + C$;

   (3) $\frac{x}{2}\sqrt{x^2-4} - 2\ln|x+\sqrt{x^2-4}| + C$;

   (4) $-\frac{1}{x} + \frac{\sqrt{1-x^2}}{x} + \arcsin x + C$.

3. (1) $-\frac{1}{2}\ln|\sec x| + \frac{1}{2}x + \frac{1}{2}\ln|1+\tan x| + C$; (2) $\tan\frac{x}{2} + C$;

   (3) $\frac{\sqrt{2}}{2}\ln\left|\frac{\tan\frac{x}{2}-1+\sqrt{2}}{\tan\frac{x}{2}-1-\sqrt{2}}\right| + C$;　　(4) $\frac{x}{2} + \frac{3}{2}\ln|\sin x - \cos x| + C$.

4. (1) $-3[(\sqrt[3]{x})^2 + 2\sqrt[3]{x} + 2]e^{-\sqrt[3]{x}} + C$;

   (2) $(x+1)\ln(1+\sqrt[3]{x}) + \frac{1}{2}(\sqrt[3]{x})^2 - \sqrt[3]{x} - \frac{1}{3}x + C$;

   (3) $2(\sin\sqrt{x} - \sqrt{x}\cos\sqrt{x}) + C$;

   (4) $(x-\frac{1}{2})\arcsin\sqrt{x} + \frac{1}{2}\sqrt{x-x^2} + C$.

5. $\frac{x}{\ln x} + C$.

习题五答案

1. (1) $\frac{1}{2}[f(x)]^2 + C$;　　(2) $\ln|f(x)| + C$;

   (3) $\frac{2}{3}[\ln(x+\sqrt{1+x^2})]^{\frac{3}{2}} + C$;　　(4) $\frac{1}{3}(1+x^2)^{\frac{3}{2}} - \sqrt{1+x^2} + C$;

2. (1) $\frac{1}{5}x - \frac{3}{5}\ln|2\sin x + \cos x| + C$;　　(2) $\frac{x}{2} - \frac{1}{2}\ln|\sin x + \cos x| + C$.

3. (1) $\frac{1}{\mu}\ln\left|\frac{x^\mu}{1+x^\mu}\right| + C$;　　(2) $\arctan\sqrt{x^2-1} + C$;

(3) $-e^{-x} - \arctan e^x + C$;

(4) $\ln\left|\dfrac{xe^x}{1+xe^x}\right| + C$;

(5) $x - \ln(1+e^x) - \dfrac{1}{1+e^x} + C$;

(6) $\dfrac{1}{2}(x^2 - x\sqrt{x^2-1} + \ln|x + \sqrt{x^2-1}|) + C$.

4. (1) $\dfrac{\sin x}{x} + C$;

(2) $\dfrac{e^x}{x} + C$.

5. (1) $\dfrac{1}{4}\ln\left|\dfrac{x^2-1}{x^2+1}\right| + C$;

(2) $\dfrac{1}{\sqrt{2}}\arctan\left(\dfrac{\tan x}{\sqrt{2}}\right) + C$;

(3) $-2\arctan\sqrt{1-x} + C$;

(4) $\dfrac{1}{3}x^3 - \dfrac{1}{3}(x^2-1)^{\frac{3}{2}} + C$;

(5) $\dfrac{9}{2}\sqrt[3]{(1+x^2)^2} - 9\sqrt[3]{1+x^2} + 9\ln(1 + \sqrt[3]{1+x^2}) + C$;

(6) $2\sqrt{1+e^x} + \ln\left(\dfrac{\sqrt{1+e^x}-1}{\sqrt{1+e^x}+1}\right) + C$;

(7) $-\dfrac{2}{3}\arcsin\sqrt{1-x^3} + C$;

(8) $-\arcsin\left(\dfrac{\cos x}{\sqrt{2}}\right) + C$;

(9) $\dfrac{1}{9}\ln|x| - \dfrac{1}{9}\ln|2x+3| + \dfrac{1}{3(2x+3)} + C$;

(10) $\dfrac{1}{2}\arctan\sqrt{x^2-1} - \dfrac{1}{2}\dfrac{\sqrt{x^2-1}}{x^2} + C$;

(11) $\dfrac{x}{2}[\sin\ln x - \cos\ln x] + C$;

(12) $x\ln(x + \sqrt{x^2+1}) - \sqrt{x^2+1} + C$;

(13) $x(\arcsin x)^2 + 2\sqrt{1-x^2}\arcsin x - 2x + C$;

(14) $\dfrac{1}{2\sqrt{2}}\ln\left|\dfrac{\sqrt{2}+\sqrt{1+x^2}}{\sqrt{2}-\sqrt{1+x^2}}\right| + C$;

(15) $x\tan\dfrac{x}{2} + 2\ln|\cos\dfrac{x}{2}| + C$;

(16) $x(\tan x - \sec x) + C$;

(17) $-\dfrac{1}{2(x^2+2)}\ln x + \dfrac{1}{4}\ln x - \dfrac{1}{8}\ln(x^2+2) + C$;

(18) $-2\sqrt{\dfrac{1-x}{x}}\ln x - 4\sqrt{\dfrac{1-x}{x}} + C$;

(19) $\dfrac{1}{2\sqrt{2}}\ln\left|\dfrac{\sqrt{2}+\sin 2x}{\sqrt{2}-\sin 2x}\right| + C$;

(20) $-\arctan(\cos 2x) + C$.

6. (1) $-\arcsin\dfrac{1}{|x|} + C$;

(2) $\arctan\sqrt{x^2-1} + C$;

(3) $-2\arctan\sqrt{\dfrac{x+1}{x-1}} + C$.

7. $2\arctan\sqrt{\dfrac{a+x}{a-x}} + C$.

8. $\ln(x+\sqrt{a^2+x^2})+C$.

9. $\frac{1}{x}\sqrt{1+x^2}-\frac{1}{3x^3}(1+x^2)^{\frac{3}{2}}+C$.

10. （1） $I_1 = xe^x - e^x + C$;

   $I_n = x^n e^x - nI_{n-1}, n = 2,3,\cdots$;

   （2） $I_1 = x\arcsin x + \sqrt{1-x^2} + C$;

   $I_2 = (x\arcsin x)^2 + 2\sqrt{1-x^2}\arcsin x - 2x + C$;

   $I_n = (x\arcsin x)^n + n\sqrt{1-x^2}(\arcsin x)^{n-1} - n(n-1)I_{n-2}, n = 3,4,\cdots$.

练习 6.1 答案

1. 略

2. （1） $\frac{3}{2}$;（2） $\frac{5}{2}$;（3） 2π;（4） 0.

3. （1） $\int_0^1 x^2 dx > \int_0^1 x^3 dx$; （2） $\int_1^2 x^2 dx < \int_1^2 x^3 dx$;

   （3） $\int_3^4 \ln x dx < \int_3^4 \ln^2 x dx$; （4） $\int_0^1 e^x dx > \int_0^1 e^{x^2} dx$;

   （5） $\int_0^{\frac{\pi}{2}} \sin x dx < \int_0^{\frac{\pi}{2}} x dx$; （6） $\int_{-\frac{\pi}{2}}^0 \cos x dx = \int_0^{\frac{\pi}{2}} \cos x dx$.

4. （1） $[2e^{-4},2]$;（2） $[\pi,2\pi]$;（3） $\left[\frac{\pi}{9},\frac{2}{3}\pi\right]$;（4） $\left[0,\frac{1}{\sqrt{2}}\right]$;（5） $\left[1,\frac{6}{5}\right]$;（6） $\left[1,\frac{\pi}{2}\right]$

5. $a = -1, b = 2$,

练习 6.2 答案

1. （1） $\frac{1}{2}$;（2） $\frac{1}{4}$;（3） e^2;（4） e;（5） $\frac{1}{2}$;（6） $\frac{1}{3}$.

2. （1） $3x^2 e^{-x^6} - \frac{1}{2\sqrt{x}}e^{-x}$;（2） $3x^2(\cos x - 1)$.

3～5. 略.

6. $a = 1, f(x) = 1 - e^{x-1}$.

7. $x = 0$ 时取极小值, $x = 1$ 时取极大值.

8. （1） $\frac{\pi}{3}$;（2） $\frac{1}{2}\ln 3$;（3） $\frac{\pi}{8}$;（4） $\frac{1}{2}\ln 3$;（5） $\frac{2\sqrt{3}}{3} - \frac{\pi}{6}$;（6） $2\sqrt{2}$;

   （7） $\frac{1}{2}\ln\frac{3}{2} - \frac{1}{6}$;（8） $\frac{1}{2}(1+e^2)$;（9） $\frac{4\sqrt{2}-2}{\pi}$;（10） $56\frac{3}{5}$;

   （11） $\begin{cases} \frac{1}{2}(b^2-a^2), & 0<a<b \\ \frac{1}{2}(a^2+b^2), & a<0<b \\ -\frac{1}{2}(b^2-a^2), & a<b<0 \end{cases}$;（12） $\begin{cases} \frac{1}{3}-\frac{t}{2}, & t\leq 0 \\ \frac{1}{3}-\frac{1}{2}t+\frac{1}{3}t^3, & 0<t<1 \\ \frac{t}{2}-\frac{1}{3}, & t\geq 1 \end{cases}$

习题参考答案

练习 6.3 答案

1. (1) $\frac{1}{10}$; (2) $\frac{\pi}{6}$; (3) $7+2\ln 2$; (4) $\ln\frac{1+\sqrt{2}}{\sqrt{3}}$; (5) $\sqrt{3}-\frac{\pi}{3}$;

   (6) $2(\sqrt{3}-1)$; (7) $2(1-\sqrt{1-\frac{1}{e}})$; (8) $-\frac{2}{3}$; (9) $\frac{4}{3}$; (10) $\pi-2$.

2. (1) $\frac{\pi-2}{8}$; (2) $\frac{e^2-1}{4}$; (3) $\frac{2}{5}(1+e^{-\frac{\pi}{2}})$; (4) $\frac{1-\ln 2}{4}$;

   (5) $-\frac{\pi}{4}$; (6) $\frac{1}{168}$.

3. 略.

4. $\ln|x|+1$.

5. $\frac{\pi}{4-\pi}$.

6. $e^{-2}-1$.

7. 略.

8. $\cos x - \sin x$.

9. (1) 0; (2) 0; (3) 0; (4) $\pi\sin 1$.

练习 6.4 答案

1. (1) $e+e^{-1}-2$; (2) 8; (3) $\frac{7}{6}$; (4) 48.

2. $\frac{9}{4}$.

3. (1) $t=\frac{\pi}{4}$; (2) $t=0$.

4. (1) $a=\frac{1}{\sqrt{2}}, S=\frac{2-\sqrt{2}}{6}$; (2) $V_x=\frac{1-\sqrt{2}}{30}\pi$.

5. (1) $V_x=\frac{\pi a^3}{2}$; $V_y=2\pi a^3$; (2) $V_x=4\pi^2$;

   (3) $V_x=\pi(e-2), V_y=\frac{\pi}{2}(e^2+1)$; (4) $V_x=\frac{128}{15}\pi$.

6. $V_x=\frac{\pi}{6}$; $V_y=\frac{6\pi}{5}$.

7. $100qe^{-\frac{8}{10}}$.

8. $666\frac{1}{3}$.

练习 6.5 答案

1. (1) $\frac{\pi}{4}$; (2) 2; (3) $\frac{1}{2}\ln 2$; (4) $\frac{1}{5}$.

2. (1) 收敛；(2) 发散；(3) 收敛；
    (4) 发散；(5) 发散；(6) 收敛.

3. (1) $\dfrac{\pi}{4}$；(2) $\dfrac{\pi}{2}$.

4. $c = \dfrac{5}{2}$.

5. 略.

6. $\dfrac{2n-1}{2} \cdot \dfrac{2n-3}{2} \cdot \cdots \cdot \dfrac{1}{2}\sqrt{\pi}$，$\dfrac{4}{15}$.

7. (1) $\dfrac{3}{128}\sqrt{\pi}$；   (2) $\dfrac{1}{2}\Gamma\left(n - \dfrac{1}{2}\right) = \dfrac{1}{2} \cdot \dfrac{2n-1}{2} \cdot \dfrac{2n-3}{2} \cdot \cdots \cdot \dfrac{1}{2}\sqrt{\pi}$；

   (3) $\dfrac{\sqrt{a}\pi}{2a^2}$；   (4) $\dfrac{16}{5}$.

8. (1) $\dfrac{1}{n}\Gamma\left(\dfrac{1}{n}\right)$；   (2) $\Gamma(p+1)$；   (3) $\dfrac{1}{m}\Gamma\left(\dfrac{n+1}{m}\right)$；

   (4) $\dfrac{1}{3}\mathrm{B}\left(\dfrac{2}{3}, \dfrac{1}{3}\right) = \dfrac{1}{3}\Gamma\left(\dfrac{2}{3}\right)\Gamma\left(\dfrac{1}{3}\right)$；

   (5) $\dfrac{1}{n}\mathrm{B}\left(\dfrac{1}{n}, 1 - \dfrac{1}{n}\right) = \dfrac{1}{n}\Gamma\left(\dfrac{1}{n}\right)\Gamma\left(1 - \dfrac{1}{n}\right)$.

习题六答案

1. 略.   2. 略.

3. (1) $a = 0$；

   (2) $\varphi'(x) = \begin{cases} \dfrac{xf(x)\int_0^x f(t)\,\mathrm{d}t - f(x)\int_0^x tf(t)\,\mathrm{d}t}{\left[\int_0^x f(t)\,\mathrm{d}t\right]^2}, & x \neq 0 \\ \dfrac{1}{2}, & x = 0 \end{cases}$.

   (3) 略；   (4) 略.

4. 略.

5. 2.

6. $\dfrac{1}{6}(e - 2)$.

7. 2.

8. 略.

9. $\dfrac{1}{2}(\ln x)^2$.

10. $\dfrac{7}{3} - \dfrac{1}{e}$.

11 ~ 12. 略.

13. $\pi^2 - 2$.

14. 略.

15. (1) $V(\xi) = \dfrac{\pi}{2}(1 - e^{-2\xi}), a = \dfrac{1}{2}\ln 2$; (2) 切点$(1, e^{-1}), S = 2e^{-1}$.

16 ~ 17. 略.

18. (1) $f'(0)$; (2) 略.

19. 略.

练习 7.1 答案

1. $a + b = \{1, 2, 1\}; a \cdot b = 0; |a| = \sqrt{2}; (\widehat{a, b}) = \dfrac{\pi}{2}$.

2. $3x + 4y + 6z - 7 = 0$;

3. $\dfrac{x-3}{3} = \dfrac{y-2}{4} = \dfrac{z-17}{12}$;

4. $\dfrac{x}{1} = \dfrac{y-1}{1} = \dfrac{z+1}{0}, v = \{1, 1, 0\}$;

5. $x^2 = y^2 + z^2$;

6. $y = x^2 + z^2$;

7. (1) $D = \left\{(x, y) \mid 0 \leqslant x \leqslant 2, \dfrac{x^2}{4} \leqslant y \leqslant 1\right\}$;

   (2) $D = \{(x, y) \mid y \leqslant 2x\}$;

   (3) $D = \{(x, y) \mid 1 \leqslant x^2 + y^2 \leqslant 4\}$;

   (4) $D = \{(x, y) \mid -1 \leqslant x \leqslant 0, x^3 \leqslant y \leqslant 0\} \cup \{(x, y) \mid 0 \leqslant x \leqslant 1, 0 \leqslant y \leqslant x^3\}$;

   (5) $D = \{(x, y) \mid y \geqslant x \text{ 且 } x^2 + y^2 \leqslant 4\}$;

   (6) $D = \{(x, y) \mid 0 \leqslant x \leqslant 2, -\sqrt{1-(x-1)^2} \leqslant y \leqslant \sqrt{1-(x-1)^2}\}$;

   (7) $D = \{(x, y) \mid |x + y| \leqslant 1 \text{ 且 } |x - y| \leqslant 1\}$;

   (8) $D = \{(x, y) \mid -x \leqslant y \leqslant x, x \geqslant 0\}$.

练习 7.2 答案

1. (1) $D = \{(x, y) \mid 2x - y^2 \neq 0\}$;

   (2) $D = \{(x, y) \mid 2k\pi \leqslant x^2 + y^2 \leqslant (2k+1)\pi, k = 0, 1, 2, \cdots\}$;

   (3) $D = \{(x, y) \mid x \geqslant \sqrt{y} \geqslant 0 \text{ 且 } y \geqslant 0\}$;

   (4) $D = \{(x, y) \mid y > x^2 \text{ 且 } x^2 + y^2 \leqslant 1\}$;

   (5) $D = \{(x, y) \mid |y - x^2| \leqslant 1 \text{ 且 } 4x^2 + y^2 < 9\}$;

   (6) $D = \{(x, y) \mid xy \geqslant 1\}$;

   (7) $D = \{(x, y) \mid x + y > 0 \text{ 且 } x - y > 0\}$;

   (8) $D = \{(x, y) \mid x^2 + y^2 \neq 16\}$,

   以上各题图略.

2. $f(x, y) = \dfrac{x^2(1-y)}{1+y}$.

3. $f(x,y) = \dfrac{x^2 - y^2}{xy(x+2y)}$.

4. (1) e^{-2};　　　　(2) 3;　　　　(3) 1;　　　　(4) 2.

5. 略.

6. (1) 2 次齐次;　　(2) 0 次齐次;　　(3) 5 次齐次;　　(4) 0 次齐次.

练习 7.3 答案

1. (1) $z_x'(1,2) = -4, z_y'(1,2) = 2$;

   (2) $z_x'(0,1) = 0, z_y'(1,0) = 0$;

   (3) $z_x'(1,1) = -\dfrac{1}{2}, z_y'(-1,-1) = -\dfrac{1}{2}$;

   (4) $z_x'(1,1) = \dfrac{1}{4}, z_y'(1,1) = \dfrac{1}{4}$.

2. (1) $\dfrac{\partial z}{\partial x} = \dfrac{y}{x^2}\sin\dfrac{y}{x}\sin\dfrac{x}{y} + \dfrac{1}{y}\cos\dfrac{y}{x}\cos\dfrac{x}{y}, \dfrac{\partial z}{\partial y} = -\dfrac{1}{x}\sin\dfrac{y}{x}\sin\dfrac{x}{y} - \dfrac{x}{y^2}\cos\dfrac{y}{x}\cos\dfrac{x}{y}$;

   (2) $\dfrac{\partial z}{\partial x} = \dfrac{-y}{x^2 + y^2}, \dfrac{\partial z}{\partial y} = \dfrac{x}{x^2 + y^2}$;

   (3) $\dfrac{\partial z}{\partial x} = \dfrac{1}{x + \ln y}, \dfrac{\partial z}{\partial y} = \dfrac{1}{y(x + \ln y)}$;

   (4) $\dfrac{\partial z}{\partial x} = -\dfrac{\ln y}{x(\ln x)^2}, \dfrac{\partial z}{\partial y} = \dfrac{1}{y\ln x}$;

   (5) $\dfrac{\partial z}{\partial x} = \dfrac{y}{2\sqrt{xy}}, \dfrac{\partial z}{\partial y} = \dfrac{x}{2\sqrt{xy}}$;

   (6) $\dfrac{\partial z}{\partial x} = \dfrac{y(x^2+y^2) - 2x}{(x^2+y^2)^2}e^{xy}, \dfrac{\partial z}{\partial y} = \dfrac{x(x^2+y^2) - 2y}{(x^2+y^2)^2}e^{xy}$.

3. $\boldsymbol{v} = \left\{\dfrac{\sqrt{2}}{2}, \dfrac{\sqrt{2}}{2}\right\}$ 时, $\dfrac{\partial f}{\partial \boldsymbol{v}}\bigg|_{(1,1)}$ 取最大值 $\sqrt{2}$, $\boldsymbol{v} = \left\{-\dfrac{\sqrt{2}}{2}, -\dfrac{\sqrt{2}}{2}\right\}$, $\dfrac{\partial f}{\partial \boldsymbol{v}}\bigg|_{(1,1)}$ 取最小值 $-\sqrt{2}$, $\boldsymbol{v} = \left\{\dfrac{\sqrt{2}}{2}, -\dfrac{\sqrt{2}}{2}\right\}$ 或 $\left\{-\dfrac{\sqrt{2}}{2}, \dfrac{\sqrt{2}}{2}\right\}$ 时, $\dfrac{\partial f}{\partial \boldsymbol{v}}\bigg|_{(1,1)} = 0$.

4. (1) $dz = -\dfrac{y}{x^2+y^2}dx + \dfrac{x}{x^2+y^2}dy$;

   (2) $dz = \dfrac{x}{1+x^2+y^2}dx + \dfrac{y}{1+x^2+y^2}dy$;

   (3) $dz = x^{\ln y}\left(\dfrac{\ln y}{x}dx + \dfrac{\ln x}{y}dy\right)$;

   (4) $du = \left(\dfrac{x}{y}\right)^z \left[\ln\dfrac{x}{y}dz + z\left(\dfrac{dx}{x} - \dfrac{dy}{y}\right)\right]$;

   (5) $dz = [2x + y^2 + y\cos(xy)]dx + [2xy + x\cos(xy)]dy$;

   (6) $du = (y+z)dx + (x+z)dy + (x+y)dz$;

   (7) $dz = \dfrac{\cos y}{2\sqrt{x}}dx - \sqrt{x}\sin y\, dy$;

(8) $du = \dfrac{x}{\sqrt{x^2+y^2+z^2}}dx + \dfrac{y}{\sqrt{x^2+y^2+z^2}}dy + \dfrac{z}{\sqrt{x^2+y^2+z^2}}dz.$

5. (1) $dz\bigg|_{\substack{x=2,y=1 \\ \Delta x=0.1,\Delta y=-0.1}} = 0.04$;

   (2) $dz\bigg|_{\substack{x=1,y=1 \\ \Delta x=0.15,\Delta y=0.1}} = 0.25e.$

6. (1) 1.08;　　(2) 2.95;　　(3) 0.01;　　(4) 1.05.

练习 7.4 答案

1. (1) $\dfrac{\partial z}{\partial x} = \dfrac{2y^2}{x^3}\left[\dfrac{x^2}{x^2+y^2} - \ln(x^2+y^2)\right]$,

   $\dfrac{\partial z}{\partial y} = \dfrac{2y}{x^2}\left[\dfrac{y^2}{x^2+y^2} + \ln(x^2+y^2)\right]$;

   (2) $\dfrac{\partial z}{\partial x} = \dfrac{xv-yu}{x^2+y^2}e^{uv}, \dfrac{\partial z}{\partial y} = \dfrac{xu+yv}{x^2+y^2}e^{uv}$;

   (3) $\dfrac{du}{dx} = e^{ax}\sin x$;

   (4) $\dfrac{dz}{dt} = e^{\tan t + \cot t}(\sec^2 t - \csc^2 t).$

2. 略.

3. (1) $\dfrac{dy}{dx} = -\dfrac{y}{x}$;　　(2) $\dfrac{dy}{dx} = -\dfrac{x}{2y}$;

   (3) $\dfrac{dy}{dx} = \dfrac{\dfrac{y}{x} - \ln y}{\dfrac{x}{y} - \ln x}$;　　(4) $\dfrac{dy}{dx} = \dfrac{y\cos(xy) - 2xy^2 - 1}{-x\cos(xy) + 2x^2 y + 1}.$

4. (1) $dz = \dfrac{z}{y(1+x^2z^2) - x}dx - \dfrac{z(1+x^2z^2)}{y(1+x^2z^2) - x}dy$;

   (2) $dz = \dfrac{yz}{e^z - xy}dx + \dfrac{xz}{e^z - xy}dy$;

   (3) $dz = -\dfrac{\sin 2x}{\sin 2z}dx - \dfrac{\sin 2y}{\sin 2z}dy$;

   (4) $dz = -dx - dy.$

练习 7.5 答案

1. (1) $\dfrac{\partial^2 z}{\partial x^2} = \dfrac{+2x(x^2-3y^2)}{(x^2+y^2)^3}, \dfrac{\partial^2 z}{\partial x \partial y} = \dfrac{2y(3x^2-y^2)}{(x^2+y^2)^3}, \dfrac{\partial^2 z}{\partial y^2} = \dfrac{-2x(x^2-3y^2)}{(x^2+y^2)^3}$;

   (2) $\dfrac{\partial^2 z}{\partial x^2} = e^{xy}(-\cos x - 3y\sin x + 3y^2\cos x + y^3\sin x)$,

   $\dfrac{\partial^2 z}{\partial x \partial y} = e^{xy}(2\cos x + 2y\sin x - x\sin x + 2xy\cos x + xy^2\sin x)$,

$$\frac{\partial^2 z}{\partial y^2} = e^{xy}\left[(2x + x^2 y)\sin x + x^2\cos x\right];$$

(3) $\dfrac{\partial^2 z}{\partial x^2} = 2\operatorname{arccot}\dfrac{y}{x} + \dfrac{2xy}{x^2 + y^2}$,

$\dfrac{\partial^2 z}{\partial x \partial y} = -\dfrac{x^2 - y^2}{x^2 + y^2}$,

$\dfrac{\partial^2 z}{\partial y^2} = -2\operatorname{arccot}\dfrac{x}{y} - \dfrac{2xy}{x^2 + y^2}$;

(4) $\dfrac{\partial^2 z}{\partial x^2} = \dfrac{4y^2(3x^2 - y^2)}{(x^2 + y^2)^3}$,

$\dfrac{\partial^2 z}{\partial x \partial y} = \dfrac{-8xy(x^2 - y^2)}{(x^2 + y^2)^3}$,

$\dfrac{\partial^2 z}{\partial y^2} = \dfrac{-4x^2(3y^2 - x^2)}{(x^2 + y^2)^3}.$

2. (1) $f(x,y) = 1 - \dfrac{1}{2}(x^2 + y^2) + o(x^2 + y^2)$;

(2) $f(x,y) = x + y - \dfrac{1}{2}(x+y)^2 + o(x^2 + y^2)$;

(3) $f(x,y) = x^2 + y^2 + o(x^2 + y^2).$

练习 7.6 答案

1. (1) $z_{极小} = z(1,1) = -1$;　　(2) $z_{极小} = z(0,0) = 0$;

(3) $z_{极小} = z(1,1) = 3$;　　(4) $z_{极大} = z\left(\dfrac{1}{9}, \dfrac{1}{18}\right) = 1\dfrac{1}{486}$;

(5) $z_{极小} = z(1,1) = 2$;　　(6) $z_{极大} = z\left(\dfrac{\pi}{3}, \dfrac{\pi}{3}\right) = \dfrac{3\sqrt{3}}{2}$;

(7) $z_{极小} = z(-2,0) = -\dfrac{2}{e}$;

(8) $a > 0$ 时, $z_{极大} = z\left(\dfrac{a}{3}, \dfrac{a}{3}\right) = \dfrac{a^3}{27}$, $a < 0$ 时, $z_{极小} = z\left(\dfrac{a}{3}, \dfrac{a}{3}\right) = \dfrac{a^3}{27}$.

2. (1) $z_{极大} = z(1,1) = 1$;　　(2) $z_{极小} = z(2,2) = 3$;

(3) $z_{极小} = z(2,2) = 4.$

3. (1) 最大值为 $z\left(-\dfrac{\sqrt{2}}{2}, -\dfrac{\sqrt{2}}{2}\right) = 1 + \sqrt{2}$, 最小值为 $z\left(\dfrac{1}{2}, \dfrac{1}{2}\right) = -\dfrac{1}{2}$;

(2) 最大值 $z(0,3) = z(3,0) = 6$, 最小值 $z(1,1) = -1.$

4. 最大面积 $S = 2ab.$

5. $a \geq \dfrac{1}{2}$ 时, 最小距离为 $\sqrt{a - \dfrac{1}{4}}$; $a \leq \dfrac{1}{2}$ 时, 最小距离为 $|a|.$

6. 深度:内径 $= 1:2.$

7. 略.

8. 点的坐标为 $\left(\dfrac{21}{13}, 2, \dfrac{63}{26}\right).$

9. a 的分法是三等分时,乘积最大为 $\dfrac{a^3}{27}$.

10. 点为 $(4,4)$.

练习 7.7 答案

1. (1) $\iint\limits_{D} f(x,y)\,d\sigma = \int_{-1}^{1} dx \int_{x^3}^{1} f(x,y)\,dy = \int_{-1}^{1} dy \int_{-1}^{\sqrt[3]{y}} f(x,y)\,dx$;

   (2) $\iint\limits_{D} f(x,y)\,d\sigma = \int_{-2}^{2} dx \int_{-\sqrt{4-x^2}}^{\sqrt{4-x^2}} f(x,y)\,dy = \int_{-2}^{2} dy \int_{-\sqrt{4-y^2}}^{\sqrt{4-y^2}} f(x,y)\,dx$;

   (3) $\iint\limits_{D} f(x,y)\,d\sigma = \int_{0}^{3} dx \int_{0}^{2x} f(x,y)\,dy = \int_{0}^{6} dy \int_{\frac{1}{2}y}^{3} f(x,y)\,dx$.

2. (1) $\int_{0}^{1} dx \int_{x}^{1} f(x,y)\,dy$;

   (2) $\int_{-1}^{0} dy \int_{-\sqrt{1-y^2}}^{\sqrt{1-y^2}} f(x,y)\,dx + \int_{0}^{1} dy \int_{-\sqrt{1-y}}^{\sqrt{1-y}} f(x,y)\,dx$;

   (3) $\int_{0}^{1} dx \int_{x^2}^{x} f(x,y)\,dy$;

   (4) $\int_{0}^{2} dy \int_{\frac{1}{2}y}^{y} f(x,y)\,dx + \int_{2}^{4} dy \int_{\frac{1}{2}y}^{2} f(x,y)\,dx$;

   (5) $\int_{0}^{1} dy \int_{\sqrt{1-y}}^{e^y} f(x,y)\,dx$;

   (6) $\int_{0}^{1} dx \int_{x^3}^{2-x} f(x,y)\,dy$.

3. (1) $2\dfrac{2}{3}$;   (2) $3\dfrac{3}{4}$;   (3) $1\dfrac{85}{336}$;   (4) $13\dfrac{3}{4}$;

   (5) $\pi - 2$;   (6) $2e^{\frac{1}{2}} - 3$;   (7) $1 - \sin 1$;   (8) 4;

   (9) $\dfrac{1}{2}(1 - \cos 4)$;   (10) $\dfrac{1}{12}\left(1 - \dfrac{2}{e}\right)$;   (11) $\dfrac{1}{2}$;   (12) $\dfrac{e}{2} - 1$;

   (13) $\dfrac{32}{15}\sqrt{2}$.

4. (1) $\dfrac{1}{2} - \dfrac{\pi}{8}$;   (2) 4π;   (3) $\dfrac{3\pi^2}{16}$.

5. (1) $\dfrac{1}{3}$;   (2) $\dfrac{1}{6} + \dfrac{\pi}{4}$;   (3) 3;   (4) $2\sqrt{2}$.

6. (1) $\dfrac{1}{36}$;   (2) 3π;   (3) $4\dfrac{9}{140}$;   (4) 36;

   (5) $\dfrac{4}{3}\pi abc$.

7. (1) $\dfrac{1}{8}$;   (2) 32π;   (3) 1.

8. (1) $\dfrac{1}{2}$;   (2) π.

习题七答案

1~2. 略.

3. 极小值 1.

4. $3\sqrt{3}r^2$.

5. 略.

6. (1) $f(a+2)+f(a)-2f(a+1)$; (2) $f(1,1)+f(0,0)-f(1,0)-f(0,1)$.

7. 略.

8. 略.

9. $\sqrt{2\pi}$.

练习 8.1 答案

1. (1) $\dfrac{2+(-1)^n}{2n-1}$; (2) $\dfrac{(-1)^{n-1}1\cdot 3\cdot\cdots\cdot(2n-1)}{2\cdot 4\cdot\cdots\cdot 2n}$;

   (3) $n\sin\dfrac{1}{2^n}$; (4) $\dfrac{nx^{n-1}}{n^2+1}$.

2. (1) $1,\dfrac{1}{3},\dfrac{2}{n(n+1)}$; (2) $\dfrac{1}{3},\dfrac{1}{15},\dfrac{1}{4n^2-1}$.

3. (1) 发散; (2) 收敛,$\dfrac{1}{20}$; (3) 发散; (4) 收敛,1.

4. 收敛,证明略.

5. (1) 否; (2) 否; (3) 正确; (4) 否;
   (5) 正确; (6) 否.

6. 略.

7. (1) 收敛; (2) 发散; (3) 发散; (4) 收敛;
   (5) 收敛; (6) 发散;

练习 8.2 答案

1. (1) 发散; (2) 收敛; (3) 发散; (4) 收敛.

2. (1) 发散; (2) 发散; (3) 发散; (4) 收敛;
   (5) 收敛; (6) $0<q<1$ 时收敛;$q\geq 1$ 时发散; (7) 收敛;
   (8) 收敛; (9) 收敛; (10) 发散;
   (11) $0<a\leq 1$ 时发散;$a>1$ 时收敛;
   (12) $0<a+b\leq 3$ 时发散;$a+b>3$ 时收敛.

3. 略.

4. (1) 收敛; (2) 收敛; (3) 收敛; (4) 收敛;
   (5) 收敛; (6) 收敛; (7) 收敛; (8) 收敛;
   (9) 收敛; (10) 收敛;
   (11) 当 $x\leq 1$ 时收敛;当 $x>1$ 时发散;

(12) 当$|x|<\frac{1}{\sqrt{2}}$时收敛;当$|x|\geq\frac{1}{\sqrt{2}}$时发散.

5. (1) $k>1$时收敛;$k\leq 1$时发散;　　　　　　(2) 发散;

练习 8.3 答案

1. (1) 否;　　　(2) 否;　　　(3) 否;　　　(4) 否;
   (5) 否;　　　(6) 正确.

2. (1) 条件收敛;　(2) 发散;　(3) 条件收敛;　(4) 条件收敛;
   (5) 发散;　　(6) 绝对收敛;　(7) 绝对收敛;　(8) 绝对收敛;
   (9) 条件收敛;
   (10) 当$|a|<1$时绝对收敛;$|a|\geq 1$时发散.

3. (1) 否;　　　(2) 否;　　　(3) 否;　　　(4) 正确;
   (5) 正确.

练习 8.4 答案

1. (1) $\frac{1}{5},\left(-\frac{1}{5},\frac{1}{5}\right),\left(-\frac{1}{5},\frac{1}{5}\right]$;
   (2) $+\infty,(-\infty,+\infty),(-\infty,+\infty)$;
   (3) $1,(-1,1),(-1,1]$;
   (4) $0,0,0$;
   (5) $\sqrt{3},(-\sqrt{3},\sqrt{3}),(-\sqrt{3},\sqrt{3})$;
   (6) $+\infty,(-\infty,+\infty),(-\infty,+\infty)$;
   (7) $\frac{1}{2},(0,1),[0,1]$;
   (8) $1,(-\infty,-1)\cup(1,+\infty),(-\infty,-1)\cup[1,+\infty)$.

2. (1) $\frac{1}{3},\left(-\frac{1}{3},\frac{1}{3}\right),\left(-\frac{1}{3},\frac{1}{3}\right)$;
   (2) $\frac{1}{3},\left(-\frac{4}{3},-\frac{2}{3}\right)\left[-\frac{4}{3},-\frac{2}{3}\right)$.

3. (1) $\sqrt{R}$;　(2) $\sqrt{R}$;　(3) $\sqrt{R}$;　(4) R^2.

4. (1) $[-1,1),-\ln(1-x)$;　　　(2) $(-1,1),\frac{1+x}{(1-x)^3}$.
   (3) $(-1,1),\frac{x}{(1-x)^2}$;　　　(4) $(-2,2),\frac{4}{2-x}$;
   (5) $[-1,1],\begin{cases}(1-x)\ln(1-x)+x, & x\in[-1,1),\\ 1, & x=1\end{cases}$;
   (6) $\left[-\frac{1}{5},\frac{1}{5}\right],-\ln(1-2x-15x^2)$.

5. (1) 无法确定;　(2) 绝对收敛;　(3) 绝对收敛;　(4) 无法确定.

6. $\dfrac{2x}{(1-x)^3}$, 8.

7. $(-\infty, +\infty)$, $\begin{cases} \dfrac{2}{x}[e^{\frac{x}{2}}-1], & x\neq 0, \\ 1, & x=0, \end{cases}$

   $\dfrac{1}{2}(e^2-1)$.

8. $\dfrac{10}{81}$.

9. (1) $1 - \sum\limits_{n=1}^{\infty} \dfrac{(-1)^{n+1}2^{2n-1}}{(2n)!}x^{2n}, (-\infty, +\infty)$;

   (2) $\sum\limits_{n=0}^{\infty} \dfrac{(-1)^n}{n!}x^{n+3}, (-\infty, +\infty)$;

   (3) $\sum\limits_{n=0}^{\infty} \dfrac{1}{(2n+1)!}x^{2n+1}, (-\infty, +\infty)$;

   (4) $\sum\limits_{n=0}^{\infty} \left(1 - \dfrac{1}{2^{n+1}}\right)x^n, (-1,1)$;

   (5) $\sum\limits_{n=1}^{\infty} \dfrac{(-1)^{n-1}}{n}x^{n-1}, (-1,0) \cup (0,1]$;

   (6) $\sum\limits_{n=1}^{\infty} \dfrac{(-1)^{n-1}2^n - 1}{n}x^n, \left(-\dfrac{1}{2}, \dfrac{1}{2}\right]$;

   (7) $\sum\limits_{n=0}^{\infty} \dfrac{(2n)!}{(2^n n!)^2}x^{2n+2}, (-1,1)$;

   (8) $x + \sum\limits_{n=1}^{\infty} \dfrac{2(2n)!}{(n!)^2(2n+1)}\left(\dfrac{x}{2}\right)^{2n+1}, [-1,1]$.

10. $\sum\limits_{n=0}^{\infty} \dfrac{(-1)^n x^{2n+1}}{(2n+1)(2n+1)!}, (-\infty, +\infty)$, $\sin 1$.

11. $\sum\limits_{n=2}^{\infty} \dfrac{n-1}{n!}x^{n-2}, (-\infty, 0) \cup (0, +\infty)$, 1.

12. (1) $-\sum\limits_{n=1}^{\infty} \dfrac{x^{2n+1}}{n}, (-1,1)$; (2) $-\dfrac{101!}{50}$; (3) $-\dfrac{1}{2}$.

13. (1) $\dfrac{1}{2}\sum\limits_{n=0}^{\infty} \dfrac{(-1)^n}{2^n}(x-2)^n, (0,4)$;

   (2) $\sum\limits_{n=0}^{\infty} \dfrac{e}{n!}(x-1)^n, (-\infty, +\infty)$;

   (3) $\ln 3 + \sum\limits_{n=1}^{\infty} \dfrac{(-1)^{n-1}}{3^n n}(x-3)^n, (0,6]$;

   (4) $\dfrac{1}{2}\sum\limits_{n=0}^{\infty} (-1)^n\left[\dfrac{\left(x+\dfrac{\pi}{3}\right)^{2n}}{(2n)!} + \sqrt{3}\dfrac{\left(x+\dfrac{\pi}{3}\right)^{2n+1}}{(2n+1)!}\right], (-\infty, +\infty)$.

习题八答案

1. (1) $\dfrac{\pi}{4}$;　　　　(2) 1.

2. (1) 略;(2) 不一定;(3) 8.

3~7. 略.

8. -1.

9. 略.

10. (1) $q > \dfrac{1}{2}$ 时,收敛;$q \leq \dfrac{1}{2}$ 时,发散;

　　(2) $p > \dfrac{1}{2}$ 时,收敛;$p \leq \dfrac{1}{2}$ 时,发散;

　　(3) $|a| < 1$ 时,绝对收敛;$|a| > 1$ 时,发散;$a = 1, p > 2$ 时,绝对收敛,$p \leq \dfrac{1}{2}$ 时,发散;$a = -1, p > 2$ 时,绝对收敛,$1 < p \leq 2$ 时,条件收敛,$p \leq 1$ 时,发散.

　　(4) 收敛.

11. 略.

12. (1) $[0, +\infty)$;　　(2) (e^{-3}, e^3);　　(3) $(-\infty, -1) \cup (1, +\infty)$;
　　(4) $[-1, 0]$.

13. $\left[-\dfrac{1}{2}, \dfrac{1}{2}\right], \dfrac{\pi}{4} - \arctan 2x, \dfrac{\pi}{4}$.

14. (1) $\sum\limits_{n=0}^{\infty} \dfrac{(-1)^n x^{2n+1}}{n+1}, [-1, 1]$;　　(2) $-\dfrac{45!}{23}$;　　(3) $\ln 2 - 1$.

15. $\dfrac{5}{8} - \dfrac{3}{4} \ln 2$.

16. (1) $\dfrac{4}{3} \dfrac{1}{n(n+1)\sqrt{n(n+1)}}$;　　(2) $\dfrac{4}{3}$.

17. (1) $\dfrac{1}{2^{n-1}}$;　　(2) $\dfrac{4}{3}$.

练习 9.1 答案

1. (1) 是;(2) 是;(3) 是;(4) 是;(5) 否.
2. (1) $2xyy' = y^2 - x^2$;　　(2) $y' - 2y = e^{2x}$;
　　(3) $yy'' - (y')^2 = 0$;　　(4) $2y'y''' - 3(y'')^2 = 0$.
3. (1) 是;(2) 否;(3) 是;(4) 是.

练习 9.2 答案

1. (1) $\ln\left(y + \sqrt{1+y^2}\right) = \arcsin x + C$;　(2) $ye^y = Cxe^x$;
　　(3) $10^x + 10^{-y} = C$;　　(4) $\sec x + \tan y = C$;
　　(5) $y = e^{\tan \frac{x}{2}}$;　　(6) $(1 + e^x)\sec y = 2\sqrt{2}$;

(7) $(x^2+1)e^y - 2y = 2$;   (8) $\dfrac{1}{y} = a\ln|x-a-1| + 1$.

2. (1) $y = xe^{1+Cx}$;   (2) $y + \sqrt{y^2 - x^2} = Cx^2$;
   (3) $y^3 + x^3 = Cx^2$;   (4) $y = 2x\arctan Cx$;
   (5) $y = -x\ln(1-\ln x)$;   (6) $y = 2x\tan(\ln x^2 + \dfrac{\pi}{4})$;
   (7) $y^2 = x^2 \ln x^2$;   (8) $y = x$.

3. $-\dfrac{1}{2x^3}$.

4. $xy = 6$.

5. (1) $y = Ce^{2x} - e^x$;   (2) $y = x^n(e^x + C)$;
   (3) $y = e^{-\sin x}(x+C)$;   (4) $y = (1+x^2)(x+C)$;
   (5) $y = \sin x(x^2 + C)$;   (6) $y = e^x(x+1)$;
   (7) $y = 2\ln x - x + 2$;   (8) $y = \sqrt[4]{1-x^2} - \dfrac{1}{3}(1-x^2)$;
   (9) $y = 2e^{-\sin x} + \sin x - 1$;   (10) $y = \dfrac{\sin x - 1}{x^2 - 1}$.

6. $y = 2e^{-x} + 2x - 2$.

7. (1) $y^{-5} = Cx^5 + \dfrac{5}{2}x^3$; (2) $xy^2 = 1$;

8. $\dfrac{2}{x}, -x, C\dfrac{4}{x^2} - \dfrac{1}{4}x^2$.

练习 9.3 答案

1. (1) $y = C_1 e^x + C_2 e^{6x}$;   (2) $y = e^{2x}(C_1 \cos 2x + C_2 \sin 2x)$;
   (3) $y = C_1 \cos 5x + C_2 \sin 5x$;   (4) $y = C_1 + C_2 e^{2x}$;
   (5) $y = (2+x)e^{-\frac{1}{2}x}$;   (6) $y = 3e^{-2x} \sin 5x$;
   (7) $y = -\dfrac{1}{3}e^x \cos 3x$;   (8) $y = \cos \pi x + \dfrac{1}{\pi}\sin \pi x$.

2. 略.

3. (1) $y = e^x(C_1 \cos x + C_2 \sin x) + \dfrac{1}{2}(x+1)^2$;
   (2) $y = C_1 e^{3x} + C_2 + x^2$;
   (3) $y = C_1 \cos ax + C_2 \sin ax + 8\dfrac{\cos bx}{a^2 - b^2}$;
   (4) $y = C_1 e^{\frac{x}{2}} + C_2 e^{-x} + \dfrac{3}{2}e^x$;   (5) $y = (C_1 + C_2 x)e^{2x} + 2x + 2 + 4x^2 e^{2x}$;
   (6) $y = \dfrac{1}{2}e^{\frac{\pi}{2}}(\cos x - \sin x) + \dfrac{1}{2}e^x \sin x$;
   (7) $\alpha \neq \beta$ 时, $y = \left(C_1 + \dfrac{ax}{\alpha - \beta}\right)e^{\alpha x} + C_2 e^{\beta x}$,

$\alpha = \beta$ 时, $y = (C_1 + C_2 x) e^{\alpha x} + \dfrac{ax^2}{2} e^{\alpha x}$;

(8) $y = \dfrac{1}{102}(37\cos 4x - 29\sin 4x) e^{3x} + \dfrac{1}{102}(5\sin x + 14\cos x)$.

练习 9.4 答案

1. 设 $y(t)$ 为 t 时账户资金余额,则 $\dfrac{dy}{dt} = 0.05y, y(10) = 10\,000 e^{0.5}$(元).

2. 设 $m(t)$ 为 t 年湖水含污物 A 的浓度,(1) $m(t)$ 满足方程 $\dfrac{dm}{dt} = 2m_0 - \dfrac{1}{3}m, m(0) = \dfrac{m_0}{2}, m(t) = -\dfrac{11m_0}{2} e^{-\frac{1}{3}t} + 6m_0$,6 年后,超过国家标准 $5 - \dfrac{11}{2e^2}$ 倍;(2) $m(t)$ 满足方程 $\dfrac{dm}{dt} = \dfrac{m_0}{6} - \dfrac{1}{3}m$, $m(0) = \left(6 - \dfrac{11}{2e^2}\right)m_0, m(t) = \dfrac{11}{2}\left(1 - \dfrac{1}{e^2}\right)m_0 e^{-\frac{t}{3}} + \dfrac{m_0}{2}$,经过 $3\ln\left[11\left(1 - \dfrac{1}{e^2}\right)\right]$ 年治理,可以达标.

3. $\dfrac{dp}{dt} = kN(N - p), p(t) = \dfrac{N}{1 - Ae^{-kNt}}$,其中 $A = \dfrac{N - p_0}{p_0}$.

4. $y(t) = \dfrac{1\,000}{9 + 3^{\frac{1}{3}}} \cdot 3^{\frac{1}{3}t}, y(6) = 500$(条).

5. $C(x) = (x + 1)[C_0 + \ln(1 + x)]$.

6. $P(x) = \left(P_0 - \dfrac{b+1}{a}\right) e^{-ax} - x + \dfrac{b+1}{a}$.

7. $C(x) = 3e^x (1 + 2e^{3x})^{-1}$.

习题九答案

1. (1) $y = \sin x$;   (2) $y = \begin{cases} e^{2x} - 1, & x \leq 1 \\ (1 - e^{-2}) e^{2x}, & x > 1 \end{cases}$;

   (3) $y = e^x(1 - 2x)$;   (4) $y^2 = x^2 - 2x + 1$.

2. (1) $z' - \dfrac{1}{x}z = x^2, e^y = \dfrac{1}{2}x^3 + Cx$;

   (2) $z' - \dfrac{1}{x}z = x^2, \ln y = \dfrac{1}{2}x^3 + Cx$;

   (3) $\dfrac{dz}{dx} = z^2 + 1, \arctan(x + y) = x + C$;

   (4) $\dfrac{d^2 y}{dt^2} + a^2 y = 0, y = C_1 \cos a(\arcsin x) + C_2 \sin a(\arcsin x) + C$.

3. (1) $y'' - y' - 2y = e^x(1 - 2x), y = C_1 e^{-x} + C_2 e^{2x} + xe^x$;

   (2) $y'' + 4y = \sin 2x, y = C_1 \cos 2x + C_2 \sin 2x - \dfrac{1}{4}x\cos 2x$;

   (3) $y'' - 3y' + 2y = -e^x, y = C_1 e^x + C_2 e^{2x} + xe^x$.

4. $y = e^{-x}(1 - e^{2-e^x})$.

5. 略.

6. (1) $y = 2e^{3x} - e^{2x}$;   (2) $y = \dfrac{C}{x^3} e^{-\frac{1}{x}}$;

   (3) $y = \dfrac{1}{2}\sin x + \dfrac{1}{2} x \cos x$.

7. $y = x(1 - 4\ln x)$.

8. $x^2 + y^2 = 3x$.

9. $f(x) = \dfrac{x}{x^3 + 1}$.

10. $f(x) = C_1 \ln|x| + C_2$.

11. $y = \dfrac{1}{\sqrt{1-x}}, x \in [-1, 1)$.

12. $y = \dfrac{1}{2} e^{2x} + \dfrac{1}{2} e^{-2x}$.

练习 10.1 答案

1. (1) 2;   (2) $4 \cdot 3^n$;   (3) 3;   (4) $\ln \dfrac{(n+1)(n+3)}{(n+2)^2}$.

2. (1) $y_{n+2} - 5y_{n+1} - 4y_n = 5$, 二阶;

   (2) $y_{n+2} - (3+n)y_{n+1} + (3+n)y_n - y_{n-1} = 2^n$, 三阶;

   (3) $y_{n+3} - 3y_{n+2} = 3$, 一阶;

   (4) $y_{n+2} + 2y_n = n^2$, 二阶;

   (5) $y_{n+3} - 5y_{n+2} - 7y_{n+1} - 6y_n = -2(n+1)$, 三阶.

3. (1) 是;   (2) 否;   (3) 是;   (4) 否.

4. $a = 2$.

5. $P(n) = -\dfrac{4n+3}{4n-1}, f(n) = \dfrac{4n-5}{4n-1} 2^n, y_n = C(4n-1) + 2^n$.

6. $y_n = C_1 2^n + C_2 n 2^n$.

练习 10.2 答案

1. (1) $y_n = C\left(-\dfrac{1}{2}\right)^n + \dfrac{1}{3}n + \dfrac{7}{9}$;   (2) $y_n = C 2^n + \dfrac{1}{2} n 2^n$;

   (3) $y_n = \begin{cases} C\alpha^n + \dfrac{1}{e^\beta - \alpha} e^{\beta \alpha}, & \alpha \neq e^\beta \\ (C\alpha + 1)\alpha^{n-1}, & \alpha = e^\beta \end{cases}$;

2. (1) $y_n = \dfrac{1}{4}\left(-\dfrac{1}{2}\right)^n + \dfrac{1}{4}$;   (2) $y_n = \dfrac{1}{2}(-2)^n + \dfrac{1}{4} 2^n$;

   (3) $y_n = -4\left(\dfrac{1}{2}\right)^n + n^2 - 4n + 8$;

3. (1) $y_n = C_1 3^n + C_2 4^n$;   (2) $y_n = C_1 \left(\dfrac{1-\sqrt{5}}{2}\right)^n + C_2 \left(\dfrac{1+\sqrt{5}}{2}\right)^n$;

(3) $y_n = (C_1 + C_2 n) 3^n$;

(4) $y_n = 2^n \left(C_1 \cos \frac{\pi}{2} n + C_2 \sin \frac{\pi}{2} n \right)$;

(5) $y_n = 2^n \left[C_1 (a+1+\sqrt{2a+1})^n + C_2 (a+1-\sqrt{2a+1})^n \right]$;

(6) $y_n = -\frac{1}{2} [1 + (-3)^n]$.

练习 10.3 答案

1. $a_{n+1} = 1.01 a_n - P, a_0 = 25\,000, a_{12} = 0, P = 2\,221.22(元)$.

2. $W_{t+1} = (1 + 20\%) W_{t+2}$(单位:百万元)$, W_0 = 1\,000$ 万元$, 2.5$ 倍.

3. $P_n = -\frac{b_1}{b} P_{n-1} = \frac{a_1 - a}{b}, P_n = A \left(\frac{b_1}{a} \right)^n + P_e$, 其中 $P_e = \frac{a - a_1}{b_1 - b}$, 当 $|b_1| < |b|$ 时, 有 $\lim_{n \to \infty} P_n = P_e$, 当 $|b_1| > |b|$ 时, $\lim_{n \to \infty} P_n = +\infty$, 价格趋向不稳定.

习题十答案

1~2. 略.

3. $y_n = C(-a)^n + \frac{b}{1+a}$.

4. $z_n = \begin{cases} \overline{C} \left(\frac{a}{c} \right)^n + \frac{b-d}{c-a}, & a \neq c \\ \overline{C} + \frac{b-d}{a} n, & a = c \end{cases}$, $y_n = \begin{cases} \dfrac{1}{\overline{C} \left(\frac{a}{c} \right)^n + \frac{b-d}{c-a}}, & a \neq c \\ \dfrac{1}{\overline{C} \left(\frac{a}{c} \right)^n + \frac{b-d}{a}}, & a = c \end{cases}$, $\overline{C}$ 为任意常数.

5. 能, $y_n = C_1 (4n^3 - n) + C_2 (3n^2 - n) + n$.

郑 重 声 明

高等教育出版社依法对本书享有专有出版权。任何未经许可的复制、销售行为均违反《中华人民共和国著作权法》，其行为人将承担相应的民事责任和行政责任，构成犯罪的，将被依法追究刑事责任。为了维护市场秩序，保护读者的合法权益，避免读者误用盗版书造成不良后果，我社将配合行政执法部门和司法机关对违法犯罪的单位和个人给予严厉打击。社会各界人士如发现上述侵权行为，希望及时举报，本社将奖励举报有功人员。

反盗版举报电话：(010)58581897/58581896/58581879
反盗版举报传真：(010)82086060
E - mail：dd@hep.com.cn
通信地址：北京市西城区德外大街4号
　　　　　　高等教育出版社打击盗版办公室
邮　　编：100120

购书请拨打电话：(010)58581118